Springer-Lehrbuch

Ralph Berndt

Marketingstrategie und Marketingpolitik

Vierte, vollständig überarbeitete und erweiterte Auflage

Mit 233 Abbildungen

Springer

Professor Dr. Ralph Berndt
Wirtschaftswissenschaftliche Fakultät
Universität Tübingen
Nauklerstr. 47
72074 Tübingen

Die erste bis dritte Auflage erschien unter dem Titel „Marketing 2. Marketing-Politik“

Bibliografische Information Der Deutschen Bibliothek
Die Deutsche Bibliothek verzeichnet diese Publikation in der Deutschen Nationalbibliografie; detaillierte bibliografische Daten sind im Internet über <http://dnb.ddb.de> abrufbar.

ISBN 3-540-22661-3 4. Auflage Springer Berlin Heidelberg New York
ISBN 3-540-60182-1 3. Auflage Springer Berlin Heidelberg New York

Springer ist ein Unternehmen von Springer Science+Business Media

springer.de

Umschlaggestaltung: design & production GmbH, Heidelberg
Druck: Strauss Offsetdruck, Mörlenbach

SPIN 11307426 Gedruckt auf säurefreiem Papier – 42/3130-5 4 3 2 1 0

Vorwort

Ausgangspunkt dieses in der neuen Auflage erschienenen Buches sind mehrstufige Märkte, auf denen – neben Produzenten – Handelsorganisationen in selbständiger Weise oder in kooperativer Weise agieren können. Einerseits wird der strategische Bereich – im Sinne von Marketingstrategien – andererseits der taktisch/operative Bereich – im Sinne von Marketingpolitiken – behandelt. Einführend werden wesentliche Grundlagen des Marketings dargestellt. Sowohl die Strategische Marketingplanung eines Markenartikelproduzenten (Strategische Geschäftsfeldstrategien, Produkt- und Markenstrategien) als auch die Strategische Marketingplanung einer Handelsorganisation (Planung von Betriebsformen und Warengruppen) werden ausführlich beschrieben. Die Marketingpolitiken (unter Berücksichtigung aller Marketinginstrumente) werden zunächst in separater Weise für Markenartikelproduzenten und für Handelsorganisationen präsentiert; darauf folgen kooperative Marketingpolitiken von Industrie und Handel.

Um ein solches umfangreiches Buch in angemessener Zeit fertig stellen zu können, war ich auf tatkräftige Unterstützung angewiesen. Ich danke sehr herzlich Frau Dr. Adrienne Cansier, Frau Dipl.-Kffr. Kiriakoula Kapousouzi und Frau Dipl.-Kffr. Carola Weise für die intensive Durchsicht verschiedener Kapitel des Buches. Frau Dipl.-Kffr. Eva Neumaier und Frau cand. rer. pol. Evelyn Warga haben mir bei der Literaturrecherche und bei der Erstellung von Abbildung sehr geholfen. Frau Inge Schmollinger hat die umfangreichen Schreibarbeiten zügig und gewissenhaft erledigt. Ein letzter Dank gilt Frau lic. phil. I Muriel Uebelhart, die das gesamte Buch kritisch durchgesehen hat und dem Buch – sowohl in inhaltlich als auch formal – den letzten Schliff gegeben hat.

Ich wünsche dem geneigten Leser dieses Lehrbuches viel Freude und hoffe wirkungsvolle Anregungen für die Umsetzung in die Praxis geben zu können.

Tübingen, im Sommer 2004 Ralph Berndt

Korrekturvorschläge auf meine Email-Adresse ralph.berndt@uni-tuebingen.de nehme ich gerne entgegen.

Inhaltsverzeichnis

1. Markenartikelproduzenten und Handelsorganisationen auf mehrstufigen Märkten

1.1 Das Marketing-Konzept

Gegenstand des Marketing als betrieblicher Funktionsbereich ist allgemein die Vermarktung erstellter Leistungen auf Märkten. In den letzten 50 Jahren ist eine Vielzahl an detaillierten Marketing-Definitionen und –konzepten entwickelt worden, die sich darin unterscheiden, auf welche relevanten Aspekte jeweils das Schwergewicht gelegt wird. In dieser Untersuchung wird vom Marketing im Sinne des Transaktionsansatzes ausgegangen, da dieses Konzept besondere Charakteristika aufweist: Es ist ziel- und entscheidungsorientiert, gilt in entsprechender Weise für Absatz- und Beschaffungsmärkte und für beliebige Transaktionen (von Leistung gegen Entgelt über Leistungen gegen Leistungen bis hin zu Informationen gegen Entgelt).

Beim Marketing im Sinne des Transaktionsansatzes wird unmittelbar die (Marketing-) Managementfunktion angesprochen; es geht im wesentlichen um die Planung von Marketing-Massnahmen. Ein Schwergewicht dieser Untersuchung liegt auf mehrstufigen Märkten; es werden Marketingstrategien und Marketingpolitiken sowohl für Markenartikelproduzenten als auch für Handelsorganisationen dargestellt. Schliesslich ist darauf hinzuweisen, dass im Spannungsfeld Industrie und Handel Marken (in Gestalt von Markenartikel bzw. Handelsmarken) eine besondere Bedeutung zukommt; ein notweniges Markenmanagementkonzept wird entwikkelt.

1.1.1 Marketing im Sinne des Transaktionsansatzes

Marketing im Sinne des **Transaktionsansatzes**[1] bedeutet Planung, Realisierung und Kontrolle von Programmen, mit deren Hilfe gewünschte Austauschprozesse mit ausgewählten Märkten geschaffen, aufgebaut und aufrechterhalten werden

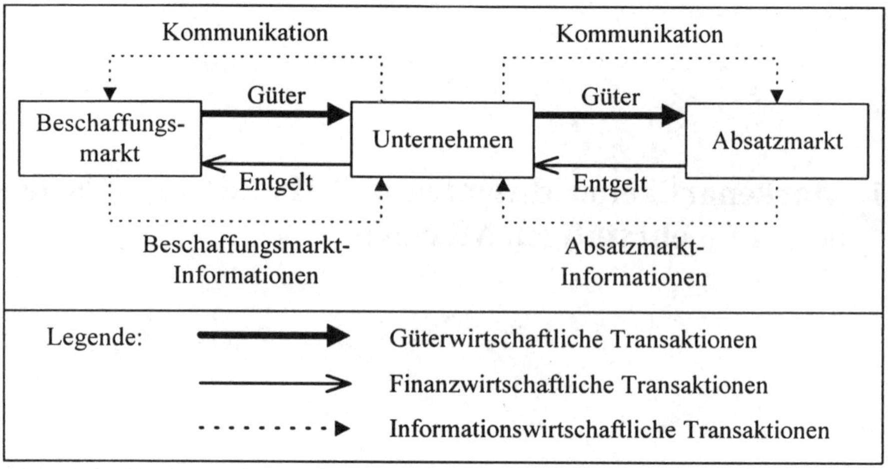

Abb. 1.1: Typische Transaktionen zwischen einem Unternehmen und seinen Märkten

sollen, um betriebliche Ziele zu verwirklichen. Marketing im Sinne des Transaktionsansatzes ist erstens allgemeingültig; es gilt sowohl für Märkte des Absatzes wie der Beschaffung. Zweitens ist dieses Marketingkonzept ziel- und entscheidungsorientiert; die Gestaltung von Programmen zur Auswahl gewünschter Austauschprozesse (Transaktionen) hat zielbezogen zu erfolgen; außerdem sollen die Transaktionen mit ausgewählten Märkten, d.h. zielbezogen ermittelten Ziel-Märkten, geschehen. Drittens können Austauschprozesse in umfassender Weise berücksichtigt werden: von Güter gegen Entgelt (vgl. Abb. 1.1) über Güter gegen Güter (im Sinne von Kompensationsgeschäften) bis hin zu Informationen gegen Entgelt.

Die Definition des Marketing ist konkretisiert worden[2]: In der klassischen Interpretation bedeutet Marketing die Planung und Kontrolle aller auf die aktuellen und potentiellen Märkte ausgerichteten Unternehmensaktivitäten. Zusätzlich sollen durch eine dauerhafte Befriedigung der Kundenwünsche die Unternehmensziele verwirklicht werden. Zutreffend wird hier die Analyse und die Befriedigung von Kundenwünschen, damit die Kundenorientierung, in den Vordergrund gestellt. Bei der Soll-Aussage werden aber Zielkonflikte, die zwischen Konsumenten als Nachfrager und Unternehmen als Anbieter bestehen können, zum Beispiel bezüglich der Höhe des Preises, nicht hinterfragt.

1.1.2 Marketing-Management

Marketing im Sinne des Transaktionsansatzes macht deutlich, dass neben der betrieblichen Grundfunktion der Leistungsverwertung, genauer des Absatzes, eine weitere betriebliche Funktion, die Managementfunktion, angesprochen ist. **Management** im weitesten funktionalen Sinne kann als betriebliche Funktion bezeichnet werden, welche zum Inhalt hat, die betriebsinternen (güter-, finanz- und informationswirtschaftliche) Prozesse sowie die betriebsexternen (güter-, finanz- und informations-wirtschaftlichen) Transaktionsprozesse zwischen einem Unternehmen und seiner Umwelt auf die Unternehmensziele auszurichten sowie zu koordinieren.

Die innerhalb einer Unternehmung komplizierte arbeitsteilige güter-, finanz- und informationswirtschaftlichen Prozesse sowie die entsprechenden Prozesse zwischen einem Unternehmen und seiner Umwelt erfordern genau diese Managementfunktion. Diese Prozesse müssen auf bestimmte, verfolgte Ziele ausgerichtet und entsprechend koordiniert werden, um ein willkürliches Verhalten auszuschließen. Als **Teilfunktionen des Management** im funktionalen Sinne können unterschieden werden

- die Planung,
- die Kontrolle,
- die Organisation und
- die Führung.

Der gesamte Prozess der Planung, Realisation und Kontrolle lässt sich in verschiedene aufeinanderfolgende Phasen unterteilen, zwischen denen Vor- und Rückkopplungen bestehen (vgl. Abb. 1.2).

Planung lässt sich als systematisch-methodischer Prozess der Erkenntnis und Lösung von Zukunftsproblemen definieren; eine rationale Planung beinhaltet demnach ein systematisches, zukunftbezogenes Durchdenken und Festlegen von Zielen, Maßnahmen und Ressourcen zur zukünftigen Zielerreichung. Objekte der Planung sind damit Ziele, Maßnahmen und Ressourcen; die wesentlichen Tätigkeiten der Planung bestehen aus Durchdenken (Analysieren) und Festlegen (Entscheiden). Die typischen Charakteristika der Planung sind deren Zukunftsbezogenheit, deren Zielbezogenheit (insbesondere bei der Maßnahmen- und Ressourcenplanung) und die systematische Vorgehensweise. Ausgangspunkt eines Planungsprozesses ist die Zielbildung. Anschließend sind die Handlungsalternativen zu suchen; zu prognostizieren sind deren Wirkungen bezüglich der verfolgten Ziele; die Handlungsalternativen sind vergleichend zu beurteilen, so dass eine Entscheidung getroffen werden kann. Wenn die Planung mit einer Entscheidungsfindung abgeschlossen ist, müssen die geplanten Maßnahmen innerbetrieblich durchgesetzt werden; im Anschluss hieran können die geplanten Maßnahmen realisiert werden. Bei der Planung wird unterschieden zwischen

- der strategischen,
- der taktischen und
- der operativen Planung.

Die **strategische Planung** ist langfristig angelegt; sie wird von der Unternehmensleitung durchgeführt und stellt für die taktische und die operative Planung einen Rahmen dar. Gegenstand der strategischen Planung sind die globale Analyse

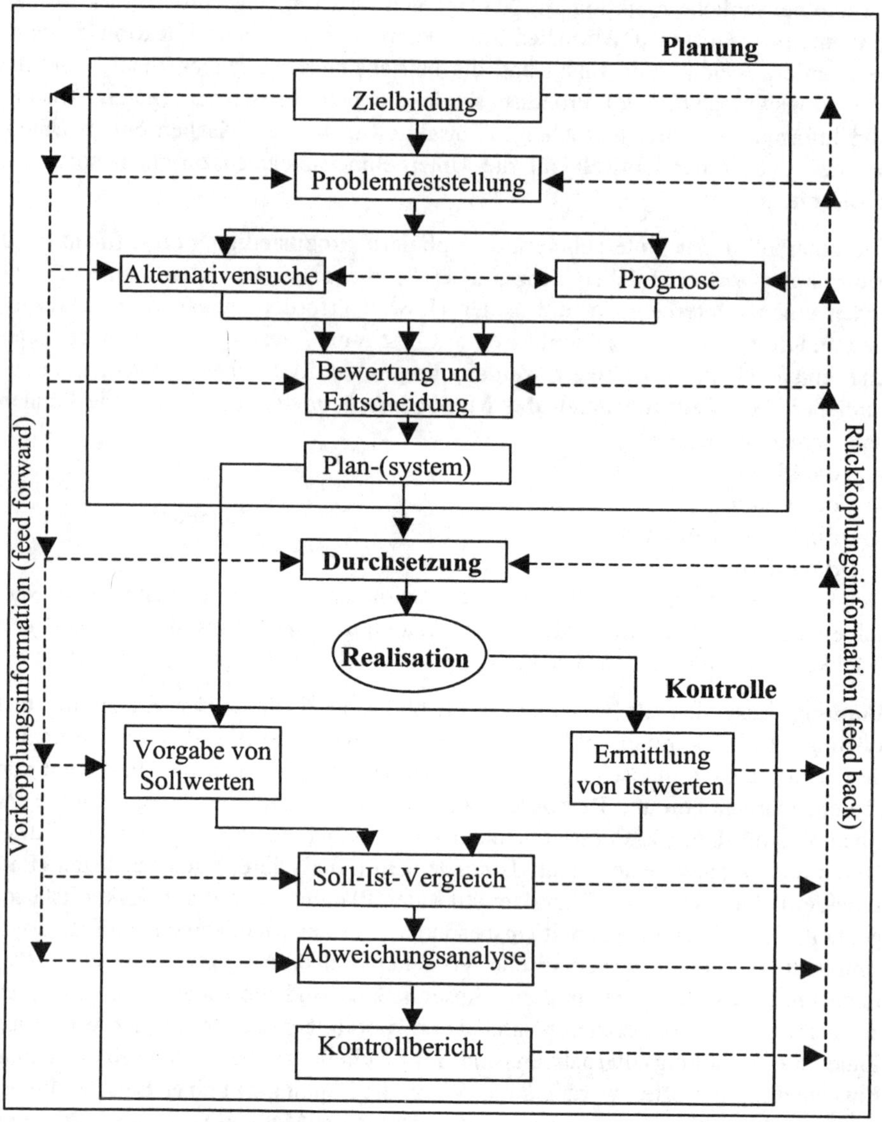

Quelle: Nach Schweitzer 2001, S. 26.

Abb. 1.2: Aufstellung der Planung im Planungs- und Kontrollprozess eines Betriebes

der Erfolgspotentiale und die Entwicklung von Strategien zur langfristigen Zukunftssicherung eines Unternehmens. Typische Objekte der strategischen Planung sind zukünftige Märkte, Technologien, langfristige Investitionen. Die **taktische Planung** umfasst die mittelfristige Umsetzung strategischer Pläne auf konkrete Problem- und Handlungskomplexe; die Strategien werden inhaltlich konkretisiert und in mittelfristige Teilpläne zerlegt. Entschieden wird über die Ausgestaltung und Abstimmung der einzelnen Marketing-Instrumente, der Produkt- (und Marken-) politik sowie Servicepolitik, der Kontrahierungspolitik (Preis- und Konditionenpolitik, der Kommunikationspolitik (z.B. Corporate-Identity-Politik, Werbe- und Sponsoringpolitik) sowie der Distributionspolitik (Vertriebs- und Verkaufspolitik). Die **operative Planung** ist eine kurzfristige, u.a. auch ablauforientierte Aktionsplanung. Sie umfasst vor allem die Detailplanung für das laufende Geschäftsjahr und ist in der Regel mit konkreten Planvorgaben für die Aufgabenträger verbunden.

Sachlich eng verbunden mit der Planung ist die **Kontrolle**, die allgemein als systematische Prüfung und Beurteilung der betrieblichen Prozesse und deren Rahmenbedingungen charakterisiert werden kann. Bei der Marketing-Kontrolle werden die ergebnisorientierte Kontrolle und die Marketing-Audits unterschieden. Gegenstände der **ergebnisorientierten Marketing-Kontrolle** sind die Resultate der realisierten Marketingstrategien und -politiken; typische Kontrollgrößen sind der erreichte Umsatz oder Marktanteil sowie das Image. Das Image ist eine objektbezogene (z.B. unternehmensbezogene) Grösse, welche den Ruf, das Ansehen eine Unternehmens beinhaltet. Images werden durch die korrespondierende subjektbezogene Grösse, der Einstellung von Konsumenten gegenüber einem Unternehmen, gemessen. Beispielhaft sei auf die Verfahren der mehrdimensionalen Einstellungsmessung verwiesen. Soll-Ist-Vergleiche werden vorgenommen: Die Größen, die im Rahmen der Planung prognostiziert oder als wünschenswert festgelegt wurden, werden mit dem verglichen, was tatsächlich eingetreten ist bzw. realisiert wurde. Gegenstände von **Marketing-Audits** sind nicht die Resultate durchgeführter Maßnahmen, sondern das Marketingplanungssystem, insbesondere das Unternehmensleitbild, die Planungsprämissen sowie die Organisation der Marketingplanung. Außerdem können auch im Zusammenhang mit Marketingstrategien und -politiken Audits durchgeführt werden.

Die dritte Teilfunktion des Management im funktionalen Sinne ist die **Organisation**. Bei der Organisation (in funktionaler, betriebswirtschaftlicher Sicht) handelt es sich um eine zielgerichtete Tätigkeit, um eine Strukturierung eines Unternehmens im Sinne einer Differenzierung eines Unternehmens in arbeitsteilige Subsysteme und deren Integration zu einer zielgerichteten Ganzheit. Wesentliche Dimensionen einer Organisationsstruktur[3]:
- die Spezialisierung,
- die Koordination,
- die Konfiguration,
- die Entscheidungsdelegation und
- die Formalisierung.

Gegenstand der Spezialisierung ist die Verteilung der in einem Unternehmen zu erfüllenden Aufgaben auf verschiedene organisatorische Einheiten. Die zunächst nur isoliert entwickelten Teilaufgabenbereiche sind in einem zweiten Schritt in angemessener Weise zu koordinieren. Des weiteren ist die Konfiguration eines

Unternehmens zu entwickeln und es sind Leitungssysteme zu bilden. Außerdem sind Entscheidungsbefugnisse zu delegieren. Diese legen fest, welche Instanzen für eine Organisation nach innen und/oder nach außen verbindliche Entscheidungen treffen können. Schließlich sind die formalen Regelungen, welche sich auf die Organisationsstruktur, den Informationsfluss und die Leistungsdokumentation beziehen (können), schriftlich zu fixieren (Formalisierung).

Als vierte Teilfunktion des Management im funktionalen Sinne ist die **Führung** zu nennen. Während im Rahmen der Organisation mittels formaler Regelungen – also an Stellen, nicht an Mitarbeiter gerichtete Regelungen – eine gewisse Strukturierung des Unternehmens vorgenommen wird, erfolgt im Rahmen der Führung eine persönliche Beeinflussung von Mitarbeitern. Dies geschieht unter einem kurzfristigen und einem langfristigen Aspekt: Kurzfristig soll das Erreichen gemeinsam verfolgter Ziele ermöglicht werden, langfristig soll auf den Zusammenhalt von Individuen in einer Gruppe hingewirkt werden.

1.1.3 Vertikales Marketing

Ausgangspunkt des vertikalen Marketing sind mehrstufige Märkte (vgl. Abb. 1.3). Insgesamt vier Marketing-Konzepte sind hier grundsätzlich von Bedeutung:
- das **Consumer-Marketing**
  (konsumentengerichtetes Marketing eines Produzenten),
- das **Trade-Marketing**
  (handelsgerichtetes Marketing eines Produzenten),
- das **Handels-Marketing**
  (konsumentengerichtetes Marketing einer Handelsorganisation) und
- das **Kooperations-Marketing**
  (verbraucherbezogenes, kooperatives Marketing von Produzent und Handel).

1.1.4 Marken-Management im Rahmen des Marketing-Management insbesondere für mehrstufige Märkte

Ein Unternehmen, das im Rahmen seines Marketing-Management-Konzeptes seine Austauschprozesse planen will, muss sein strategisches und taktisch-operatives Konzept noch konkretisieren. Dies gilt sowohl für Markenartikelproduzenten als auch für Handelsorganisationen; den sachlogischen Ablauf lässt Abb. 1.4 erkennen. Vom **Produzenten** müssen insbesondere
- die strategischen Geschäftsfelder, die verfolgt werden sollen,
- die einzelnen Produkte, die angeboten werden sollen,
- die zugehörigen Marken und
- die resultierenden Markenartikel

geplant werden. Die Entscheidungsprobleme einer **Handelsorganisation** bestehen darin,

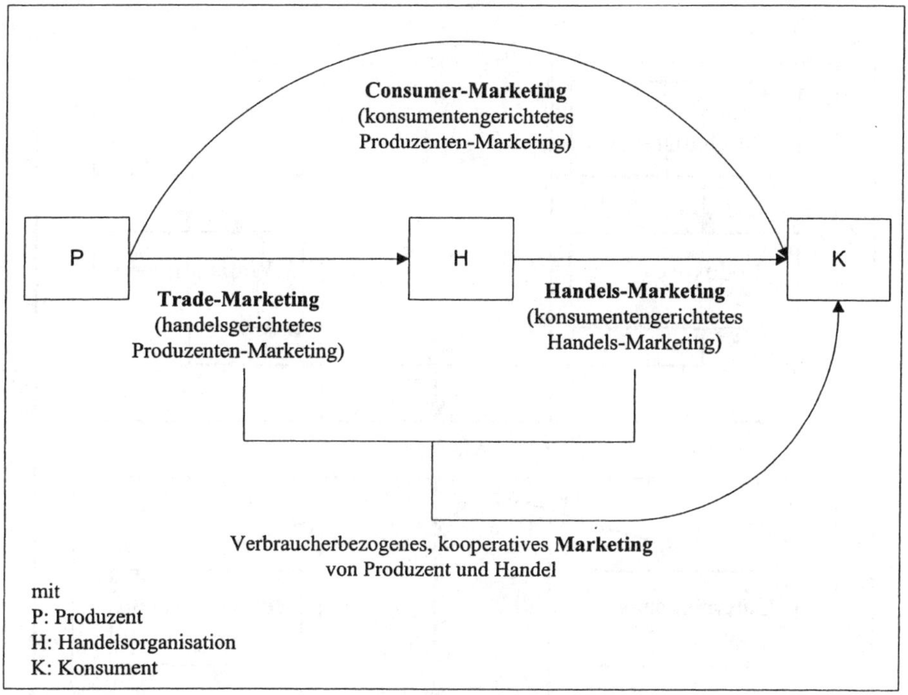

Abb. 1.3: Marketing-Konzepte auf mehrstufigen Märkten

- die Betriebsformen,
- die anzubietenden Warengruppen und
- neben den zu berücksichtigenden Markenartikeln, die anzubietenden Handelsmarken

zu bestimmen.

1.2 Märkte

Märkte[4] können allgemein gekennzeichnet werden als Gesamtheit der ökonomischen Beziehungen zwischen Anbietern und Nachfragern hinsichtlich einer Produktart innerhalb eines bestimmten Gebietes und eines bestimmten Zeitraumes. Um einen Markt zu erfassen, sollten die **Elemente**

- Produktart,
- Gebiet,
- Zeitraum,
- Anbieter,

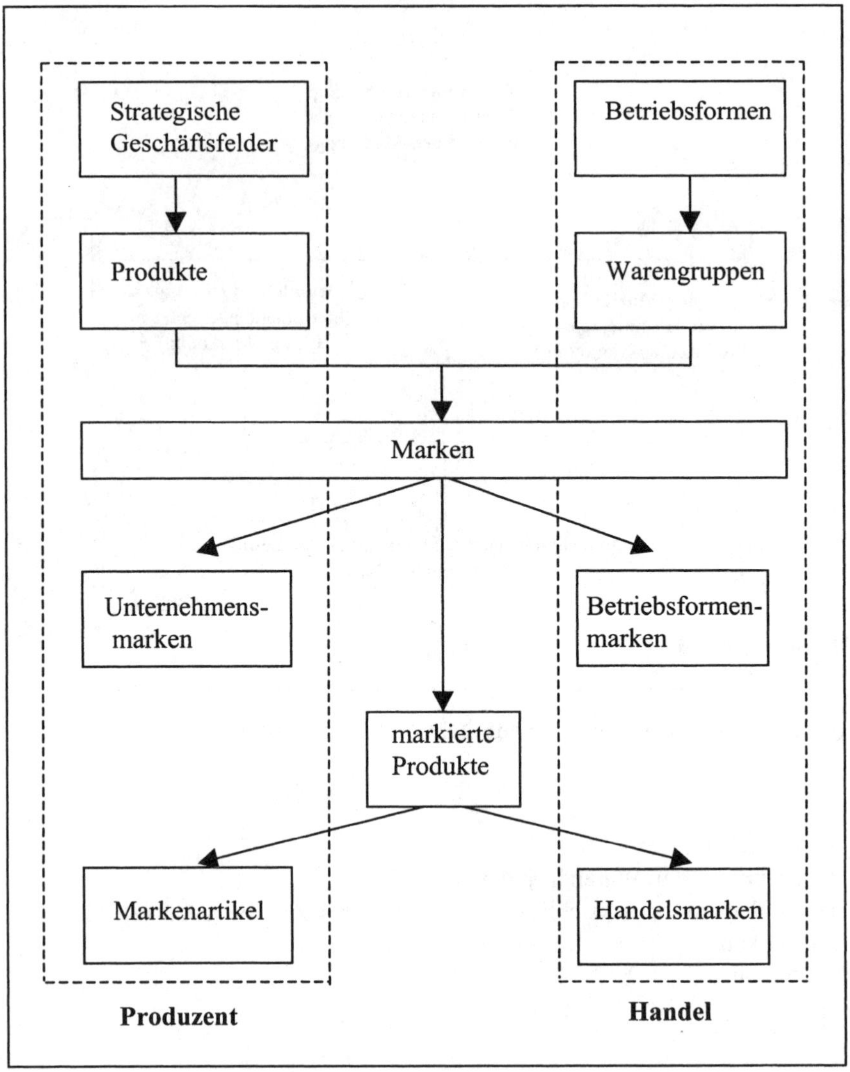

Abb. 1.4: Das generelle Marketing-Planungssystem von Industrie und Handel

- Nachfrager und
- ökonomische Beziehungen
  (z.B. Kommunikations- oder Wettbewerbsbeziehungen)

sinnvollerweise in dieser Reihenfolge festgelegt werden.

Von besonderer Bedeutung ist der **relevante Markt**[5] eines Unternehmens, der so abgegrenzt werden sollte, dass alle bedeutsamen Konkurrenzbeziehungen erfasst werden. Aus (subjektiver) Konsumentensicht ist erforderlich, dass alle Substituierbarkeiten von markierten Produkten erfasst werden. Eine mögliche Vorgehensweise zur Bestimmung des relevanten Marktes besteht darin, das Evoked-Set zu ermitteln, das heisst die Menge der konkurrierenden markierten Produkte derselben Produktart, welche für einen Konsumenten grundsätzlich in Frage kommen. Dies kann beispielsweise mittels offener Fragen erfolgen, im Sinne einer freien Nennung der bekannten Produkte.

1.2.1 Homogene versus segmentierte Märkte

Homogene Märkte sind – bei Betrachtung der Konsumentenseite – dadurch gekennzeichnet, dass Konsumenten gleichartig sind, sich bezüglich der relevanten Merkmale nicht oder kaum unterscheiden. Homogene Märkte haben für Anbieter den Vorteil, dass die Konsumenten mittels des Marketing-Instrumentariums einheitlich angesprochen werden können. In der Realität sind homogene Märkte eher untypisch.

Im Gegensatz zu homogenen Märkten unterscheiden sich auf **heterogen Märkten** die Konsumenten bezüglich der relevanten Merkmale. Bei heterogenen Märkten sollte eine Marktsegmentierung vorgenommen werden, das heisst der heterogene Gesamtmarkt in homogene Marktsegmente unterteilt werden. Eine **Marktsegmentierung** kann mit Hilfe der Cluster-Analyse[6] durchgeführt werden. Sie umfasst folgende fünf Schritte:

- Festlegung der relevanten Konsumentenmerkmale (gemäß Art und Skalierung),
- Ermittlung der Ausprägungen ausgewählter Konsumenten bezüglich der relevanten Merkmale,
- Bestimmung der Unterschiedlichkeit bzw. der Ähnlichkeit der Konsumenten,
- Durchführung der Gruppenbildung (Clustering),
- Beschreibung der gefundenen Cluster.

Typischerweise werden heute Marktsegmentierungen in Form von **Life-Style-Typologien**[7] durchgeführt. Ein Beispiel für eine länderübergreifende Life-Style-Segmentierung ist die Euro-Socio-Styles. Die Studie ist durch Zusammenarbeit des französischen CCA – Centre de Communication Avancé – und EUROPANEL entstanden, wobei EUROPANEL einen Zusammenschluss verschiedener Marktforschungsinstitute aus 15 Ländern Europas darstellt. Deutschland ist durch die GfK (Gesellschaft für Konsumforschung) Nürnberg vertreten. Die umfassende Basisstudie wurde erstmals 1989 durchgeführt, erhoben wurde dabei ein Datenkranz mit 3500 Einzelinformationen aus den Bereichen Kultur, Politik Geschäftsleben, Privatleben, Berufsleben, gesellschaftliches Leben und Verbraucherverhalten; der Schwerpunkt lag dabei in der Informationsgewinnung über Konsum, Einkaufs- und Mediagewohnheiten der Befragten, deren Besitzstand und schließlich in ihrer Einstellung zur Werbung. Die Basisstudie wird regelmäßig auf der

Grundlage eines Kurzfragebogens, der die am stärksten diskriminierenden Variablen umfasst, aktualisiert.

Ergebnis der späteren 2002'er Studie sind ebenfalls vom GfK acht Konsumententypen[8], die wie folgt kurz charakterisiert werden können:

- **Crafty World**
  Junge, dynamische und opportunistische Leute einfacher Herkunft auf der Suche nach Erfolg und materieller Unabhängigkeit.
- **Magic World**
  Intuitive junge materialistische Leute mit Kindern und geringem Einkommen, die einem Platz an der Sonne hinterher jagen und ihrem guten Stern vertrauen.
- **Secure World**
  Konformistische, hedonistische Familien aus einfachen Kreisen, die sich abkapseln, von einem einfacheren Leben träumen und sich den traditionellen Rollen verbunden fühlen.
- **Cosy Tech World**
  Aktive, moderne Paare mittleren Alters mit meist überdurchschnittlicher Haushaltsausstattung, die auf der Suche nach persönlicher Entfaltung sind.
- **Steady World**
  Traditionsorientierte, konformistische Senioren mit mittlerem Lebensstandard, die ihren Ruhestand voll und ganz ausschöpfen.
- **New World**
  Hedonistische, tolerante Intellektuelle mit gehobenem Lebensstandard auf der Suche nach persönlicher Harmonie und sozialem Engagement.
- **Authentic World**
  Rationale, moralische Cocooner-Familien mit gutem Einkommen, die sich in den eigenen vier Wänden einspinnen und auf der Suche nach einem harmonischen und ausgeglichenen Leben sind.
- **Standing World**
  Kultivierte, pflichtbewusste und vermögende Staatsbürger, die ihren Überzeugungen treu bleiben und an Traditionen ausgerichtet sind.

Aus der Vielzahl der Variablen wurden in einem zweiten Schritt mit Hilfe der Faktorenanalyse zwei Faktoren extrahiert, anhand derer die einzelnen Euro-Socio-Styles in den zweidimensionalen Raum positioniert werden konnten. Das Ergebnis der Positionierung ist in Abb. 1.5 enthalten. Mit Hilfe der Euro-Socio-Styles lassen sich wesentliche Anhaltspunkte für die Marketing-Aktivitäten gewinnen. Am Beispiel des Kaffeemarktes (vgl. Abb. 1.6) wird deutlich, dass die Zielgruppe der Magic World einfachen, preisgünstigen Kaffee vorzieht, wohingegen die Authentic World höherwertigen Kaffee aus dem Kaffeegeschäft beschafft.

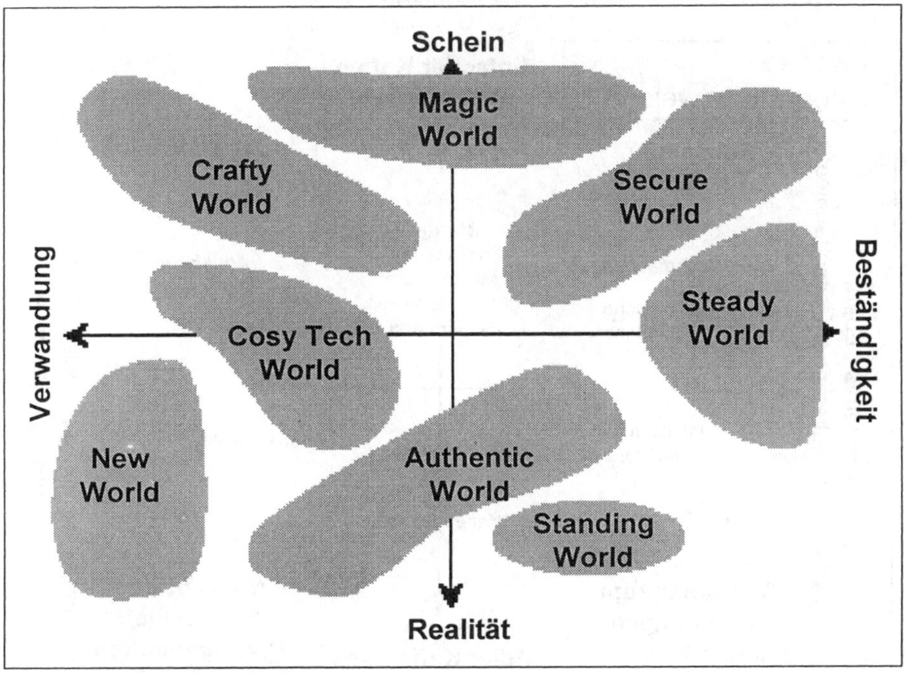

Quelle: GfK 2002a, S. 5.

Abb. 1.5: Die Landkarte der Euro-Socio-Styles 2002

1.2.2 Marktformen

Ergebnis der Einteilung von Märkten nach Zahl (und Größe) der Marktteilnehmer auf Angebots- und Nachfrageseite sind diverse **Marktformen**[9]. Bei den Marktformen des Angebots werden unterschieden

- das Monopol,
- das Oligopol und
- das Polypol.

Monopole zeichnen sich dadurch aus, dass einem (einzigen) Anbieter eine Vielzahl an Nachfragen gegenübersteht. Monopole sind heute vergleichsweise selten. Beispiele sind noch im Bereich der öffentlichen Versorgung und Entsorgung zu sehen (z.B. Müllabfuhr). Die heute vorherrschende Marktform ist das **Oligopol** (wenige, vergleichsweise große Anbieter und viele Nachfrager); Beispiele dazu ist der Pkw-Markt respektive der Benzinmarkt. **Polypole** (viele Anbieter und viele Nachfrager) sind kaum noch vorzufinden; große Wochenmärkte wie Flohmärkte sind ein Beispiel davon.

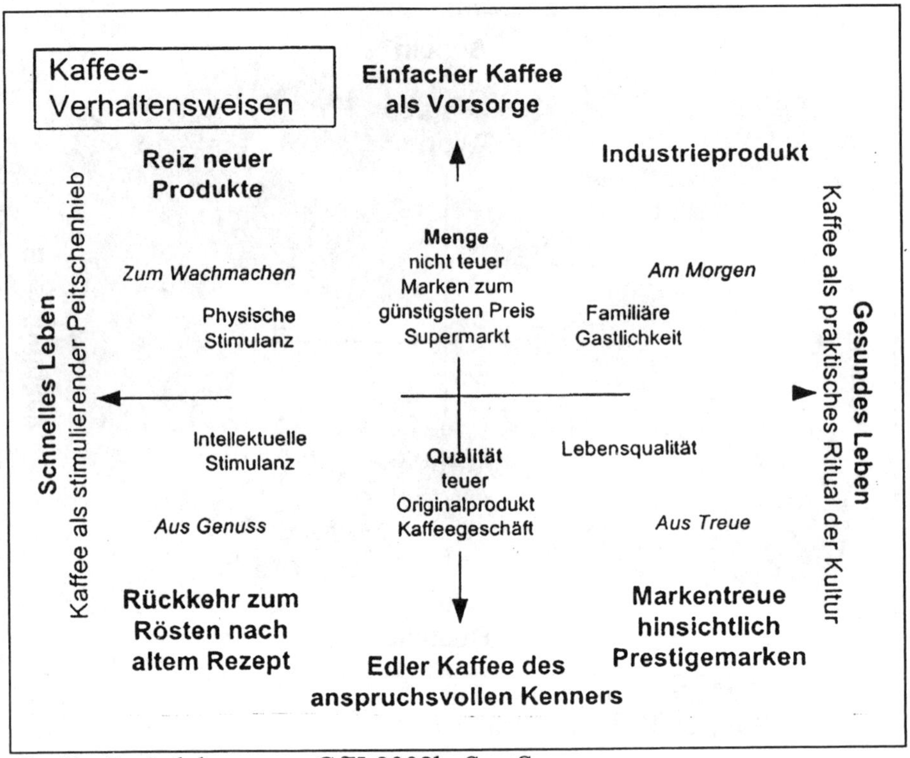

Quelle: In Anlehnung an GfK 2002b, S. o.S.

Abb. 1.6: Euro-Socio-Styles im Kaffeemarkt

1.2.3 Ein- und mehrstufige Märkte

Bei **einstufigen Märkten**[10] gelangt ein Produkt direkt vom Produzenten zum Konsumenten; der selbständige Handel wird nicht eingeschaltet. Bei einstufigen Märkten liegt ein **Direktabsatz** eines Produzenten vor. Beispielhaft seien folgende drei **Direktvertriebsunternehmen** aufgeführt:

- Vorwerk & Co. KG
  Direktvertrieb von Elektrogeräten;
- Bofrost Dienstleistungs GmbH
  Direktvertrieb von Tiefkühlkost und Eiscreme;
- Tupperware Deutschland GmbH
  Direktvertrieb von Aufbewahrungssystemen.

Ein wesentliches Charakteristikum **einstufiger Märkte** ist die uneingeschränkte Verfügbarkeit über die Marketing-Instrumente; Intermediäre zwischen Produzent und Konsument sind nicht zu berücksichtigen. So kann ein geplanter Preis durchgesetzt werden (außer in Marktformen, in denen die Konsumenten über eine besondere Marktmacht verfügen). Geplante Werbemaßnahmen können uneingeschränkt realisiert werden.

Bei **mehrstufigen Märkten**[11] hingegen werden – zwischen Produzent und Konsument – eine bzw. mehrere Handelsstufen durchlaufen; ein Beispiel ist die Abfolge "Produzent" – "Großhandel" – "Einzelhandel" – "Konsument". Bei mehrstufigen Märkten liegt ein **indirekter Absatz** vor. Grundsätzlich kann ein Produzent eine Push-Strategie oder eine Pull-Strategie wählen. Bei der Push-Strategie konzentriert er seine Marketing-Maßnahmen auf den Handel; dieser soll beim Produzenten ordern und bei den Konsumenten eine entsprechende Nachfrage erzeugen. Bei der Pull-Strategie hingegen richtet ein Produzent seine Marketing-Maßnahmen insbesondere auf die Konsumenten; diese sollen einen Nachfragesog gegenüber dem Handel erzeugen, der wiederum gegenüber dem Produzenten einen Nachfragesog ausübt (vgl. Abb. 1.7).

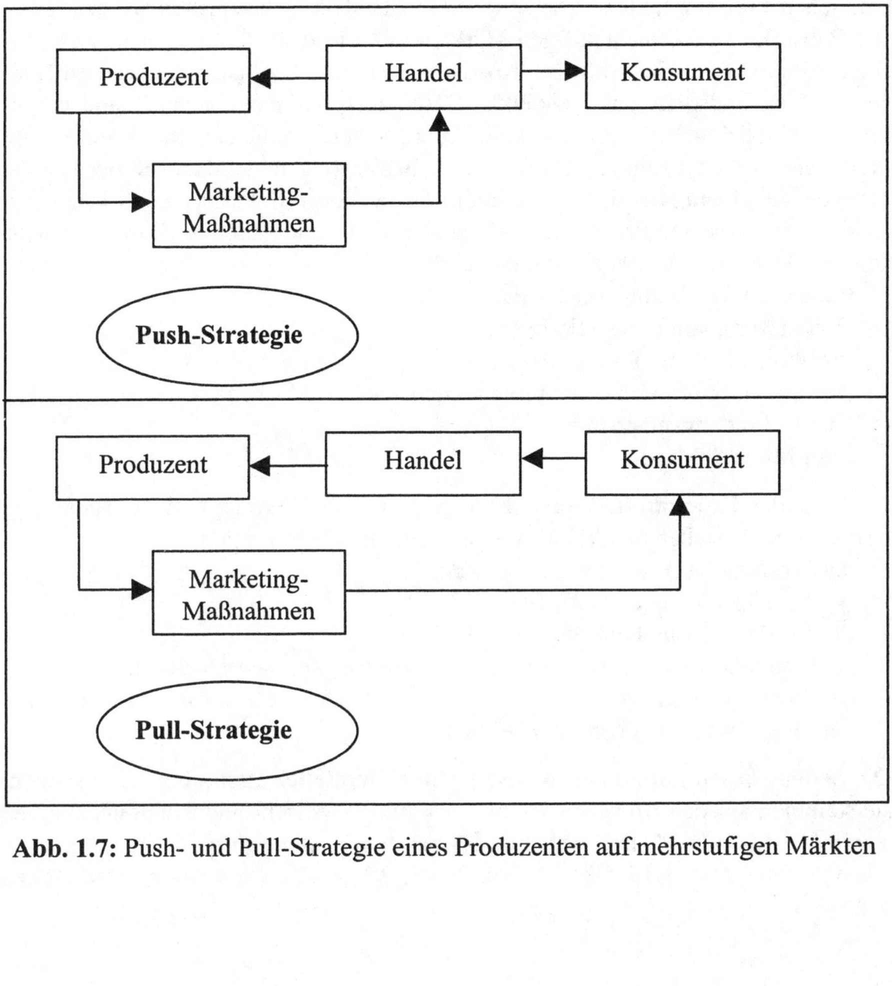

Abb. 1.7: Push- und Pull-Strategie eines Produzenten auf mehrstufigen Märkten

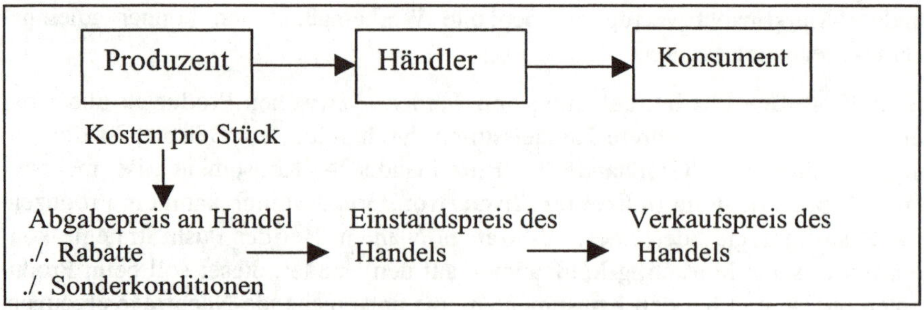

Abb. 1.8: Preisbildung auf mehrstufigen Märkten

Im Gegensatz zu einstufigen Märkten sind für einen Produzenten die Marketing-Instrumente bei mehrstufigen Märkten nur in beschränkter Weise einsetzbar. So besteht bezüglich der **Preispolitik** in der Regel nur die Möglichkeit einer unverbindlichen Preisempfehlung, die seitens des Handels unterschritten werden kann. Die Preisbildung auf mehrstufigen Märkten läßt die Abb. 1.8 erkennen; wesentliche Einflußfaktoren der Abfolge "Kosten pro Stück" – "Abgabepreis an den Handel" – "Einstandspreis des Handels" – "Verkaufspreis des Handels" sind aufgeführt. Offensichtlich ist ein Zielkonflikt zwischen Produzent und Handel: Ein Produzent ist tendenziell an einem hohen Abgabepreis an den Handel, der Handel dagegen an einem niedrigen Einstandpreis interessiert. Partnerschaftliche Verhandlungen zwischen Produzent und Handel sind unumgänglich. Darüber hinaus kann ein Produzent Vorteile erringen durch

- Reduktion der Produktionskosten,
- Optimierung von Sonderaktionen,
- Preisbündelung bei Produktpaketen (zur Stützung schwächerer Marken durch stärkere Marken),
- Kundenbindungsmaßnahmen (z.B. Miles & More).

Auch bei der **Kommunikationspolitik** (z.B. bei der Werbung) ist der Handel zu beachten. So bestehen die drei Möglichkeiten eines Produzenten

- der Werbung gegenüber Konsumenten, (im Prinzip wie bei einstufigen Märkten),
- der Werbung gegenüber dem Handel (z.B. mittels Anzeigen in geeigneten Fachzeitungen, -zeitschriften),
- der Beteiligung an Werbemaßnahmen des Handels, die auf die Konsumenten gerichtet sind (z.B. wöchentliche Prospekte).

Die **bedeutsamen nationalen Konsumgüter-Hersteller** lässt Abb. 1.9 erkennen; sie stammen aus den Branchen "Nahrungsmittel", "Wasch- und Reinigungsmittel" sowie "Genussmittel". Die **weltweit führenden Konsumgüter-Lieferanten** des Handels zeigt Abb. 1.10. Über die Hälfte der 30 größten Produzenten stammt aus den USA.

Rang-platz	Unternehmen	Umsatz in Mio EURO 2001/2002	Veränderung zum Vorjahr in %
1	**Henkel-Gruppe** Wasch- und Reinigungsmittel, Körperpflege, Klebstoffe	13.100	+ 2,2
2	**Tchibo Holding AG** Zigaretten, Kaffee, Nonfood	9.956	- 1,0
3	**Philip Morris** Zigaretten	6.600	+ 0,0
4	**Reckit-Benckiser** Waschmittel, Kosmetik	5.500	+ 7,0
5	**Oetker-Gruppe** Nährmittel, Tiefkühlkost, Getränke	5.256	+ 0,6
6	**British-American Tobacco** Zigaretten	5.000	+ 6,0
7	**Südzucker-Gruppe** Zucker, Süßungsmittel, Speiseeis, Tiefkühlkost	4.776	+ 2,4
8	**Beiersdorf** Körperpflegemittel, Klebebänder	4.542	+ 10,3
9	**SCA Hygiene Products** Hygienepapiere	4.300	+ 27,0
10	**Nestlé-Gruppe Deutschland** Kaffee, Babykost, Nährmittel, Süßwaren, Getränke, Fleischwaren	4.119	+ 6,3
11	**Campina Melkunie b.v.** Molkereiprodukte	3.909	+ 0,4
12	**Deutsche Unilever** Nahrungsmittel, Waschmittel, Kosmetik	3.300	+ 10,0
13	**Wella** Haarpflege, Duftwässer	3.187	+ 12,9
14	**Coca-Cola** Erfrischungsgetränke	3.050	- 5,0
15	**Procter & Gamble** Wasch- und Körperpflegemittel, Fruchtgetränke	2.700	- 6,9
16	**Nordmilch eG** Molkereiprodukte	2.393	+ 8,4
17	**Humana Milchunion** Molkereiprodukte	2.359	+ 13,0
18	**Medion** Consumer Electronic, Zubehör Telekommunikation	2.117	+ 30,2
19	**Kraft Foods** Kaffee, Süßwaren, Teigwaren, Soßen	1.950	- 3,0
20	**Moksel** Fleisch, Fleischwaren	1.893	- 0,2

Quelle: Lebensmittel-Zeitung, NET 10.10.2002.

Abb. 1.9: Die größten Konsumgüter-Hersteller Deutschlands

Rangplatz	Unternehmen	Umsatz 2000 in Mio. Euro	Ursprungsland
1	Philip Morris Co. Inc.	87.003	USA
2	Nestle SA	54.701	Schweiz
3	Unilever PLC/Unilever NV	48.519	Großbritannien /Niederlande
4	Japan Tobacco Inc.	44.858	Japan
5	Procter & Gamble CO	38.170	USA
6	British-American Tobacco PLC	38.170	Großbritannien
7	Johnson & Johnson	31.549	USA
8	ConAgra Foods Inc.	29.443	USA
9	Glaxo SmithKline PLC	29.268	Großbritannien
10	Coca-Cola	22.150	USA
11	PepsiCo Inc.	22.128	USA
12	Diageo PLC	19.486	Großbritannien
13	Sara Lee Corp.	19.215	USA
14	IBP Inc.	18.352	USA
15	Seagram Co	16.890	USA
16	Mars Inc.	16.565	USA
17	Kimberly-Clark Corp.	15.138	USA
18	Kirin Brewery Co Ltd.	14.915	Japan
19	Groupe Danone	14.567	Frankreich
20	Anheuser-Busch Co Inc.	13.276	USA
21	Farmland Industries Inc.	13.251	USA
22	Snow Brand Milk Products	13.214	Japan
23	L'Oréal SA	12.917	Frankreich
24	H.J. Heinz Inc.	10.210	USA
25	Colgate Palmolive Co	10.132	USA
26	Tate & Lyle Group	9.720	Großbritannien
27	Maruha Corp.	9.660	Japan
28	Nippon Meat Packers Inc.	9.047	Japan
29	Kao Corp	8.690	Japan
30	Tyson Foods Inc.	7.750	USA

Quelle: Lebensmittelzeitung, 18.10.2001.

Abb. 1.10: Top 30 Lieferanten International im Jahre 2000

Rang-platz	Unternehmen	Umsatz in Mio. Euro 2002	Veränderung gegenüber Vorjahr in %	Anteil Lebens-mittel in %
1	**Metro-Gruppe** Galeria Kaufhof, Real, Extra	32.022	-0,5	45,1
2	**Rewe-Gruppe** Penny-Markt, Minimal, Idea, HL Markt, Toom, Rewe	28.622	-2,4	68,6
3	**Edeka/AVA-Gruppe** Edeka, Marktkauf, Dixi	25.177	-1,2	83,1
4	**Aldi-Gruppe** Aldi	25.000	15,7	81,0
5	**Lidl & Schwarz** Lidl, Kaufland	17.150	9,5	80,4
6	**Karstadt Quelle** Karstadt, Alsterhaus, Quelle	16.050	-2,1	5,8
7	**Tengelmann-Gruppe** Plus, Tengelmann, Kaiser's	12,463	4,3	62,3
8	**Lekkerland - Tobaccoland** Lekkerland, Tobaccoland	8.170	21,6	85,0
9	**SPAR-Gruppe** Eurospar, Intermarché, Spar, Netto, Kodi, Superspar	7.539	-2,6	92,3
10	**Schlecker** Schlecker	5.300	11,5	95,0

Quelle: Lebensmittel-Zeitung NET 28.05.03.
Abb. 1.11: Die zehn größten Handelsbetriebe in Deutschland 2002

Welche Bedeutung die **großen Handelsbetriebe in Deutschland** haben, zeigt Abb. 1.11. So erreichen die sieben größten Handels-Organisationen 75% des gesamten Umsatzes des Lebensmittelhandels im Jahre 2000, die zehn größten Organisationen sogar 84%. Einen Gesamtumsatz von 194 Mrd. EURO erzielten die deutschen Lebensmittelhändler im Jahr 2000; hiervon betrug der Food-Umsatz 128 Mrd. EURO (66%), der Nonfood-Umsatz 66 Mrd. EURO (34%).

Eine Analyse der Konzentration im deutschen Lebensmitteleinzelhandel zwischen 1980 und 2000 sowie eine Prognose bis zum Jahr 2010 finden sich in Abb. 1.12.

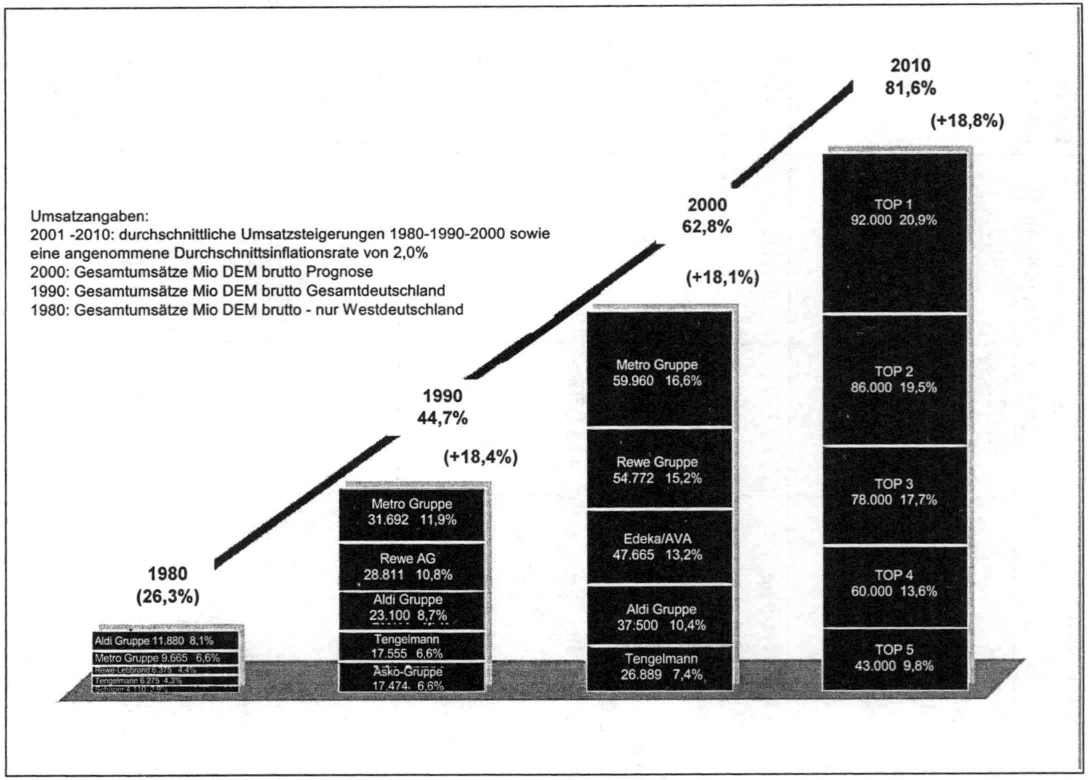

Quelle: www.mm-eurodat.com.

Abb. 1.12: Marktanteile der TOP 5 des deutschen Lebensmittelhandels 1980 bis 2010 (Prognose)

Betrachtet werden die Marktanteile der fünf größten Handelsorganisationen. Deren Marktanteil insgesamt steigt von 26,3% im Jahre 1980 auf über 44,7% im Jahre 1990 und 62,8% im Jahre 2000 bis auf prognostizierte 81,6% im Jahre 2010. Den größten Marktanteil wird die Metro-Gruppe (Prognose: etwa 21% im Jahre 2010), gefolgt von der Rewe-Gruppe (knapp 20%), Edeka (knapp 18%), Aldi (knapp 14%) und Tengelmann (etwa 10%) erzielen.

Hinsichtlich der vorherrschenden mehrstufigen Märkte ist zusammenfassend festzustellen[12]:

- Eine Vielzahl an Konsumenten (private Haushalte) sind in der Regel heterogen. Häufig verfügen sie über eine stagnierende Kaufkraft, teilweise über hohe verfügbare Einkommen; ein Wertewandel ist dauerhaft festzustellen (mehr Freizeitorientierung, höheres Gesundheits- und Umweltbewusstsein); das Konsumverhalten ist widersprüchlich (Einkauf sowohl beim Discounter als auch bei der Top Boutique); erkennbar ist die Tendenz zum Smart Shopping (Nutzung des Fabrikverkaufs); Informationsüberlastung (nur geringe Aufmerksamkeit gegenüber Werbemitteln und den darin enthaltenen Informationen) und zum Teil Low Involvement (kaum Interesse an Produktinformationen, die über die Medien verbreitet werden sollen) sind zusätzlich typisch für das Konsumentenverhalten.

- Auf der Seite der Produzenten finden Konzentrationsprozesse statt, was zu einer vergleichsweise geringen Anzahl an konkurrierenden Produzenten pro Category (Warengruppe) führt. Als Marktform dominiert das Oligopol. Die Konzentrationsprozesse werden begleitet von einer sinkenden Marktmacht gegenüber dem Handel, was zur Konsequenz hat, dass angestrebte höhere Verkaufspreise gegenüber dem Handel kaum durchsetzbar sind. Hinzu kommt, dass die Absatzmengen der Produzenten tendenziell sinken, da der Handel vermehrt Eigenmarken, sogenannte Handelsmarken, anbietet.

- National und international finden auch auf der Seite des Handels Konzentrationsprozesse statt; zwischen den Handelsorganisationen spielt sich ein erheblicher Konkurrenzkampf (in der Regel über die Abgabepreise an die Konsumenten) ab. Auf Grund der steigenden Marktmacht des Handels (unter anderem durch das alternative Anbieten von Handelsmarken, die an der Jahrtausendwende im Lebensmittelhandel in Großbritannien schon einem Umsatzanteil von 30%, in Belgien, Frankreich und Deutschland von knapp 25% erreichen) gegenüber dem Produzenten werden möglichst geringe Einstandspreise angestrebt; daneben wird die eigene Kostenlage optimiert.

- Die Konzentrationsprozesse auf der Produzenten- und auf der Handelsseite sowohl horizontal als auch vertikal führen zu einer höheren Wettbewerbsintensität. Daneben hat sich der Anteil der konfliktträchtigen Beziehungen zwischen Produzenten und Handel deutlich erhöht, die Hauptkonflikt-Potentiale breiten sich in der Preis- und Konditionenpolitik, in der Sortimentspolitik und im Bereich Entsorgung/Recycling aus.

1.3 Strategische Geschäftsfelder und Produkte eines Markenartikelproduzenten

1.3.1 Strategische Geschäftsfelder

Strategische Geschäftsfelder (Strategic Business Areas) stellen Planungseinheiten eines Unternehmens dar, anhand derer die Strategische Planung vollzogen wird. Strategische Geschäftsfelder müssen voneinander abgegrenzt werden; für einen Markenartikelproduzenten können entsprechende Kriterien sein[13]

- **das Produkt**
  Bildung Strategischer Geschäftsfelder in Form von Produkt-Markt-Kombinationen,
- **die Problemlösung**
  Bildung Strategischer Geschäftsfelder nach der Art der Problemlösung für den Kunden,
- **die Technologie**
  Bildung Strategischer Geschäftsfelder nach der einzusetzenden Technologie im Rahmen von Produktionsprozessen,
- **die Wettbewerber**
  Bildung Strategischer Geschäftsfelder nach dem Ausmaß der Konkurrenzintensität,
- **die Nachfrager**
  Bildung Strategischer Geschäftsfelder nach der Konsumentenschaft gemäß einer vorgenommenen Marktsegmentierung.

Bei der Planung des **Umfanges eines Strategischen Geschäftsfeldes** ist grundsätzlich zu beachten, dass das Geschäftsfeld in sich nicht zu heterogen ist, damit spezifische Strategieempfehlungen gemacht werden können. Darüber hinaus müssen Strategische Geschäftsfelder folgende Bedingungen erfüllen[14]:

- **Eigenständigkeit der marktbezogenen Aufgaben**
  Die marktbezogene Aufgabe eines Strategischen Geschäftsfeldes muss unabhängig sein von jener eines anderen Strategischen Geschäftsfeldes, das heisst die Bildung Strategischer Geschäftsfelder muss in diesem Sinne möglichst überschneidungsfrei erfolgen. Die Beachtung dieser Bedingungen bei der Abgrenzung Strategischer Geschäftsfelder ermöglicht es, für die einzelnen Strategischen Geschäftsfelder eigenständige Marketing-Strategien zu entwickeln und zu implementieren.
- **Identifizierbarkeit der Konkurrenten**
  Die Strategischen Geschäftsfelder müssen so definiert werden, dass ihre Wettbewerber eindeutig festzustellen sind.
- **Unabhängigkeit der Entscheidungen**
  Entscheidungen in den einzelnen Strategischen Geschäftsfelder sollten sich möglichst wenig gegenseitig bedingen.

- **Führungseffizienz**
  Die Führungskräfte der Strategischen Geschäftsfelder müssen für ihre Entscheidungen die Verantwortung tragen; sie müssen ferner die Kontrolle über die in den Funktionsbereichen einzusetzenden Ressourcen besitzen.
- **Betätigung auf einem externen Markt**
  Unternehmensbereiche, die beispielsweise Halbfabrikate an andere Bereiche des Unternehmens liefern, stellen keine Strategischen Geschäftsfelder dar.

Beispiele für Strategische Geschäftsfelder, die verschiedenen Produzenten zugeordnet werden können, finden sich in Abb. 1.13.

Wie bei Konsumenten kann auch bei Produzenten eine unternehmensbezogene Segmentierung[15] vorgenommen werden. Ein Beispiel für eine **unternehmensbezogene Segmentierung** findet sich in Abb. 1.14. Wiedergegeben werden die Strategischen Gruppen in einer Maschinenbaubranche. Strategische Gruppen bestehen aus Unternehmen einer Branche, die ein ähnliches Verhalten zeigen, die sich damit zu anderen Unternehmen (beziehungsweise anderen Strategischen Gruppen) deutlich unterscheiden.

Unternehmen(sgruppe)	**Strategische Geschäftsfelder**
Henkel-Gruppe	Wasch- und Reinigungsmittel, Körperpflegemittel, Klebstoffe
Oetker-Gruppe	Nährmittel, Getränke, Reederei
Beiersdorf	Körperpflegemittel, Klebebänder
Deutsche Unilever	Nahrungsmittel, Waschmittel, Kosmetik
Kraft Foods	Kaffee, Süßwaren, Teigwaren, Soßen
Procter & Gamble	Waschmittel, Körperpflegemittel, Fruchtgetränke

Abb. 1.13: Strategische Geschäftsfelder ausgewählter Produzenten

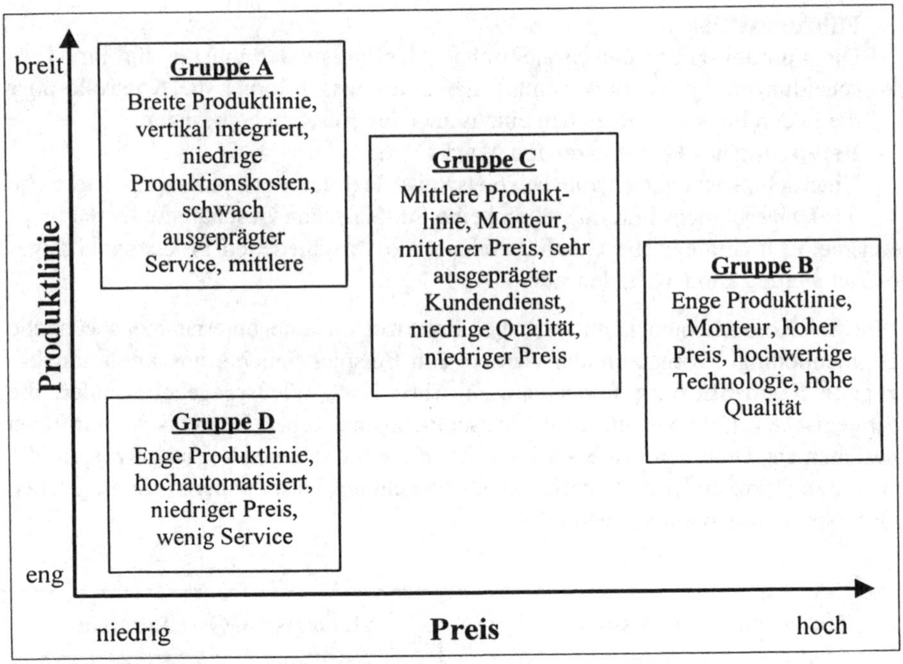

Quelle: Nach Porter 1983, S. 179.
Abb. 1.14: Strategische Gruppen in einer Maschinenbaubranche

1.3.2 Produkte

1.3.2.1 Charakterisierung von Produkten

Produkte können als Menge von funktionalen/technischen/chemischen Eigenschaften, die in angemessener Weise kombiniert gekennzeichnet werden[16]. Sie dienen zur Bedürfnisbefriedigung beim Konsumenten und sollen auf Märkten zum Gegenstand eines Tausches werden, um Ziele des Anbieters zu erfüllen. Produkte basieren auf den Technologien, welche in einem Unternehmen entwickelt worden sind und eingesetzt werden können. Ausgewählte funktionale/technische Eigenschaften zum Beispiel eines Pkw's sind
- Dauer der Beschleunigung auf 100 km/h,
- Höchstgeschwindigkeit,
- Benzinverbrauch,
- Größe des Kofferraumes.

Von besonderer Bedeutung für die Bedürfnisbefriedigung beim Konsumenten durch Produkte ist die Motivtheorie von Maslow. Maslow[17] hat eine **Hierarchie menschlicher Motive** entwickelt, welche erstens aus der inhaltlichen Beschreibung verschiedener Arten von Motiven und zweitens aus einer Ordnung der Moti-

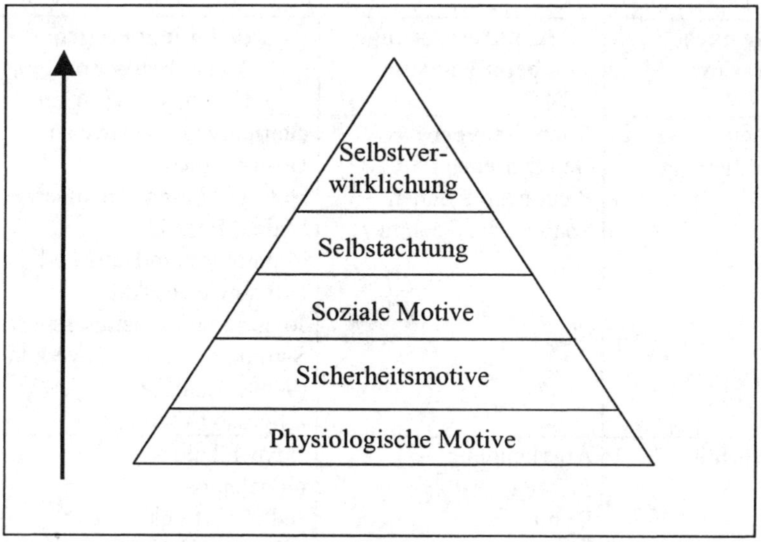

Abb. 1.15: Motivhierarchie nach Maslow

ve besteht. Die Motivhierarchie (vgl. Abb. 1.15) umfasst fundamentale physiologische Motive (wie Hunger, Schlaf, Sexualität), Sicherheitsmotive (wie Schutz von Gesundheit, Hab und Gut), soziale Motive (wie Suche nach Kontakt mit anderen, Geselligkeit), Selbstachtungsmotive (wie Streben nach Entfaltung der eigenen Persönlichkeit, der eigenen Kreativität). Konkretisierungen der verschiedenen Motive beim Konsum und Zuordnungen von marketingbezogenen Verhaltens- und Leistungskategorien finden sich in der Abb. 1.16.

Maslow nimmt an, dass ein höheres, übergeordnetes Motiv erst dann verhaltenswirksam wird, also erst dann als Zielsetzung relevant wird, wenn das jeweils untergeordnete Motiv befriedigt ist, das heisst einem bestimmten Anspruchsniveau entsprechend erfüllt ist. Welches Anspruchsniveau dabei verfolgt wird, ist abhängig von verschiedenen Einflussfaktoren wie der Umwelt eines Individuums oder wie gemachter Erfahrungen (zum Beispiel bei Kaufentscheidungen in der Vergangenheit).

Für das Marketing lassen sich aus der Motivtheorie tendenzielle **Schlußfolgerungen** ziehen: Für Konsumenten, die über ein immer größer werdendes disponibles Einkommen verfügen, sind eher die oberen Schichten der Motivhierarchie verhaltensrelevant, da die fundamentalen Motive bereits erreicht sind. Dies kann sowohl bei der Produktpolitik (Produktgestaltung, Neuproduktplanung) als auch bei der Werbung umgesetzt werden, indem Produkte bzw. Werbekampagnen so gestaltet werden, dass ein Selbstachtungsmotiv (wie Streben nach Geltung) oder ein Selbstverwirklichungsmotiv (wie Streben nach Entfaltung der eigenen Persönlichkeiten) als relevant und durch ein Produkt erfüllbar erscheint.

Motive nach A. Maslow	**Konkretisierung beim Konsum**	**Marketingbezogene Verhaltens- und Leistungskategorien**
Bedürfnis nach Selbstverwirklichung	Erlebnisstreben Genußstreben Freude am Können Spaß an der Technik	alternative Lebensweise Do-it-yourself Hobbys (Lesen, Musizieren Malen, Basteln) Reparaturen in Haus und Hof sowie am Auto Jogging und Leistungssport Sammeln von Kunstwerken (Weiter-)Bildung religiöse Erbauung
Geltungsbedürfnis	Anerkennung Prestige Ruhm	Luxuslokale Nobelautos "edle" Getränke exklusive Kleidung Zweitwohnung exotische Reiseziele
soziale Bedürfnisse	Liebe Zuneigung Geselligkeit Nächstenliebe soziales Engagement	Nachbarschaftsläden Gastronomie Hotellerie Supermarkt
Sicherheitsbedürfnisse	Schutz von - Gesundheit - Hab und Gut - Umwelt Absicherung gegen - Versorgungsengpässe - Kaufrisiken - Unwissenheit - Krankheit - Arbeitslosigkeit - Alter	Biokost naturbelassene Lebensmittel Krankenversicherungen Lebensversicherungen Sanatorien Altenheime Sicherheitsdienste Finanzberatung Markenartikel Katalysatoren bleifreies Benzin
fundamental physiologische Bedürfnisse	Sicherung der Daseinsgrundlagen	Essen Trinken Kleidung Wohnung Möbel

Quelle: Nach Dichtl 1994, S. 68 f.

Abb. 1.16: Konkretisierungen der Motive nach Maslow und marketingpolitische Reaktionsmöglichkeiten

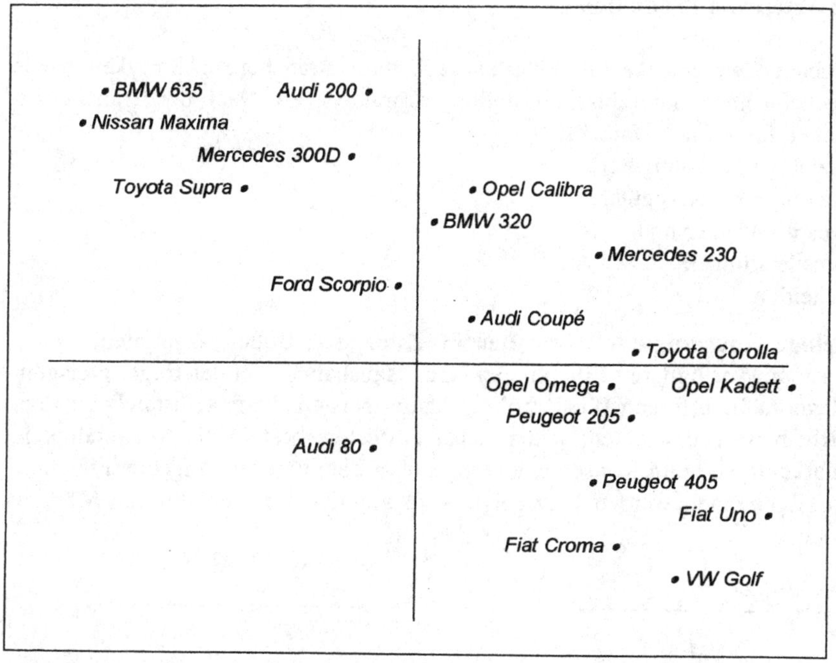

Quelle: Herrmann 1998, S. 425.
Abb. 1.17: Produktmarktraum für 19 Pkw

So wie eine konsumentenbezogene beziehungsweise unternehmensbezogene Marktsegmentierung, das heisst Unterteilung eines heterogenen Gesamtmarktes in homogene Teilmärkte (Marktsegmente), erfolgen kann, kann auch eine produktbezogene Marktsegmentierung durchgeführt werden. Ein interessantes Beispiel für eine **produktbezogene Marktsegmentierung** findet sich in Abb. 1.17; dargestellt wird der Produktmarktraum für insgesamt neunzehn Pkws. Zu Grunde liegt eine Befragung von 667 Autofahrern, die

- zunächst die Marke und den Typ ihres Pkw nennen mussten und
- zusätzlich angeben mussten, zu welchem Fahrzeug sie wechseln würden.

Insbesondere letztere Information erlaubte es, eine Hierarchie der Fahrzeugmerkmale zu konstruieren, also die Struktur des Entscheidungsprozesses beim Pkw-Kauf darzustellen. Abb. 1.18 zeigt deutlich, dass die Autofahrer den Pkw-Markt zunächst nach der Fahrzeugklasse, dann nach der Marke (inkl. Produktionsart), nach der Art des Antriebes und schließlich nach dem Fahrzeugtyp unterteilen.

1.3.2.2 Arten von Produkten

Im folgenden werden die Produktarten nach ihrer Branchenzugehörigkeit sowie entsprechend ihrer hierarchischen Stellung charakterisiert. Nach der Branchenzugehörigkeit lassen sich zunächst

- kurzlebige Konsumgüter,
- langlebige Konsumgüter,
- Investitionsgüter und
- Dienstleistungen

unterscheiden.

Kurzlebige Konsumgüter[18] (wie Benzin, Zahnpasta, Butter, Zigaretten) sind – gemessen am verfügbaren Einkommen eines Haushaltes – in der Regel preisgünstig. Regelmäßig erfolgen Wiederholungskäufe meistens beim selbständigen Handel, nicht beim Produzenten; seitens eines Anbieters besteht die Notwendigkeit, eine Markentreue beim Konsumenten gegenüber dem eigenen Angebot aufzubauen. Im allgemeinen werden kurzlebige Konsumgüter auf mehrstufigen Märkten gehandelt.

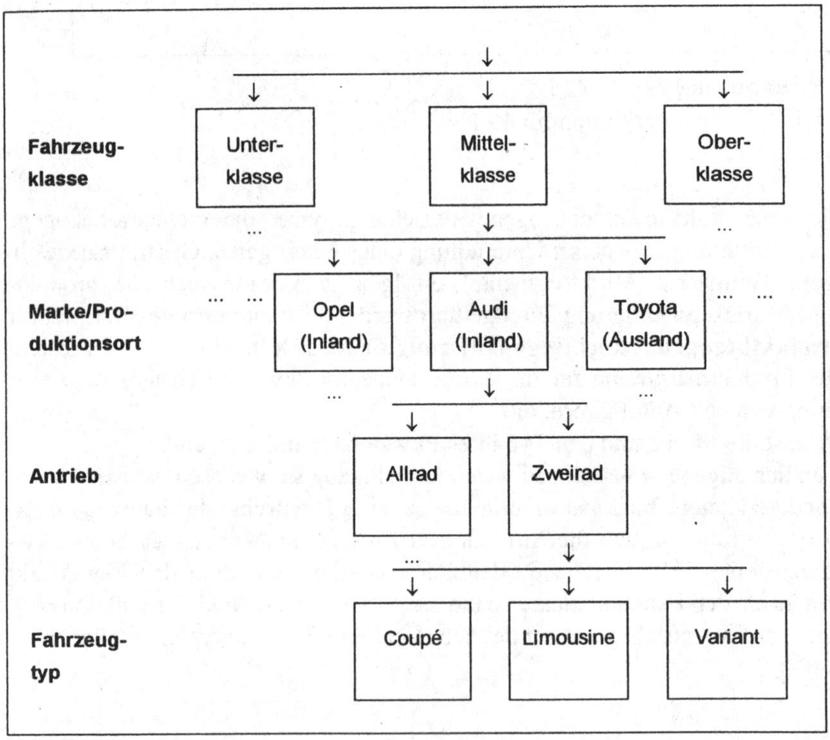

Quelle: Herrmann 1998, S. 427.

Abb. 1.18: Struktur des Entscheidungsprozesses beim Pkw-Kauf

Investitionsgüter[20] werden von gewerblichen Nachfragern (Betrieben) beschafft und dort langfristig im Produktionsprozess eingesetzt. Im Rahmen eines Beschaffungsprozesses sind umfangreiche Interaktionen zwischen Funktionsträgern des nachfragenden und des anbietenden Unternehmen zu verzeichnen; einem sogenannten Buying Center steht ein Selling Center gegenüber. Durch die Analyse von tatsächlich stattgefundenen Beschaffungsentscheidungen in Betrieben fanden wurde herausgefunden, dass insgesamt fünf verschiedene Rollen (Informations-Vorselektierer, Entscheider, Kaufabschluss-Tätigender, Verwender, Beeinflusser) im Buying Center vorzufinden sind, wobei eine bestimmte Person eine beziehungsweise mehrere Rollen wahrnehmen kann. Eine entsprechende Strukturierung findet sich beim Selling Center. Um anhaltende Geschäftsbeziehungen zu einem Nachfrager in dem Sinne zu erreichen, dass Wiederkäufe entstehen, ist ein geeignetes Geschäftsbeziehungsmanagement zu entwickeln.

Die **Dienstleistungsbranche**[21] ist eine sehr heterogene Branche; Verallgemeinerungen von typischen Kaufentscheidungsprozessen und zuzuordnenden Anbieter-Verhaltensweisen sind nur schwer möglich. Dienstleistungen werden sowohl im Zusammenhang mit Konsum- oder Investitionsgütern (erklärungsbedürftiges oder wartungsintensives Investitionsgut) als auch separat (externe Marktforschung oder ärztliche Beratung) abgegeben. Entsprechend lassen sich ein funktionelles Dienstleistungs-Marketing (im Sinne einer Nebenfunktion für die Absatzförderung von selbst erstellten Sachleistungen) und ein institutionelles Dienstleistungs-Marketing (im Sinne einer Hauptfunktion eines Anbieters) unterscheiden. In Abb. 1.19 ist der Marketing-Verbund-Kasten wiedergegeben, der in idealtypischer Weise die Anteile von Sachleistungen und von Dienstleistungen beim Absatz von Konsumgütern, Investitionsgütern und von Dienstleistungen angibt.

Ausgewählte **Beispiele** für Strategische Geschäftsfelder sowie zuzurechnende Produkte finden sich in Abb. 1.20.

Die von einem Produzenten angebotenen Produkte lassen sich entsprechend ihrer hierarchischen Stellung (Abb. 1.21) kategorisieren. Unterschieden werden für einen Produktionsbetrieb

- das Produktprogramm,
- die Produktarten,
- die Produktklassen,
- die Produktlinien und
- die Produktmarken.

Produktlinien entstehen durch eine Produkt(marken)-differenzierung. Die Programmtiefe ist durch die durchschnittliche Zahl der Produktmarken je Produktlinie determiniert. Die Programm(klassen)breite ergibt sich durch die Zahl der Produktlinien.

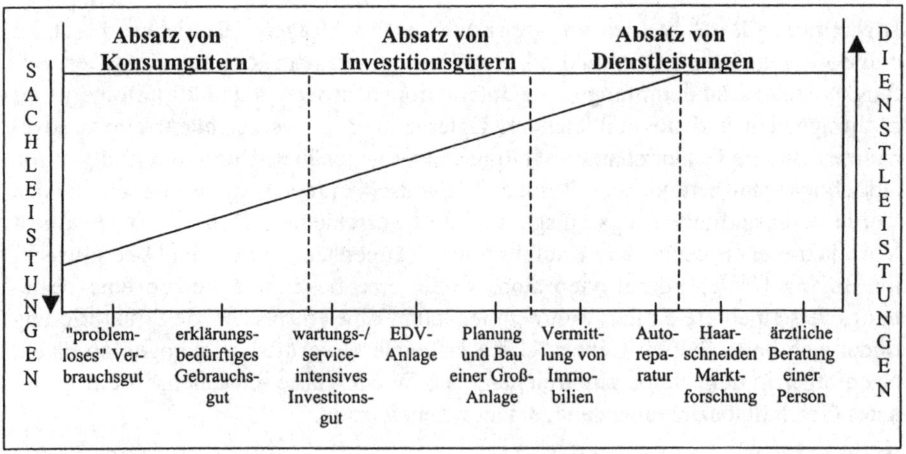

Quelle: Hilke 1989, S. 8.

Abb. 1.19: Marketing-Verbund-Kasten

Strategische Geschäftsfelder	Produkte
Körperpflegemittel	Seife, Duschgel, Zahnpasta
Getränke	Mineralwasser mit Kohlensäure, Fruchtgetränke, z.B Apfelsaft, Bier, z.B alkoholfrei, Rotwein, z.B französischer
Molkereiprodukte	Butter, Joghurt, Milch, Käse

Abb. 1.20: Beispielhafte Strategische Geschäftsfelder und zuzurechnende Produkte

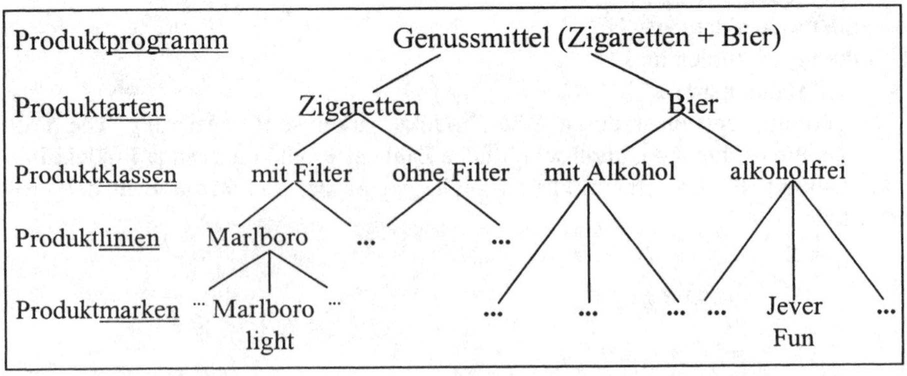

Abb. 1.21: Von der Produktmarke zum Produkt(ions)programm

Produktlinien entstehen durch eine Produkt(marken)-differenzierung. Die Programmtiefe ist durch die durchschnittliche Zahl der Produktmarken je Produktlinie determiniert. Die Programm(klassen)breite ergibt sich durch die Zahl der Produktlinien.

1.3.2.3 Produktschutzrechte und Produkt-Piraterie

Zu den **Schutzrechten**, welche den Handlungsspielraum der Konkurrenten einschränken, zählen unter anderem das Patent-, das Gebrauchsmuster- und das Geschmacksmustergesetz. Das **Patentrecht** (geregelt im PatG) gewährt dem Inhaber das Recht zur alleinigen Nutzung seiner Erfindung. Patente können für Leistungen aus dem Gebiet der Technik erlangt werden, die neu sind, auf erfinderischer Tätigkeit beruhen und gewerblich anwendbar sind. Patente sind schriftlich anzumelden; die maximale Laufzeit beträgt 20 Jahre; danach läuft das Schutzrecht aus; für die Aufrechterhaltung des Patentschutzes sind Gebühren zu entrichten.

Gebrauchsmuster sind nach § 1 GebrMG alle Arbeitsgerätschaften, Gebrauchsgegenstände oder Teile davon, welche dem Arbeits- oder Gebrauchszweck durch eine neue Gestaltung, Anordnung oder Vorrichtung dienen sollen. Als Voraussetzung zur Gebrauchsmusteranmeldung muss, wie bei der Patentanmeldung, der technische Inhalt der Neuerung gewährleistet sein, die Anforderungen hinsichtlich Neuheitsgrad und technischem Fortschritt sind jedoch geringer. Gebrauchsmuster können sich – im Gegensatz zu Patenten – nur auf Gegenstände beziehen, nicht aber auf technische Verfahren oder chemische Stoffe. Die maximale Schutzzeit beträgt sechs Jahre; die Anmeldung erfolgt beim Patentamt.

Das **Geschmacksmusterrecht** ist ein Urheberrecht an ästhetisch wirkende, gewerbliche Muster und Modelle; das Schutzrecht wird für den ästhetischen Gehalt eines Erzeugnisses gewährt; der Inhaber erhält das alleinige Recht zur Nachbildung. Die Anmeldung erfolgt beim Amtsgericht; die Schutzzeit beträgt maximal 15 Jahre.

Neben nationalen Schutzrechten können auch supranationale Schutzrechte erlangt werden. Beispielhaft zu nennen wäre das **Europäische Patent**. Darunter wird ein vom Europäischen Patentamt (EPA) erteiltes Patent mit Wirkung für einen oder mehrere Staaten der Europäischen Patentorganisation (EPO) verstanden. Der Antragsteller bestimmt bei der Einreichung seiner Patentanmeldung, für welche der EPO-Staaten sein Europäisches Patent erteilt werden soll (Benennungsländer). Das Verfahren beim EPA entspricht in seiner Struktur dem Verfahren zur Erteilung eines deutschen Patents.

Ein zweites Beispiel für supranationale Schutzrechte ist die im Jahre 2002 in Kraft getretene **Gemeinschaftsgeschmacksmusterverordnung** (GGVO). Die wichtigste Neuerung ist die Anerkennung eines nicht eingetragenen Geschmacksmusters für den Bereich der Europäischen Gemeinschaften. Geschützt ist es – ohne jede

Registrierung – von dem Tag an, an dem ein Produkt erstmals der Öffentlichkeit zugänglich gemacht worden ist; die Schutzdauer beträgt aber nur drei Jahre.

In Abb. 1.22 sind ausgewählte Daten zu **Patentverfahren in Deutschland** im Zeitraum 1991 bis 2000 enthalten. Die Zahl der Patentanmeldungen hat in den letzten 10 Jahren um mehr als 50% zugenommen. Vergleichsweise ähnlich hat sich die Zahl der Prüfungsanträge entwickelt. Sogar verdoppelt hat sich die Zahl der Prüfungsanträge, die mit der Anmeldung gestellt werden. Da die Anzahl der abgeschlossenen Prüfungsverfahren in etwa gleich geblieben ist, stieg der Bestand an unerledigten Fällen im Prüfungsverfahren.

Erworbene Produkt-Schutzrechte eines Herstellers werden wiederholt verletzt, indem Produkte, für die der rechtmäßige Hersteller Schutzrechte besitzt, widerrechtlich nachgeahmt werden. Eingebürgert hat sich hierfür der Begriff der **Produktpiraterie**[22]. Treffender ist die englischsprachige Bezeichnung '**Counterfeiting**', welche 'Fälschung' bedeutet. Produktpiraterie tritt häufig gemeinsam mit Markenpiraterie auf (vgl. Kapitel 1.5.3 Markenschutzrechte und Marken-Piraterie).

1.4 Betriebsformen und Warengruppen einer Handelsorganisation

1.4.1 Betriebsformen

Wie bei Markenartikelproduzenten müssen auch bei Handelsorganisationen Strategische Geschäftsfelder voneinander abgegrenzt werden. Hierfür bieten sich insbesondere die verschiedenen Betriebsformen an. "Unter einer Betriebsform sei das Erscheinungsbild der Handelsbetriebe in ihrem Absatzmarkt verstanden, so wie es sich im Einsatz der absatzpolitischen Instrumente äußert. Zu einer Betriebsform werden mithin alle Handelsbetriebe gezählt, die sich im Einsatz ihrer absatzpolitischen Instrumente relativ stark ähneln und sich so relativ deutlich von anderen Handelsbetrieben abheben"[23].Wesentliches Charakteristikum ist hierbei der gleichartige Einsatz von Marketing-Instrumenten (zum Beispiel des Sortimentes) innerhalb der einzelnen Betriebsformen.

Abb. 1.23 gibt einen Überblick über die typischen Betriebsformen im Handel, im Großhandel und in der Handelsvertretung sowie im Einzelhandel. Nur beispielhaft sollen zwei Betriebsformen, das Fachgeschäft und der Supermarkt kurz charakterisiert werden. So hat das typische **Fachgeschäft** seinen Standort in städtischen Zentren, verfügt über ein schmales, spezialisiertes Sortiment, bietet ausschließlich Markenartikel (keine Handelsmarken) an, verfolgt ein durchschnittliches bis höheres Preisniveau und nimmt eine Beratung von Konsumenten durch Verkäufer wahr. Der typische **Supermarkt** hingegen findet sich außerhalb/am Rande von

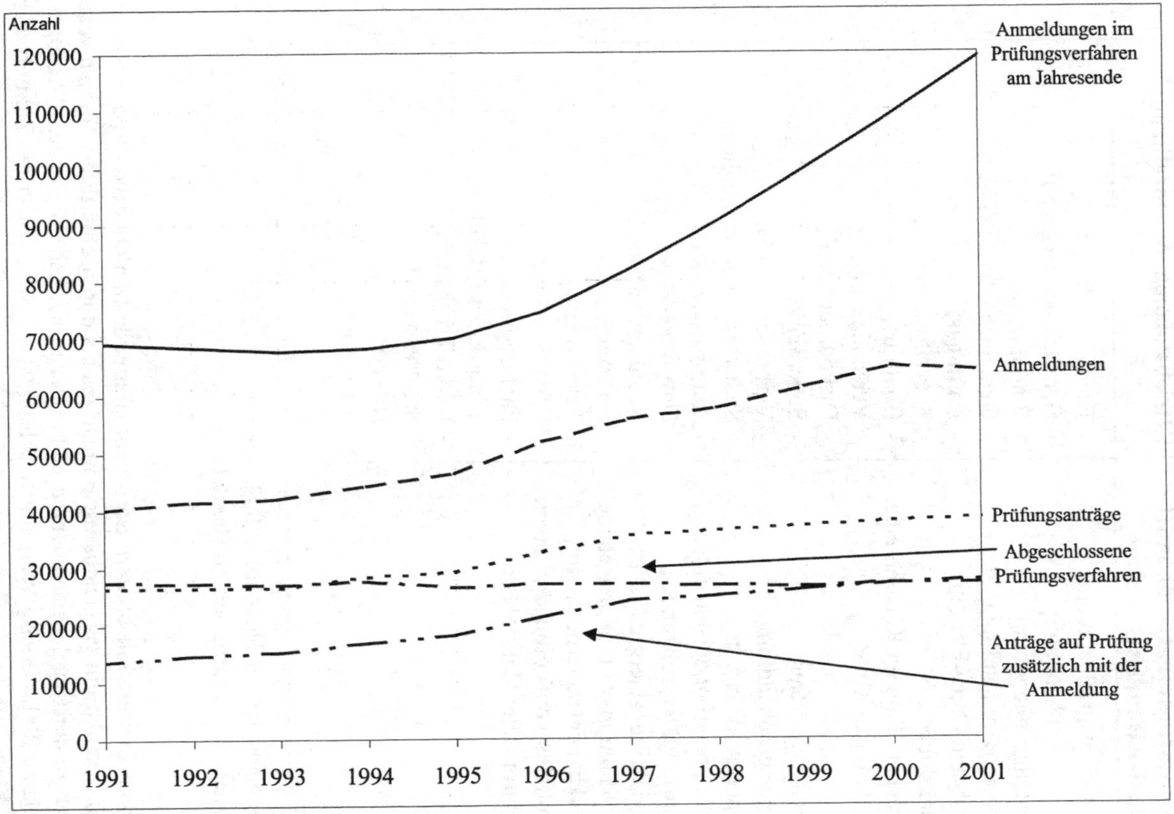

Quelle: DPMA Jahresberichte 2000 und 2001.

Abb 1.22: Entwicklung der Patentanmeldungen in Deutschland

Betriebsformen im Großhandel und in der Handelsvertretung	Betriebsformen im Einzelhandel
- Sortimentsgroßhandlung, - Spezialgroßhandlung, - Zustellgroßhandlung, - Versandgroßhandlung, - Cash-and Carry-Betrieb, - Rack Jobber, - Großhandlung im Rahmen einer freiwilligen Kette, - Aufkaufgroßhandel, - Handelsvertreter, - Exportgroßhandlung, - Importgroßhandlung, - Einkaufsverbundgroßhandlung, - Konsumgütergroßhandel, - Produktionsgütergroßhandel, (Produktionsverbindungshandel), - Werkhandelsunternehmung, - Zentralen von Verbundgruppen, - elektronische Marktplätze.	- Fachgeschäft, - Gemischtwarengeschäft - Warenhaus, - Gemeinschaftswarenhaus, - Kaufhaus, - Spezialgeschäft, - Boutique, - Versandhandel, - Diskountgeschäft, - Supermarkt, - Verbrauchermarkt, - Selbstbedienungswarenhaus, - Automatenverkauf, - Duty-Free-Shop, - Nachbarschaftsladen, - Fachmarkt, - Teleshopping, - Off-Price-Store, - Factory-Outlets (Fabrikverkaufsläden), - Handwerkshandel, - Sammelbesteller, - Drive-in-Store, - E-Commerce.

Quelle: Nach Müller-Hagedorn 2002, S. 69.
Abb. 1.23: Betriebsformen im Handel

städtischen Zentren mit breitem Sortiment (führende Markenartikel und Handelsmarken), verfolgt ein vergleichsweise niedriges bis durchschnittliches Preisniveau und berät in der Regel Konsumenten nicht oder in nur sehr begrenztem Ausmaß. Die im Jahre 2003 neueste Weiterentwicklung ist der Supermarkt der Zukunft, der **Future Store**, ein in der Erprobung befindlicher Supermarkt, bei dem die neuesten Informationstechnologien eingesetzt werden (Selbstbedienungskassen; Einkaufswagen mit kleinen Computern, welche Werbespots und die letzte persönliche Einkaufsliste in dem Supermarkt zeigen).

Abb. 1.24 zeigt sehr deutlich die Entwicklung der Betriebsformen im Lebensmitteleinzelhandel zwischen 1991 und 2001. Umsatzmäßig haben die Discounter um

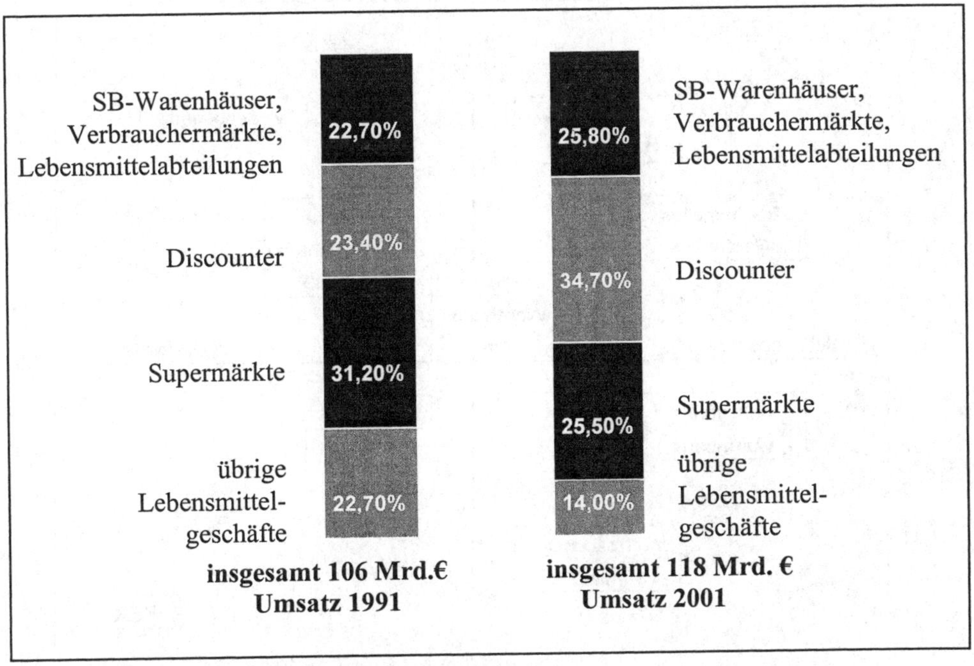

Quelle: EHI; zitiert nach Schwäbisches Tagblatt 26.10.02.

Abb. 1.24: Umsätze im Lebensmitteleinzelhandel nach Betriebsformen 1991 und 2001

etwa 50% zugenommen, zulasten der Supermärkte und der übrigen Lebensmittelgeschäfte.

Ein Beispiel für eine **handelsunternehmensbezogene Marktsegmentierung** zeigt Abb. 1.25. Anhand der Dimensionen "Preisniveau" und "Image" werden neun Handelsunternehmen positioniert; in einem Fall (Warenhaus) ist neben der Ist-Position eine Soll-Position ausgewiesen. Neben verschiedenen Betriebsformen werden auch drei Betriebsformen-Marken, C+A, H+M und Ikea, positioniert.

1.4.2 Warengruppen

Wie für einen Produzenten kann auch für einen Handelsbetrieb eine hierarchische Strukturierung des Angebotes vorgenommen werden. Für einen Handelsbetrieb können

– das Sortiment,
– die Warenarten,
– die Warengruppen,
– die Artikelgruppen
– sowie die einzelnen Artikel

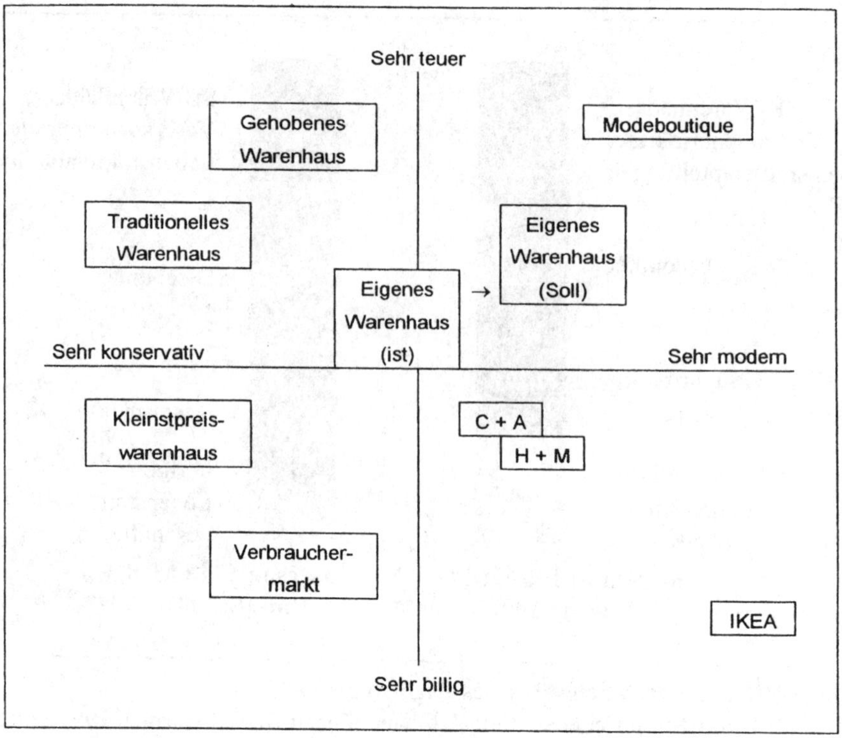

Quelle: Drexel 1984, S. 111.
Abb. 1.25: Wettbewerbsposition von Handelsunternehmen

unterschieden werden (vgl. Abb. 1.26). Da das Sortiment eine zu stark aggregierte Größe, die einzelnen Artikel zu differenzierte Größen darstellen, sind – neben den Betriebsformen – die Warengruppen von besonderer Bedeutung für die langfristige, strategische Planung des Handels [24]. Eine mögliche **Gliederung von Warengruppen** findet sich zusätzlich in der 1. Spalte der Abb. 1.27.

Eine **Positionierung verschiedener Warengruppen** nach den beiden Kriterien
- Käufereinschätzung
  (als Durchschnitt von Auswahl, Qualität und Preis) sowie
- Ertrag pro m^2

findet sich in Abb. 1.28. Dort werden auch generelle strategische Verhaltensweisen wie
- Erträge verbessern,
- Image verbessern oder
- Erträge und Image verbessern, evtl. Selektionsentscheidung bezüglich mancher Warengruppen

zugeordnet.

Sortimentsebenen	Merkmal	Beispiel
(1) Warenarten	Entspricht weitgehend der Branchengliederung	Hausrat
(2) Warenbereiche	Bedarfsbereiche	Haus- und Küchengeräte, Glas, Porzellan, Keramik, Bestecke und Schneidwaren
(3) Warengruppen	Bedarfsart	Emaillierte Geschirre, Aluminiumgeschirre, nicht elektrische Haushaltsmaschinen
(4) Artikelgruppen	Unterschiede in der Menge, in der Größe und in der Farbe werden berücksichtigt, andere Unterschiede bleiben unbeachtet	Bratpfanne, Gaskochtopf, Bräter
(5) Artikel	kleinste Dispositionseinheit, dient zur Erfassung ökonomisch wichtiger Unterschiede, z.B. des Lieferanten, des Materials, der Größe	Bratpfannen nach Größe, Farbe, Qualitätsstufen

Quelle: Nach Müller-Hagedorn 2002, S. 155.
Abb. 1.26: Der Aufbau eines Sortimentes

Auskunft darüber, welche Betriebsform von Konsumenten bevorzugt wird, wenn sie gewisse Warengruppen nachfragen, gibt Abb. 1.27. Es zeigt sich ein sehr differenziertes Bild:

- Die – im Vergleich – größte Bedeutung als Einkaufsquelle erreicht das Warenhaus (WH),
- gefolgt vom Fachgeschäft (FG)
- und vom Kaufhaus (KH);
- eine nur deutlich unterdurchschnittliche Bedeutung weist der Verbrauchermarkt (VM) auf;
- als kaum bedeutend landen Discounter (DIS), Nachbarschaftsgeschäfte (NG), der Markt (M) und der Großhandel (GH) abgeschlagen auf den letzten Plätzen.

Warengruppe	Bevorzugte Betriebsform								
1. Fleisch und Wurst	VM	WH			FG				
2. Frischartikel ohne Fleisch	VM	WH					NG		
3. Haltbare Lebensmittel	VM			DIS			NG	M	
4. Kosmetik- und Drogeriewaren	VM	WH		DIS	FG				
5. DOB		WH	KH		FG				
6. HOB		WH	KH		FG				
8. Stoffe		WH	KH		FG				
10. Möbel		WH	KH		FG				
11. Teppiche und Gardinen		WH	KH		FG				
12. Elektrogeräte		WH	KH		FG	VS			GH
13. Uhren und Schmuck		WH			FG				
14. Spielwaren		WH	KH		FG				
15. Sportartikel		WH	KH						

VM = Verbrauchermarkt
WH = Warenhaus
KH = Kaufhaus
DIS = Discounter
FG = Fachgeschäft
VS = Versandhandel
NG = Nachbarschaftsgeschäft
M = Markt
GH = Großhandel

Quelle: Müller-Hagedorn 2002, S. 84.

Abb. 1.27: Warengruppen und bevorzugte Betriebsformen

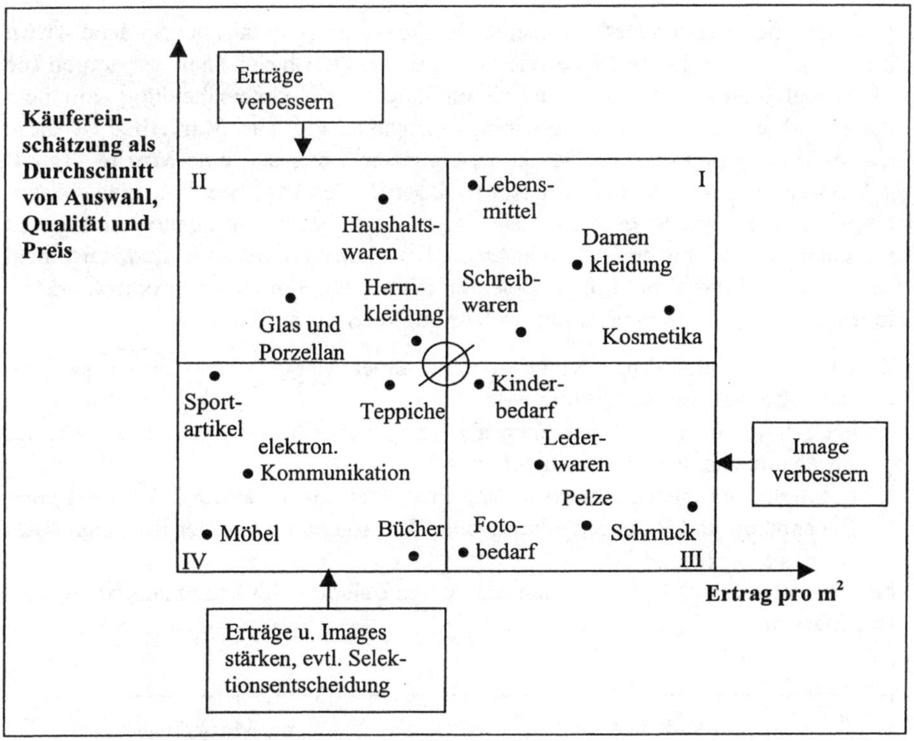

Quelle: Barth u.a. 2002, S. 309.

Abb. 1.28: Warengruppen nach Käufereinschätzung und Ertrag pro m^2

Abb. 1.28 zeigt die Abhängigkeit der gewählten Betriebsform von der nachgefragten Warengruppe deutlich. Zu beachten ist jedoch, dass nur nach bevorzugten Betriebsformen, nicht nach realisiertem Einkaufsvolumen gefragt worden ist.

1.5 Marken

1.5.1 Charakterisierung von Marken

Eine erste Kennzeichnung von Marken ist auf der Basis des Markengesetzes möglich; gemäß § 3 Abs. 1 MarkenG beinhalten **Marken** alle Zeichen, insbesondere Wörter einschließlich Personennamen, Abbildungen, Buchstaben, Zahlen, Hörzeichen, dreidimensionale Gestaltungen inkl. Form einer Ware oder ihre Verpackung, sonstige Aufmachungen einschließlich Farben und Farbzusammenstellungen, die geeignet sind, Waren oder Dienstleistungen eines Unternehmens von denjenigen anderer Unternehmen zu unterscheiden.

Innerhalb dieser ersten Definition einer Marke – hier in juristischer Sprache – wird die Marke als markierte Ware oder Dienstleistungen bezeichnet; es werden die **Markenelemente** aufgezählt und deren Zweck, die Unterscheidung von dem Angebot konkurrierender Unternehmen, genannt. Für das Marketing ist diese (juristische) Definition einer Marke zu ergänzen[25]; hier soll eine **Marke** (Brand) gekennzeichnet werden als: ein Name, Begriff, Zeichen, Symbol, eine Gestaltungsform oder eine Kombination aus diesen Bestandteilen, mit denen ein Produkt versehen ist, welche bei den relevanten Konsumenten bekannt sind, zu einem Zusatznutzen führen und im Vergleich zu markierten Konkurrenzprodukten differenzierte Images entstehen lassen, welche zu Präferenzen führen.

Zusätzlich zur juristischen Kennzeichnung einer Marke ist bei dieser zweiten, marketingpolitischen Definition

- der Bezug zu den Konsumenten als Nutzer einer Marke und der Aspekt des Zusatznutzens für den Konsumenten sowie
- der Zielbezug einer Markierung von Produkten im Sinne des Erreichens einer Bekanntheit und Präferenzbildung beim Konsumenten und der Entstehung des Images einer Marke

berücksichtigt. In Abb. 1.29 finden sich einige **Beispiele** für Produkte und zugehörige Marken.

Produkte	Marken
Margarine	Rama, Sanella
Bier, alkoholfrei	Jever Fun, Beck's Alkoholfrei
Zahnpasta	Colgate Total, Mentadent C, Signal
Filterzigaretten	Marlboro light 100, Gauloises Blondes
Flugtransport	Lufthansa
Reisen	TUI
Hotel	Hilton
Reifen	Pirelli
Bremsen	ATS
Edelstahl	Nirosta
Chemiefaser	Lycra

Abb. 1.29: Beispielhafte Produkte und zugehörige Marken

Dass Marken tatsächlich beim Konsumenten **Präferenzen** entstehen lassen können, zeigt eine empirische Studie von Chernatony/McDonald[26] : Sowohl im Rahmen eines Blindtests als auch im Rahmen eines offenen Tests hatten Konsumenten die konkurrierenden Marken DIET COKE und DIET PEPSI vergleichend zu beurteilen und anzugeben, welches Produkt sie bevorzugen. Abb. 1.30 zeigt deutlich, dass die offene Darbietung der Marken (im Rahmen des offenen Tests), also die Markierung selbst, zu völlig anderen Ergebnissen führt als ein Blindtest (unter Verzicht auf eine Darbietung der Marken).

Zu hinterfragen ist das Verhältnis Produkt und Marke im Hinblick auf die angestrebte **Bedürfnisbefriedigung beim Konsumenten**. Hier empfiehlt es sich, zwischen Grundnutzen und Zusatznutzen[27] zu unterscheiden: Während durch ein Produkt ein **Grundnutzen** befriedigt werden kann, kann durch die Markierung eines Produktes, durch Verwendung einer Marke und damit durch das Anbieten eines Markenartikels, ein **Zusatznutzen** erreicht werden. Dies kann auch anhand der Motivhierarchie von Maslow illustriert werden: Durch ein Produkt (Turnschuh) können grundlegende physiologische Bedürfnisse, durch eine Marke (Adidas) können Geltungsbedürfnisse (soziale Anerkennung) befriedigt werden.

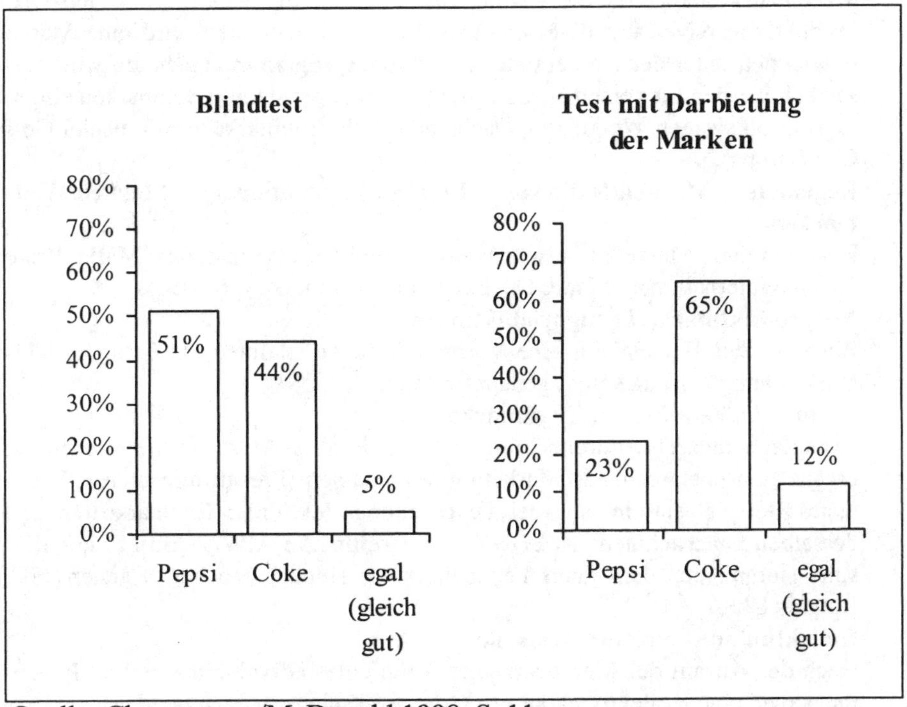

Quelle: Chernantony/McDonald 1998, S. 11.

Abb. 1.30: Vergleich von DIET-COKE und DIET-PEPSI

1.5.2 Arten von Marken

Im Prinzip kann eine Vielzahl an Marken nach den verschiedensten Kriterien[28] unterschieden werden; hier sollen einige typische Beispiele gegeben werden:

- **Unternehmensmarken/Produktmarken eines Produzenten**
  Beispiele für Unternehmensmarken (Corporate Brands) sind VW oder Deutsche Bank, für Produktmarken (Product Brands) Rama oder Marlboro Light 100. Die Menge der von einem Unternehmen herangezogenen Produktmarken wird als Markenportfolio bezeichnet.
- **Betriebsformen-Marken einer Handelsorganisation**
  Typische Beispiele für Betriebsformen-Marken im Handel sind Aldi, Edeka oder Real, die jeweils über ein spezifisches Erscheinungsbild gegenüber den Nachfragern verfügen.
- **Marken nach Branchen**
  Die Marken werden danach eingeteilt, zu welchen Branchen sie gehören (Konsumgüter, Investitionsgüter, Dienstleistungen).
- **Markenfamilien/Dachmarken**
  Das Konzept der Markenfamilie besteht darin, pro Produktlinie jeweils eine Marke zu kreieren, für die jeweils eine Markenfamilie existiert (Beiersdorf: Produktlinie Nivea mit diversen Artikeln). Als Dachmarke wird eine Marke bezeichnet, unter der ein gesamtes Produktionsprogramm angeboten wird; zusätzlich werden für verschiedene Produktlinien eigenständig Submarken eingeführt (Volkswagen Werke AG, Dachmarke VW, Submarke zum Beispiel Golf GTI Europa).
- **Regionale Marken/Nationale Marken/Internationale Marken/Weltmarken**
  Eine regionale Marke ist beispielsweise Südmilch, eine nationale Marke Ernte 23, eine internationale Marke Opel und eine Weltmarke Coca-Cola.
- **Vorproduktmarke/Fertigproduktmarke**
  Ein typisches Beispiel für eine Vorproduktmarke ist Intel; als Fertigproduktmarke kann die Marke Boss genannt werden.
- **Erstmarke/Zweitmarke/Drittmarke**
  Grundlage dieser Differenzierung ist eine Produkt-Marken-Differenzierung, ergänzt um entsprechende Marketing-Maßnahmen (Preisdifferenzierung). Ein erstes Beispiel stammt aus der Unterhaltungselektronik: Erstmarke ein und desselben Unternehmens ist SONY und Zweitmarke AIWA. Ein zweites Beispiel stammt aus dem deutschen Sektmarkt: Henkel Trocken, Carstens SC, Rütgers Club.
- **Individualmarke/Kollektivmarke**
  Nach der Anzahl der Markenerzeuger kann eine Individualmarke wie Rosenthal sowie eine Kollektivmarke wie Gruppe 21 unterschieden werden.

- **Herstellermarken/Handelsmarken**
  Herstellermarken sind Marken eines Produzenten (Jacobs Krönung), sie werden auch als Markenartikel bezeichnet. Handelsmarken sind Marken eines Handelsbetriebes (Albrecht-Kaffee).
- **Eigenmarke/Fremdmarke**
  Eng verwandt mit der vorausgehenden Unterteilung ist die Unterscheidung von Eigenmarken eines Produzenten, die er selbst anfertigt und vermarktet (Bahlsen Schoko Leibniz), und Fremdmarken, die ein Produzent für einen Handelsbetrieb herstellt, welche der Handelsbetrieb dann vermarktet (Palazzo (Schoko-Keks)).
- **Standardmarke/Premiummarke/Luxusmarke**
  Diese Unterscheidung basiert auf der Luxusorientierung von Marken. Eine Standardmarke ist beispielsweise Schauma, eine Premiummarke Mövenpick und eine Luxusmarke Rolls-Royce oder Rolex.
- **Online- und Offline-Marken auf virtuellen Märkten**
  Bei der Markenwahl für das Internet bestehen grundsätzlich die beiden Möglichkeiten, völlig neue, spezielle Marken für das Internet, sogenannte Online-Marken, einzuführen oder die traditionellen Marken außerhalb des Internets, sogenannte Offline-Marken, zu übernehmen. Ein typisches Beispiel für eine Online-Marke ist amazon.de.

1.5.3 Markenschutzrechte und Marken-Piraterie

Grundlage des Markenschutzes ist das **Markengesetz** (MarkenG). Ein Zeichen wird zur Marke, das bedeutet ein **Markenschutz** entsteht durch
- die Eintragung in das vom Patentamt geführte Register,
- die Benutzung eines Zeichens im geschäftlichen Verkehr, soweit sie Verkehrsgeltung erworben hat (sich innerhalb beteiligter Verkehrskreise durchgesetzt hat),
- die notorische Bekanntheit einer Marke (die nach allgemeiner Kenntnis innerhalb der beteiligten in- und ausländischen Verkehrskreise bereits von einem anderen als Marke für gleiche oder gleichartige Waren benutzt wird).

Einschränkungen der Schutzfähigkeit sind in den Paragraphen 8 und 9 des MarkenG geregelt. Beispielsweise sind Zeichen als Marke nicht schutzfähig im Sinne des § 3 MarkenG, wenn sie sich nicht graphisch darstellen lassen (§ 8 Abs.1 MarkenG). Die Schutzhindernisse des § 8 Abs. 2 MarkenG kommen bei folgenden Gegebenheiten zur Geltung:
- Fehlende Unterscheidungskraft gegenüber vorhandenen Marken,
- Freihaltebedürfnis von Zeichen und Angaben,
- ersichtliche Gefahr der Täuschung,
- Verstöße gegen die öffentliche Ordnung,
- Wappen und Flaggen von Staaten, Ländern und Gemeinden,
- amtliche Prüf- und Gewährzeichen (z.B. TÜV).

Weitere Einschränkungen der Schutzfähigkeit ergeben sich auf Grund der relativen Schutzhindernisse des § 9 MarkenG, wonach die Eintragung einer Marke gelöscht werden kann

- bei Identität mit älteren Marken hinsichtlich der Waren und Dienstleistungen,
- wenn Ähnlichkeit mit einer älteren Marke und den darunter geschützten Waren und Verwechslungsgefahr bestehen,
- wenn sie einer älteren im Inland bekannten Marke ähnlich ist und die Benutzung der Marke "die Unterscheidungskraft oder die Wertschätzung der bekannten Marke ohne rechtfertigenden Grund in unlauterer Weise ausnutzen oder beeinträchtigen würde" (§ 9 Abs. 1 MarkenG).

Im Abschnitt 3 des MarkenG sind auch **Rechtsverletzungen** geregelt. Wird das (ausschließende) Recht des Inhabers einer Marke verletzt, so hat der Markeninhaber zivilrechtliche Ansprüche hinsichtlich Unterlassung, Schadensersatz, Vernichtung widerrechtlich gekennzeichneter Produkte und Auskunft hinsichtlich Dritter, die beim Vertrieb widerrechtlich gekennzeichneter Produkte beteiligt sind.

Abb. 1.31 gibt die Entwicklung der **Markenanmeldungen** in Deutschland von 1990 bis 2000 wieder. Im Zeitraum zwischen 1990 und 2000 hat sich die Zahl der Markenanmeldungen knapp verdreifacht, der Anteil der inländischen Anmeldungen an den Gesamtanmeldungen stieg von 72,5% auf knapp 95%. Besonders auffällig ist der extreme Anstieg der Anmeldungen von Marken für Dienstleistungen – von etwa 5000 im Jahre 1990 auf mehr als 40.000 im Jahre 2000.

Auf europäischer Ebene gilt die Gemeinschaftsmarkenverordnung (GMarkenV), die 1994 in Kraft trat. Sie erstreckt sich auf das gesamte Gebiet der Europäischen Union. Eine einheitliche Schutzwirkung als Gewinnmarke wird durch Eintragung einer Marke beim Harmonisierungsamt für den Binnenmarkt in Alicante (Spanien) erlangt; zeit- und kostenintensive Einzelanmeldungen einer Marke in den einzelnen Mitgliedsstaaten der EU entfallen. Die rechtlichen Regelungen der GMarkenV entsprechen im wesentlichen jenen des deutschen MarkenG; allerdings kann eine Gemeinschaftsmarke nur durch Eintragung, nicht durch Benutzung oder Verkehrsgeltung erworben werden (vgl. Art. 1 Abs. 1 und 6 GMarkenV).

Eine internationale Registrierung einer Marke (über den Bereich der EU hinaus) kann auf der Grundlage

- des **Madrider Markenabkommens** (MMA) bzw.
- des **Protokolls zum MMA** (PMMA)

erstellt werden; Grundlage ist die Pariser Verbandsübereinkunft zum Schutz des gewerblichen Eigentums (PVÜ).

Nationale und internationale Schutzrechte können aber die **Markenpiraterie**[29] nicht verhindern, die häufig gemeinsam mit einer Produktpiraterie auftritt. Markenpiraten verwenden die von Markenartikelherstellern im Handel durchgesetzten Zeichen, Namen oder Logos illegal zur Kennzeichnung ihrer eigenen Produkte; sie versehen beispielsweise minderwertige Textilien mit einem Markenzeichen, das diese Artikel dann für hochwertige Originalprodukte ausgibt. Produkt- und

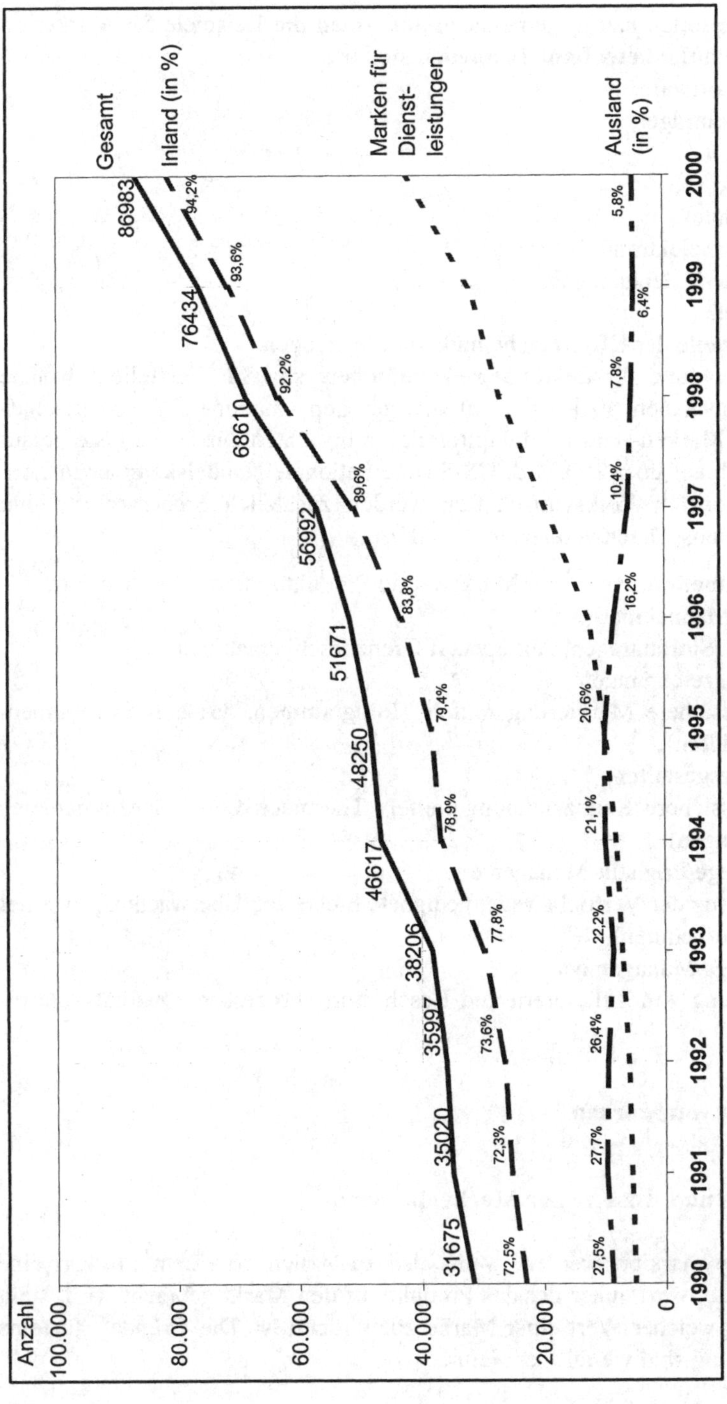

Quelle: DPMA Jahresbericht 2001.

Abb.1.31: Entwicklung der Markenanmeldungen in Deutschland

Markenpiraterie treten häufig gemeinsam auf. Auch die Beispiele für Markenpiraterie sind vielfältig; **betroffene Branchen** sind u.a.

- Hard- und Software,
- Bild- und Tonträger,
- Textilien,
- Sportartikel,
- Uhren/Schmuck,
- Unterhaltungselektronik,
- Fotoapparate/Videokameras,
- Arzneimittel,
- Teile/Ersatzteile der Kfz-Branche und von Flugzeugen.

Markenpiraterie (und Produktpiraterie) bedrohen sowohl Hersteller, welche Schutzrechte innehaben, als auch – weltweit gesehen – nationale Volkswirtschaften. Die durch Marken- und Produktpiraterie verursachten Umsatzverluste belaufen sich jährlich auf über 250 Mrd. US-$ (Internationale Handelskammer in London). Bei nationalen Volkswirtschaften werden zusätzlich Steuerverluste und Verluste an Arbeitsplätzen verursacht.

Diverse **Gegenmaßnahmen**[30] zur Marken- und Produktpiraterie sind denkbar:

- Rechtliche Maßnahmen
  (Stellen von Strafanträgen, Anträge auf Grenzbeschlagnahmen),
- Produktkennzeichnungen
  (Fälschungssichere Markierung mittels Hologrammen, das heisst dreidimensionalen Bildern),
- Verpackungsgestaltung
  (Fälschungssichere Kennzeichnung mittels Thermoetiketten, Spezialpapieren und –prägungen),
- Vertriebswege/Logistik-Management
  (Überwachung der Vertriebswege, geeignete Steuerung/Überwachung externer Logistikunternehmen),
- Beschaffungs-Management
  (Überwachung von Zulieferern und Beschaffungsprozessen, Qualitätskontrolle).

1.5.4 Der Wert von Marken

1.5.4.1 Anlässe und Ansätze zur Markenbewertung

Wenn Produkte markiert werden, wenn also zusätzlich zu einem Produkt eine Marke verwendet wird, unter der das Produkt auf den Markt gebracht wird, stellt sich die Frage, welcher Wert einer Marke zuzuordnen ist. Die Gründe[31] für eine Markenbewertung sind vielfältiger Natur:

- im Rahmen von Unternehmensakquisitionen,
- bei der Bilanzierung von Marken (soweit gesetzlich möglich),
- im Rahmen der Markenführung und –kontrolle,
- im Falle der Schadensbemessung bei missbräuchlicher Nutzung der Marke sowie
- bei der Feststellung der Höhe von Lizenzgebühren im Falle der Lizenzierung der Marke.

Grundsätzlich ist eine Vielzahl an **Ansätzen**[32] **zur Messung des Markenwertes** vorgeschlagen worden. Hier wird beispielhaft das Verfahren von **Interbrand** dargestellt, da seine theoretische Vorgehensweise im wesentlichen publiziert worden ist und sich dieses Modell in der Praxis durchgesetzt hat.

1.5.4.2 Das Modell von Interbrand zur Bestimmung des Wertes einer Marke

Die **Grundidee** der Interbrand-Methode[33] zur Bestimmung des Wertes einer Marke besteht darin, die zukünftigen, einer Marke zuzurechnenden Netto-Markengewinne zu ermitteln und auf einen gegenwärtigen Zeitpunkt abzuzinsen; bei der Diskontierung wird die Unsicherheit über die zukünftigen Gewinne berücksichtigt. Den **Prozess der Markenbewertung** lässt Abb. 1.32 erkennen:

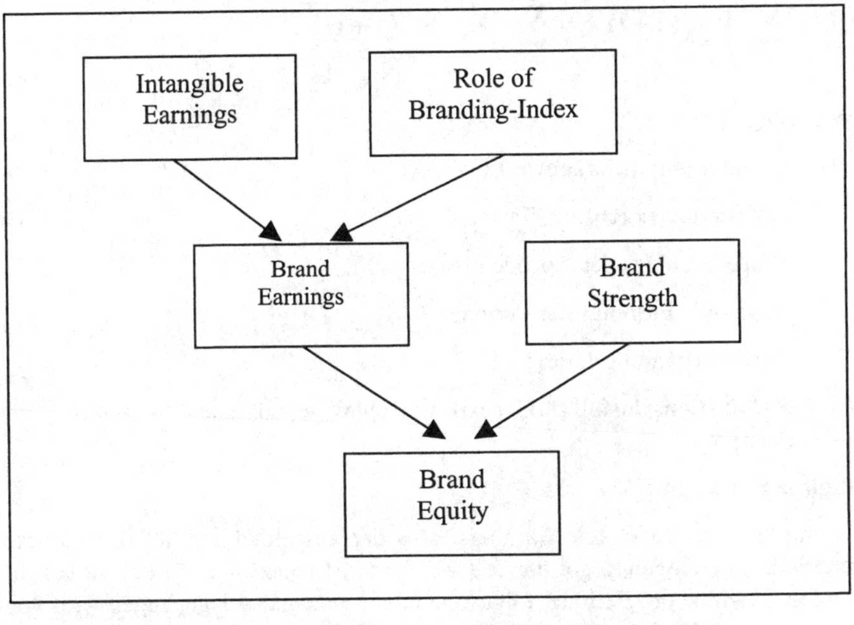

Abb. 1.32: Markenwert-Bestimmung nach Interbrand

- Als erstes werden die Intangible Earnings ermittelt. Dabei handelt es sich um zukünftige Gewinne, die ausschließlich auf den Einsatz **immaterieller** Vermögensgegenstände (wie Patente, Lizenzen, Marken) zurückzuführen sind. Die Prognose der Intangible Earnings wird vom Management des Markeninhabers für einen Zeitraum von mindestens fünf Jahren erstellt und anschließend von Interbrand-Mitarbeitern geprüft; dabei werden weitere Marktforschungsergebnisse von Interbrand herangezogen[34].
- Zweitens wird ein spezifischer Gewichtungsfaktor, der Role of Branding-Index, festgelegt, mit dessen Hilfe der Beitrag einer Marke zum Gewinn bestimmt wird.
- Die Brand Earnings resultieren drittens als Produkt aus den Intangible Earnings und dem Role of Branding-Index.
- Viertens ist die Brand Strength (die Markenstärke) zu ermitteln, auf deren Basis der Kalkulationszinsfuß zur Diskontierung der Brand Earnings festgelegt wird.
- Fünftens resultiert dann der Brand Equity durch Diskontierung der zukünftigen Brand Earnings.

Die **Berechnung des finanziellen Markenwertes (Brand Equity)** ergibt sich (vereinfacht) gemäß folgender Kapitalwert-Formel:

$$BEQU = \sum_{t=1}^{T} BE_t (1+i)^{-t} = \sum_{t=1}^{T} IE_t \cdot R \cdot (1+i)^{-t} .$$

Dabei bezeichnen:

BEQU : Brand Equity (Markenwert);

t : Periodenindex (t=1, ..., T);

BE_t : Brand Earnings der Periode t (t=1, ..., T);

IE_t : Intangible Earnings der Periode t (t=1, ..., T);

R : Role of Branding-Index;

i : Kalkulationszinsfuß (inkl. Risikoaufschlag gemäß Brand Strength-Analyse).

Intangible Earnings

Die Ermittlung der Intangible Earnings, also der ausschließlich auf den Einsatz immaterieller Vermögensgegenstände (wie Patent, Lizenz und Marke) zurückzuführenden Gewinne pro Periode, folgt folgendem Schema: Ausgegangen wird von den zukünftigen Gewinnen eines Strategischen Geschäftsfeldes. Werden die Gewinne aus jenen Markenartikeln abgezogen, die mit anderen Marken versehen sind, resultieren die zukünftigen Gewinne des (der) mit der betrachteten Marke versehenen Artikel(s). Werden sie um jene Gewinnbestandteile verringert, die durch die materiellen Vermögensgegenstände eines Unternehmens bedingt sind, ergeben sich die Intangible Earnings (Gewinne, die durch die immateriellen Vermögensgegenstände (inkl. der Marke) bedingt sind).

Role of Branding-Index

In der zweiten Phase der Markenbewertung werden die **Brand Earnings**, also jener Teil der Intangible Earnings, der ausschließlich auf die Marke (Brand) zurückzuführen ist, ermittelt. Hierzu ist der Role of Branding-Index[35] einer Marke zu schätzen; er beinhaltet jenen Prozentsatz (Anteilswert), mit dem die Intangible Earnings zu multiplizieren sind, um die Brand Earnings zu erhalten.

Zur Ermittlung des Role of Branding-Index ist es notwendig, zunächst die **Werttreiber eines Unternehmens**, also seine Erfolgsfaktoren im Wettbewerbsumfeld, auszumachen. Für die Werttreiber werden Gewichtungsfaktoren bestimmt. Als nächstes wird dann ermittelt, ob und wie die Werttreiber von der zu bewertenden Marke abhängen. Dabei kann folgende Vorgehensweise angewandt werden: Zu fragen ist, wie effektiv die Werttreiber einzuschätzen sind, wenn die Marke entfernt werden würde. Falls der Werttreiber genauso effektiv wie im Falle der Markierung eingeschätzt wird, zeigt sich deutlich, dass die Marke keine besondere Bedeutung aufweist. Falls hingegen ohne Markierung ein sehr geringer Erreichungsgrad des Werttreibers erwartet wird, zeigt sich ebenfalls deutlich, dass in diesem Falle die Marke eine besondere Bedeutung aufweist. Schließlich wird eine gewichtete Gesamtpunktzahl für die Marke ermittelt. Letztlich handelt es sich hier um ein **Scoring-Modell**, in dem der Role of Branding Index der gewichteten Gesamtpunktzahl entspricht. Die relative Bedeutung eines (jeden) Werttreibers stellt seine Gewichtung dar; die Abhängigkeit des Erfolgsfaktors von der Marke steht für die Ausprägung der betrachteten Marke bezüglich des Werttreibers.

Ein **Beispiel** für die Berechnung des Role of Branding Index findet sich in Abb. 1.33. Analysiert wird die Bedeutung der Marke Esso für das Produkt "Tankstellengeschäft" im geographischen Markt "Vereinigtes Königreich". Die Werttreiber werden für den betrachteten Produktbereich festgelegt. Die Bestimmung des absoluten Gewichts eines Business Drivers erfolgt stets in Relation zu den anderen Werttreibern des Unternehmens. Die Abhängigkeit der Werttreiber von der Marke Esso zeigt die dritte Spalte der Abb. 1.33. Für den Role of Branding-Index resultiert eine gewichtete Gesamtpunktzahl in Höhe von 24,7. Mit dem entsprechenden Anteilswert in Höhe von 0,247 sind die Intangible Earnings zu gewichten; es resultieren dann die Brand Earnings der betrachteten Marke.

Brand Strength

Die Ermittlung des Kalkulationszinsfußes zur Diskontierung der erwarteten Brand Earnings ist Gegenstand der dritten Phase der Markenbewertung. Zentrales Element ist ein weiteres **Scoring-Modell**, mit dessen Hilfe die Stärke der betrachteten Marke berechnet wird. Diese Markenstärke (Brand Strength)[36] ist der wesentliche Bestimmungsfaktor des Risikoprofils einer Marke und dient als Grundlage für die

Werttreiber	**Relative Bedeutung in %**	**Abhängigkeit von der Marke in %**	**Rolle der Marke in %**
Standort	30,8	0	0
Tankstellennetz	12,3	80	9,8
Preise	24,6	0	0
Design der Tankstellen	3,1	60	1,8
Sauberkeit der Tankstellen	3,1	40	1,2
Service für das Auto	3,1	20	0,6
Anderer Service	6,2	20	1,2
Verkaufsförderung	6,2	20	1,2
Werbung und Sponsoring	4,6	100	4,6
Produktqualität	3,1	100	3,1
Akzeptanz von Kreditkarten	1,5	40	0,6
Verkauf hochwertigen Kraftstoffs	1,5	40	0,6
Summe	**100**	-	**24,7**

Quelle: In Anlehnung an Perrier 1997, S. 51.
Abb. 1.33: Der „Role of Branding Index" am Beispiel der Marke Esso

Festlegung des Risikoaufschlags auf den Zins einer sicheren Anlage. Der risikolose Zins kann beispielsweise auf der Rendite einer Staatsanleihe basieren. Je geringer die berechnete Markenstärke ist, desto höher fällt der Aufschlag auf den risikofreien Zins aus, da eine geringe Markenstärke als Ausdruck für die Gefahr zu interpretieren ist, dass die erwarteten Brand Earnings nicht realisiert werden können. Abb. 1.34 zeigt einen möglichen Zusammenhang zwischen Brand Strength und Zinsaufschlag; der von Interbrand verwandte „funktionale Zusammenhang" ist von Interbrand nicht publiziert worden.

Für eine **Markenstärkeanalyse** wird eine Liste von etwa 80-100 Unterkriterien der sieben zentralen Dimensionen abgearbeitet, mit deren Hilfe die Punktwerte der untersuchten Marke auf den Dimensionen der Markenstärke ermittelt werden. Zur Ermittlung des Punktwertes einer Marke in Bezug auf die Marktführerschaft sind unter anderem folgende Unterkriterien zu prüfen: die Position der Marke in ihrem Markt und ihrem Segment, der mengenmäßige Marktanteil, der Preis in Relation zu den Konkurrenzpreisen, das Preissetzungsverhalten, der Distributionsgrad im Vergleich zu den Wettbewerbern, die Wettbewerbsintensität, die Dominanz der Marke und ihre Fähigkeit, Angriffe der Konkurrenz abzuwehren.

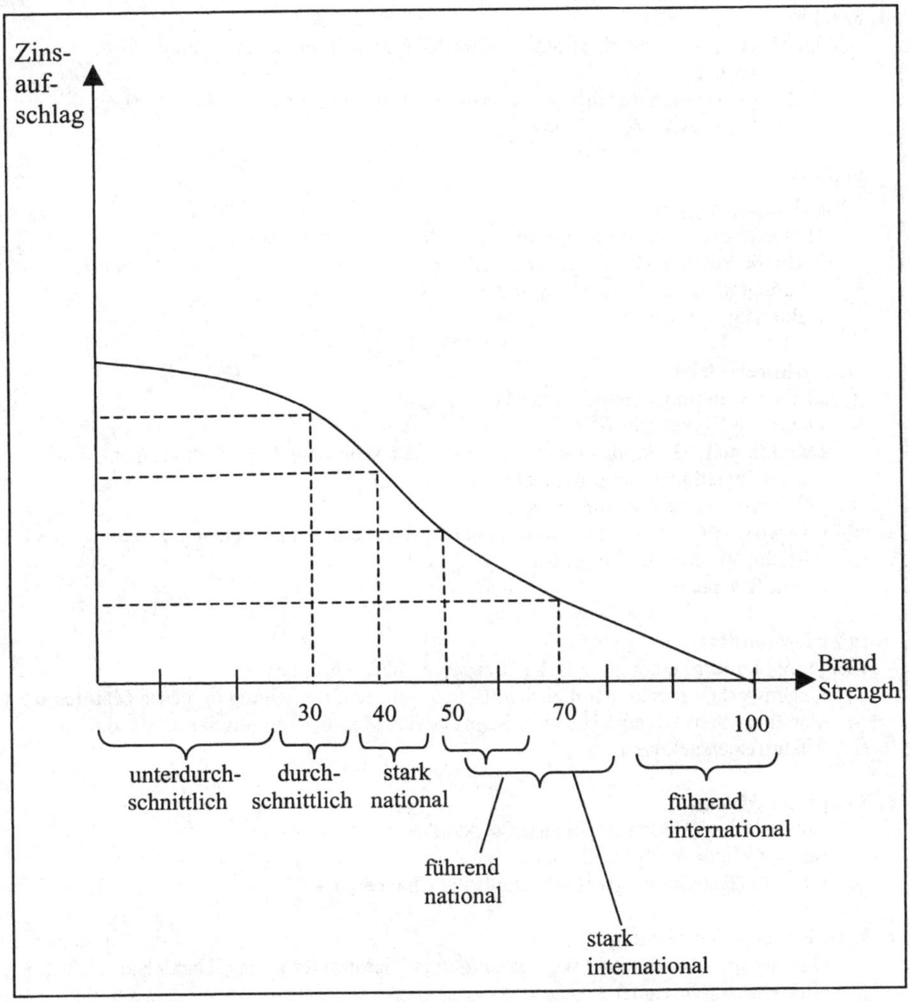

Abb. 1.34: Möglicher Zusammenhang zwischen Zinsaufschlag und Brand Strength alternativer Markentypen

Die Analyse der Markenstärke erfolgt in der Regel durch die Bewertung der Marke auf sieben zentralen Dimensionen, die wesentlichen Determinanten des Risikoprofils einer Marke. Die sieben Markenstärkedimensionen, mit Unterkriterien finden sich in Abb. 1.35; in Abb. 1.36 sind zusätzlich die Gewichtungsfaktoren der sieben Dimensionen sowie diejenigen Ausprägungen, die zu einem hohen Punktwert beim jeweiligen Kriterium führen, dargestellt.

Die Evaluierung einer Marke erfolgt stets anhand eines **Vergleichs mit einer perfekten "risikolosen" Marke**, die allerdings nur hypothetisch existiert. Die ideale Marke würde auf allen Dimensionen die maximale Punktzahl erreichen und

1. Markt
- Übersicht (Wettbewerbsstruktur, Marktsegment, Verbraucherbindung, Wert, Volumen u.a.)
- Trend (Verbrauchernachfrage, markenunabhängige Einflüsse, Marktdynamik)
- Zukunftsperspektiven

2. Stabilität
(Überlebensfähigkeit)
- Historie (Produkte mit Markennamen, Alter, Langlebigkeit u.a.)
- Aktuelle Position (Produktrange, visuelle Präsentation, Verbraucherakzeptanz, Abhängigkeit von Vertriebssystemen u.a.)
- Zukünftige Entwicklungen

3. Marktführerschaft
(Marktbeeinflussungsmöglichkeiten)
- Gegenwärtiger Status & Rolle
  (Marktanteil, Marktposition, Marktanteile der Wettbewerber, Marktsegment, regionale/nationale/internationale Aspekte u.a.)
- Wie wurde diese Position erreicht?
  (Marktstruktur, Breite der Konsumentenbasis, Handelsdurchsetzung, Produktvorteile, Verbraucherimage u.a.)
- Zukunftsaspekte

4. Internationalität
(Eignung, kulturelle/geographische Grenzen zu überschreiten)
- Gegenwart (Vertretung auf ausländischen Märkten, Bedeutung in diesen Märkten u.a.)
- Vergangenheit (Export-Historie, Stabilität der Marke, Werbung im Ausland u.a.)
- Zukunftsperspektiven

5. Trend der Marke
- Entwicklung (Verkaufsvolumen, Verkaufswert, Marktanteil)
- Status (Wettbewerbstrend, Gefahren)
- Planung (Entwicklungspläne, zukünftige Chancen u.a.)

6. Marketing-Unterstützung
- Qualität und Kontinuität (Werbeaktivitäten, Verkaufsförderung, Handelsunterstützung, Präsenz im Geschäft)
- Qualität (Entwicklung der Markenpersönlichkeit, Konkurrenz von Botschaft und Image, Durchsetzung von Markenwerten)
- Zukünftige Strategie

7. Rechtlicher Schutz der Marke
- Registrierung der Marke
- Anzahl der Länder mit Markenschutz

Quelle: Andrew 1997, S. 56 f.

Abb. 1.35: Kriterien zur Bewertung einer Marke im Interbrand-Modell

daher zu einem Markenstärkewert von 100 Prozent kommen. Alle anderen Marken erreichen geringere Markenstärken, so dass die Kalkulationszinssätze für diese Marken höher ausfallen als für die ideale Marke. In Abb. 1.37 sind charakteristische Werte für die prozentualen Stärken alternativer Markentypen dargestellt.

Dimensionen	Gewichte	Voraussetzungen für einen hohen Punktwert
Markt	10%	Geringer technologischer oder modischer Wandel; Stabiler, aber wachsender Markt; Hohe Markteintrittsbarrieren
Stabilität	15%	Seit langer Zeit etablierte Marke; Markentreue, Loyalität der Konsumenten
Marktführerschaft	25%	Hoher Marktanteil der Marke; Beeinflussung des Markts durch die Marke; Preisführerschaft der Marke; Beherrschung der Distribution durch die Marke; Resistenz gegenüber Markteintrittsversuchen
Internationalität	25%	Internationale Anerkennung der Marke; Internationale Anziehungskraft der Marke; Hohe Investitionen in die geographische Erweiterung; Überwindung geographischer und kultureller Barrieren
Trend der Marke	10%	Fähigkeit, im Zeitablauf aktuell und relevant zu bleiben; Kontinuierliches Umsatzwachstum; Fähigkeit, von wichtigen Konkurrenten im Zeitablauf Marktanteile abzugewinnen
Marketing-Unterstützung	10%	Systematische und hohe Investitionen in die Marke; Gezielte, qualitativ hochwertige und konsistente Unterstützung der Marke
Schutz der Marke	5%	Rechtlicher Schutz durch Registrierung; Hohes Ausmaß des Schutzes; Schutz in möglichst vielen Ländern (Breite des Schutzes); Eindeutige gesetzliche Grundlage

Quelle: Andrew 1997, S. 56 ff.

Abb. 1.36: Dimensionen, Gewichte und Voraussetzungen der Markenstärke in der Brand Strength Analysis

Markentypen	Markenstärke in %
Führende internationale Marke	Mehr als 70
Starke internationale Marke	50 – 70
Führende nationale Marke	50 – 65
Starke nationale Marke	40 – 50
Durchschnittliche Marke	30 – 40
Unterdurchschnittliche Marke	bis zu 30

Quelle: Andrew 1997, S. 58.

Abb. 1.37: Charakteristische Markenstärken alternativer Markentypen

Wie sich dies dann auf den Zinsaufschlag im Rahmen der Brand Strength-Analyse auswirken kann, zeigt Abb. 1.34.

Bei einer **kritischen Beurteilung** des Interbrand-Modells als beispielhaft dargestelltes Praktikerverfahren zur Markenbewertung ist auf folgende Punkte hinzuweisen:
- Positiv zu werten ist der Versuch, das komplexe System "Marke" möglichst umfassend abzubilden. Durch die explizite Berücksichtigung einer Vielzahl von Kriterien wird eine verstärkte **Sensibilisierung des Markenmanagements** hinsichtlich zu treffender markenpolitischer Entscheidungen erreicht.
- Wie bei allen Scoring-Modellen gehen diverse subjektive Bewertungen ein (Anzahl, Art und Gewichtung der Kriterien). Die allgemein bestehende Problematik des Scoring-Modells (Interdependenzen zwischen den Kriterien und Kompensationsproblematik) geht in das Interbrand-Modell über.
- Ein wesentlicher Kritikpunkt am Interbrand-Modell ist in der Skalierung des Multiplikators zu sehen. Auch wenn man den S-förmigen Verlauf des funktionalen Zusammenhangs zwischen Markenstärke und Multiplikator grundsätzlich akzeptiert, so ergeben sich nicht unerhebliche Beeinflussungspotentiale durch die Festlegung der Maximalausprägung des Multiplikators.

1.5.4.3 Bewertungsergebnisse

Von dem weltweit operierenden Marktforschungsinstitut **Interbrand** werden jährlich die 100 weltweit wertvollsten (und damit starken) Marken (100 Top Brands) ermittelt. Der Markenwert wird in Mrd. US $ gemessen. Um als Marke berücksichtigt zu werden, müssen

- der Mindestwert 1 Mrd. US $ betragen,
- globale Marken in dem Sinne vorliegen, dass mindestens 20% der Umsätze aus dem Ausland (nicht aus den USA) stammen,
- öffentlich verfügbare Daten (Marketing-Daten und finanzielle Daten) vorliegen.

Die **Bewertungsergebnisse des Jahres 2003** zeigen, dass von den 100 Marken mit dem höchsten Markenwert
- 62 aus den USA,
- 29 aus Europa,
- 7 aus Japan und
- je eine Marke aus Süd-Korea (Samsung) und Bermuda (Bacardi)

stammen. In den Abb. 1.38 – 1.40 werden
- die 25 Marken mit den weltweit höchsten Markenwerten,
- die wertvollsten europäischen Marken und
- die Marken aus Japan mit den höchsten Markenwerten

Rangplatz	Markenname	Markenwert im Jahre 2003 (in Mrd. US $)	% Veränderung zum Vorjahr	Ursprungsland
1	Coca-Cola	70.45	+ 1	U.S.
2	Microsoft	65.17	+ 2	U.S.
3	IBM	51.77	+ 1	U.S.
4	GE	42.34	+ 2	U.S.
5	Intel	31.11	+ 1	U.S.
6	Nokia	29.44	- 2	Finland
7	Disney	28.04	- 4	U.S.
8	McDonald's	24.70	- 6	U.S.
9	Marlboro	22.18	- 8	US
10	Mercedes	21.37	+ 2	Germany
11	Toyota	20.78	+ 7	Japan
12	Hewlett-Packard	19.86	+18	U.S.
13	Citibank	18.57	+ 3	U.S.
14	Ford	17.07	- 16	U.S.
15	American Express	16.83	+ 3	U.S.
16	Gillette	15.98	+ 7	U.S.
17	Cisco	15.79	- 3	U.S.
18	Honda	15.63	+ 4	Japan
19	BMW	15.11	+ 5	Germany
20	Sony	13.15	- 5	Japan
21	Nescafe	12.34	- 4	Switzerland
22	Budweiser	11.89	+ 5	U.S.
23	Pepsi	11.78	+ 6	U.S.
24	Oracle	11.26	- 2	U.S.
25	Samsung	10.85	+ 31	South Korea

Quelle: Business Week, 4.8.2003, S. 48 ff.
Abb. 1.38: Die 25 Marken mit den weltweit höchsten Markenwerten

wiedergegeben. Gemäß Abb. 1.38 sind die höchsten Markenwerte in den Branchen "Information Technology", "Fahrzeugbau", "Nahrungsmittel" und "Banken" zu verzeichnen. U.S ist prominent vertreten, gefolgt von Japan und Germany.

In Abb. 1.39 sind die international angebotenen **europäischen Marken** mit dem größten Markenwert (7 aus Frankreich, sechs je aus Großbritannien und aus Deutschland, drei aus der Schweiz, zwei je aus Italien, aus Schweden und aus den Niederlanden und eine aus Finnland) dargestellt. In der Abb. 1.40 sind die sechs wertvollsten japanischen Marken aufgeführt. Auffällig ist die deutlich grössere Weltgeltung europäischer Marken.

Rang-Platz	Markenname	Markenwert im Jahre 2003 (in Mrd. US $)	% Veränderung zum Vorjahr	Ursprungs-land
6	Nokia	29.44	- 2	Finnland
10	Mercedes	21.37	+ 2	Germany
19	BMW	15.11	+ 5	Germany
21	Nescafe	12.34	- 4	Switzerland
35	SAP	7.71	+14	Germany
37	HSBC	7.57	•	Britain
42	Volkswagen	6.94	- 4	Germany
43	Ikea	6.92	+ 6	Sweden
45	Louis Vuitton	6.71	- 5	France
47	L'oreal	5.60	+10	France
53	Gucci	5.10	- 4	Italy
59	Philips	4.46	- 2	Netherlands
60	Nestle	4.46	+ 1	Switzerland
61	Chanel	4.32	+ 1	France
62	Danone	4.24	+ 5	France
67	Adidas	3.68	0	Germany
68	Rolex	3.67	0	Switzerland
69	BP	3.58	+ 6	Britain
73	Hermes	3.42	•	France
76	Reuters	3.30	-28	Britain
80	Ericsson	3.15	-12	Sweden
82	Hennessy	3.00	•	France
83	Shell	2.98	+ 6	Brit./Netherl.
85	Smirnoff	2.81	+ 3	Britain
87	Prada	2.54	+2	Italy
88	Moet & Chandon	2.52	+ 3	France
90	Heineken	2.43	+ 1	Netherlands
92	Nivea	2.22	+ 8	Germany
99	Johnnie Walker	1.72	+ 4	Britain

Quelle: Business Week, 4.8.2003, S. 48 ff.

Abb. 1.39: Die europäischen Marken mit den höchsten Markenwerten

Rang-platz	Markenname	Markenwert im Jahre 2003 (in Mrd. US $)	% Veränderung zum Vorjahr	Ursprungs-land
11	Toyota	20.78	+ 7	Japan
18	Honda	15.63	+ 4	Japan
20	Sony	13.15	- 5	Japan
32	Nintendo	8.19	- 11	Japan
39	Canon	7.19	+ 7	Japan
79	Panasonic	3.26	+ 4	Japan

Quelle: Business Week, 4.8.2003, S. 48 ff.

Abb. 1.40: Die sechs wertvollsten japanischen Marken

1.6 Markenartikel und Handelsmarken

Auf mehrstufigen Märkten können grundsätzlich Markenartikel und Handelsmarken unterschieden werden; bei den Handelsmarken existieren die beiden Unterfälle klassische Handelsmarken und No Names (Gattungsmarken).

1.6.1 Markenartikel

Markenartikel sind markierte Produkte (Artikel), welche von einem Produzenten (Hersteller) auf mehr- bzw. einstufigen Märkten angeboten werden; sie werden auch als Herstellermarken bezeichnet.

Welche **wertmäßige Bedeutung** Markenartikel (Herstellermarken) bzw. Handelsmarken in den letzten etwa 25 Jahren erreichen konnten, ist aus Abb. 1.41 ersichtlich. Deutlich ist ein wertmäßiger Zuwachs von Handelsmarken zu Lasten von Herstellermarken. In den letzten 25 Jahren konnten die Handelsmarken ihren Anteil auf 21,6% knapp verdoppeln. Vergleichsweise geringe Einbußen haben marktführende Herstellermarken, ihr Anteil schwankt um das 23% Niveau. Der Zuwachs von Aldi-Handelsmarken übersteigt deutlich jene anderer Handelsorganisationen, ihr Anteil hat sich in den letzten 25 Jahren mehr als verdoppelt.

Markenartikel können – in idealtypischer Weise – wie folgt charakterisiert[37] werden:

- **Markierung**
  Die Markierung erfolgt durch den Hersteller; der Markenname steht im Vordergrund.
- **Marktfunktion**
  Typisch für Markenartikel sind Produktinnovationen (mit hohen Kosten der Forschung und Entwicklung), Produkt- und Markenvariationen im Zeitablauf sowie Produkt- und Markendifferenzierungen.
- **Produktnutzen**
  Bei Markenartikeln fallen bei den Konsumenten Grund- sowie Zusatznutzen an.
- **Produktqualität**
  Die Produktqualität ist vergleichsweise hochwertig und im Zeitablauf gleichbleibend.
- **Verpackung**
  Die Gestaltung der Verpackung erfolgt auf hohem Anspruchsniveau.
- **Preishöhe**
  Markenartikel sind vergleichsweise hochpreisig; Preisbindungen sind untersagt; unverbindliche Preisempfehlungen können vom Handel unterschritten werden.

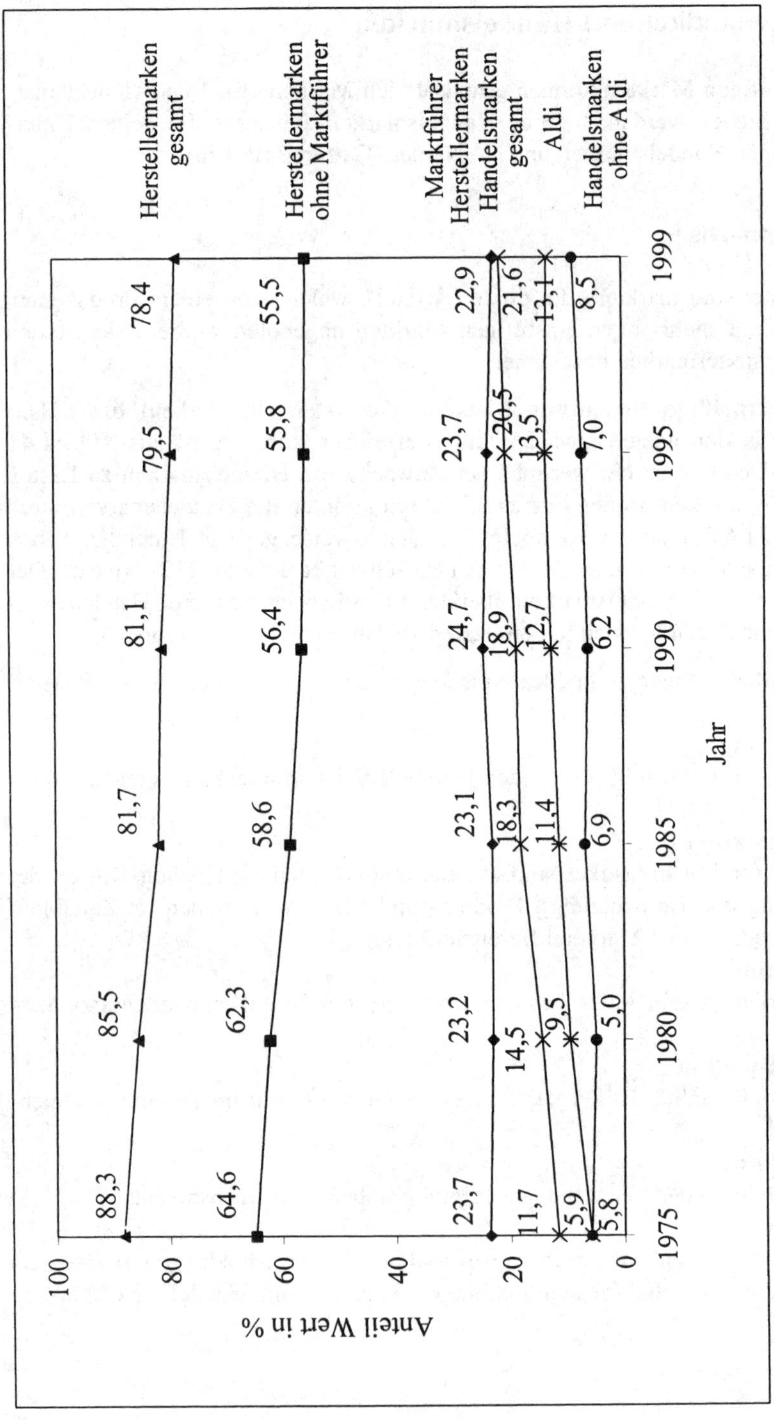

Quelle: GfK Panel Services GmbH 2000.

Abb. 1.41: Entwicklung der Marktanteile von Hersteller- und Handelsmarken in Deutschland

- **Kommunikation**
  Es erfolgen Kommunikations-Maßnahmen gegenüber dem Handel; an Kommunikations-Maßnahmen des Handels erfolgt meist eine Beteiligung des Produzenten; gegenüber dem Konsumenten wird eine intensive Medienwerbung durchgeführt.
- **Distribution**
  Markenartikel sind national, teilweise auch international möglichst überall erhältlich (Ubiquität); ein hoher Distributionsgrad wird angestrebt.

1.6.2 Handelsmarken

Vom Markenartikel im Sinne einer Herstellermarke sind die **Handelsmarken** abzugrenzen. Hierbei handelt es sich um Eigenmarken eines Handelsbetriebes in dem Sinne, dass sie vom Handelsbetrieb angeboten, aber in der Regel von einem wirtschaftlich selbständigen Produzenten hergestellt werden. Bei den Handelsmarken sind verschiedene Entwicklungsstufen zu unterscheiden: Von No Names (Gattungsmarken), über Quasi-Marken, Dachmarken des Handels bis hin zu segmentspezifischen Handelsmarken; die verschiedenen Typen werden in Abb. 1.42 ausführlich beschrieben. Beispiele für Handelsmarken finden sich in Abb. 1.43.

Auch **Handelsmarken** können anhand der Kriterien, die zur Charakterisierung von Markenartikel herangezogen worden sind, gekennzeichnet werden[38]:

- **Markierung**
  Die Markierung erfolgt durch den Handel; der Markenname des Handels steht im Vordergrund.
- **Marktfunktion**
  Handelsmarken sind Me-too-Produkte; hohe Kosten für Forschung und Entwicklung entfallen häufig (da Herstellung durch Produzenten).
- **Produktnutzen**
  Es fallen nur Grundnutzen sowie ein reduzierter Zusatznutzen an.
- **Produktqualität**
  In der Regel ist eine mittlere bis gute Produktqualität gegeben.
- **Verpackung**
  Die Verpackungsgestaltung ähnelt jener von Markenartikeln oder ist recht einfach gestaltet.
- **Preishöhe**
  Handelsmarken werden auf mittlerem Preisniveau (im Vergleich zu Markenartikeln und No Names) angeboten; Preissetzung erfolgt durch den Handel.
- **Kommunikation**
  Im Rahmen der Kommunikationspolitik des Handels erfolgen Werbemaßnahmen mit der Preisgünstigkeit im Vordergrund.
- **Distribution**
  Handelsmarken werden nur innerhalb der eigenen Handelsorganisation angeboten.

	Entwicklungsstufe von Handelsmarken			
	1. Generation	**2. Generation**	**3. Generation**	**4. Generation**
Marke	No Names	Quasi Marken	Dachmarke des Handels	segment-spezifische Handelsmarke
Produkt	Basislebens-mittel	Einzelartikel, in einem großen Volumen	Produktkatego-rien durch Marken abgedeckt	Produkte, die ein Image ausstrahlen
Technologie	Basis-technologie	eine Generation hinter dem Marktführer	nahe am Marktführer	innovativ
Qualität/ Image	deutlich geringer als Her-stellermarke	sehr guter Preis	Preis-Qualitäts-Verhältnis	sehr gutes Produkt
Kaufgrund	20% bis 50% unter Marken-artikel	sehr guter Preis	Preis-Qualitäts-Verhältnis	sehr gutes Produkt
Hersteller	national, zumeist nicht spezialisiert	national, häufig spezialisiert auf Handelsmarken	national, häufig spezialisiert auf Handelsmarken	international, spezialisiert auf Handelsmarken
Ziel des Handels	Margenver-besserung und Kundenbindung	Verbesserung der Marge und Verhandlungs-position gegenüber Hersteller	Sortimentsver-breiterung und Imagebildung	Margenver-besserung in Produktkategorie und Kunden-bindung über Produktqualität

Quelle: Herrmann 1998, S. 477.

Abb. 1.42: Entwicklungsstufen von Handelsmarken

Handelsorganisation	Klassische Handelsmarken
Metro-Gruppe (Real)	Tip
Rewe-Gruppe	Ja Today Salto Casani Erlenhof Füllhorn
Edeka/AVA-Gruppe	Hanseatenkaffee
Müller	Isana Flüssigseife Yung Frucht Shampoo Perlodent Zahncreme Kräuter Sunozon Sonnenmilch

Abb. 1.43: Beispiele für Handelsmarken

Die **Motive für ein Angebot von Handelsmarken** aus Handelssicht bzw. aus Herstellersicht[39] sind in diversen Erhebungen hinterfragt worden. Die **Motive des Handels** sind

- unternehmensbezogen (verfolgte ökonomische Zielgrößen wie Ertragssteigerung bzw. verbessertes Preis-Leistungs-Verhältnis),
- konkurrenzbezogen (Abgrenzung zur Konkurrenz),
- herstellerbezogen (Machtaspekt, Reduktion der Herstellermacht),
- konsumentenbezogen (Steigerung der Einkaufsstättentreue).

Die **Motive der Hersteller** sind insbesondere

- unternehmensbezogen (Umsatzsteigerung, Nutzung freier Kapazitäten) sowie
- handelsbezogen (verbesserte Zusammenarbeit mit dem Handel).

In Abb. 1.44 und 1.45 erfolgen **Positionierungen von Handelsmarken** nach den zwei Kriterien "Preis" und "Marktanteil". Sowohl für den Food- als auch für den Nonfood-Bereich zeigen sich für verschiedene Produktarten bzw. Produkte deutliche Unterschiede bezüglich beider Kriterien. Vergleichsweise hohe Preise und hohe Marktanteile werden von Handelsmarken in den Bereichen "Hart- und Schnittkäse SB", "TK Früchte", "Klarer" und "Sprayschaum" beziehungsweise in den Bereichen "Wattestäbchen", Küchentücher" und "Müllbeutel" erreicht. Auffällig ist, dass hier vorherrschend Low-Interest-Produkte vorliegen. Hier spielen besondere Qualitätseigenschaften, die mit Markenartikeln in Verbindung gebracht werden, keine besondere Rolle mehr.

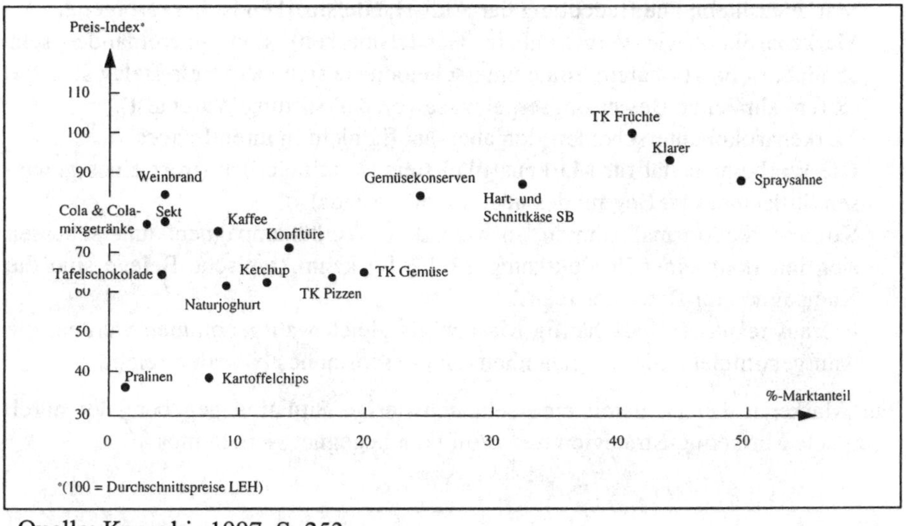

Quelle: Kornobis 1997, S. 253.

Abb. 1.44: Marktanteile und Preise von Handelsmarken in Deutschland für den Foodbereich

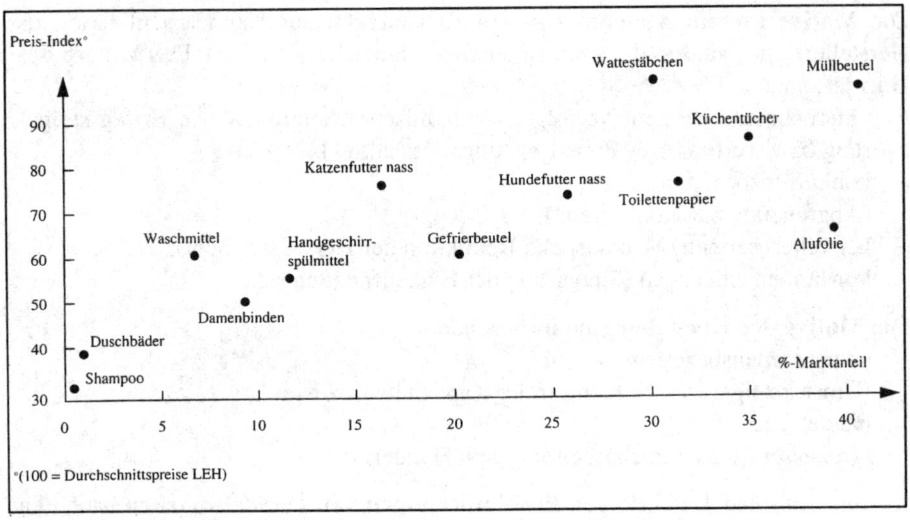

Quelle: Kornobis 1997, S. 256.

Abb. 1,45: Marktanteile und Preise von Handelsmarken in Deutschland für den Nonfoodbereich

Produkte und Marken auf mehrstufigen Märkten sind insgesamt folgendermaßen zu bewerten[40]:

- Der wert- und mengenmäßige Anteil von Handelsmarken steigt zu Lasten von Markenartikeln. Die Bedeutung der Aldi-Handelsmarken ist hervorragend.
- Markenartikel (wie vergleichbare Handelsmarken) sind untereinander sehr ähnlich; in funktionalem Sinne unterscheiden sie sich kaum (ein Beleg sind die extrem ähnlichen Bewertungsergebnisse von der Stiftung Warentest).
- Markenartikel unterscheiden sich auch häufig nicht in ihren Images.
- Die Werbeintensität für Markenartikel steigt kontinuierlich (trotz eines gewissen Stillstandes zu Beginn des neuen Jahrtausends).
- Kommunikationsmaßnahmen, insbesondere Werbekampagnen, unterscheiden sich innerhalb einer Produktkategorie häufig kaum (typische Belege sind die Kampagnen für Bier oder Jeans).
- Hieraus resultiert, dass häufig Marken als gleich wahrgenommen werden; die wahrgenommene Markengleichheit hat ein sehr hohes Niveau erreicht.

Für Markenartikel ist damit eine sehr schwierige Situation gegeben, der durch geeignete Marketing-Strategien und -Politiken begegnet werden muss.

Literaturverweise Teil 1

[1] Kotler (1984).

[2] Meffert (2000).

[3] Kieser/Kubicek (1992), S. 73 ff.

[4] Berndt (1996), S. 16 ff.; Steffenhagen (2000), S. 28 ff.

[5] Zur Abgrenzung des relevanten Marktes; Bauer (1989).

[6] Zur Cluster-Analyse; Berndt (1996), S. 309 ff.; Backhaus et al. (2003), S. 479 ff.

[7] Ein Überblick über Life-Style-Typologien; Berndt (1996), S. 319 ff.

[8] Berndt/Fantapié Altobelli/Sander (2003), S. 118 ff.

[9] Simon (1992).

[10] Berndt (1998a), S. 408.

[11] Berndt (1998a), S. 408 ff.

[12] Berndt (1998b), S. 199 ff.

[13] Zur Abgrenzung Strategischer Geschäftsfelder; Bea/Haas (2001), S. 135 ff.; Hinterhuber (2004a), S. 14 ff.

[14] Hinterhuber (2004b), S. 150 ff.

[15] Herrmann (1998), S. 437 ff.

[16] Brockhoff (1999), S. 12 ff.

[17] Maslow (1981).

[18] Beim Marketing für kurzlebige Konsumgüter ist die Markentreue von besonderer Bedeutung; zur theoretischen Fundierung können die stochastischen Mo-

delle des Käuferverhaltens herangezogen werden; Berndt (1996), S. 101 ff. und S. 269 ff.

[19] Für das Marketing für langlebige Konsumgüter sind die Diffusionstheorie und die Theorie der kognitiven Dissonanz von besonderer Bedeutung; Berndt (1996), S. 90 ff. und S. 77 ff.

[20] Zum Investitionsgüter-Marketing; Backhaus (1999).

[21] Zum Dienstleistungs-Marketing; Meffert/Bruhn (2000).

[22] Zur Produktpiraterie; Kraft (1995).

[23] Müller-Hagedorn (2002), S. 69.

[24] Zur Abgrenzung der einzelnen Elemente eines Handelssortimentes, Müller-Hagedorn (2001), S. 154 ff.

[25] Baumgarth (2002), S. 2 ff., insbesondere S. 6.

[26] Chernatony/McDonald (1998).

[27] Zur Unterscheidung von Grund- und Zusatznutzen; Berekoven (1993), S. 15.

[28] Hinsichtlich Klassifikationen von Marken; Bruhn (1995), Sp. 1446 ff.

[29] Zur Markenpiraterie; Kraft (1995); Bunk (2002); Fischer/Eck/Richter (2002).

[30] Fischer/Eck/Richter (2002).

[31] Berndt/Sander (1994).

[32] Übersichten finden sich bei Sander (1994); Sattler (1995); Bekmeier-Feuerhahn (1998).

[33] Zum Ansatz von Interbrand; Business Week (4.8.2003).

[34] Zur Ermittlung der Intangible Earnings; Haigh 1997.

[35] Zur Ermittlung des Role of Branding-Index; Perrier 1997.

[36] Zur Bestimmung der Brand Strength; Andrew 1997.

[37] Zur Charakterisierung von Markenartikeln; Meffert/Bruhn (1984), S. 1 ff.

[38] Zur Charakterisierung von Handelsmarken; Meffert/Bruhn (1984), S.1 ff.

[39] Wolters (1997), S. 308 f.

[40] Michael (2002).

2. Strategische Marketingplanung von Industrie und Handel

Gegenstände der strategischen Planung sind die globale Analyse der Erfolgspotentiale eines Unternehmens und die Entwicklung von Strategien zur Zukunftssicherung eines Unternehmens. Die strategische Planung ist langfristig angelegt; sie stellt den Rahmen für die taktische und operative Planung dar.

2.1 Strategische Marketingplanung eines Markenartikelproduzenten

Die strategische Marketingplanung eines Markenartikelproduzenten umfasst im einzelnen die strategische Planung von Geschäftsfeldern, die strategische Planung von Produkten (Produktstrategien) und die strategische Planung von Marken (Markenstrategien).

2.1.1 Strategische Geschäftsfeld-Planung

Die Einordnung der Strategischen Geschäftsfeldplanung, welche im folgenden detailliert vorgestellt wird, in die Gesamtplanung von Marketing-Strategien und -Politiken von Markenartikelproduzenten und Handelsorganisationen wird in Abb. 2.1 dargestellt. Die nicht hervorgehobenen Planungsbereiche des Handels und des Markenartikelproduzenten sind parallel hierzu (Betriebsformen und Warengruppen des Handels) bzw. sachlich folgend zu bewerkstelligen.

2.1.1.1 Strategischer Planungsprozess

Strategische Geschäftsfelder sind im Teil 1 als Planungseinheiten eines Unternehmens charakterisiert worden, anhand derer die strategische Planung vollzogen wird. Typische Strategische Geschäftsfelder sind Produkt-Markt-Kombinationen; Inhalt der strategischen Planung ist die Erstellung von produkt- bzw. marktbezo-

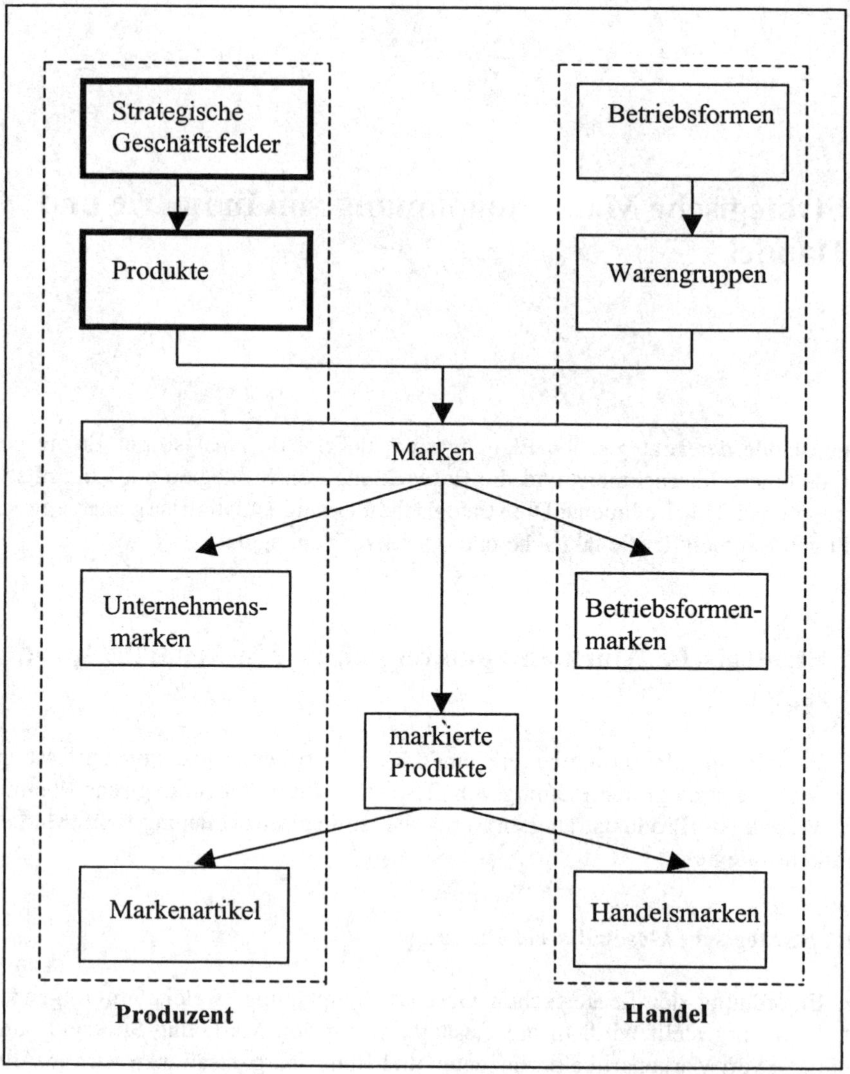

Abb. 2.1: Die Strategische Geschäftsfeld-Planung und die Produktstrategien im Rahmen des generellen Marketing-Planungssystems von Industrie und Handel

genen Strategien zur langfristigen Erfolgssicherung des Unternehmens. Unter einer **Strategie** wird dabei die Art und Weise, wie ein Unternehmen seine aktuellen und potentiellen Stärken einsetzt, um Veränderungen der Umweltbedingungen zielgerichtet zu begegnen, verstanden. Eine Strategie in diesem Sinne beinhaltet, dass nicht nur die vorhandenen, sondern auch die potentiellen Wettbewerbsvorteile zieladäquat genutzt werden; damit muss auch bei der Analyse der internen Wettbewerbsbedingungen die langfristige, zukunftsorientierte Sicht dominieren.

Bei der strategischen Planung können drei **hierarchische Stufen** unterschieden werden[1]:
- die strategische Planung auf Unternehmensebene,
- die strategische Planung auf Geschäftsbereichsebene und
- die strategische Planung auf Funktionsbereichsebene.

Im Rahmen der strategischen Planung auf **Unternehmensebene** werden die Geschäftsbereiche festgelegt, in denen die Unternehmung tätig sein soll; es erfolgt eine Rahmenplanung wie auch eine Ressourcenzuteilung für die einzelnen Geschäftsbereiche. Träger der strategischen Planung auf Unternehmensebene ist das Top Management. Die strategische Planung auf **Geschäftsbereichsebene** bezieht sich auf die Festlegung geeigneter Strategien für die einzelnen Geschäftsbereiche; das Hauptaugenmerk richtet sich auf die jeweils bearbeiteten Märkte bzw. Marktsegmente. Träger der strategischen Planung auf Geschäftsbereichsebene ist das mittlere Management. Schließlich befasst sich die strategische Planung auf **Funktionsbereichsebene** vorwiegend mit der optimalen Nutzung der in den Funktionsbereichen einzusetzenden Ressourcen. Offensichtlich ist, dass die strategische Planung auf den verschiedenen Ebenen nicht isoliert erfolgen darf, sondern zu einem konsistenten strategischen Konzept integriert werden muss.

Die Struktur des strategischen Planungsprozesses findet sich in der Abb. 2.2. Die erste Stufe besteht darin, strategische **Marketing-Ziele** zu definieren. Strategische Marketing-Ziele sind auf eine mehrere Jahre umfassende Planungsperiode bezogen. Sie bestimmen den langfristigen Handlungsrahmen für Marketing-Entscheidungen und sind für die taktische und operative Marketingplanung zu präzisieren.

Eine große Bedeutung innerhalb der strategischen Marketingplanung kommt der **Umwelt- und der Unternehmensanalyse** zu; wesentliche Teilbereiche der Umweltanalyse sind dabei die Analyse der globalen Umwelt und die Branchenanalyse. Ergebnis der Umweltanalyse sind die **Chancen und Risiken** für den Wettbewerb in den bearbeiteten Industriesektoren. Diese werden in der Unternehmensanalyse den **Stärken und Schwächen** des Unternehmens in Bezug auf die wichtigsten Konkurrenten gegenübergestellt.

Bei der **Portfolio-Analyse** werden die Chancen und Risiken den Stärken und Schwächen der einzelnen Geschäftsfelder in Matrix-Form gegenübergestellt, indem diese in den beiden Dimensionen Marktattraktivität und Wettbewerbsfähigkeit zusammengefasst werden, welche die beiden Dimensionen von Portfolios bilden. Je nach der Position der Strategischen Geschäftsfelder innerhalb des Portfolios können den einzelnen Geschäftsbereichen **Normstrategien** zugeordnet werden. Solche Normstrategien sind strategische Stoßrichtungen, die ein Unternehmen in bezug auf die einzelnen Strategischen Geschäftsfelder einschlagen kann. Sie stellen relativ grob formulierte Strategievorschläge dar, die noch überprüft und konkretisiert werden müssen. Die ermittelten Strategievorschläge werden detailliert auf Realisierbarkeit und Zielerreichung hin überprüft, um eine Strategieauswahl zu ermöglichen. Ist die optimale Strategie gewählt, muss sie noch in taktische und operative Maßnahmen umgesetzt werden.

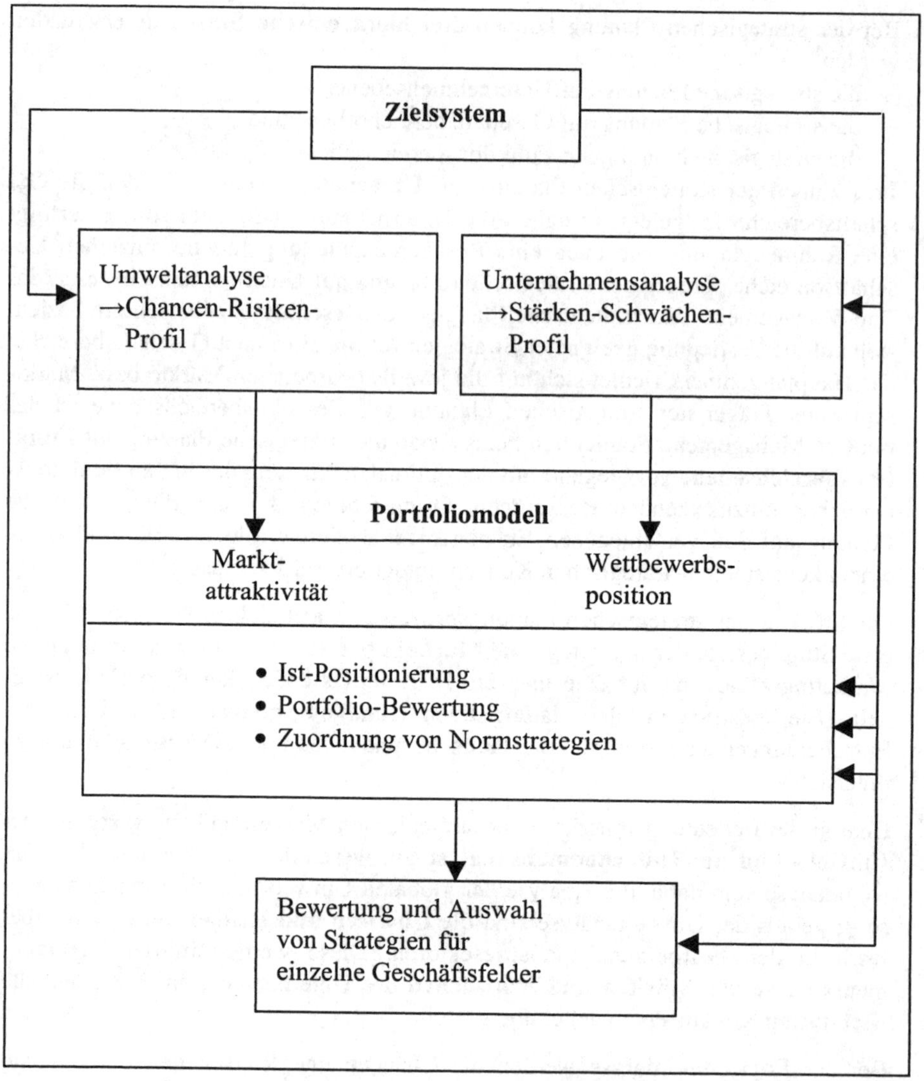

Abb. 2.2: Strategischer Planungsprozess eines Markenartikelproduzenten

2.1.1.2 Strategisches Zielsystem

Das Strategische Zielsystem eines Unternehmens bzw. seiner Geschäftsfelder basiert auf der **Corporate Mission,** welches die Basis der Corporate-Identity-Policy eines Unternehmens darstellt[2]. Hierbei handelt es sich um die im einzelnen festgelegten Unternehmensgrundsätze, um das Wert- und Normengefüge eines Unternehmens. Mögliche, in jedem Einzelfall festzulegende Inhalte einer Corporate Mission sind

- **Informationen über ein Unternehmen allgemein**
  (Tätigkeitsfelder, langfristige Zielvorstellungen),
- **das Leistungsangebot eines Unternehmens**
  (Gegenstände des Leistungsangebotes, Charakteristika der Produktion),
- **soziale, gesellschaftspolitische und ökologische Grundsätze**
- **finanzwirtschaftliche Grundsätze**
  (Gewinnverwendung, Finanzierungsarten),
- **allgemeine Wertvorstellungen und Normen.**

Um Strategische Geschäftsfelder bzw. erwogene Strategien für Strategische Geschäftsfelder bewerten zu können, müssen die verfolgten, relevanten **Zielgrößen** festgelegt werden. Grundsätzlich können periodenbezogene Erfolgsmaßstäbe (Kennziffern) sowie periodenübergreifende Erfolgsmaßstäbe unterschieden werden. Zu den **periodenbezogenen Kennziffern**[3] zählen u.a.:

- **Umsatzrentabilität (Return of Sales)**
  $$RoS = \frac{Gewinn}{Umsatz}$$
- **Return on Investment**
  $$RoI = \frac{Gewinn}{Kapital}$$
- **Eigenkapitalrentabilität (Return of Equity)**
  $$RoE = \frac{Gewinn}{Eigenkapital}$$
- **Cash Flow Return on Investment**
  $$CFRoI = \frac{Cash\ Flow}{investiertes\ Kapital}.$$

Der periodenbezogene **Cash Flow eines Strategischen Geschäftsfeldes** ergibt sich bei Anwendung der direkten Methode als Einzahlungsüberschuss einer Periode. Er kann im Prinzip positiv oder negativ sein kann. Werden die Cash Flows verschiedener Strategischer Geschäftsfelder verglichen, lässt sich erkennen, welche Geschäftsfelder finanzielle Mittel erwirtschaften und welche Geschäftsfelder hingegen einen Mittelbedarf aufweisen.

Offensichtlich ist, dass zur Bewertung von Strategien für Strategische Geschäftsfelder den periodenbezogenen Kennziffern **periodenübergreifende Kennziffern**[4] vorzuziehen sind, da eine Diskontierung von Rückflüssen/Einzahlungsüberschüssen verschiedener Perioden - im Rahmen von Kapitalwert-Modellen - erfolgt und Strategien für Strategische Geschäftsfelder auf mehrere Perioden bezogen (dynamisch) sind. Ein Beispiel für eine periodenübergreifende Kennziffer ist der **Shareholder Value**, der dem Eigentümerwert entspricht, und der berechnet wird als Unternehmungswert abzüglich des Marktwertes des Fremdkapital[5]. Die Ausgangssituation zur Ermittlung des Shareholder-Values im Zeitpunkt 0 wird in Abb. 2.3 dargestellt. Der Shareholder-Value ist definiert als

$$SV = \sum_{t=1}^{n} \frac{CF_t}{(1+WACC)^t} + \frac{Residualwert_n}{(1+WACC)^n} - \text{Marktwert des Fremdkapitals.}$$

Hierbei bezeichnen:

t:	Perioden (t=1, ..., n)
CF_t:	Cash Flow in Periode t (t=1, ..., n),
$Residualwert_n$:	der über den Prognosezeitraum hinaus erzielbare Cash-Flow,
WACC:	Kalkulationszinssatz.

Der **Kalkulationszinssatz WACC**[6] ist sinnvollerweise als gewichteter durchschnittlicher Kapitalkostensatz (Weighted Average Cost of Capital) anzusetzen; er ist als gewichteter Durchschnitt des Eigenkapitalkostensatzes und des Fremdkapitalkostensatzes definiert. Der Fremdkapitalkostensatz kann als Zinssatz für langfristige Schuldverschreibungen bestimmt werden. Der Eigenkapitalkostensatz sollte einen risikolosen Grundbetrag sowie einen Risikozuschlag enthalten.

Der Shareholder Value-Ansatz kann aber als einseitig kritisiert werden. Wie einführend dargelegt entspricht er dem Eigentümerwert, also dem Wert aus der Sicht der Kapitaleigner. Nach dem Stakeholder-Ansatz hat eine Unternehmung den Interessen aller **Stakeholder** (aller Interessengruppen) zu genügen[7]. Neben den Gewinninteressen der Shareholder sind demnach spezifische Interessen der Arbeitnehmer (geregelt z.B. im Mitbestimmungsgesetz) und der Öffentlichkeit (geregelt z.B. durch gesetzliche Bestimmungen wie Publizitätsvorschriften und Umweltschutzgesetze) zu beachten. Befürworter des Shareholder Value-Ansatzes begründen die Shareholder-Value-Orientierung damit, dass die Zielsetzung des Shareholder-Value indirekt auch andere Ziele (insbesondere die der Stakeholder) erfüllt.

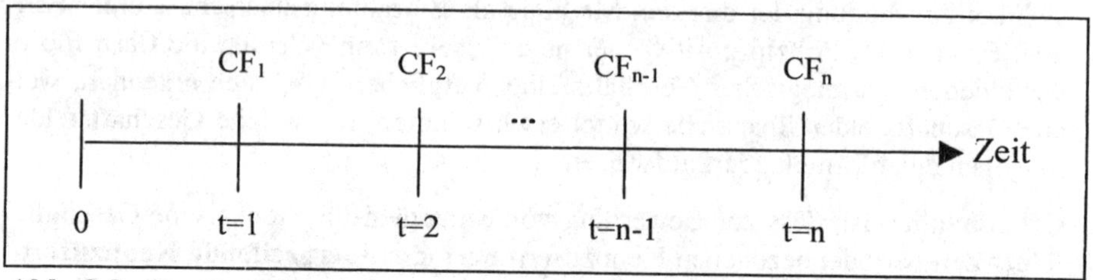

Abb. 2.3: Ausgangssituation zur Ermittlung des Shareholder-Values zum Zeitpunkt 0

2.1.1.3 Umweltanalyse

Eine Analyse der betrieblichen Umwelt ist notwendig, um die **langfristigen Chancen und Risiken** eines Unternehmens zu erkennen. Erforderlich sind Analysen der weiteren Umwelt, der Branche sowie der unmittelbaren Umwelt und des relevanten Marktes.

Analyse der weiteren Umwelt

Die generellen **Teilbereiche der weiteren Umwelt**[8] lassen sich zunächst aufgliedern in wirtschaftliche Faktoren, demographische Faktoren, technologische Faktoren, sozio-kulturelle Faktoren und politisch-rechtliche Faktoren.

Bei den **wirtschaftlichen Faktoren** sind globale gesamtwirtschaftliche Bedingungen wie z.B.
- Zinsentwicklung,
- Entwicklung der Devisenkurse,
- Geldpolitik,
- Entwicklung der Rohstoffkosten (z.B. Ölpreise),
- Entwicklung des Bruttosozialprodukts und
- Einkommensentwicklung

zu nennen.

Zu den **demographischen Faktoren** zählen beispielsweise
- Bevölkerungsentwicklung,
- Entwicklung der Altersstruktur sowie
- regionale Wanderungsbewegungen.

Zu den **technologischen Faktoren** gehören alle jene Faktoren, die den technologischen Stand einer Gesellschaft beschreiben, wie
- Entwicklung der Mikroelektronik,
- Fortschritte in der Umweltschutz-Technologie,
- Staatliche und private Ausgaben für Forschung und Entwicklung und
- wichtige Patentanmeldungen.

Sozio-kulturelle Faktoren sind z.B.
- Wertewandel,
- Freizeitverhalten,
- Einstellungen der Bevölkerung zu bestimmten gesellschaftlichen Fragen (z.B. Umweltschutz) oder
- regionale Bräuche und Sitten.

Zu den **politisch-rechtlichen Faktoren** zählen schließlich
- Gesetzgebung von Bund und Ländern,
- Außenhandelsregelungen sowie
- supranationale Regelungen (z.B. im Rahmen der EG).

Analyse der Branche

Welche Wettbewerbskräfte sich in einer **Branche**[9] auswirken, lässt Abb. 2.4 erkennen. Unterschieden werden
- die Verhandlungsstärke der Lieferanten,
- die Bedrohung durch neue Anbieter,
- die Verhandlungsstärke der Abnehmer,
- die Bedrohung durch Ersatzprodukte sowie
- die Intensität der Rivalität zwischen den Konkurrenten einer Branche.

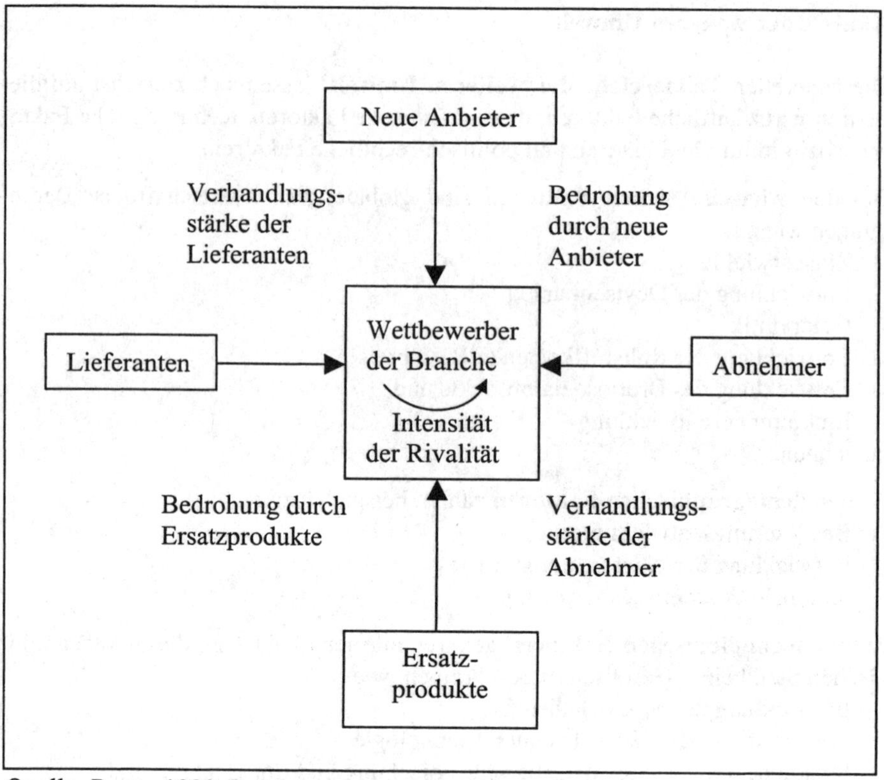

Quelle: Porter 1999, S. 34.

Abb. 2.4: Wettbewerbskräfte einer Branche

Die **Verhandlungsstärke der Lieferanten** hängt ab von den spezifischen Gegebenheiten des Beschaffungsmarktes. Typisch ist, dass mit steigender Verhand lungsmacht der/des Lieferanten die zu zahlenden Beschaffungspreise steigen und damit der Gewinn/Kapitalwert sinkt. Die Verhandlungsstärke eines Lieferanten hängt ab von seiner Konkurrenzsituation, von der Existenz substitutiver Produkte und von der Zahl seiner Abnehmer. Ob eine **Bedrohung durch neue Anbieter** zu erwarten ist, hängt insbesondere von den Markteintrittsbarrieren des (Beschaffungs-) Marktes ab. Beispielhaft zu nennen sind vertragliche Bindungen der Abnehmer, Kostenvorteile eines (betrachteten) Lieferanten, Kapitalbedarfe im Falle eines Markteintritts, usw. Die **Verhandlungsmacht der Abnehmer** hängt einerseits von der Zahl der Abnehmer und deren Stärken (Abnahmevolumen), andererseits von der Zahl der Konkurrenten des Lieferanten ab. Sie steigt mit der Stärke eines Abnehmers und wachsender Zahl potentieller Lieferanten. Eine **Bedrohung durch Ersatzprodukte** ist besonders dann gefährlich, wenn günstigere Preis-Leistungs-Verhältnisse damit verbunden sind. Die Intensität der **Rivalität zwischen den konkurrierenden Anbietern** einer Branche wird insbesondere durch die Homogenität der angebotenen Produkte und durch zu geringe Kapazitätsauslastungen gefördert.

Entstehung	Wachstum	Stagnation	Degeneration
• Electronic Payment /Security • (Verkehrs-) Telematik • Digitales Fernsehen • Laser für die Zahnbehandlung	• Hard- und Software • Online-Dienste • Logistik und Logistiksysteme • Spezialchemie • Medizintechnik • Bio- und Gentechnologie • Life Sciences / Gesundheits-markt • Biotechnolo-gische Nahrungsmittel • Freizeitindustrie	• Automobile • Maschinenbau • Haushaltsgeräte • Echtschmuck (Diamanten, Perlen) • Telefonauskunft • Bier • Grundnahrungs-mittel • Schokolade	• Kohle, Stahl • Rüstungsgüter • Spirituosen • Pelzwaren • Öffentliche Telefonzellen

Quelle: Nach Bea/Haas 2001, S.94.

Abb. 2.5: Beispiele von Branchen und Produkten in verschiedenen Phasen des Lebenszyklus

Analyse des relevanten Marktes

Im Rahmen der **Analyse der unmittelbaren Umwelt, des relevanten Marktes**[10], sind drei Größen von besonderer Bedeutung:

- das Marktpotential (Marktgröße und Marktwachstum),
- die Struktur des Beschaffungs- und Absatzmarktes (Konkurrenten, Lieferanten, Konsumenten),
- die Beschaffenheit des Gutes.

Im Zusammenhang mit dem **Marktwachstum** ist der Lebenszyklus eines Produktes respektive einer Branche zu beachten; er umfast in "idealtypischer Weise" verschiedene Phasen, die auf der Grundlage der Umsatz- und der Gewinnentwicklung im Zeitablauf abgegrenzt werden. Beispiele für Produkte bzw. Branchen in verschiedenen Phasen des Lebenszyklus, wie sie derzeit eingestuft werden können, finden sich in Abb. 2.5. Hinsichtlich der **Beschaffenheit eines Gutes** ist es für einen Anbieter von Vorteil, wenn die in einer Branche angebotenen Produkte heterogen (z.B. bezüglich funktionaler Produktgemeinschaften) sind. Für das eigene angebotene Produkt können dann Präferenzen geschaffen werden.

Chancen-Risiken-Profil

Auf der Basis der Kriterien der Marktanalyse kann ein **Chancen-Risiken-Profil**[11] für ein Strategisches Geschäftsfeld erstellt werden. Erforderlich ist es, die einzel-

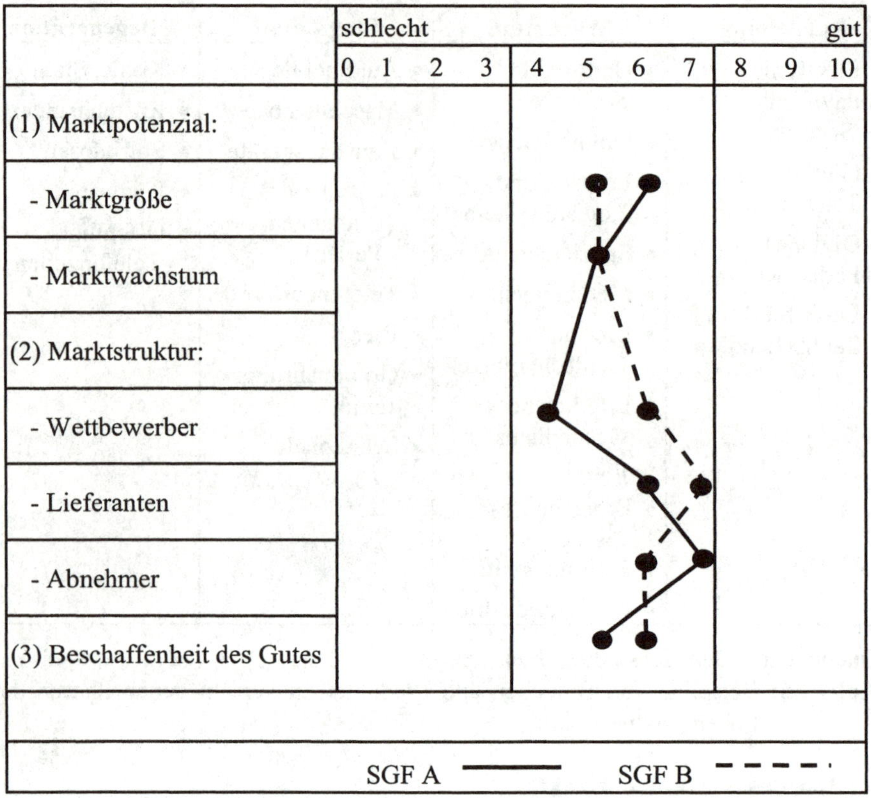

Abb. 2.6: Zwei beispielhafte Chancen-Risiken-Profile

nen Kriterien korrespondierend zu skalieren – z.B. anhand einer verbal-numerischen Skala. In Abb. 2.6 finden sich zwei beispielhafte Chancen-Risiken-Profile. Abgesehen von den Kriterien Marktgrösse und Abnehmerstruktur schneidet das strategische Geschäftsfeld B besser als das Geschäftsfeld A ab.

2.1.1.4 Unternehmensanalyse

Die Analyse der internen Situation eines Unternehmens kann in drei **Teilbereiche** untergliedert werden: Analyse der strategischen Entwicklung des Unternehmens in der Vergangenheit, Identifikation der strategischen Erfolgsfaktoren und Analyse der relativen Wettbewerbsvor- und -nachteile.

Analyse der strategischen Entwicklung

Die **strategische Entwicklung**, d.h. der Erfolg oder Misserfolg eines Unternehmens in der Vergangenheit, wird üblicherweise anhand ökonomischer Größen wie

Gewinnentwicklung, Umsatzentwicklung, Return on Investment (ROI) und Marktanteil gemessen[12].

Analyse der strategischen Erfolgsfaktoren

Zur **Identifikation der strategischen Erfolgsfaktoren** ist eine Reihe empirischer Untersuchungen durchgeführt worden. Zu nennen sind beispielsweise

- die PIMS-Studie,
- das Produktlebenszyklus-Konzept,
- die Long-Run Economies of Scale,
- das Erfahrungskurven-Konzept und
- das Preiserfahrungskurven-Konzept.

Die **PIMS-Studie** (Profit Impact of Market Strategies)[13] ist ein Versuch, aus einer "Strategischen Datenbank" einer großen Zahl von Unternehmungen ein Diagnose- und Prognosemodell zu entwickeln, das auf bestehende Marktsegmente angewandt werden kann. Die Daten sind nach ca. 2.000 Geschäftsbereichen geordnet; für jeden Geschäftsbereich werden regelmäßig ca. 200 quantifizierte Sachverhalte erhoben. Ziel der PIMS-Studie ist es, die allgemeinen Determinanten des Erfolgs zu identifizieren. Als Erfolgskennziffern werden RoI (Return on Investment) und Cash Flow verwendet; die Zusammenhänge werden mit Hilfe multivariater statistischer Methoden erfasst. Als zentrale generelle Determinanten des Erfolgs wurden im Rahmen der PIMS-Studie der Marktanteil und die Produktqualität identifiziert; so ist der RoI stark positiv korreliert mit dem relativen Marktanteil (Marktanteil im Vergleich zum größten Konkurrenten), und RoI sowie Cash Flow sind positiv korreliert mit der Produktqualität (gemessen anhand eines Qualitätsindizes). Darüber hinaus wurde festgestellt:

- Die (relative) Produktqualität ist der wichtigste strategische Faktor zur Erhöhung des Marktanteils.
- Das Wachstum des Marktanteils hat bei kleineren Unternehmen eine relativ größere Wirkung auf die Rentabilität als bei großen Unternehmen.

Neben der Ermittlung der generellen Erfolgsdeterminanten werden im Rahmen der PIMS-Studie Analysen bzw. Empfehlungen für spezielle Strategische Geschäftsfelder einzelner Unternehmen gemacht.

Kritik an der PIMS-Studie bezüglich Überbetonung von Querschnittsanalysen, zu starke Beschränkung der jeweiligen Zahl der unabhängigen Variablen, der Fehler angemessener (zeitbezogener) Längsschnittanalysen, fehlende Repräsentation der einbezogenen Unternehmen, zu geringe Berücksichtigung eher qualitativer Merkmale (wie Organisationsstruktur) wurde wiederholt geübt; ein vergleichbares umfassendes Analyseprogramm ist bisher aber nicht entwickelt worden.

Das **Produktlebenszyklus-Konzept**[14] beinhaltet die Umsatzentwicklung und die Gewinnentwicklung eines Produktes (einer Produktart; gegebenenfalls einer Branche) im Zeitablauf. Abb. 2.7 zeigt in idealtypischer Weise den Lebenszyklus eines Produktes. Dabei wird die Zeitachse in sechs Phasen unterteilt, deren zeitliche Ausdehnung aus dem Lebenszyklus selbst, also aus der Erlös- und Gewinnkurve abgeleitet wird:

- **Einführungsphase (I)**
  von der Markteinführung bis zum Erreichen der Gewinnschwelle;
- **Wachstumsphase (II)**
  vom Erreichen der Gewinnschwelle bis zum Zeitpunkt des maximalen Gewinnes;
- **Reifephase (III)**
  Beginn im Zeitpunkt des maximalen Gewinnes, Ende vor dem Zeitpunkt des Erlösmaximums (nicht exakt definiert);
- **Sättigungsphase (IV)**
  Beginn nicht exakt definiert; Ende nach dem Zeitpunkt des Erlösmaximums;
- **Verfallsphase (V)**
  nicht exakt definiert; sinkende Grenzerlöse,
- **Absterbephase (VI)**
  nicht exakt definiert; bis zur Herausnahme des Produktes aus dem Markt.

Die zentrale Aussage des Produkt-Lebenszyklus-Konzeptes ist, dass jedes Produkt nur einen eingeschränkten Zeitraum gewinnbringend vermarktet werden kann. Zum Ende des Lebenszyklusses ist entweder eine Produktelimination oder eine Produktvariation durchzuführen

Die **Aussagekraft** des Produkt-Lebenszyklus-Modells ist aber begrenzt. Zwar wird die begrenzte Lebensdauer eines Produktes veranschaulicht, keine explizite Berücksichtigung finden aber Marketing-Maßnahmen eines Anbieters und seiner Konkurrenten. Die Phaseneinteilung kann jedoch als Basis für eine Planung von

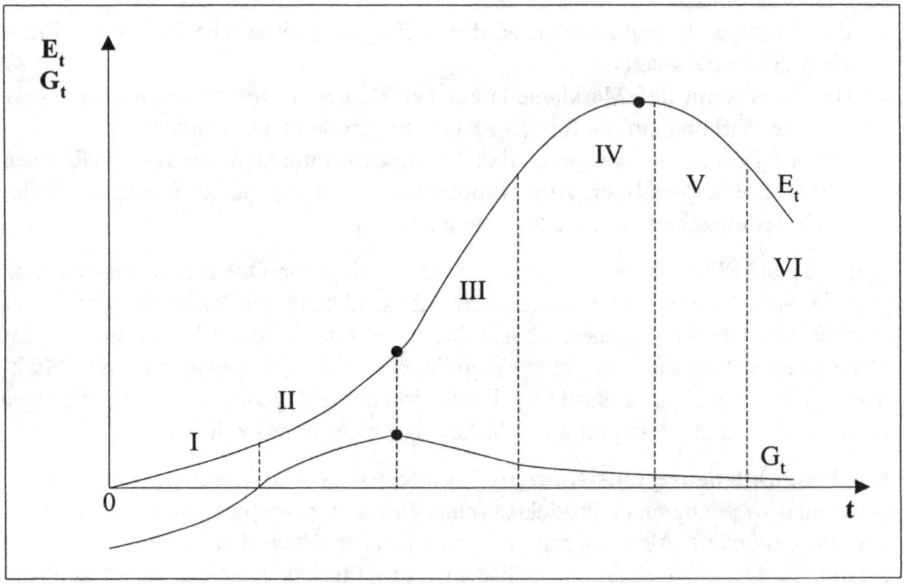

Abb. 2.7: Das idealtypische Lebenszyklus-Konzept eines Produktes

Marketing-Strategien in den verschiedenen Phasen herangezogen werden. Außerdem kann das Lebenszyklus-Modell für eine bestimmte Produktmarke, aber auch für eine Produktklasse betrachtet werden.

Das Konzept der **Long-Run Economies of Scale**[15] basiert darauf, dass größere Unternehmungen i.a. geringere Stückkosten aufweisen. Unterschieden werden können:

- produktspezifische Economies of Scale,
- anlagenspezifische Economies of Scale und
- unternehmensspezifische Economies of Scale.

Produktspezifische Economies of Scale basieren generell auf den Gesetzen der Massenproduktion. Sie entstehen auf Grund der Erhöhung der Produktionsmenge eines bestimmten Erzeugnisses und resultieren beispielsweise aus einer Fixkostendegression, aus einer Änderung der Fertigungstechnologie oder aus einer höheren Spezialisierung der Mitarbeiter. **Anlagenspezifische** Economies of Scale beruhen dagegen auf der Tatsache, dass bei einer Erhöhung der Kapazität die Investitionsausgaben im allgemeinen unterproportional zunehmen. Dies schlägt sich in geringeren Fixkosten pro Stück bei wachsender Kapazität nieder. **Unternehmensspezifische** Economies of Scale resultieren schließlich daraus, dass größere Unternehmen die Gemeinkosten in den Bereichen Rechnungswesen, F&E und Marketing auf mehrere Produktionsstätten verteilen können, so dass in diesen Bereichen mit zunehmender Unternehmensgröße Fixkostendegressionseffekte zu erzielen sind. Im Beschaffungsbereich können darüber hinaus Rabattvorteile wahrgenommen werden. Zusammenfassend besagt das Konzept der Long-Run Economies of Scale, dass die Unternehmensgröße über die Stückkostensenkung positiv mit dem Erfolg korreliert.

Das **Erfahrungskurven-Konzept**[16] stellt einen Zusammenhang zwischen der kumulierten Ausbringungsmenge und den Stückkosten eines Produktes her. Die kumulierte Ausbringungsmenge ist ein Indikator der angesammelten "Erfahrung" eines Unternehmens. Zentrale Aussage des Erfahrungskurven-Konzepts ist, dass bei einer Verdoppelung der kumulierten Ausbringungsmenge die auf die Wertschöpfung bezogenen und in konstanten Geldeinheiten ausgedruckten Stückkosten um einen konstanten, prognostizierbaren Anteil fallen, der im allgemeinen zwischen 10% und 30% liegt. Dieser Effekt stellt sich allerdings nicht automatisch ein, sondern resultiert aus ständigen Bemühungen eines Unternehmens, das vorhandene Rationalisierungspotential und Verbesserungsmöglichkeiten auszuschöpfen. Die wichtigsten Ursachen für Erfahrungseffekte sind:

- Lerneffekte in Produktion, Verwaltung, Vertrieb,
- Verbesserung von Arbeitsteilung und Spezialisierung sowie
- Verbesserung in Produktionstechnik, Rationalisierung.

Der funktionale Zusammenhang zwischen Stückkosten und kumulierter Ausbringungsmenge lautet in allgemeiner Form:

$$k(X(t)) = k_0 \cdot \left[\frac{X(t)}{X(t_0)}\right]^{-ß}$$

mit

k(X(t)) : Stückkosten in Periode t;

k_0 : Stückkosten zu Beginn des Betrachtungszeitraums;

X(t) : kumulierte Ausbringungsmenge in Periode t;

$X(t_0)$: kumulierte Ausbringungsmenge bis zum Beginn des Betrachtungszeitraums;

ß : Kostenelastizität.

Die Kostenelastizität beschreibt die relative Änderung der Stückkosten bei einer relativen Änderung der kumulierten Ausbringungsmenge. In der Praxis wird bei der Betrachtung des Erfahrungskurvenkonzeptes von einer Verdoppelung der kumulierten Ausbringungsmenge ausgegangen. Bezeichnet man mit δ den Prozentsatz der Stückkostensenkung bei einer Verdoppelung der kumulierten Ausbringungsmenge X(t) in Periode t, dann gilt:

$$\delta = \frac{k(2 \cdot X(t))^{-ß}}{k(X(t))^{-ß}} = 2^{-ß}.$$

Eine Kostensenkung um 30% (δ = 0,7) entspricht etwa einem ß-Wert in Höhe von 0,5146, eine Kostensenkung um 20% (δ = 0,8) führt zu ß = 0,3219. Abb. 2.8 zeigt die Zusammenhänge von Stückkosten und kumulierter Menge graphisch.

Das **Preiserfahrungskurven-Konzept**[17] basiert auf Beobachtungen des Preissetzungsverhaltens in der Praxis: Wenn neue Produkte eingeführt werden und die Stückkosten gemäß einer Erfahrungskurve sinken, so entwickelt sich der Preis häufig gemäß der Abb. 2.9 (die Achsen sind hier logarithmisch eingeteilt). In der Einführungsphase (I) liegt der Preis unter den Stückkosten; Ziel ist eine schnelle Marktdurchdringung. Auf Grund des Erfahrungskurveneffekts sinken die Stückkosten laufend, der Preis wird jedoch zunächst konstant gehalten. Diese als "Preisschirm" bezeichnete Phase (II) ermöglicht hohe Gewinne, solange der Innovator noch weitgehend allein auf dem Markt ist. Durch die hohen Gewinne werden jedoch Konkurrenten angelockt, so dass es zum Preiseinbruch (Phase III) kommt: Der Preis muss fallen, damit der Marktführer seine Position halten kann. Die Phase IV ist dann erreicht, wenn sich der Wettbewerb stabilisiert und die Gewinnspanne wieder eine angemessene Höhe erreicht; der Preis entwickelt sich dann parallel zur Erfahrungskurve. Das Preiserfahrungskurven-Konzept besagt also, dass im Hinblick auf zukünftige Gewinne eine schnelle Marktdurchdringung zu empfehlen ist – gegebenenfalls zunächst unter Inkaufnahme von anfänglichen Verlusten –, um möglichst schnell die Ausnutzung von Erfahrungskurven-Effekten zu erzielen und um damit Preissenkungspotentiale zu erreichen für den Fall, dass neue Konkurrenten in den Markt eintreten. Typisch ist diese Strategie beispielsweise für die japanischen Motorrad- und Automobilhersteller bei der Durchdringung des europäischen Marktes um 1980; die anfänglich erfolgte Nied-

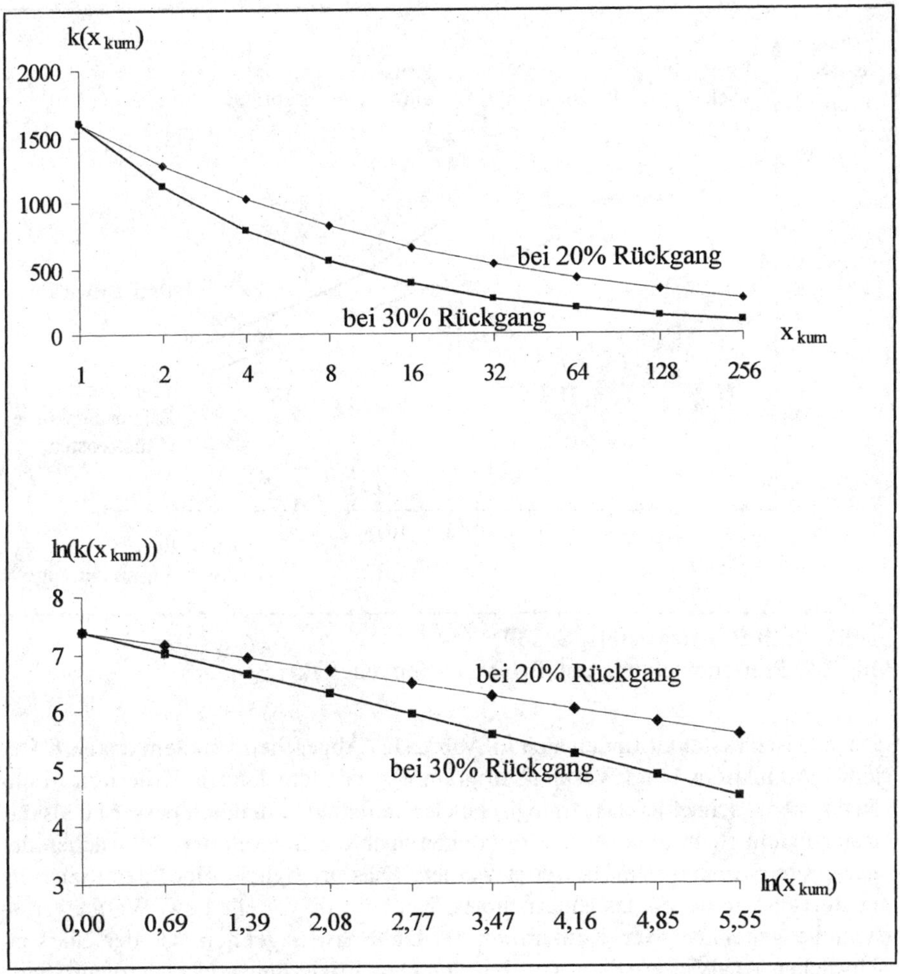

Quelle: In Anlehnung an Bea / Haas 2001, S. 118.

Abb. 2.8: Die Erfahrungskurve bei linear und logarithmisch eingeteilten Ordinaten

rigpreispolitik erlaubte es den japanischen Herstellern, diesen Marktanteil in Europa rapide zu steigern und damit Kostendegressionseffekte zu nutzen.

Stärken-Schwächen-Analyse

Die Analyse der Entwicklung in der Vergangenheit und die Identifikation strategischer Erfolgsfaktoren muss durch eine **Analyse der Wettbewerbsposition, der relativen Wettbewerbsvorteile und –nachteile** (Stärken-Schwächen-Analyse) ergänzt werden. Üblicherweise erfolgt die **Stärken-Schwächen-Analyse**[18] nach den einzelnen Funktionsbereichen. In der Abb. 2.10 findet sich eine Checkliste, welche die wichtigsten Beurteilungskriterien für die Wettbewerbsposition eines Unternehmens enthält. Zugehörige Stärken-Schwächen-Profile für eigene Strate-

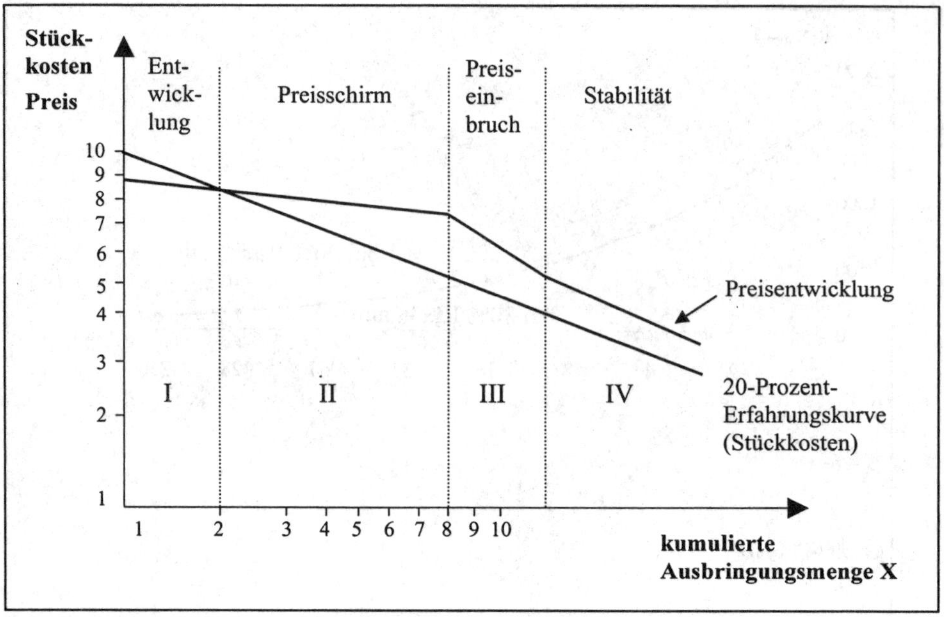

Quelle: Nach Bea/Haas 2001, S. 130.
Abb. 2.9: Preisentwicklung und Erfahrungskurveneffekt

gische Geschäftsfelder finden sich in Abb. 2.11. Abgesehen von dem ersten Kriterium „Produktions- und Verkaufsprogramm" und dem letzten Kriterium „Führungssystem" schneidet das strategische Geschäftsfeld A deutlich besser ab als das Geschäftsfeld B. In gleicher Weise können auch die Stärken und Schwächen der wichtigsten Konkurrenten bewertet werden. Dies ermöglicht eine Identifizierung der Bereiche, in denen das Unternehmen Wettbewerbsvorteile bzw. Wettbewerbsnachteile gegenüber der Konkurrenz besitzt. Schwierigkeiten bei der Stärken-Schwächen-Analyse ergeben sich bei der Quantifizierung von eher qualitativen Sachverhalten, z.B. der Qualität der Mitarbeiter.

2.1.1.5 Portfolio-Management

Das Portfolio-Management umfasst zumindest drei Schritte. Erstens sind die Ist-Positionen der Strategischen Geschäftsfelder herauszufinden. Zweitens ist zu untersuchen, ob Portfolio-Ungleichgewichte bestehen. Drittens sind dann Strategische Alternativen zu identifizieren.

Ist-Positionierung von Strategischen Geschäftsfeldern

Unter einer **Positionierung** wird allgemein die Bewertung eines Strategischen Geschäftsfeldes im Hinblick auf zwei Dimensionen, der Umwelt- und der Unternehmensdimension verstanden. Die **Umweltdimension** resultiert aus der Umweltanalyse, die **Unternehmensdimension** aus der Analyse der internen Situation.

Produktions- und Verkaufs-programm	- Art der Produkte - Zusammensetzung des Produktionsprogramms - Produktqualität, -preis, -image, -design - Altersaufbau der Produkte - Lieferfähigkeit
Produktions-potential	- Modernität und Qualität der Verfahren und Anlagen - Elastizität der Produktionsanlagen - Zugang zu Rohstoffen und deren Verfügbarkeit - Qualität der Fertigungsplanung und –steuerung - Automatisierungsgrad
Stand der For-schung und Entwicklung	- F&E-Budget - vorhandenes Know-how - Kreativität und Können des Personals - eigene Patente und Lizenzen - Intensität und Wirksamkeit der F&E-Aktivitäten
Personal	- Altersstruktur der Belegschaft - vorhandene Fähigkeiten - Ausbildungsstand - Motivation und Arbeitsfreude - Grad der gewerkschaftlichen Organisation - Lohn und Gehaltsniveau
Absatz	- Vertriebspotential: - Kapazität und Standorte der Lager; - Länge und Pünktlichkeit der Lieferzeiten - Verkaufsorganisation: - Vertriebswege; - Verkauf an Großhandel, Einzelhandel, Endabnehmer - Aufwand und Erfolg der Marktforschung: - Marktforschung; - Werbung
Kostensituation	- Produktionskosten - Vertriebs- und Verwaltungsgemeinkosten - Personalkosten - F&E-Kosten - Kosten für die Lagerhaltung - bestehende Kostenkontrolle
Finanzsituation	- Eigenkapitalausstattung - finanzieller Überschuß - Möglichkeiten der Beteiligungs- und Fremdfinanzierung - Waren-, Forderungs- und Verbindlichkeitsbestand - Bankverbindungen
Führungssystem	- Eigner oder Manager - Personen- oder Kapitalgesellschaft - Qualität der Planung und der Organisation - Qualität der Produktionsplanung und –steuerung - Betriebsklima

Quelle: Kreilkamp 1987, S. 234 ff., Hinterhuber 2000a, S. 123 ff.

Abb. 2.10: Checkliste für die Stärken-Schwächen-Analyse eines Unternehmens

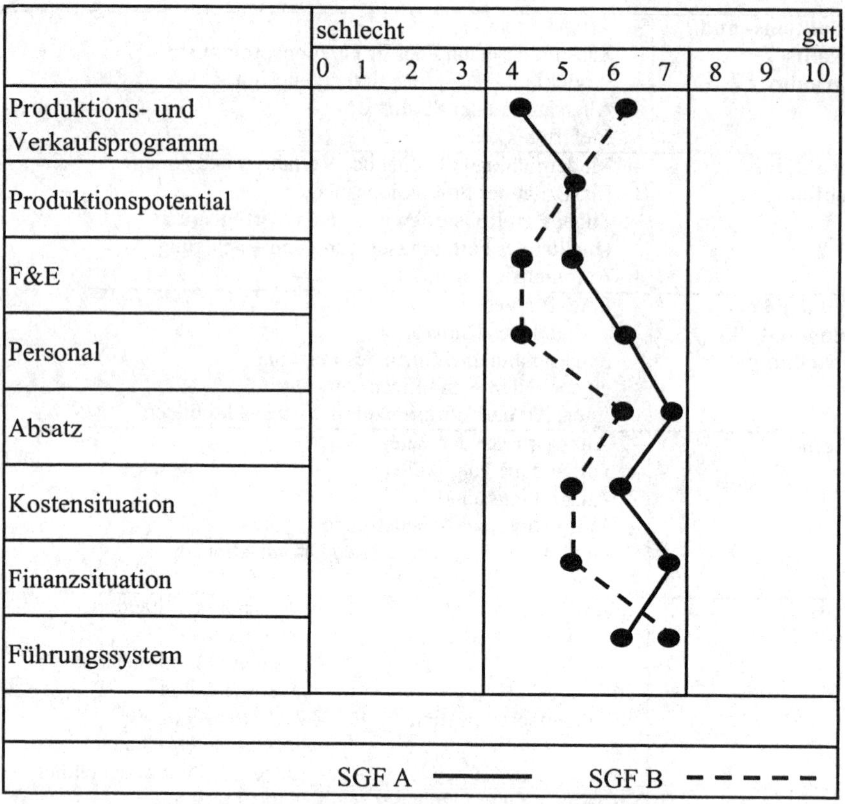

Abb. 2.11: Zwei beispielhafte Stärken-Schwächen-Profile

Die einzelnen Portfolio-Modelle unterscheiden sich danach, welche Variablen zur Charakterisierung der Umweltdimension und der Unternehmensdimension herangezogen werden. Bei dem hier beispielhaft herangezogenen Portfolio-Modell nach McKinsey[19] wird die Umweltdimension durch die Marktattraktivität, die Unternehmensdimension durch die Wettbewerbsposition erfasst. Die **Marktattraktivität** wird durch Variablen wie

- Marktwachstum,
- Marktgröße,
- Marktqualität,
- Versorgung mit Energie und Rohstoffen und
- Umweltsituation,

die **Wettbewerbsposition** durch z.B.

- Marktanteil,
- F&E-Potential,
- Produktionspotential und
- Qualität des Managements (jeweils in bezug auf den stärksten Konkurrenten)

charakterisiert.

Grundsätzlich kann zwischen einer (deterministischen) Punktpositionierung und einer (stochastischen) Bereichspositionierung unterschieden werden. Bei der **Punktpositionierung**[20] werden zunächst die einzelnen Variablen, die zur Charakterisierung der Marktattraktivität V_i (i=1,...,n) bzw. der Wettbewerbsposition V_j (j=1,...,m) herangezogen werden, gemäß ihrer relativen Bedeutung gewichtet. Die Gewichte werden mit g_i (i=1,...,n) bzw. mit g_j (j=1,...,m) bezeichnet; ihre Summe ist für jede Dimension gleich Eins. Die Ausprägungen der einzelnen Variablen, welche für ein bestimmtes Strategische Geschäftsfeld k gelten (k=1,...,K), werden als e_{ik} bzw. e_{jk} bezeichnet; diese werden z.B. auf einer Punkteskala von 0 – 10 erfasst.

Wie bei einem Scoring-Modell ergibt sich die **Position der Strategischen Geschäftsfelder** k bezüglich einer bestimmten Dimension als gewichtete Gesamtpunktzahl über alle Variablen, für die **Marktattraktivität** somit als

$$P_k^{MA} = \sum_{i=1}^{n} g_i \cdot e_{ik} \qquad \text{(für alle k)}$$

und für die **Wettbewerbsposition** als

$$P_k^{WP} = \sum_{j=1}^{m} g_j \cdot e_{jk} \qquad \text{(für alle k).}$$

Die resultierenden Gesamtpunktzahlen P_k^{MA} und P_k^{WP} liegen ebenfalls im Intervall [0; 10]. Beispiele für die Ermittlung gewichteter Gesamtpunktzahlen für die Marktattraktivität und die Wettbewerbsposition finden sich in den Abb. 2.12 und 2.13.

Die Position eines Strategischen Geschäftsfeldes ergibt sich durch Eintragung der beiden Werte (Marktattraktivität und Wettbewerbsposition) in die Portfolio-Matrix. Die einzelnen Strategischen Geschäftsfelder werden als Kreise in eine Matrix eingetragen, wobei die **Größe der Kreise** üblicherweise die Umsätze der einzelnen Geschäftsbereiche repräsentiert (vgl. Abb. 2.14).

Die Portfolio-Matrix wird in **9 Felder** eingeteilt; Grenzen der Felder sind die Werte "ein Drittel" bzw. "zwei Drittel" der maximal erreichbaren Punktzahl bezüglich der Marktattraktivität bzw. der Wettbewerbsposition.

In Abb. 2.14 werden die beiden u.a. in den Abb. 2.12 und 2.13 analysierten Strategischen Geschäftsfelder A und B positioniert, zusätzlich die fiktiven Geschäftsfelder C bis E ergänzt. Strategische Geschäftsfelder mit hoher Marktattraktivität und starker Wettbewerbsposition erfordern allgemein hohe Investitionen, um die Wettbewerbsposition zu halten oder zu verbessern; Strategische Geschäftsfelder mit mittlerer bzw. schwacher Wettbewerbsposition auf weniger attraktiven Märkten sollen – je nach Tendenz – entweder zur Mittelfreisetzung für die Finanzierung

	schlecht 0 1 2 3	4 5 6 7	8 9 gut 10	Gewichtung	Gewichtete Werte A	B
(1) Marktpotenzial:						
- Marktgröße				0,2	1,2	1,0
- Marktwachstum				0,2	1,0	1,0
(2) Marktstruktur:						
- Wettbewerber				0,1	0,4	0,6
- Lieferanten				0,1	0,6	0,7
- Abnehmer				0,2	1,4	1,2
(3) Beschaffenheit des Gutes				0,2	1,0	1,2
Σ				1,0	5,6	5,7

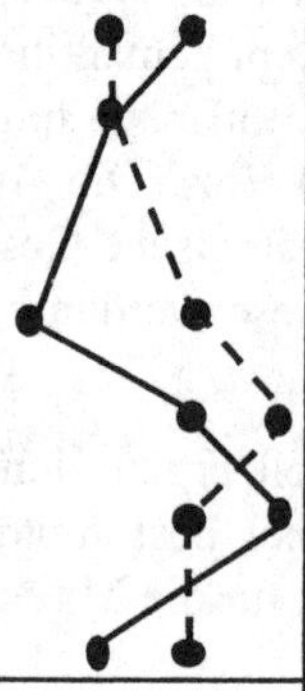

SGF A ——— SGF B - - - -

Abb. 2.12: Ermittlung der gewichteten Gesamtpunktzahlen für die Marktattraktivitäten

der erfolgversprechenden Geschäftsbereiche genutzt oder mittel- bis langfristig aufgegeben werden.

Der **Nachteil** einer Punktpositionierung liegt offensichtlich darin, dass eventuell auftretende Unsicherheiten bezüglich der Ausprägungen der einzelnen betrachteten Variablen nicht berücksichtigt werden; die Punktpositionierung basiert also auf der Annahme, die künftige Entwicklung – z.B. des Marktwachstums – sei mit Sicherheit bekannt. Zur Behebung der Mängel der Punktpositionierung kann alternativ eine **Bereichspositionierung**[21] vorgenommen werden, die der Unsicherheit Rechnung trägt. Eine Bereichspositionierung vollzieht sich in folgenden **Schritten:**

- Ermittlung der Ursachen des Risikos; dabei geht es um jene Variablen zur Charakterisierung der Marktattraktivität bzw. der Wettbewerbsposition, für die mehrwertige Erwartungen existieren.
- Für die unsicheren Inputgrößen werden **Wahrscheinlichkeitsverteilungen** geschätzt.
- Aus den Wahrscheinlichkeitsverteilungen der Inputgrößen wird – gegebenenfalls unter Hinzuziehung deterministischer Inputgrößen – mittels der **Monte-Carlo-Simulation** die Wahrscheinlichkeitsverteilung der Zielgröße – hier der Marktattraktivität bzw. der Wettbewerbsposition – ermittelt.

Für jedes Strategische Geschäftsfeld wird jeweils eine Wahrscheinlichkeitsverteilung für die Marktattraktivität beziehungsweise für die Wettbewerbsposition ermittelt. Die Positionierung des betrachteten Strategischen Geschäftsfeldes erfolgt dabei auf der Basis folgender Überlegung: Ziel ist es, die Position des

	Gewichtung	Gewichtete Werte A	Gewichtete Werte B
Produktions- und Verkaufsprogramm	0,15	0,6	0,4
Produktionspotential	0,1	0,5	0,5
F&E	0,15	0,8	0,6
Personal	0,1	0,6	0,4
Absatz	0,15	1,1	0,9
Kostensituation	0,15	0,9	0,75
Finanzsituation	0,1	0,7	0,5
Führungssystem	0,1	0,6	0,7
Σ	1,0	5,7	4,75

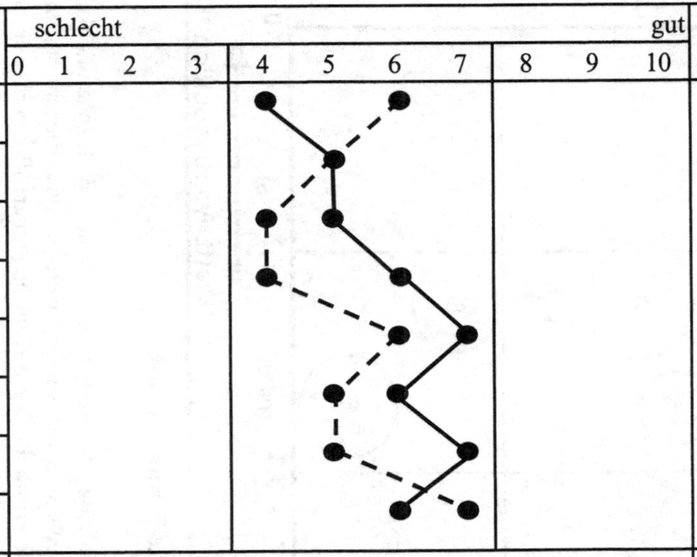

SGF A ——— SGF B - - - - - -

Abb. 2.13: Ermittlung der gewichteten Gesamtpunktzahlen für die Wettbewerbspositionen

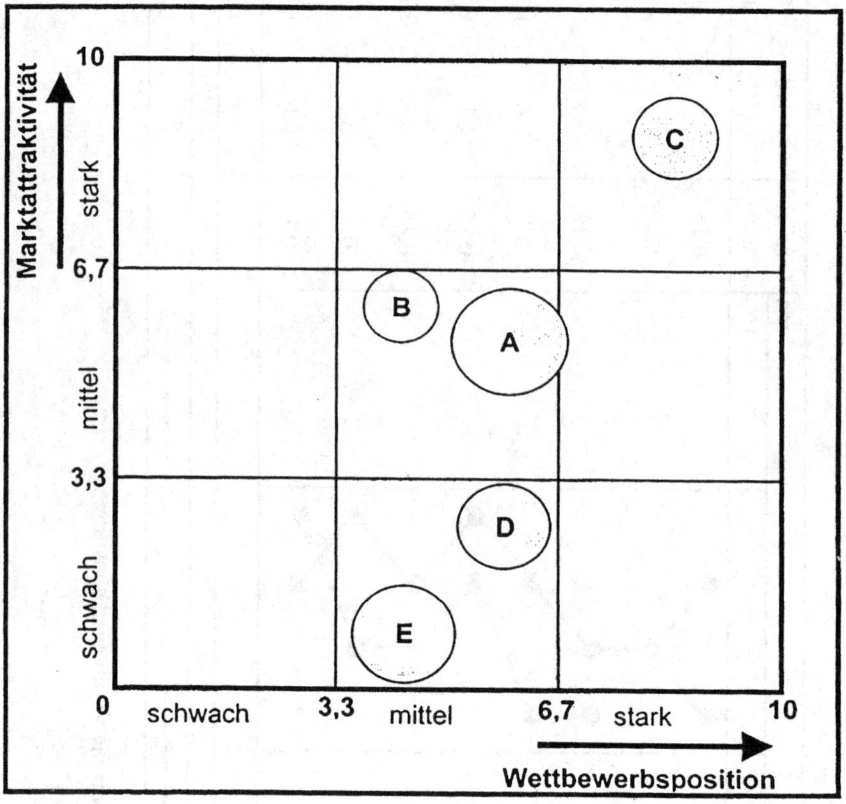

Abb. 2.14: Beispielhafte Portfolio-Matrix

Strategischen Geschäftsfeldes mit einer bestimmten Wahrscheinlichkeit (z.B. 90%) anzugeben. Für beide Dimensionen werden aus diesem Grunde die 90%-Konfidenzintervalle ermittelt. Diese Konfidenzintervalle werden in der Portfolio-Matrix als Achsen einer Ellipse eingetragen; die resultierende Ellipse ist als Bereich der Matrix zu interpretieren, in welchem das betrachtete Strategische Geschäftsfeld mit einer Wahrscheinlichkeit von 90% liegt. Graphisch werden die Zusammenhänge in Abb. 2.15 veranschaulicht. Das Zentrum der Ellipse resultiert aus den Erwartungswerten der Wettbewerbsposition und der Marktattraktivität. Offensichtlich ist, dass die Zuordnung eines Strategischen Geschäftsfeldes zu einem bestimmten Matrixfeld nicht mehr eindeutig sein muss. Entsprechende Fälle müssen im Hinblick auf die Strategieentwicklung besonders sorgfältig überprüft werden.

Bewertung von Portfolios

Bisher ist auf die Ermittlung von Ist-Portfolios (Punkt- bzw. Bereichspositionierung von Strategischen Geschäftsfeldern) eingegangen worden. Basis waren je ein umweltbezogenes Kriterium (die Marktattraktivität) und ein unternehmensbezogenes Kriterium (die Wettbewerbsposition). Beiden Kriterien liegen jeweils meh-

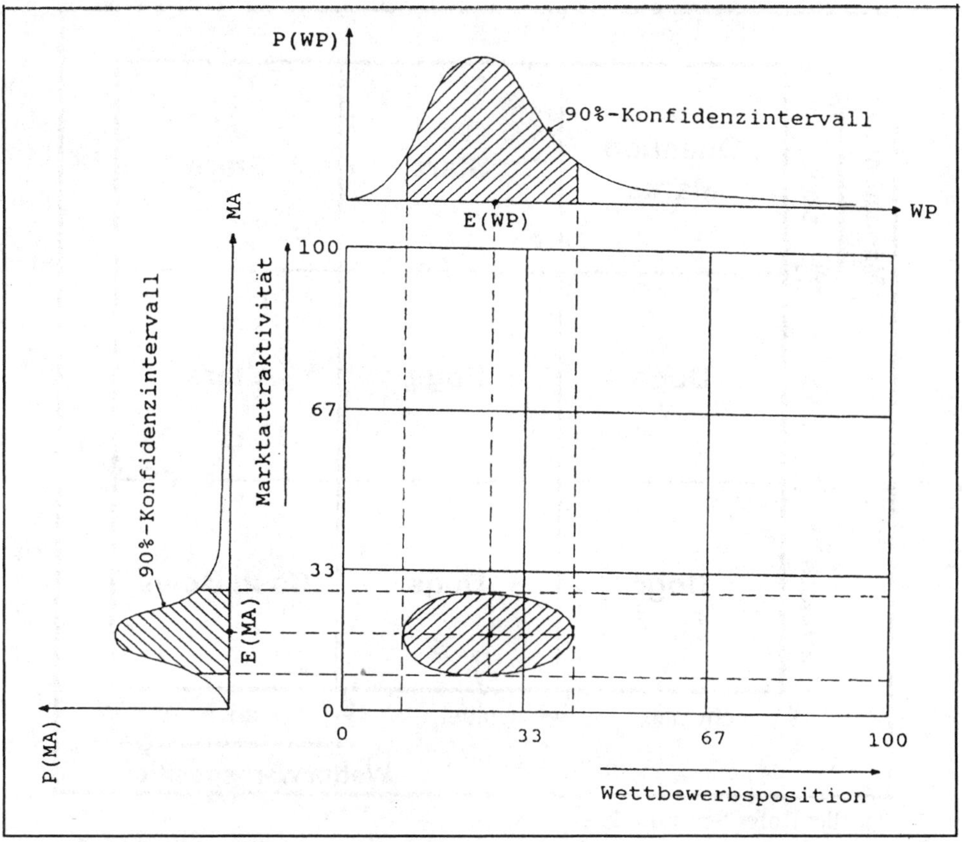

Quelle: In Anlehnung an Kirsch/Trux 1997, S. 57.

Abb. 2.15: Bereichspositionierung eines Strategischen Geschäftsfeldes

rere Kriterien zu Grunde, welche im Rahmen einer Chancen-Risiken-Analyse bzw. einer Stärken-Schwächen-Analyse bewertet werden.

Außerdem werden den neun Feldern vier Typen von (allgemein gekennzeichneten) Strategischen Geschäftsfeldern zugeordnet (vgl. Abb. 2.16)[22]:

- **Cash Cows**
  eingeführte Produkte; hoher Marktanteil (Ausnutzung des Erfahrungskurven-Effektes), geringes Marktwachstum (reduzierte Marketingkosten);
- **Question Marks**
  Nachwuchsprodukte; hohes Marktwachstum; bisher nur geringer Marktanteil (Ziel: Steigerung des Marktanteils, Erreichung einer Star-Position), hohe Marketingkosten erforderlich;
- **Stars**
  wachsender Markt; hoher Marktanteil; hohe Marketingkosten erforderlich (Beanspruchung von Cash Flow);
- **Dogs**
  auslaufende Produkte; geringes Marktwachstum; geringer Marktanteil.

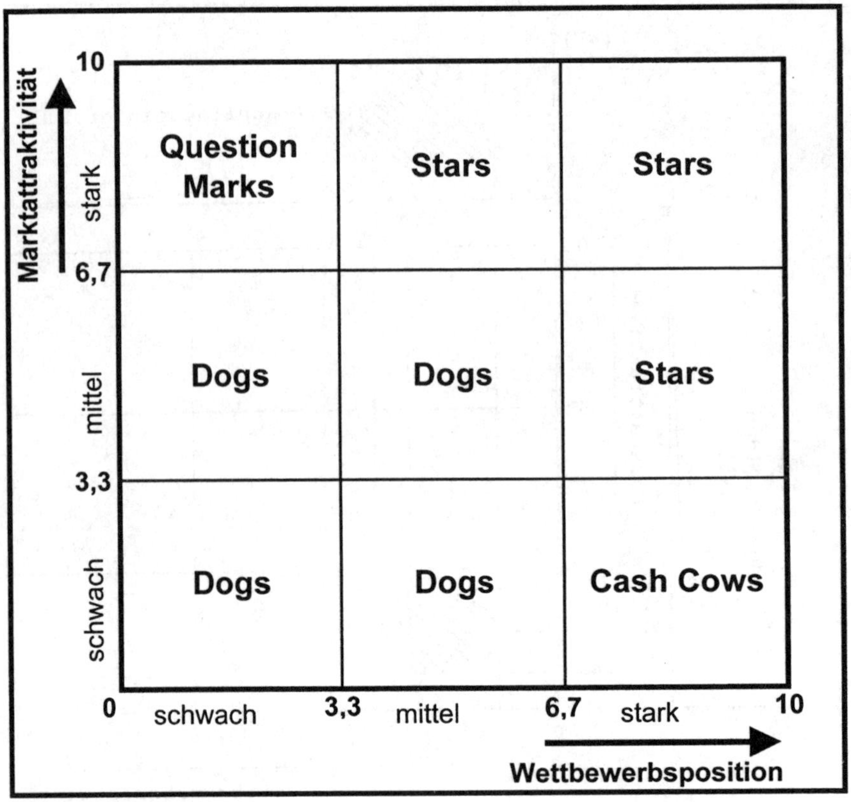

Quelle: Hofer/Schendel 1984, S. 82 ff.

Abb. 2.16: 9-Felder-Matrix und Typen von Strategischen Geschäftsfeldern

Auf dieser Grundlage können Portfolios von Strategischen Geschäftsfeldern **detailliert beurteilt**[23] werden. Die Grundidee besteht darin, dass Cash Cows genügend Cash Flow erwirtschaften müssen, damit das Wachstum der Stars und der erfolgversprechenden Question Marks finanziert werden kann. Unterschieden werden müssen somit

- unausgewogene Portfolios sowie
- ausgewogene Portfolios.

Grundsätzlich denkbar sind vier **Grundtypen unausgewogener Portfolios** (vgl. Abb. 2.17):

- **Überrepräsentierter Dog-Typ**
  Unzureichender Cash-Flow, unzureichender Gewinn, nicht ausreichendes Wachstum;
- **Überrepräsentierter Question-Mark-Typ**
  Unzureichender Cash-Flow, unzureichender Gewinn;
- **Überrepräsentierter Cash-Cow-Typ**
  Nichtausreichendes Wachstum, überhöhter Cash-Flow;
- **Überrepräsentierter Star-Typ**
  instabiles Wachstum, instabiler Gewinn, überhöhter Mittelbedarf.

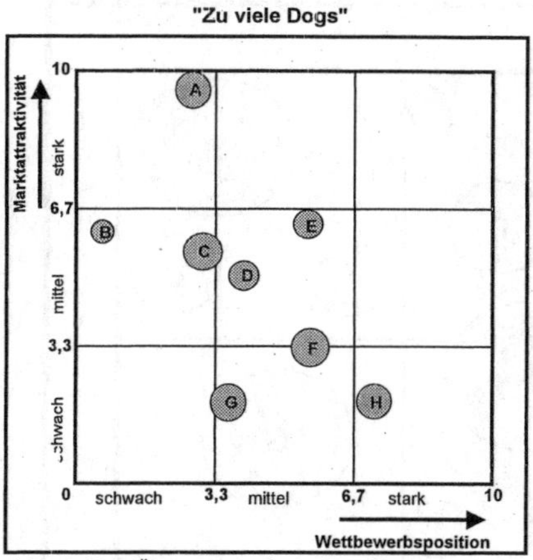

Abb. 2.17 a: Überrepräsentierter Dog-Typ

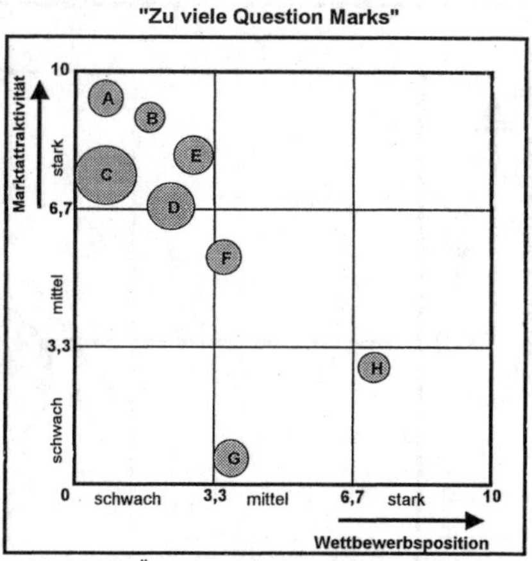

Abb. 2.17 b: Überrepresentierter Question-Mark-Typ

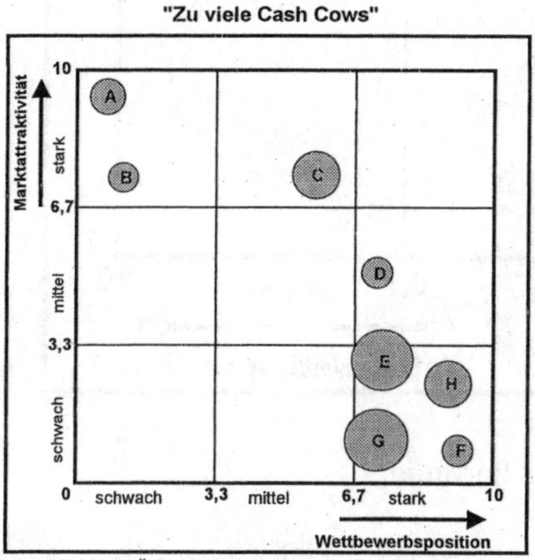

Abb. 2.17 c: Überrepräsentierter Cash-Cow-Typ

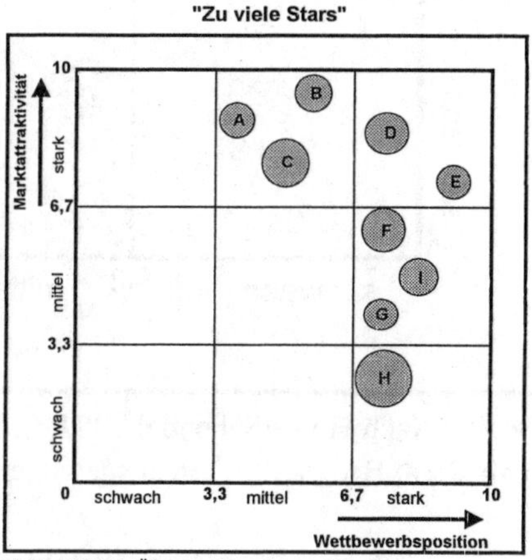

Abb. 2.17 d: Überrepräsentierter Star-Typ

Abb. 2.17: Mögliche Grundtypen unausgewogener Portfolios

Den Nachteilen unausgewogener Portfolios ist mit Hilfe geeigneter Strategien zu begegnen (vgl. die folgenden Abschnitte).

Ein **ausgewogenes Portfolio** hingegen bedeutet, dass die "Cash-Cows" genügend Mittel erwirtschaften, um das Wachstum der "Stars" und der erfolgversprechenden "Question Marks" zu finanzieren. Abb. 2.18 zeigt ein solches Portfolio; es umfaßt genügend etablierte, erfolgreiche Strategische Geschäftsfelder, um das Wachstum der erfolgversprechenden Geschäftsfelder zu finanzieren. Die Flächen der Kreise repräsentieren dabei die Umsätze der Strategischen Geschäftsfelder.

Normstrategien

Das Gesamtunternehmens-Portfolio bildet die Basis zur Ermittlung von **Normstrategien.** Normstrategien beschreiben die tendenzielle Stoßrichtung für die

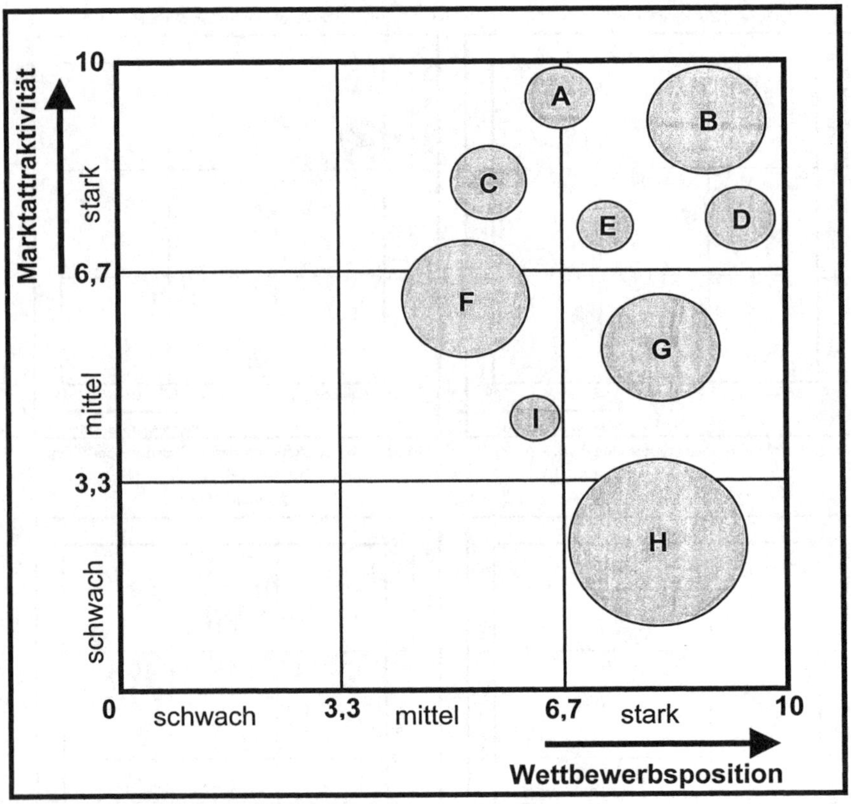

Quelle: Nach Hofer/Schendel 1984, S. 83

Abb. 2.18: Beispiel für ein ausgewogenes Portfolio

einzelnen Strategischen Geschäftsfelder; sie müssen im Rahmen der strategischen Planung auf Geschäftsfeldebene näher konkretisiert werden. Bei der Ableitung von Strategien aus einem Portfolio-Modell ist zu unterscheiden zwischen

- Strategien für bereits bestehende Strategische Geschäftsfelder und
- Strategien für neu einzurichtende Strategische Geschäftsfelder.

Normstrategien für **bestehende Geschäftsfelder**[24] lassen sich unmittelbar aus deren strategischer Position im Unternehmensportfolio ableiten. Am Beispiel der Mc-Kinsey-Matrix können generell drei Bereiche mit jeweils einer strategischen Empfehlung (vgl. Abb. 2.19) unterschieden werden:

- die Zone der Mittelbindung (Investitions- und Wachstumsstrategien),
- die Zone der Mittelfreisetzung (Abschöpfungs-/Desinvestitionsstrategien),
- die Zone der selektiven Strategien (Offensiv- bzw. Defensivstrategien).

Investitions- und Wachstumsstrategien sind für solche Strategische Geschäftsfelder geeignet, deren Marktattraktivität und relative Wettbewerbsposition mittel bis hoch sind. Diese Strategischen Geschäftsfelder erfordern zunächst mehr finanzielle Mittel, als sie selbst erwirtschaften können; langfristig gesehen stellen sie

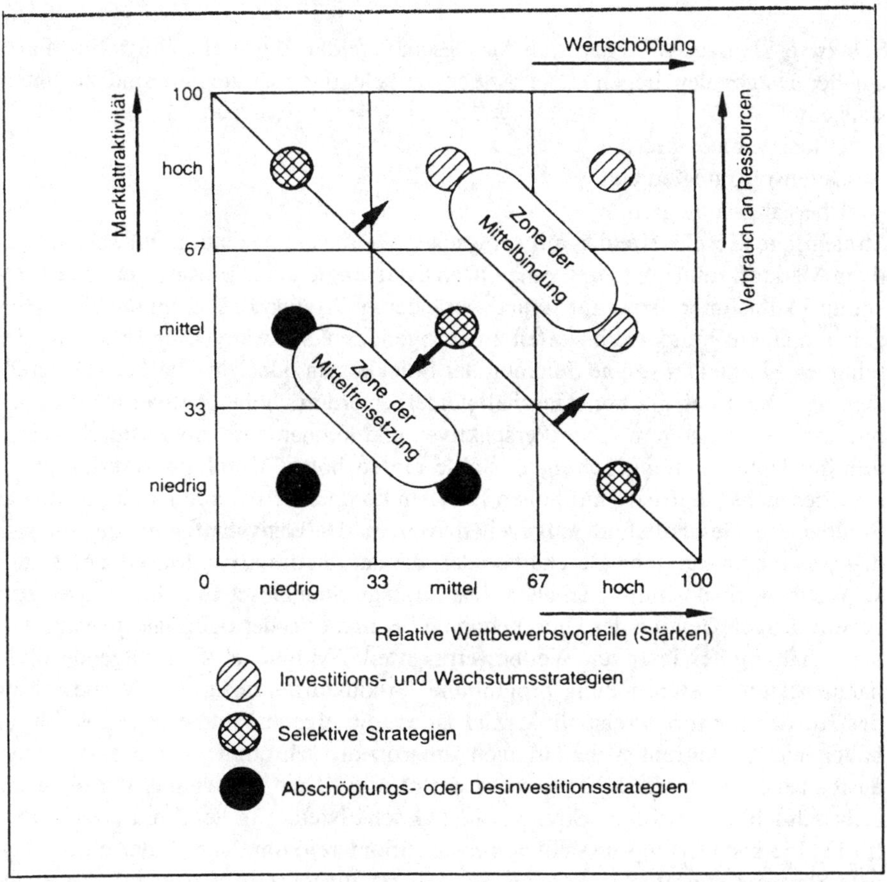

Quelle: Nach Hinterhuber 2004a, S. 148.
Abb. 2.19: Portfoliobereiche und zugehörige Normstrategien

jedoch das Erfolgspotential des Unternehmens dar. Ihnen sind genügend Mittel zuzuweisen, damit sie ihre Wettbewerbsposition auf wachsenden Märkten halten oder gar verbessern können. Die technischen und marketingpolitischen Anstrengungen müssen darauf gerichtet sein, Schwachstellen zu beseitigen, die solide Wettbewerbsposition zu konsolidieren bzw. weiter auszubauen und Konkurrenzunternehmungen abzuhalten, in diese Marktsegemente einzudringen.

Abschöpfungs- und Desinvestitionsstrategien sind für solche Geschäftsfelder zu empfehlen, die langfristig keine Erfolgschancen haben. Bei Strategischen Geschäftsfeldern mit zumindest mittlerer Marktattraktivität bzw. Wettbewerbsposition, bei denen die Deckungsbeiträge noch positiv sind, wird die Unternehmung versuchen, die Cash-Flows dieser Strategischen Geschäftsfelder zu maximieren, um wachsende Strategische Geschäftsfelder zu finanzieren. Ein zusätzlicher Ressourceneinsatz sollte nicht erfolgen; alle Rationierungsreserven sowie alle Synergieeffekte in Produktion und Vertrieb sollten ausgenutzt werden. Ist kein positiver Cash-Flow mehr zu erwarten, so ist das Strategische Geschäftsfeld abzustoßen.

Selektive Strategien eignen sich für Geschäftsfelder, die in der Portfolio-Matrix auf der Diagonalen liegen. Drei Arten von selektiven Strategien sind zu unterscheiden:
- Offensivstrategien,
- Defensivstrategien und
- Übergangsstrategien.

Strategische Geschäftsfelder mit schwacher Wettbewerbsposition auf sehr attraktiven Märkten sollten generell eine **Offensivstrategie** unter Einsatz gezielter Marketing-Maßnahmen bzw. auf Grund veränderter Produktionsbedingungen verfolgen, um einen Wettbewerbsvorteil zu erringen; denkbar wären eine Erhöhung des relativen Marktanteils, eine Senkung der Stückkosten oder eine stärkere Differenzierung. Die Strategischen Geschäftsfelder erfordern hohe Aufbauinvestitionen mit unsicheren ökonomischen Perspektiven und können zum zukünftigen Wachstum der Unternehmung beitragen. Sollte ein so hoher Mitteleinsatz erforderlich sein, der nicht langfristig mit hohen Erträgen kompensiert werden kann, sollte das Strategische Geschäftsfeld aufgegeben werden. **Defensivstrategien** eignen sich dagegen für Strategische Geschäftsfelder, die auf unattraktiven Märkten eine starke Wettbewerbsposition innehaben. Die Strategischen Geschäftsfelder tragen zum gegenwärtigen Gewinn der Unternehmung bei und erfordern geringe Investitionen zur Erhaltung der relativen Wettbewerbsvorteile. Mögliche, zu erwägende Maßnahmen sind Kostensenkungsprogramme, Produktdifferenzierung, Verbesserung des Kundendienstes, Preispolitik. Ziel ist es, die eigene Wettbewerbsposition zu halten und Konkurrenten abzudrängen, um trotz des schrumpfenden Marktes einen ausreichend hohen Cash-Flow zu erwirtschaften. Eine **Übergangsstrategie** besteht schließlich darin, die Strategischen Geschäftsfelder in dem mittleren Portfolio-Feld je nach Erfolgsaussichten umzupositionieren, um dann später eine geeignete Strategie ergreifen zu können. Konkret ist zunächst zu versuchen, die eigene Wettbewerbsposition zu verstärken; bei einer Verbesserung der Marktattraktivität können die Strategischen Geschäftsfelder dann zu Stars ausgebaut werden, bei einer Verschlechterung der Marktattraktivität kann eine Abschöpfungsstrategie ergriffen werden.

Generell sind neue Strategische Geschäftsfelder dann aufzunehmen, wenn das Ist-Portfolio der Unternehmung anzeigt, dass keine oder nur wenige bestehende Geschäftsfelder Aussicht haben, zu "Stars" ausgebaut zu werden. In diesem Fall empfiehlt es sich, für die bestehenden Strategischen Geschäftsfelder Abschöpfungsstragien zu verfolgen. Durch eine Maximierung des Cash-Flows und durch die Erwirtschaftung ausreichender finanzieller Mittel kann die Einrichtung und der Ausbau der neuen Strategischen Geschäftsfelder finanziert werden, bis sich diese selbst erhalten können.

Strategien für **neue Strategische Geschäftsfelder**[25] stellen durchweg Investitions- und Wachstumsstrategien dar, da sie den Aufbau völlig neuer Geschäftsfelder oder zumindest die Vergrößerung bestehender Geschäftsbereiche durch Hinzufügung neuer Betätigungsfelder zum Gegenstand haben. Nach dem Ausmaß der

Ausweitung der Aktivitäten lassen sich drei **Grundtypen von Strategien** unterscheiden:

- Produktinnovation,
- vertikale Integration und
- Diversifikation.

Im Rahmen einer **Produktinnovation** besteht zunächst die Möglichkeit, die Produktlinie eines Strategischen Geschäftsfeldes zu erweitern, also neue Produkte aufzunehmen, die das bisherige Sortiment ergänzen. Ferner können auch Produkte auf der Basis völlig **neuer Technologien** entwickelt werden; solche Produkte können die bisherigen technisch überholten Produkte ersetzten und damit neue Absatzpotentiale schaffen. Des weiteren können neue Produkte entwickelt werden, die zwar keine Ergänzung der Produktlinie darstellen, jedoch das gleiche Marktsegment ansprechen.

Strategien der **vertikalen Integration** zielen darauf ab, den vorhandenen Strategischen Geschäftsfeldern vor- oder nachgelagerte Tätigkeitsfelder als neue Strategische Geschäftsfelder in das Unternehmensportfolio aufzunehmen. Auch eine Strategie der vertikalen Integration führt zu einer Erweiterung des Produktionsprogramms. Dabei kann zwischen einer Vorwärtsintegration, bei der das Unternehmen eine nachgelagerte Produktionsstufe angliedert, und einer Rückwärtsintegration, bei der ein vorgelagerter Geschäftsbereich die Herstellung bisher fremdbezogener Inputgüter zu übernehmen hat, unterschieden werden. **Vorteile** einer vertikalen Integration liegen darin, dass

- Kosteneinsparungen möglich werden (z.B. durch Economies of Scale in Verwaltung, Außendienst u.a.),
- die betroffenen Strategischen Geschäftsfelder von Lieferanten bzw. Abnehmern unabhängig werden,
- die "neuen" Strategischen Geschäftsfelder später auch einen externen Markt erfolgreich bedienen können,
- technologische Entwicklungen der neuen Strategischen Geschäftsfelder auch anderen Geschäftsfeldern zu Gute kommen können.

Nachteile können sich dadurch ergeben, dass

- zusätzliche Kosten entstehen, z.B. auf Grund eines erhöhten Koordinationsbedarfs, die die Kosteneinsparungen übertreffen,
- mangelndes Know-how auf dem betreffenden Tätigkeitsfeld zu Ineffizienz führt,
- eine rückläufige Marktentwicklung bei den ursprünglichen Geschäftsfeldern die neuen Strategischen Geschäftsfelder in gleichem Maße trifft und damit die gesamtunternehmerische Rentabilität verstärkt bedroht,
- die Bindung an unternehmensinterne Lieferanten oder an Abnehmer die Flexibilität mindert und die Anpassungsfähigkeit an veränderte Bedingungen auf den Beschaffungs- bzw. Absatzmärkten reduziert.

Eine **Diversifikationsstrategie** besteht darin, sich mit neuen Produkten auf neuen Märkten zu betätigen. Eine Diversifikation in verwandten Feldern beinhaltet, dass die neuen Geschäftsfelder mit den alten gewisse Gemeinsamkeiten aufweisen;

dadurch wird es möglich, durch den Austausch oder die gemeinsame Nutzung von Fähigkeiten und Ressourcen Synergieeffekte zu erzielen. Bei der Diversifikation in völlig unterschiedliche Geschäftsfelder ist diese Möglichkeit in der Regel nicht gegeben; empirische Untersuchungen zeigten, dass Unternehmen, die in unterschiedliche Felder diversifizieren, unter dem Erfolg anderer Unternehmen bleiben. Auf der anderen Seite ist die **Risikostreuung** im Rahmen einer Diversifikation umso größer, je breiter gefächert die Geschäftsfelder sind. Eine Diversifikationsstrategie erfordert im allgemeinen einen hohen Einsatz an finanziellen, personellen und technischen Ressourcen. Sie kann nicht nur durch Eigenaktivitäten, sondern auch durch Kooperation mit anderen Unternehmen oder durch externes Wachstum erfolgen.

Die Normstrategien auf der Grundlage des Gesamtunternehmensportfolios sind auf Geschäftsbereichsebene zu konkretisieren[26]. Der Strategieformulierungsprozess kann in drei **Ebenen** untergliedert werden:
- Strategie-Position,
- Strategie-Stil und
- Strategie-Substanz.

Bei der Ebene **"Strategie-Position"** wird zunächst grundsätzlich überprüft, ob die bisherige Marketingstrategie beibehalten werden kann oder nicht. Prinzipiell sind folgende Möglichkeiten gegeben:
- Beibehaltung der Marktposition,
- Umpositionierung oder
- Neupositionierung.

Eine **Beibehaltung der Marktposition** ist dann zu empfehlen, wenn die bisherige Strategie die Bedürfnisse der Zielgruppe ausreichend befriedigt und die Zielgruppe wirtschaftlich tragfähig ist. Zentrales Bestreben ist es in diesem Falle, die Kernzielgruppe zu erhalten. Im wesentlichen handelt es sich hierbei um eine Strategie der Marktdurchdringung, bei der zum einen die traditionellen absatzpolitischen Instrumente, zum anderen aber auch Rationalisierungsmaßnahmen, z.B. im Fertigungsbereich, zum Einsatz kommen. Veränderungen finden hier nur auf instrumentaler Ebene statt, wie die Anpassung der Verpackung an modische Strömungen oder die Aktualisierung der Werbekampagne. Bei der **Umpositionierung** wird die bisherige Zielgruppe zwar auch weitgehend erhalten, es erfolgt aber auch eine gewisse Zielgruppen-Verlagerung bzw. -Erweiterung. Gründe dafür können Einstellungsänderungen bei der bisherigen Zielgruppe, eine zu geringe Größe des Marktsegments oder die Imitation der eigenen Strategie durch die Konkurrenz sein. Die bisherige Marketingstrategie muss dahingehend verändert werden, dass auch die Bedürfnisse von Randzielgruppen befriedigt werden. Typische Maßnahmen sind Produktdifferenzierung, gegebenenfalls in Verbindung mit einer Preisdifferenzierung, oder die Erschließung neuer Distributionswege, beispielsweise den Vertrieb auch über Verbrauchermärkte zu steuern, wenn bisher nur der Fachhandel beliefert wurde. Wenn auf der Basis der bisherigen Marketingstrategie keine Marktchancen mehr bestehen – beispielsweise, wenn das Produkt obsolet geworden ist –, so ist eine **Neupositionierung** erforderlich. Anzusprechen ist eine völlig neue Zielgruppe durch eine grundlegend unterschiedliche Marketingstrategie. Kern einer solchen Strategie ist es, ein neues (günstigeres) Preis-Leistungs-Verhältnis zu schaffen. Auf instrumentaler Ebene ist an starke Qualitätsverbesserungen mit einhergehender Preiserhöhung oder auf die Hervorhebung eines einzigartigen Produktnutzens zu denken ("unique selling proposition").

Die zweite Ebene, der **Strategie-Stil,** zielt auf die Rolle ab, die ein Unternehmen im Vergleich zur Konkurrenz auf den aktuellen bzw. potentiellen Märkten einzunehmen beabsichtigt. Unterschieden werden können:
- Marktführer,
- Marktherausforderer,
- Marktmitläufer sowie
- Marktnischenbearbeiter.

Für **Marktführer** ist ein aggressives Wettbewerbsverhalten typisch, das auf eine Intensivierung der Aktivitäten abzielt, auf die der Markterfolg einer Strategischen Geschäftseinheit zurückzuführen ist. Ständiges Bemühen eines Marktführers ist es, seinen Wettbewerbsvorsprung zu erhalten. **Marktherausforderer** versuchen, die Position des Marktführers anzugreifen und ihren Marktanteil zu erhöhen. Typische Maßnahmen sind drastische Preissenkungen oder massive Werbekampagnen. **Marktmitläufer** passen sich dem Wettbewerb an und bemühen sich lediglich, ihren Marktanteil zu halten. Aggressive Marketingmaßnahmen werden vermieden, das Verhalten ist rein defensiv. **Marktnischenbearbeiter** spezialisieren sich schließlich auf kleinere Marktsegmente. Oft können sie dadurch Qualitäts- oder Kostenvorsprünge aufbauen und sich durch ergänzende Leistungen wie Service, Kundendienst profilieren.

Die dritte Ebene, **Strategie-Substanz,** befasst sich mit der Art des im Markt angestrebten strategischen Vorteils. Dabei können unterschieden werden
- Preis- bzw. Kostenführerschaft und
- Differenzierung.

Die Strategie der **Preis- bzw. Kostenführerschaft** zielt darauf ab, umfassende Kostenvorteile zu erzielen; dies ermöglicht die Erzielung hoher Gewinne bei Vorhandensein von Qualitätsvorteilen oder aber das Verfolgen einer Billigpreisstrategie. Voraussetzung ist die Ausnutzung von Economies of Scale und Erfahrungskurveneffekten. Hohe Kostensenkungspotentiale sind oft in den Bereichen F&E, Service und Außendienst vorhanden; auch bei der Produktgestaltung können auf der Grundlage einer Wertanalyse Kosteneinsparungen vorgenommen werden. Die Strategie der **Differenzierung** besteht dagegen darin, das Produkt von der Konkurrenz abzuheben mit dem Ziel, dass es von den Konsumenten als einzigartig wahrgenommen wird. Maßnahmen zur Erzielung von Differenzierungsvorteilen können in folgenden Bereichen erfolgen:
- Qualität,
- Design,
- Markenname,
- Service, Kundendienst,
- Technologie und

- Vertriebsnetz.

Hierfür müssen die erforderlichen Voraussetzungen – sofern nicht bereits vorhanden – gezielt geschaffen werden. Eine Differenzierungsstrategie ruft Markentreue hervor und macht die Marktstellung weniger angreifbar; allerdings ist eine Erhöhung des Marktanteils dadurch nicht immer realisierbar. Maßnahmen zur Erzielung von Differenzierungsvorteilen erfordern hohe Aufwendungen z.B. für F&E, hochwertige Materialien, intensive Kundenbetreuung, was sich entsprechend auf die Preise niederschlägt. Dadurch ist das Absatzpotential oft auf kleine, exklusive Zielgruppen begrenzt.

2.1.1.6 Bewertung und Auswahl von Strategien für Strategische Geschäftsfelder

Wenn im Rahmen des Portfolio-Managements für verschiedene Strategische Geschäftsfelder grundsätzlich geeignete Normstrategien identifiziert worden sind, müssen diese noch konkretisiert und im Detail bewertet werden; im Anschluss daran kann für jedes Geschäftsfeld eine optimale Strategie ausgewählt werden. Zumindest folgende drei Vorgehensweisen können gewählt werden: eine Strategie kann bestimmt werden auf der Grundlage

- eines Kapitalwert-Modells,
- eines Vergleichs von Ist- und Soll-Positionen unter Zuhilfenahme eines Goal-Programming-Ansatzes,
- der PIMS-Studie.

Die Ausgangssituation für eine Kapitalwertberechnung für eine beliebige Strategie i für ein bestimmtes Geschäftsfeld wird in Abb. 2.20 dargestellt. Der entsprechende **Kapitalwert** berechnet sich als

$$C_{0,i} = -I_{0,i} + \sum_{t=1}^{n} \frac{CF_{it}}{(1+WACC)^t} + \frac{Residualwert^n}{(1+WACC)^n} \qquad \text{(für alle i)}$$

mit

$I_{0,i}$: Anschaffungsauszahlung im Zeitpunkt 0 (z.B. einmalige Investition für den Aufbau eines Strategischen Geschäftsfeldes) bei der erwogenen Strategie i;

t : Perioden (t=1, ..., n);

CF_{it} : Cash-Flow aus der betrachteten Investition bei Strategie i im Zeitpunkt t (t=1, ..., n);

WACC : Kalkulationszinsfuß (gewichteter durchschnittlicher Kapitalkostensatz).

Bei alternativ erwogenen Strategien für ein bestimmtes Geschäftsfeld wird jene realisiert, welche den höchsten Kapitalwert mit sich bringt; dabei muss zumindest gelten $C_0 \geq 0$.

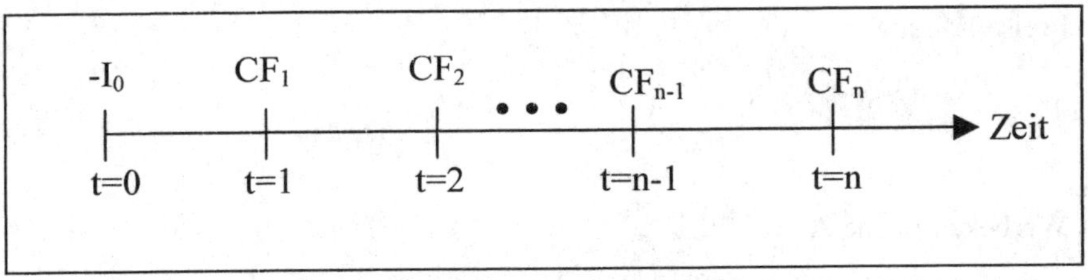

Abb. 2.20: Ausgangssituation einer Kapitalwertberechnung für Strategie i

Zentrale Probleme bei der Kapitalwertberechnung bestehen in der Ermittlung
- des Kalkulationszinsfußes,
- des Planungshorizontes (Perioden) und
- der Ein- und Auszahlungsreihe.

Der **Kalkulationszinsfuß** sollte als gewichteter, durchschnittlicher Kapitalkostensatz vorgegeben werden (vgl. die entsprechenden Ausführungen bezüglich des Shareholder Values in Kapitel 2.1.1.2 „Strategisches Zielsystem"). Der **Planungshorizont** ist im Sinne einer erwarteten Lebensdauer eines Strategischen Geschäftsfeldes anzusetzen.

Der **Cash-Flow der einzelnen Perioden** kann zum einen mittels direkter Schätzung ermittelt werden, denkbar sind Expertenschätzungen die gegebenenfalls auf entsprechenden Werten der Vergangenheit basieren, auf die ein geeignetes Verfahren der Entwicklungsprognose[27] angewandt wird. Zum anderen kann der Cash-Flow geschätzt werden[28]:

$$CF_t = S_{t-1} \cdot (1+g_t) \cdot (1-T_t) \cdot p_t - S_{t-1} \cdot g_t \cdot (f_t + w_t) \qquad \text{(für alle t)}$$

mit

S_t : Umsatz des Geschäftsfeldes in Periode t,
g_t : Wachstumsrate des Geschäftsfeldes in Periode t,
T_t : Steuersatz in Periode t,
p_t : Umsatzrendite vor Zins und Steuer in Periode t,
f_t : Zuwachs des Anlagevermögens pro Geldeinheit Umsatzzuwachs in Periode t,
w_t: Zuwachs des Umlaufvermögens pro Geldeinheit Umsatzzuwachs in Periode t.

Zum Kapitalwert-Modell soll ein **Anwendungsbeispiel** betrachtet werden. Ausgegangen wird von einem bestimmten Strategischen Geschäftsfeld. Gesucht wird eine optimale Strategie über drei Perioden; pro Periode stehen drei verschiedene Aktionen zur Verfügung. Der zugehörige **Entscheidungsbaum** wird in Abb. 2.21 dargestellt. In Periode 1 stehen die Aktionen $\{a_{11}, a_{12}, a_{13}\}$, in Periode 2 die Aktionen $\{a_{21}, ..., a_{29}\}$ und in Periode 3 die Aktionen $\{a_{31}, ..., a_{57}\}$ zur Wahl. Hierbei gilt z.B.:

a_{11}: Produktinnovation
a_{12}: Produktvariation
a_{13}: Produktdifferenzierung
sowie

a_{21}: Preiserhöhung

•

•

•

oder

a_{31}: Werbekampagne A.

Gesucht ist jener Kantenzug, jene Kombination von Alternativen über die drei Perioden, welche den maximalen Kapitalwert liefert.

Bei den Aktionen $\{a_{11}, a_{12}, a_{13}\}$ sind die jeweiligen Anschaffungsauszahlungen aufgeführt; oberhalb der Entscheidungsknoten für die Periode 2 bzw. 3 finden sich die Cash Flows der Vorperioden. Bei differenzierterer Betrachtung können die einzelnen Bestandteile des Cash Flows angegeben werden. Gemäß der voranstehenden Kapitalwert-Formel sind für alle 27 verschiedenen Strategien der jeweils erzielbare Kapitalwert ausgewiesen, wobei ein Kalkulationszinsfuß in Höhe von 10% unterstellt worden ist. Als optimal erweist sich die Strategie a_{11} (in Periode 1), a_{23} (in Periode 2) und a_{39} (in Periode 3).

Offensichtlich ist, dass bei jeder Abfolge von Aktionen in Periode 1 und 2 jeweils eine bestimmte Aktion in Periode 3 dominiert; daher werden nur die Kapitalwerte für die erfolgsversprechenden Strategien errechnet.

Bei dieser Entscheidungsanalyse ist davon ausgegangen worden, dass alle entscheidungsrelevanten Daten mit Sicherheit bekannt sind. Ist dies nicht der Fall, so können zunächst (in vergleichsweise pauschaler Weise) **Risikozuschläge** (auf Anschaffungsauszahlung, Kalkulationszinsfuß) sowie **Risikoabschläge** (auf die Cash-Flows pro Periode) vorgenommen werden.

Sinnvoller erscheint es aber, das mit einem Projekt verbundene Risiko sichtbar zu machen, indem mehrwertige Erwartungen bezüglich der Inputdaten in Form von Wahrscheinlichkeitsschätzungen expliziert werden und z.B. eine **Risikoanalyse** durchgeführt wird. Bei der Risikoanalyse handelt es sich um einen Oberbegriff für Verfahren, mit deren Hilfe die Wahrscheinlichkeitsverteilung einer Zielgröße ermittelt wird, wobei von zufallsabhängigen Inputgrößen ausgegangen wird[29]. Der Zweck einer Risikoanalyse besteht darin, das mit einem Projekt verbundene Risiko aufzuzeigen; dabei wird vom Risiko im Sinne einer Verlustgefahr, allgemein im Sinne einer negativen Abweichung der tatsächlichen Ergebnisrealisation von der angestrebten Ergebnisrealisation, ausgegangen. Folgende **Vorgehensweise** ist für eine Risikoanalyse typisch:

(1) Konstruktion eines Erklärungsmodells, das den Zusammenhang zwischen den Einflussgrößen (die teilweise zufallsverteilt sind) und der Zielgröße aufzeigt;

(2) Ermittlung der Wahrscheinlichkeitsverteilungen der zufallsabhängigen Inputgrößen (Zufallsvariablen) z.B. durch Expertenschätzungen;

(3) Ermittlung der Wahrscheinlichkeitsverteilung der Zielgröße aus den Wahrscheinlichkeitsverteilungen der Zufallsvariablen;

(4) Darstellung und Interpretation der Ergebnisse.

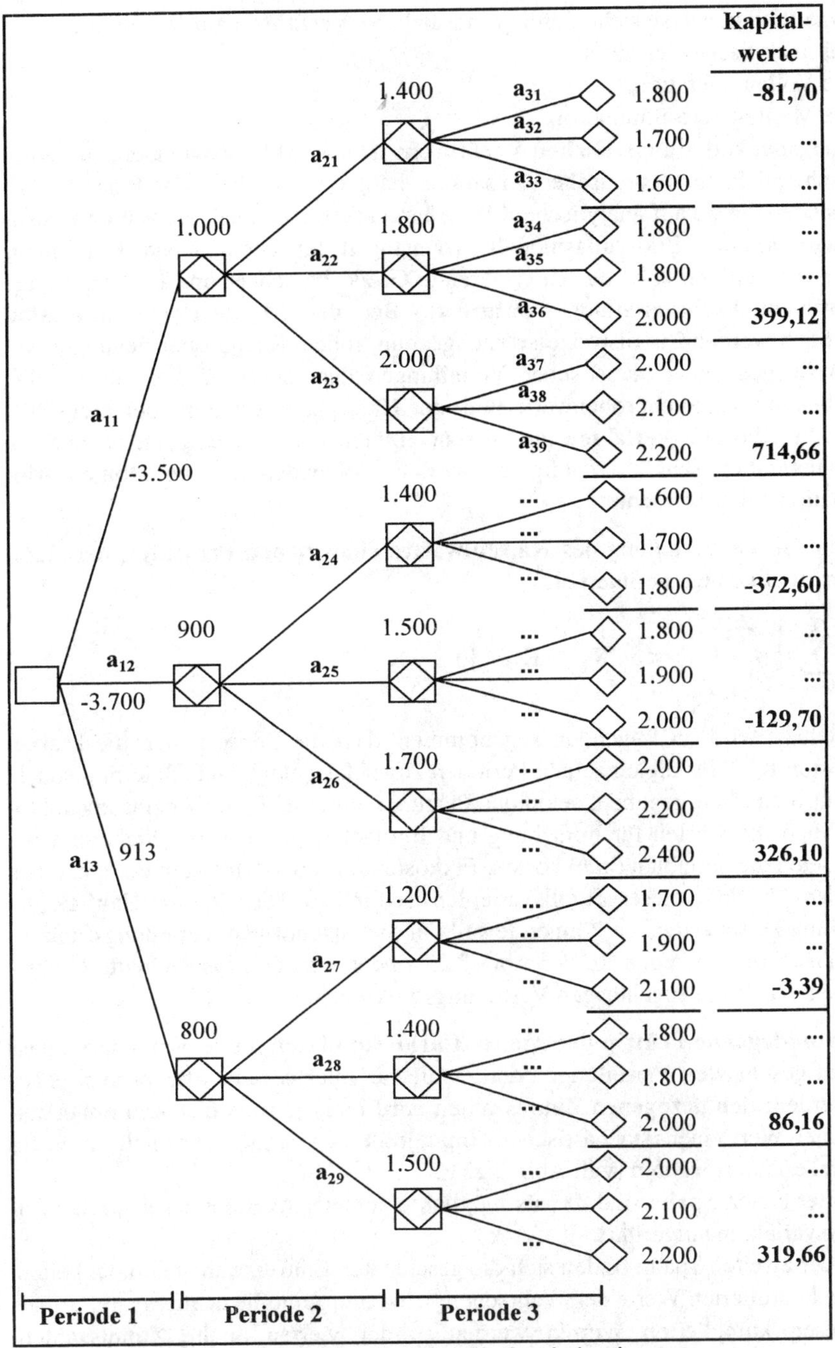

Abb. 2.21: Ermittlung einer optimalen Strategie für ein bestimmtes Geschäftsfeld bei einer Sicherheitssituation

Für eine Risikoanalyse stehen drei grundsätzliche **Verfahren** zur Verfügung:
- das analytische Verfahren,
- die Vollenumeration,
- die Monte-Carlo-Simulation.

Ausgangspunkt des **analytischen Verfahrens** ist das Erklärungsmodell; mit Hilfe wahrscheinlichkeitstheoretischer Zusammenhänge wird die Verteilung der zu erklärenden Größe auf analytischem Weg hergeleitet. Auch bei der **Vollenumeration** wird von dem Erklärungsmodell ausgegangen; für jede denkbare Kombination der Inputgrößen wird die zu erklärende Größe berechnet und die zugehörige Wahrscheinlichkeitsverteilung konstruiert. Bei der **Monte-Carlo-Simulation** schließlich werden Zufallsprozesse nachgeahmt, indem Stichprobenziehungen auf der Basis gegebener statistischer Verteilungen der Inputgrößen erfolgen; eine Verarbeitung der Stichprobenwerte führt zur Häufigkeitsverteilung der Zielgröße. Da das analytische Verfahren nur in sehr einfachen Fällen möglich ist und die Vollenumeration sehr aufwendig ist, wird im folgenden nur die Monte-Carlo-Simulation näher betrachtet[30].

Gesucht ist die Verteilung des **Kapitalwertes eines neuen Projektes**; der Kapitalwert ist allgemein definiert als

$$C_0 = \sum_{t=1}^{T} \left[(p_t - k_{vt}) \cdot x_t - K_t^{F} - K_t^{Ma}\right] q^{-t} - K_0^{F+E}.$$

Beispielhaft wird im folgenden angenommen, dass die Preise p_t und die Marketingkosten $K^{MA}{}_t$ für die einzelnen Perioden zuvor festgelegt sind. Deterministisch, d.h. mit Sicherheit gegeben, seien der Planungszeitraum T, die Abzinsungsfaktoren q^{-t} und die Kosten für Forschung und Entwicklung. Nicht mit Sicherheit bekannt seien die variablen Stückkosten, Fixkosten und Absatzmengen der einzelnen Perioden. Für jede dieser Zufallsvariablen ist für jede Periode eine Häufigkeitsverteilung zu schätzen; sie können jeweils in die zugehörigen Verteilungsfunktionen transformiert werden. In der Abb. 2.22 finden sich drei beispielhafte Dichtefunktionen und die zugehörigen Verteilungsfunktionen.

Das **grundlegende Prinzip der Monte-Carlo-Simulation** besteht nun darin, dass aus den geschätzten Verteilungen der Zufallsvariablen jeweils Stichproben gezogen werden; den gezogenen Zufallszahlen wird dann jeweils ein bestimmter numerischer Wert einer (stochastischen) Inputgröße zugeordnet. Dies soll an einem Beispiel erläutert werden (vgl. Abb. 2.23):
- In der ersten Spalte sind die als möglich erachteten Werte einer diskreten Zufallsvariablen aufgeführt.
- In der zweiten Spalte finden sich die geschätzten Eintrittswahrscheinlichkeiten.
- Die kumulierten Werte der Wahrscheinlichkeiten zeigt die dritte Spalte.
- Diesen kumulierten Werten werden in der vierten Spalte Zufallszahlen-Intervalle zugeordnet, deren Breiten den Eintrittswahrscheinlichkeiten der jeweiligen Inputgröße entsprechen.

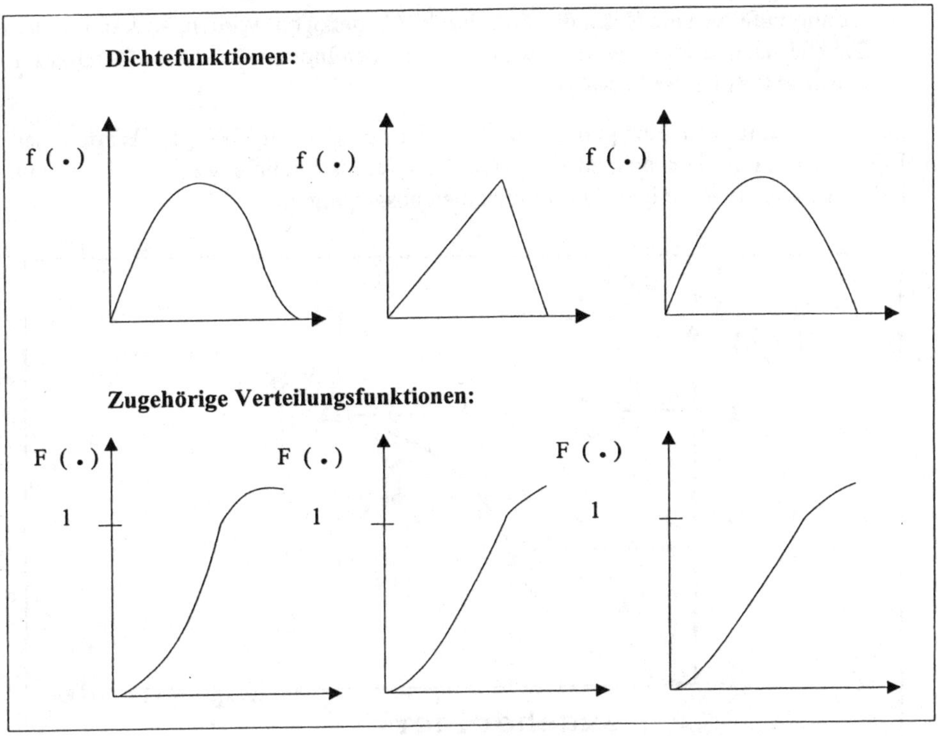

Abb. 2.22: Beispielhafte Dichtefunktion und zugehörige Verteilungsfunktion

mögliche Werte einer stochastischen Inputgröße	zugehörige Wahrscheinlichkeiten	kumulierte Wahrscheinlichkeiten	Zufallszahlenintervall
10	0,1	0,1	1 – 10
20	0,2	0,3	11 – 30
30	0,3	0,6	31 – 60
45	0,25	0,85	61 – 85
50	0,15	1,0	86 – 100
Beispiel: Zufallszahl = 41 → zugehöriger Wert der Inputgröße = 30			

Abb. 2.23: Zuordnung eines bestimmten Wertes einer stochastischen Inputgröße zu einer gezogenen Zufallszahl im diskreten Fall

– Ist nun zufällig eine Zahl, die Zufallszahl 41, gezogen worden, so kann in der Tabelle nachgesehen werden, welcher Wert der Inputgröße dieser Zufallszahl entspricht; es ist der Wert 30.

Die Zuordnung von gezogenen Zufallszahlen zu den zugehörigen Werten der Inputgröße kann auch anhand der Abb. 2.24 veranschaulicht werden; in diesem Fall wird von einer stetigen Zufallsvariablen ausgegangen.

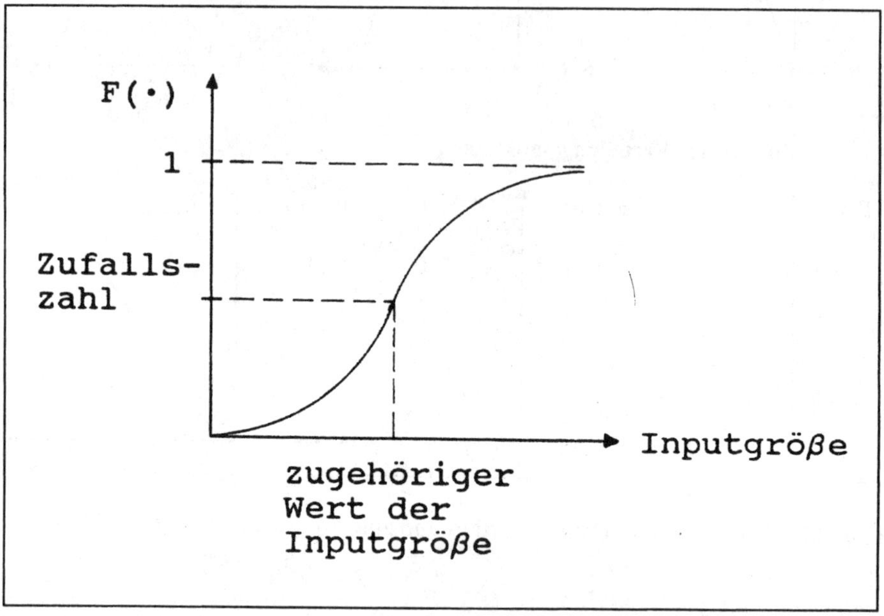

Abb. 2.24: Zuordnung eines bestimmten Wertes einer stochastischen Inputgröße zu einer gezogenen Zufallszahl im stetigen Fall

Diese Methodik – Ziehung einer Zufallszahl und Zuordnung eines bestimmten Wertes der Inputgröße – wird nun jeweils für jede Zufallsvariable durchgeführt. Aus dem gefundenen Wert für jede stochastische Inputgröße und den deterministischen Werten der anderen Inputgrößen folgt dann jeweils ein bestimmter numerischer Wert für den Kapitalwert. Wenn diese Vorgehensweise häufig wiederholt wird, so können die resultierenden absoluten Häufigkeiten der verschiedenen numerischen Werte des Kapitalwerts ermittelt werden; die zugehörigen relativen Häufigkeiten liefern eine Häufigkeitsverteilung (Dichtefunktion) für den Kapitalwert; hieraus kann die zugehörige Verteilungsfunktion bestimmt werden (vgl. Abb. 2.25). Während die Dichtefunktion die Eintrittswahrscheinlichkeiten für alternative Werte der Zielgröße angibt, zeigt die **Verteilungsfunktion des Kapitalwertes** die kumulierten Wahrscheinlichkeiten für Werte kleiner/gleich einem bestimmten Wert der Zielgröße; falls ein bestimmter Mindestwert der Zielgröße erreicht werden soll, so ist ein **Risikoprofil** gegeben.

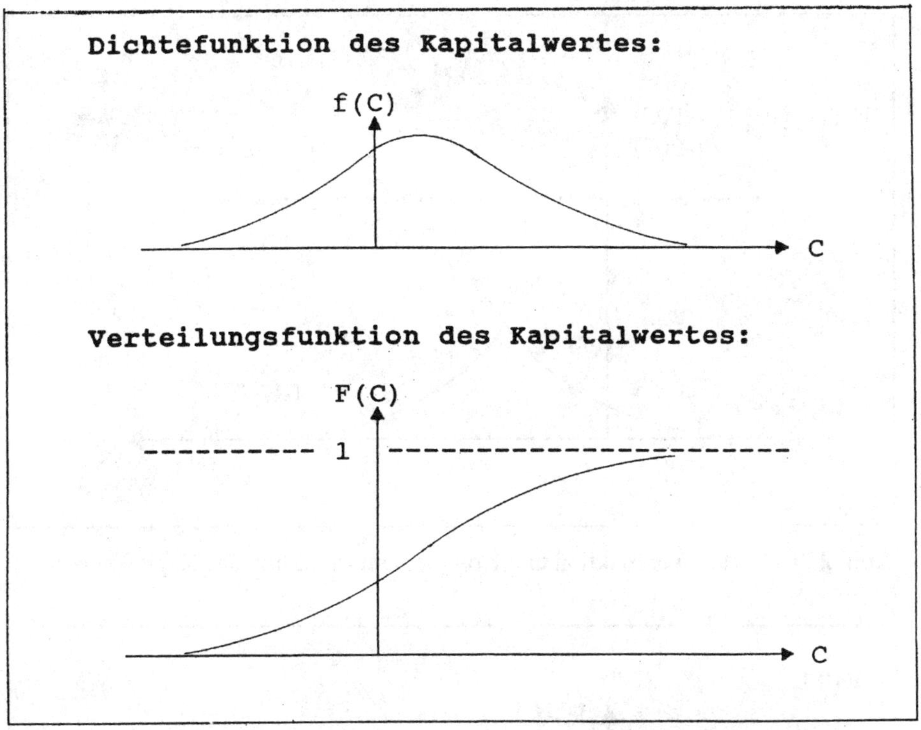

Abb. 2.25: Resultierende Dichtefunktion und Verteilungsfunktion des Kapitalwerts

In einem letzten Schritt kann noch zusätzlich die **Komplementärfunktion** der Verteilungsfunktion, also die Funktion 1-F(C), betrachtet werden (vgl. Abb. 2.26). Sie erlaubt eine zusätzliche spezifische Interpretation: Wenn ein bestimmter Mindestwert der Zielgröße angestrebt wird, so liefert die Verteilungsfunktion F(C) ein Risikoprofil; in diesem Falle zeigt die Komplementärfunktion der Verteilungsfunktion, 1-F(C), das **Chancenprofil**, denn es werden die kumulierten Wahrscheinlichkeiten für Wert, die größer bzw. gleich einem bestimmten Mindestwert sind, ausgewiesen.

Schließlich ist noch der Frage nachzugehen, ob auf der Basis der Risikoanalyse eine **eindeutige Entscheidungsfindung** möglich ist. Dies kann anhand der Abb. 2.27 illustriert werden: Offensichtlich ist, dass im Falle 1 das Projekt 2 eindeutig besser als das Projekt 1 ist, während im Falle 2 eine eindeutige Aussage nicht möglich ist. Ist eine Situation wie im Falle 2 gegeben, so müssen zusätzlich spezifische Entscheidungsregeln für Risikosituationen herangezogen werden.

Eine Bewertung und Auswahl optimaler Strategien für Strategische Geschäftsfelder kann auch vorgenommen werden, indem von der in Abb. 2.28 skizzierten Idee ausgegangen wird. In einer Portfolio-Matrix werden die **Ist-Positionen sowie die Ziel-Positionen** (inkl. der strategischen Zielrichtung) dargestellt. Wenn nun berücksichtigt wird, dass sowohl eine Ist- als auch eine Zielposition

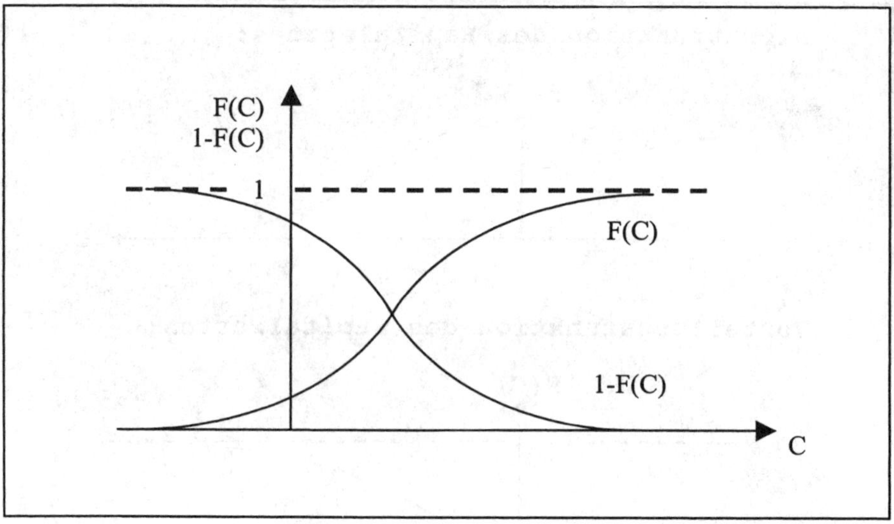

Abb. 2.26: Verteilungsfunktion und Komplementärfunktion des Kapitalwertes

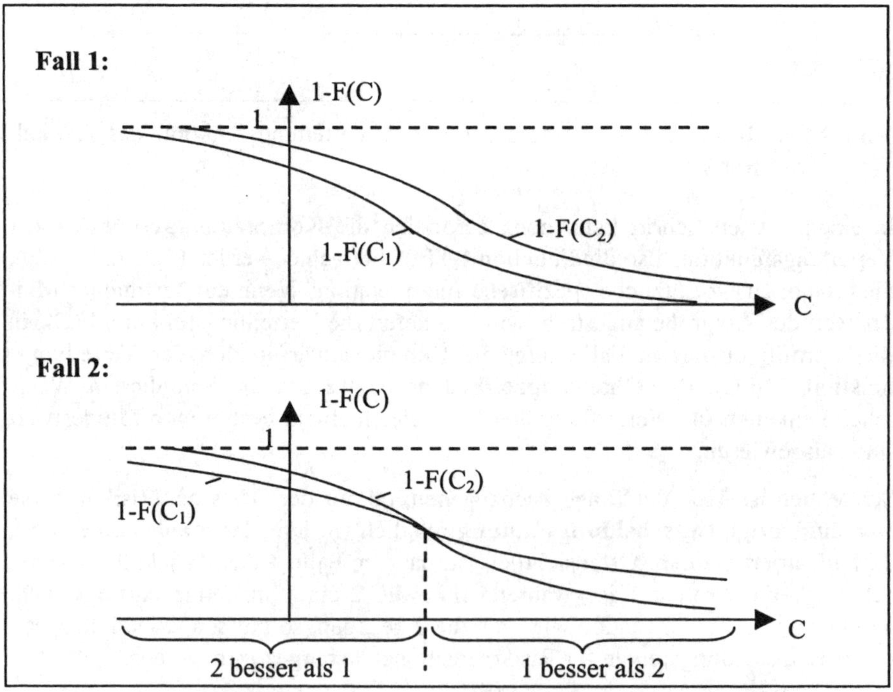

Abb. 2.27: Vergleich der Chancenprofile zweier Projekte

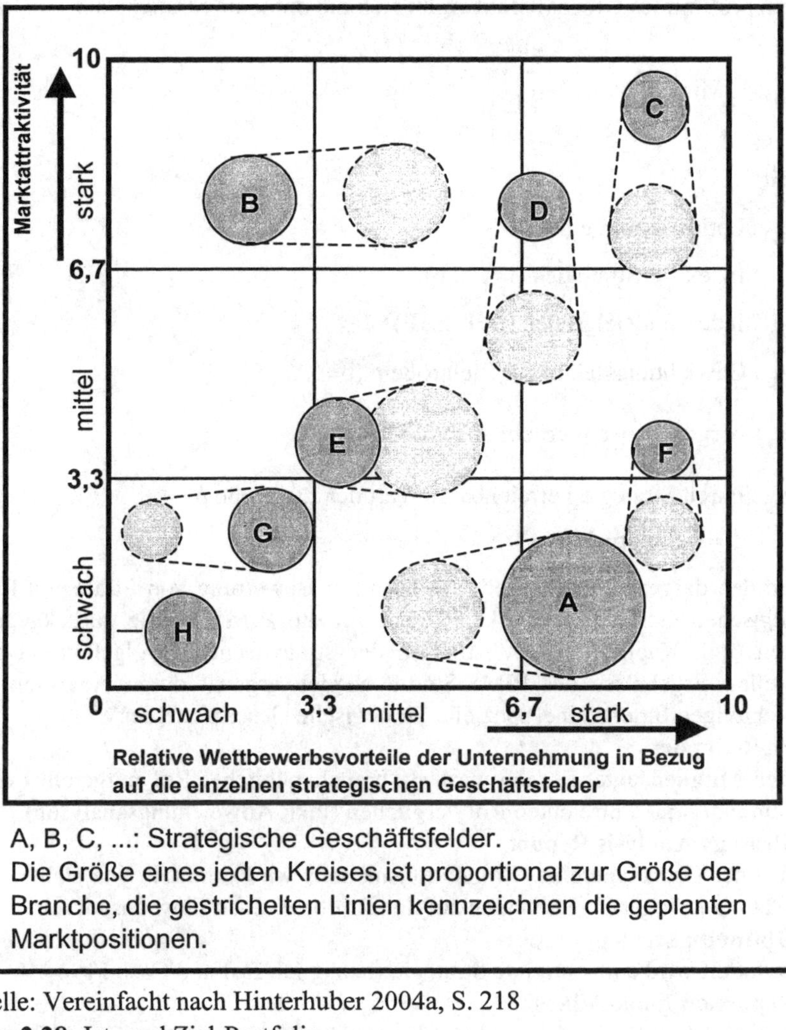

A, B, C, ...: Strategische Geschäftsfelder.
Die Größe eines jeden Kreises ist proportional zur Größe der Branche, die gestrichelten Linien kennzeichnen die geplanten Marktpositionen.

Quelle: Vereinfacht nach Hinterhuber 2004a, S. 218

Abb. 2.28: Ist- und Ziel-Portfolio

- einen bestimmten Wert der Marktattraktivität (wiederum auf der Basis verschiedener gewichteter Kriterien gemessen),
- einen bestimmten Wert der Wettbewerbsposition (ebenfalls auf der Basis verschiedener gewichteter Kriterien gemessen) und
- einen bestimmten Umsatzwert

beinhaltet, so ist ein Bewertungs- und Entscheidungsproblem bei mehrfacher Zielsetzung gegeben. Herangezogen werden kann für jedes Strategische Geschäftsfeld ein **Goal-Programming-Ansatz**, wenn jeweils jene Strategie gesucht wird, bei der die Summe der gewichteten absoluten Abweichungen zwischen den mit einer jeweiligen, erwogenen Strategie erreichbaren Positionen (inkl. Umsatzwert) und den vorgegebenen Zielpositionen (inkl. Umsatzwert) minimiert wird[31]. Für ein bestimmtes Geschäftsfeld ergibt sich die optimale Strategie als

$$a_{opt}: \quad \underset{i}{\mathrm{Min}} \left[\sum_{p=1}^{P} g_p \left| e_{ip} - \bar{e}_p \right| \right]$$

mit

a_{opt} : optimale Strategie,

i : Index für Strategien (i=1,...,n),

p : Index für Zielgrößen (p=1, ..., P),

g_p : Gewichtungsfaktor für Zielgröße p (p=1, ..., P),

$\bar{e}_p$: vorgegebener Wert der Zielgröße p,

e_{ip} : durch Strategie i erreichbarer Wert der Zielgröße p
(i=1, ...,n; p=1, ..., P).

Neben den dargestellten Vorgehensweisen zur Bewertung von Strategien für die Strategischen Geschäftsfelder kann noch auf die **PIMS-Studie** zurückgegriffen werden (vgl. Kapitel 2.1.1.4 Analyse der strategischen Erfolgsfaktoren). Die generellen Ergebnisse der PIMS-Studie werden ergänzt durch Analysen bzw. Empfehlungen für einzelne, spezielle Strategische Geschäftsfelder[32]:

- **PAR-Report**
  Den Mitgliedsunternehmen wird ein branchenüblicher RoI mitgeteilt und mit dem individuell erreichten RoI verglichen (inkl. Abweichungsanalysen).
- **Strategy Analysis Report**
  Auf der Grundlage eines Simulationsmodells wird ermittelt, wie sich – in Erwägung gezogene – Strategien auf den RoI bzw. Cash Flow auswirken.
- **Optimum Strategy Report**
  Ermittelt wird eine optimale Strategie (bezüglich RoI und Cash Flow).
- **Report on Look-Alikes**
  Eigene Strategische Geschäftsfelder werden mit ähnlichen Geschäftsfeldern bei konkurrierenden Unternehmen verglichen; Strategieempfehlungen werden gemacht.

2.1.2 Produktstrategien

2.1.2.1 Überblick

Bei der Planung von Produktstrategien sind insgesamt vier Problemkreise zu lösen: Erstens die Produktinnovation, also die Neuproduktplanung; zweitens die Produktdifferenzierung, das Anbieten mehrerer Varianten eines bestimmten Produktes für verschiedene Marktsegmente; drittens die Produktvariation im Zeitablauf; viertens die Produkteliminierung, die Herausnahme eines Produktes aus dem Markt.

2.1.2.2 Produktinnovation

Für die **Notwendigkeit** von Produktinnovationen existieren sowohl unternehmensinterne als auch unternehmensexterne Gründe; unternehmensinterne Gründe sind

- die Existenz- bzw. Wachstumssicherung eines Unternehmens,
- die Risikostreuung,
- die Senkung der Produktionskosten und/oder
- die Auslastung vorhandener (Produktionskapazitäten);

zu den unternehmensexternen Gründen zählen

- die begrenzte Lebensdauer von Produkten auf dem Markt, bedingt durch
- ein verändertes Verbraucherverhalten,
- ein verändertes Konkurrenzverhalten,
- neue ökologische Anforderungen und insbesondere
- der technische Fortschritt.

Die Notwendigkeit einer Produktinnovation läßt sich am Lebenszyklus eines Produktes auf dem Markt (vgl. Abb. 2.7) bzw. durch die Analyse eines Produktionsprogrammes nach der Lebenserwartung der Produkte, die Zahl der Produkte und deren Umsatzpotential erkennen[33].

Zielsystem der Produktinnovation

Auf Grund der Zugehörigkeit von Produkten zu bestimmten Geschäftsfeldern hat sich das produktpolitische Zielsystem an dem Strategischen Zielsystem zu orientieren. Dort sind insbesondere periodenübergreifende Kennziffern wie der Shareholder-Value oder der zu Grunde liegende Kapitalwert betont worden. Entsprechend sind bei der Produktpolitik Zielgrößen wie der Kapitalwert oder – als kritischer Wert – die Amortisationsdauer relevant.

Für die Produktinnovation sind zusätzlich Zielgrößen, die den genannten Zielgrößen zu Grunde liegen, wie die Marktattraktivität und die Wettbewerbsposition (mit den jeweils einzelnen Unterkriterien, vgl. Abb. 2.6 und 2.11) zu nennen.

Planungsprozess der Produktinnovation

Der Planungsprozess einer Produktinnovation wird in Abb. 2.29 dargestellt; hieran schließt sich der Planungsprozess der Markeninnovation an. Zunächst müssen Produktideen gewonnen werden; die gefundenen Ideen sind dann einer Grobauswahl zu unterziehen. Jene Produktideen, welche die Grobauswahl überstanden haben, sind dann im Rahmen einer Wirtschaftlichkeitsanalyse detailliert zu bewerten. Es folgen die technische Produktentwicklung sowie technische Tests. Diverse Rückkopplungen sind zu beachten: Zunächst kann auf jeder Stufe des Produktinnovationsprozesses (z. B. bei einer unbefriedigend verlaufenden

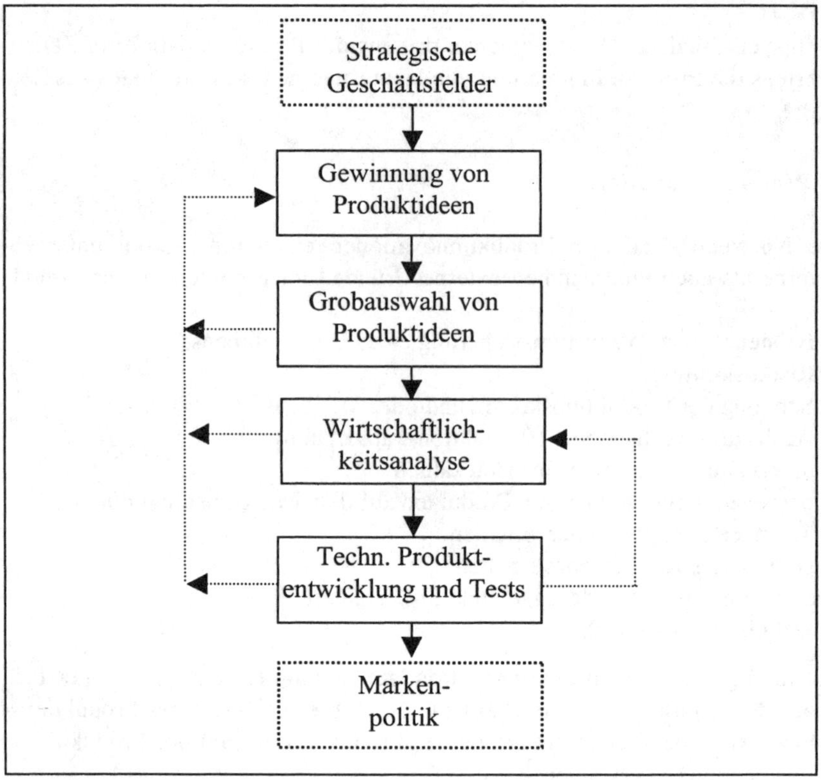

Abb. 2.29: Planungsprozess einer Produktinnovation

Grobauswahl) ein laufender Produktinnovationsprozess abgebrochen werden, was zu einer erneuten Gewinnung von Produktideen führt. Außerdem sind enge Interaktionen zwischen den Phasen "Wirtschaftlichkeitsanalyse" und "Produktentwicklung" gegeben, welche zu den dargestellten Rückkopplungen führen. An den Planungsprozess der Produktinnovation schließt sich dann der Planungsprozess der Markenpolitik an.

Gewinnung von Produktideen

Um Produktideen zu gewinnen, kann eine Vielzahl an Ideenquellen herangezogen werden. Typische **unternehmensexterne Ideenquellen** sind
- die Kunden und die von ihnen geäußerten Wünsche/Beschwerden,
- der Groß-/Einzelhandel,
- Erfinder, die Patente bzw. Lizenzen anbieten,
- Messen,
- konkurrierende Unternehmen sowie
- relevante Produktinnovationen auf anderen Märkten.

Hierbei kann das Internet[34] in verschiedener Weise genutzt werden. So kann Konsumenten die Möglichkeit eingeräumt werden, selbst ihr Produkt (Turnschuh, Pkw, etc.) zu gestalten (Design, Farben, etc.). Bedeutsame Markenartikelproduzenten (wie Unilever, Henkel) haben Websites kreiert, die es innovativen Personen im weiteren Sinne erlauben, Produktideen mitzuteilen. Außerdem ist ein supranationales, globales Internet-Brainstorming-Team zur Ideengewinnung eingerichtet worden.

Zu den **unternehmensinternen Ideenquellen** zählen
- die F&E-Abteilungen,
- die Patentabteilung,
- die Produktionsabteilung,
- die Marketingabteilung,
- das betriebliche Vorschlagswesen und
- Mitarbeitergruppen zur Gewinnung von Produktideen.

Werden in einem Unternehmen Mitarbeitergruppen gebildet, welche den Auftrag haben, Produktideen zu produzieren, so können spezielle **Techniken zur Ideengewinnung**[35] eingesetzt werden. Diese lassen sich grundsätzlich in systematisch-logische und intuitiv-kreative Techniken unterteilen; zu den **systematisch-logischen** Techniken zählen
- die Morphologische Methode,
- die Funktionsanalyse,
- die Progressive Abstraktion,
- der Problemlösungsbaum

und zu den **intuitiv-kreativen** Techniken
- das Brainstorming,
- das Brainwriting und
- die Synektik.

Beispielhaft für die systematisch-logischen Verfahren zur Ideengewinnung wird die **Morphologische Methode**[36] dargestellt. Sie dient der systematischen Ermittlung aller möglichen Lösungen eines komplexen Problems, indem Lösungen für seine elementaren Teilprobleme gesucht werden. Die morphologische Analyse vollzieht sich in fünf Schritten:
(1) Umschreibung und zweckmäßige Verallgemeinerung des Problems;
(2) Bestimmung der Parameter des Problems;
(3) Aufstellung des morphologischen Kastens;
(4) Analyse und Bewertung der Lösungsmöglichkeiten;
(5) Auswahl der optimalen Lösung.

Zuerst wird das Problem von einer Kleingruppe (2-3 Personen) oder von einem einzelnen Individuum so allgemein wie möglich definiert, um das Spektrum möglicher Lösungsideen nicht von vornherein zu stark einzugrenzen. So würde vom aktuellen Problem der "Verpackung eines Seifenpulvers" abstrahiert werden und das Grundproblem möglicherweise als "Verpackung für pulverförmigen Inhalt" definiert. Anschließend erfolgt dann eine Zerlegung des Problems in seine einzelne Problemelemente (Parameter). Sodann werden alle erdenklichen Ausprägungen für jeden Parameter des Problems gesucht und aufgelistet, wobei jede Kritik vorerst unterbleiben soll. Werden die Problemelemente untereinander und die Ausprägungen waagerecht daneben angeordnet, so ergibt sich der morphologische Kasten, auch "Problemlösungsmatrix" genannt. Aus der Kombination von je einer

Ausprägung der einzelnen Parameter resultiert dann eine Lösung für das Gesamtproblem. Offensichtlich ist, dass bei diesem Verfahren eine Vielzahl an Problemlösungen ermittelt werden kann; die Gesamtzahl der Lösungen bei n Parametern mit jeweils a_i Ausprägungen ergibt sich als

$$N = \prod_{i=1}^{n} a_i = a_1 \cdot a_2 \cdot \ldots \cdot a_n.$$

Ein Beispiel für die morphologische Methode enthält die Abb. 2.30. In der Kopfspalte sind die Parameter des Problems "Gestaltungsmöglichkeiten von Kaffeemaschinen", in den Zeilen daneben die einzelnen Ausprägungen der Parameter angegeben. Als denkbare Problemlösungen sind die derzeit verbreitete Art von Kaffeemaschinen und eine "interessante" Alternative angegeben. Offensichtlich ist, dass die morphologische Methode sowohl durch eine einzelne Person als auch durch eine Personengruppe angewandt werden kann, wobei weder eine zeitliche noch eine örtliche Gebundenheit gegeben sein muss. Anstelle „echter" Innovationen sind eher Weiterentwicklungen von Produkten zu erwarten, da sowohl bei den Parametern als auch bei deren Ausprägungen in der Regel auf Bekanntes zurück gegriffen wird.

Als Beispiel für die intuitiv-kreativen Verfahren zu Ideengewinnung soll die Synektik betrachtet werden. Die **Synektik**[37] ist durch eine Beobachtung der Arbeits- und Denkweise von Erfindern und von schöpferisch tätigen Personen entwickelt worden. Die Grundidee besteht darin, den normalerweise unbewusst ablaufenden kreativen Prozess bewusst zu stimulieren. Diese Technik zur Ideengewinnung wird in einer Gruppe angewendet, die in der Regel aus 5 bis 7 Mitgliedern verschiedener Fachgebiete besteht und häufig ein festes Team darstellt; eine Synektik-Sitzung dauert bis zu 3 Stunden. Den Ablauf des Verfahrens lässt die Abb. 2.31 erkennen. Ausgehend von der Erkenntnis, dass sich eine Person zur Lösung eines Innovationsproblems erst einmal stark dem Problem nähern muss, um sich dann wieder davon zu entfernen, beginnt die Synektik-Sitzung mit der **Problemdefinition und –analyse.** Der Sitzungsleiter lässt das zu lösende Problem von einem oder mehreren Experten erläutern und fordert anschließend die Teilnehmer auf, spontane Lösungsideen zu äußern. Dies ist unbedingt erforderlich, damit diese meist nicht sehr neuartigen Ideen die Gruppenmitglieder nicht länger gedanklich blockieren. Im Anschluss an diese Phase soll das Problem neu formuliert werden, d.h. jeder Teilnehmer soll es so, wie er es verstanden hat, wiedergeben. Dadurch identifizieren sich die Gruppenmitglieder stärker mit dem Problem und machen es gewissermaßen zu ihrem eigenen.

Nachdem sich die Gruppe auf eine Problemformulierung geeinigt hat, auf die sie sich im weiteren Verlauf der Sitzung konzentrieren will, beginnt die eigentliche **"synektische Exkursion"**, d.h. die Phase der schrittweisen Verfremdung des Problems, die zu einer möglichst weiten Entfernung von der ursprünglichen Problemformulierung führen soll. Dabei bedient sich die Synektik der Analogienbildung. Der Sitzungsleiter fordert die Teilnehmer auf, "direkte", "persönliche" oder "symbolische" **Analogien** zum Problem zu bilden. Dabei liegt es in seinem Er-

Parameter ↓	Ausprägungen → 1	2	3	4	5	6	7	8
Wasser-speicher	Behälter		Durchlauf					
	integriert	fremd						
Energie-quelle	Elektrizität				Gas	Öl, Benzin	(Holz-) kohle	chemische Energie
	Netz	Akku	Mikrowelle	Induktion				
Heißwasser-transport	Steigrohr	Schwerkraft	Pumpe	von Hand	Kein			
Extraktion	Filter	Patrone	Beutel	offenes Gemisch				
Trennung	keine	Absetzen	Filter	zentrifugal	elektromag-netisch			
Speicherg. Fertig-Kaffee	keine	Behälter						
		integriert	fremd					
Warm-haltung	Wärme-platte el.	Flamme			Behälter-isolation	keine		
		Kerze	Gas	Benzin				
Entnahme	von Hand	Auslaufhahn	Schöpf-prinzip					

– – – – – – derzeit verbreitete Lösung .... interessante Alternative

Abb. 2.30: Morphologischer Kasten für Kaffeemaschinen

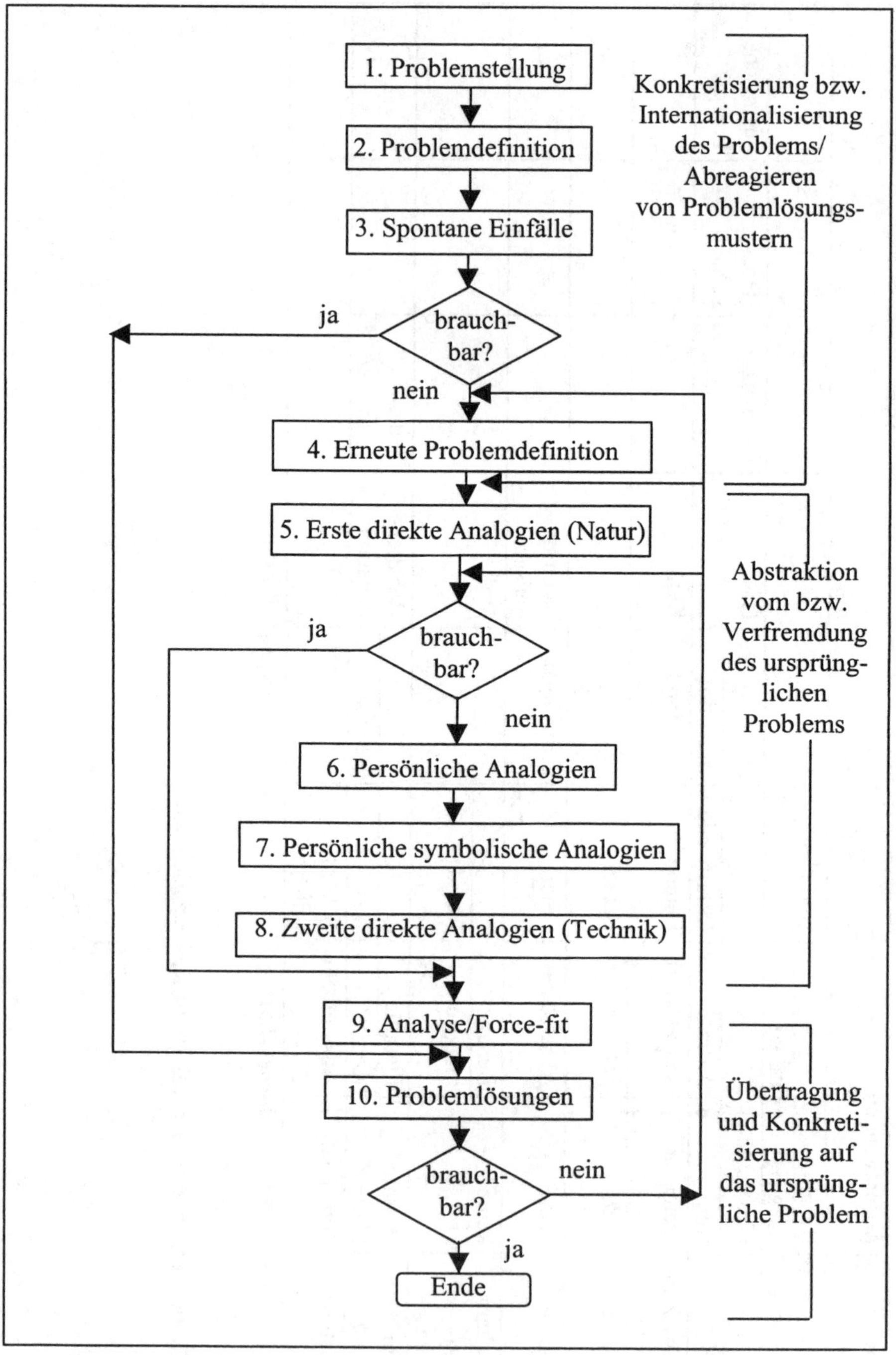

Abb. 2.31: Ablauf einer Synektik-Sitzung

messen, welche Analogien in welcher Reihenfolge gebildet werden sollen. **"Direkte Analogien"** sind Beispiele aus anderen Lebensbereichen. Stammt das zu lösende Problem z.B. aus dem Bereich der Natur, so ist eine Analogie im Bereich der Technik zu suchen und umgekehrt. Beispiele hierfür sind "Mondlandefähre – Sprungbeine einer Heuschrecke", "Versickern eines Sees – Plastik-Windelhose für Säuglinge" oder "Massenverkehr – Ameisenhaufen". Werden die Mitglieder der Gruppe dagegen aufgefordert, **"persönliche Analogien"** zu bilden, so bedeutet dies, dass sie sich in die Lage des Gegenstandes oder Lebewesens, mit dem das zu lösende Problem verbunden ist, hineinversetzen und dessen Gefühle ausdrücken sollen. Die Fragestellung hierzu lautet in der Regel: "Wie fühle ich mich als ... Ameisenhaufen?" Beispielhafte Antworten wären: "Es ist alles ganz wirr" oder "Jeder findet seinen Weg". Wird nach **"symbolischen Analogien"** gesucht, so soll eine Beschreibung gefunden werden, die den Kern eines Sachverhaltes oder Gegenstandes, der mit dem Problem (oder auch mit einer gefundenen persönlichen oder direkten Analogie) zusammenhängt, in Form eines "Buchtitels" wiedergibt. Dabei sollen diese "Buchtitel" aus gegensätzlichen Begriffspaaren bestehen, wie z.B. "geregeltes Chaos" für die Beschreibung der direkten Analogie "Ameisenhaufen". Durch das bilden solcher "symbolischer Analogien" wird eine große Entfernung vom Problem erzielt. Über das ursprüngliche Problem werden die Teilnehmer zu diesem Zeitpunkt nicht mehr bewusst nachdenken. Im Anschluss an den Verfremdungsprozess mit Hilfe der Analogienbildung soll sich die Synektikgruppe nun wieder auf das zu lösende Problem zurückbesinnen, d.h. im Rahmen des **"Force-fit"** sollen die durch Analogienbildung gewonnenen Begriffe detailliert beschrieben und ihre charakteristischen Merkmale auf das Problem übertragen werden.

Neben dem Einsatz von Techniken zur Ideengewinnung besteht auch die Möglichkeit, durch eine Anwendung des **Conjoint-Measurement**[38] Produktideen aufzufinden. Im Gegensatz zu den Techniken zur Ideengewinnung wird hier nicht von betrieblichen Experten, sondern von Konsumenten ausgegangen. Dabei werden einer Stichprobe von Konsumenten die zuvor ermittelten, alternativen Produktentwürfe vorgelegt, die sich in ihren nur grob beschriebenen Merkmalsausprägungen unterscheiden. Die Konsumenten haben über die Produktentwürfe Gesamturteile abzugeben (z.B. in Form von Rangwerten). Aus den so empirisch erhobenen Gesamturteilen wird dann ermittelt, welcher Stellenwert den einzelnen Produktmerkmalen zukommt, d.h. welche Merkmalsausprägungen präferiert werden.

Grobauswahl von Produktideen

Im Anschluss an die Ideengewinnung ist eine Grobauswahl der weiter zu verfolgenden Produktideen aus betrieblicher Sicht vorzunehmen. Hierzu ist es zunächst erforderlich, alle gleichzeitig verfolgten produktpolitischen Ziele vollständig zu erfassen; aus den Zielen können die Bewertungskriterien abgeleitet werden, welche der Grobauswahl zu Grunde zu legen sind. Des weiteren sind die Kriterien zu operationalisieren. Dies kann auf der Grundlage einfacher numerischer oder numerisch/verbaler Rating-Skalen erfolgen. Bei der Operationalisierung der Kriterien ist eine korrespondierende Skalierung der Kriterien vorzunehmen, d.h. hohe Punktwerte bei den einzelnen Kriterien bedeuten jeweils sehr gute Erreichungsgrade der Kriterien. Ein **beispielhafter Kriterienkatalog** zur vorläufigen Bewertung von Produktideen findet sich in der Abb. 2.32. Dabei ist von zwei Kriteriengruppen ausgegangen worden, welche zum einen die Marktattraktivität, zum anderen die Wettbewerbsfähigkeit einer Produktidee messen sollen. Für jedes der Unterkriterien ist zunächst eine ausführliche Verbal-Skala angegeben, der eine zweite Verbal-Skala mit verbalen Noten von "sehr gut" bis "sehr schlecht" und schließlich eine numerische Skala von "4 Punkte" bis "1 Punkt" zugeordnet ist.

Ein derartiger Kriterienkatalog erlaubt schon eine erste Grobbewertung von Produktideen, indem für jede Produktidee und jedes Kriterium ermittelt wird, welche Ausprägung jeweils zutrifft. Die erreichten **Profile der Produktideen** können verglichen werden. Offensichtlich ist, dass eindeutige Vorteilhaftigkeits-Aussagen hinsichtlich der Produktideen nur dann gemacht werden können, wenn sich die Profile nicht überschneiden; dies ist jedoch als Ausnahmefall anzusehen.

Um zu eindeutigen Vorteilhaftigkeits-Aussagen kommen zu können, kann alternativ ein **Scoring-Modell** herangezogen werden. Im Vergleich zur Ermittlung von Profilen der Produktideen werden zusätzlich die durch eine Produktidee erreichbaren gewichteten Gesamtpunktzahlen bestimmt. Die **Bestimmung der gewichteten Gesamtpunktzahl** ist davon abhängig, ob auf der Grundlage einfacher Intervallskalen eine deterministische oder eine probabilistische Beurteilung der Produktideen vorgenommen wird. Unter Berücksichtigung folgender Definitionen

z : Index für (Ziel-)Kriterien ($z=1,...,Z$);
g_z : Gewichtungsfaktor für Kriterium z;
w_z : alternative Ausprägungen des Kriteriums z ($w_z=1,...,W_z$);
w_{zi} : durch die Produktidee i erreichte Ausprägung des Kriteriums z

ergibt sich im Falle einer deterministischen Ideenbewertung die gewichtete Gesamtpunktzahl (GGPZ) für die Produktidee i als

$$GGPZ_i = \sum_{z=1}^{Z} g_z \cdot w_{zi} \qquad \text{(für alle i).}$$

Die Grobauswahl von Produktideen mit Hilfe eines Scoring-Modells kann anhand eines einfachen **Beispieles** illustriert werden. In der Abb. 2.33 findet sich das Ausgangstableau zur Bewertung der drei Produktideen A, B und C. Folgende gewichtete Gesamtpunktzahlen resultieren:

$GGPZ_A = 3{,}1;$

$GGPZ_B = 2{,}7;$

$GGPZ_C = 2{,}8.$

Nach dem Kriterium "Gewichtete Gesamtpunktzahl" ist damit die Produktidee A die vorteilhafteste. Der Vollständigkeit halber ist darauf hinzuweisen, dass die bisher betrachtete Entscheidungsregel noch erweitert werden kann. So können

	Note			
	sehr gut (4)	gut (3)	schlecht (2)	sehr schlecht (1)
Attraktivität:				
1. Markttendenz	entstehend	wachsend	stabil	rückläufig
2. Dauer des Produktzyklus	10 Jahre und mehr	5-10 Jahre	3-5 Jahre	1-3 Jahre
3. Verbreitungsgeschwindigkeit	sehr schnell	recht schnell	recht langsam	sehr langsam
4. Größe des potentiellen Marktes	> 10.000 t	10.000 bis 5.000 t	5.000 bis 1.000 t	< 1.000 t
5. Größe des potentiellen Marktes (Umsatz)	1 Mrd.	1 Mrd. bis 500 Mio.	500 Mio. bis 100 Mio.	< 100 Mio.
6. Bedarf der Konsumenten	Bedarf nicht gedeckt	Bedarf schlecht gedeckt	Bedarf gut gedeckt	Bedarf sehr gut gedeckt
7. Aufnahme durch Distribution	sehr gut	positiv	neutral	zurückhaltend
8. Bedeutung der Werbung	schwach 0-2 %	gering 2-5 %	groß 5 %	sehr groß > 5 %
9. Marktzutritt	sehr leicht	leicht	schwierig	sehr schwierig
Wettbewerbsfähigkeit:				
1. "Appeal" des Produktes	sehr groß	groß	mittel	schwach
2. distinktive Merkmale	einziges Produkt	starke distinktive Merkmale	schwache distinktive Merkmale	einheitliche Kopie (me-too)
3. Konkurrenzkräfte	sehr schwach	schwach	stark	sehr stark
4. Dauer der Exklusivität	> 3 Jahre	1-3 Jahre	6 Monate bis 1 Jahr	< 6 Monate
5. Integration in das Unternehmen	stärkt Unternehmen	gute Integration	wenig Einfluß	kein Einfluß
6. Preis	sehr gering	etwas geringer	gleich	höher
7. Kompatibilität mit bisherigem Vertriebsnetz	völlig kompatibel	leicht kompatibel	schwer kompatibel	neues Vertriebsnetz
8. Anpassung an Verkaufssystem	sehr gut	leicht zu adaptieren	größere Anpassung nötig	neues Verkaufssystem
9. Qualität	sehr hoch	etwas höher	gleich	niedriger

Quelle: Nach Lambin 1987, S. 251.

Abb. 2.32: Beispiel eines Schemas zur vorläufigen Bewertung neuer Produktideen

Kriterien	**Gewichtungsfaktoren**	**Bewertung**				
		schlecht (1)	ausreichend (2)	befriedigend (3)	gut (4)	sehr gut (5)
1	0,1	C	A	B		
2	0,2		B, C	A		
3	0,1	A	B	C		
4	0,3		C	B	A	
5	0,1			B	A	C
6	0,1			A	B	C
7	0,1		B	A	C	
	Σ = 1					

Abb. 2.33: Grobauswahl von Produktideen

Mindestpunktzahlen insgesamt, für einzelne Kriterien bzw. für Kriteriengruppen vorgegeben werden.

Im Falle einer **probabilistischen Ideenbewertung**[39] gilt für die erwartete gewichtete Gesamtpunktzahl E(GGPZ) der Produktidee i:

$$E(GGPZ_i) = \sum_{z=1}^{Z} \sum_{w_z=1}^{W_z} g_z \cdot w_z \cdot P(w_{zi}) \qquad \text{(für alle i)}$$

$$\text{mit} \sum_{w_{zi}} P(w_{zi}) = 1 \qquad \text{(für alle z, i),}$$

wobei $P(w_{zi})$ die Wahrscheinlichkeit bezeichnet, mit der die Ausprägung w_z des Kriteriums z auf die Produktidee i zutrifft.

Ein entsprechendes **Beispiel** findet sich in der Abb. 2.34. In diesem Fall sind für die drei Produktideen folgende gewichtete Gesamtpunktzahlen errechnet worden:

$E(GGPZ_A) = 3{,}07$;

$E(GGPZ_B) = 2{,}82$;

$E(GGPZ_C) = 2{,}89$.

Bei einer **praktischen Anwendung eines Scoring-Modells** können verschiedene Probleme auftreten: Erstens besteht die Gefahr einer mehr oder weniger willkürlichen Zusammenstellung von Kriterien; diese kann dadurch verhindert werden, dass nur solche Kriterien berücksichtigt werden, die tatsächlich verfolgte Ziele repräsentieren. Zweitens ist es möglich, dass Kriterien korreliert sind. In diesem

Bewertung Produktidee A:

Kriterien	Gewichtungs-faktoren	Bewertung (1)	(2)	(3)	(4)	(5)
1	0,1	0,3	0,4	0,2	0,1	
2	0,2		0,2	0,5	0,2	0,1
3	0,1	0,4	0,3	0,2	0,1	
4	0,3		0,2	0,2	0,4	0,2
5	0,1	0,1	0,2	0,2	0,3	0,2
6	0,1	0,1	0,2	0,4	0,2	0,1
7	0,1		0,2	0,5	0,3	

Bewertung Produktidee B:

Kriterien	Gewichtungs-faktoren	Bewertung (1)	(2)	(3)	(4)	(5)
1	0,1	0,1	0,2	0,4	0,2	0,1
2	0,2	0,1	0,4	0,3	0,2	
3	0,1	0,3	0,5	0,2		
4	0,3		0,3	0,4	0,3	
5	0,1		0,2	0,5	0,3	
6	0,1		0,2	0,2	0,4	0,2
7	0,1	0,2	0,4	0,2	0,2	

Bewertung Produktidee C:

Kriterien	Gewichtungs-faktoren	Bewertung (1)	(2)	(3)	(4)	(5)
1	0,1	0,4	0,3	0,2	0,1	
2	0,2	0,2	0,4	0,3	0,1	
3	0,1		0,2	0,5	0,3	
4	0,3	0,2	0,4	0,2	0,2	
5	0,1		0,1	0,2	0,3	0,4
6	0,1			0,2	0,3	0,5
7	0,1		0,1	0,3	0,4	0,2

Abb. 2.34: Bewertung alternativer Produktideen

Fall sollte erwogen werden, mit Hilfe einer Faktorenanalyse voneinander unabhängige Kriterien (Faktoren) zu suchen. Drittens sollte bei der Ermittlung der Kriteriengewichte beachtet werden, dass diese nicht mehr oder weniger zufällig und willkürlich angegeben werden; die Gewichte müssen die Bedeutungsunterschiede der zu Grunde liegenden und gleichzeitig verfolgten Ziele repräsentieren. Sind viertens Kriterien gegeben, die zunächst unterschiedlich skaliert sind, muss eine einheitliche Skalierung zumindest auf Intervallskalenniveau gefunden werden. Um fünftens eine uneingeschränkte Kompensation verschiedener Kriterien zu verhindern, sind gegebenenfalls für verschiedene Kriterien (-gruppen) Mindestpunktzahlen vorzugeben. Erfolgt sechstens eine Beurteilung der Handlungsalternativen nur anhand der gewichteten Gesamtpunktzahl, so kann der Fall auftreten, dass nur vergleichsweise schlechte Handlungsalternativen gefunden worden sind und bewertet werden müssen und eine nur in Bezug auf die einbezogenen Handlungsalternativen optimale Handlungsalternative herausgefunden wird; um diesen Fall zu verhindern, kann ein Mindestwert der gewichteten Gesamtpunktzahl vorgegeben werden.

Wirtschaftlichkeitsanalyse von Produktideen

Für Produktideen, welche die Grobauswahl überstanden haben, sind im folgenden Wirtschaftlichkeitsanalysen durchzuführen; sie können außerdem nach der Produktentwicklung und nach der Durchführung von Produkttests erforderlich sein. Ausgangspunkt der Wirtschaftlichkeitsanalysen sind die **geplanten Marketing-Strategien**. Erstens ist der relevante Markt abzugrenzen; die anzustrebenden Marktsegmente sind zu identifizieren. Zweitens ist die angemessene Preislage festzustellen; hierzu können neben den theoretischen Optimierungsverfahren gewisse Praktikermethoden zur Preisfindung (kosten-, nachfrage-, konkurrenz- bzw. nutzenorientierte Vorgehensweise) herangezogen werden. Drittens sind die relevanten Marketing-Budgets (z.B. Werbebudgets) grob zu schätzen.

Auf der Grundlage der geplanten Marketing-Strategien sind die Absatzmengen- und Erlösschätzungen vorzunehmen. Außerdem sind – in Abhängigkeit von den geschätzten Absatzmengen – die Produktionskosten zu schätzen. Bei den zu erstellenden **Absatzprognosen** ist zu beachten, dass weder Gesamtmarktergebnisse noch Testmarktergebnisse noch in der Regel Ergebnisse von Produkttests vorliegen. Damit sind Expertenschätzungen erforderlich, welche grundsätzlich

- deterministischer oder stochastischer Art sein können,
- einmalig oder mehrmalig durchgeführt werden können,
- von einem einzigen Experten oder einer Expertengruppe (z.B. Delphi-Team) erstellt werden können.

Auch die Höhe der **Produktionskosten** ist auf der Grundlage der geschätzten Absatzmengen mittels Expertenbefragungen zu prognostizieren. So können für alternative Produktionsmengen die zu erwartenden Kosten geschätzt werden; durch eine regressionsanalytische Auswertung dieser Daten kann die Gestalt der zu Grunde liegenden Kostenfunktion bestimmt werden.

Im Rahmen von Wirtschaftlichkeitsanalysen kann eine Vielzahl an **Bewertungs- und Entscheidungsverfahren** angewandt werden. Herangezogen werden können

- **statistische Verfahren**
  (wie Gewinnvergleichsrechnung oder Break-Even-Analysen für Sicherheitssituationen bzw. eine Vorteilhaftigkeitsermittlung auf der Basis diverser Entscheidungskriterien für Risikosituationen) und
- **dynamische Verfahren**
  (wie Kapitalwertmethode oder Amortisationsdauer für Sicherheitssituationen bzw. die Risikoanalyse für Risikosituationen).

Beispielhaft werden die Kapitalwertmethode und die Amortisationsdauer betrachtet. Ausgegangen wird von einer Gesamt-Planungsperiode, die insgesamt n Teilperioden (t=1,...,n) umfaßt. Für jede Periode t sind der Preis p_t und die sonstigen Marketing-Kosten K_t^{Ma} festgelegt. Die Absatzmenge der Periode t ist als x_t geschätzt worden. Die variablen Stückkosten sind mit k_{vt} und die Fixkosten mit $K^F{}_t$ (für alle t) vorhergesagt worden. Für den Diskontierungsfaktor für die Periode t gilt

$$q^{-t} = \frac{1}{(WACC)^t} \qquad (t=1,..., n),$$

wobei WACC den Kalkulationszinsfuß (Weighted Average Capital Costs) angibt. Kosten der Forschung und der Entwicklung fallen nur in der Periode 0 in Höhe von K_0^{F+E} an.

Wird vereinfachend davon ausgegangen, dass allen Erlösen und Kosten einer Periode Ein- und Auszahlungen entsprechender Höhe gegenüberstehen, die zum Ende einer jeden Periode anfallen, so kann der **Kapitalwert** bestimmt werden als

$$C_0 = \sum_{t=1}^{T} \left[(p_t - k_{vt}) \cdot x_t - K_t{}^F - K_t{}^{Ma}\right] q^{-t} - K_0{}^{F+E}.$$

Eine **beispielhafte Anwendung** dieses investitionstheoretischen Konzeptes findet sich in der Abb. 2.35. Gegeben sind drei Produktideen; die entscheidungsrelevanten Angaben finden sich in der Abbildung. Ausgegangen wird von einem Kalkulationszinsfuß in Höhe von 10%. Errechnet worden sind die von den Produktideen erzielbaren Gewinne in den einzelnen Perioden und die resultierenden Kapitalwerte. Es zeigt sich, dass die Produktideen 1 und 2 positive Kapitalwerte erzielen, die Produktidee 3 hingegen einen negativen Kapitalwert erreicht, so dass die Produktidee 3 nicht weiter zu verfolgen ist.

Die **Amortisationsdauer** ist allgemein die Zahl der Perioden, in denen ein Produkt auf dem Markt angeboten werden muss, bis kein negativer Kapitalwert mehr anfällt. Ausgehend von dem Beispiel der Abb. 2.35 ist für die drei Produktideen deren Amortisationsdauer bestimmt worden (vgl. Abb. 2.36). Es zeigt sich, dass die Produktidee 1 insgesamt drei Perioden und die Produktidee 2 insgesamt vier

Produktidee 1:

Periode t	0	1	2	3	4	5
p_t	-	10	9	8	7	6
k_{vt}	-	5	5	4,5	4	4
x_t	-	- 400.000	500.000	700.000	900.000	1.200.000
K_t^F	-	800.000	800.000	800.000	800.000	800.000
K_t^{F+E}	500.000	-	-	-	-	-
K_t^{Ma}	-	1.000.000	1.000.000	900.000	900.000	800.000
G_t	- 500.000	200.000	200.000	750.000	1.000.000	800.000
q^{-t} bei WACC = 10 %		0,9091	0,8264	0,7513	0,6830	0,6209
C_0 =	–500.000	+ 181.820	+ 165.280	+ 563.475	+ 683.000	+ 496.720
	= 1.590.295					

Produktidee 2:

Periode t	0	1	2	3	4	5
p_t	-	30	30	28	26	25
k_{vt}	-	10	10	9	8	8
x_t	-	100.000	110.000	120.000	140.000	140.000
K_t^F	-	1.000.000	1.000.000	1.000.000	1.000.000	1.000.000
K_t^{F+E}	1.000.000	-	-	-	-	-
K_t^{Ma}	-	1.000.000	900.000	700.000	700.000	700.000
G_t	-1.000.000	0	300.000	580.000	820.000	680.000
C_0 =	-1.000.000	+ 0	+ 247.920	+ 435.754	+ 560.060	+ 422.212
	= **665.946**					

Produktidee 3:

Periode t	0	1	2	3	4	5
p_t	-	50	48	46	45	44
k_{vt}	-	20	20	20	20	20
x_t	-	50.000	50.000	60.000	60.000	60.000
K_t^F	-	1.000.000	1.000.000	1.000.000	1.000.000	1.000.000
K_t^{F+E}	2.000.000	-	-	-	-	-
K_t^{Ma}	-	600.000	600.000	500.000	500.000	500.000
G_t	-2.000.000	-100.000	-200.000	60.000	0	-60.000
C_0 =	-2.000.000	- 90.910	- 165.280	+ 45.078	+ 0	- 37.254
	= **-2.248.366**					

Abb. 2.35: Beispielhafte Bestimmung der Kapitalwerte für drei Produktideen

Kumulierte diskontierte Gewinne nach ... Perioden:					
Zahl der Perioden	1	2	3	4	5
Produktidee 1	- 318.180	- 152.900	+410.575	+1.093.575	+1.590.295
Produktidee 2	-1.000.000	- 752.080	- 316.326	+ 243.734	+ 665.946
Produktidee 3	-2.090.910	-2.256.190	-2.211.112	- 2.211.112	- 2.248.766

Abb. 2.36: Amortisationsdauer dreier Produktideen

Perioden angeboten werden muss, bis ein nicht-negativer Kapitalwert resultiert. Bei der Produktidee 3 wird eine Amortisation während des betrachteten Zeitraumes nicht erreicht.

Eine Vielzahl an Entscheidungskriterien und darauf aufbauende **Entscheidungsregeln für Risikosituationen**[40] ist vorgeschlagen worden; hier werden beispielhaft

- das Erwartungswert-Kriterium,
- das Erwartungswert-Standardabweichung-Kriterium und
- das Erwartungswert-Verlustwahrscheinlichkeit-Kriterium

betrachtet.

Nach dem **Erwartungswert-Kriterium** ist jenes Projekt optimal, welches den maximalen Erwartungswert der Zielgröße liefert; der zur Alternative a_i gehörige Kapitalerwartungswert z.B. ist definiert als

$$E(C_0(a_i)) = \sum_{j=1}^{m} C_0(x_{ij}) \cdot P(x_{ij}) \quad \text{(für alle i).}$$

Ein **Beispiel** zur Bewertung und Auswahl von Projekten auf der Basis des Erwartungswert-Kriteriums findet sich in der Abb. 2.37; es resultieren folgende Kapitalerwartungswerte für die Projekte:

$E(C_o(a_1)) =$ 45.000;

$E(C_o(a_2)) =$ 122.500;

$E(C_o(a_3)) =$ - 35.000;

$E(C_o(a_4)) =$ 80.000;

$E(C_o(a_5)) =$ 12.500;

$E(C_o(a_6)) =$ 90.000.

Als optimal erweist sich damit das Projekt 2. In dem Falle, dass (nur) ein Mindestwert des Kapitalwertes (in Höhe von 70.000) vorgegeben wird, sind die Projekte 2, 4 und 6 weiterzuverfolgen.

X_{ij} $P(x_{ij})$ Projekt i	x_{i1} 0,15	x_{i2} 0,2	x_{i3} 0,2	x_{i4} 0,3	x_{i5} 0,15
1	0	100.000	- 50.000	200.000	100.000
2	150.000	50.000	400.000	300.000	- 100.000
3	100.000	50.000	0	- 100.000	- 200.000
4	100.000	0	100.000	200.000	100.000
5	50.000	50.000	200.000	0	- 200.000
6	100.000	100.000	100.000	200.000	300.000

Abb. 2.37: Ausgangssituation zur Bewertung und Auswahl von Projekten in einer Risikosituation

Die Orientierung alleine am Kapitalerwartungswert bedeutet eine risikoneutrale Einstellung des Entscheidungsträgers. Eine nichtrisikoneutrale Einstellung kann z.B. zum Ausdruck kommen, indem zusätzlich zum Erwartungswert die zugehörige **Standardabweichung** berücksichtigt wird, die definiert ist als

$$\sigma(C_0(a_i)) = \sqrt{\sum_j \left[C_0(x_{ij}) - E(C_0(a_i))\right]^2 \cdot P(x_{ij})} \qquad \text{(für alle i).}$$

Risikoscheu liegt nach dem Erwartungswert-Standardabweichung-Kriterium vor, wenn von zwei Projekten mit demselben Erwartungswert das Projekt mit der kleineren Standardabweichung vorgezogen wird; eine **Risikofreudigkeit** ist hingegen erfassbar, wenn von zwei Projekten mit demselben Erwartungswert das Projekt mit der größeren Standardabweichung präferiert wird. Mögliche **Entscheidungsregeln** auf der Grundlage dieses Kriteriums lauten: Maximierung des Erwartungswertes unter der Bedingung, dass die Standardabweichung einen vorgegebenen Wert nicht überschreitet, bzw. Minimierung der Standardabweichung unter der Bedingung, dass ein vorgegebener Mindestwert des Erwartungswertes erreicht wird.

Ein alternatives Risikomaß ist die mit einem Projekt verbundene **Wahrscheinlichkeit eines negativen Kapitalwertes**, die definiert ist als

$$P_{0,i} = P(C_0(x_i) < 0) = \sum_{j \in J_{neg}} P(x_{ij}) \qquad \text{(für alle i),}$$

wobei J_{neg} die Menge der Indizes jener Umweltzustände angibt, die bei dem Projekt i zu einem negativen Kapitalwert führen. In dem Beispiel der Abb. 2.37 resultieren folgende Wahrscheinlichkeiten eines negativen Kapitalwertes für die einzelnen Projekte:

$P_{0,1} =$ 0,4;

$P_{0,2} =$ 0,5;

$P_{0,3} =$ 0,45;

$P_{0,4} = 0{,}15;$

$P_{0,5} = 0{,}3;$

$P_{0,6} = 0{,}35.$

Eine mögliche **Entscheidungsregel** lautet: Maximierung des Erwartungswertes unter der Bedingung, dass die Wahrscheinlichkeit eines negativen Kapitalwertes einen vorgegebenen Wert nicht überschreitet. Wird im Zusammenhang mit dem Beispiel der Abb. 2.37 gefordert, dass die Wahrscheinlichkeit eines negativen Kapitalwertes den Wert 0,35 nicht überschreitet, so erweist sich jetzt das Projekt 6 als optimal.

Produktentwicklung

Die spezifischen **Ziele der Produktentwicklung** lassen sich ableiten aus den Zielen der Produktinnovation und der Strategischen Planung. Erstens sind ökonomische Zielgrößen wie Kapitalwert, Gewinn, Erlöse und Kosten zu nennen. Zweitens ist die Produktqualität von besonderer Bedeutung. Drittens sind bei der Produktentwicklung ökologische Zielgrößen zu beachten – und zwar bezüglich der verschiedenen Phasen der individuellen Lebensdauer eines Produktes, der Produktionsphase, der Ge- und Verbrauchsphase und der Entsorgungsphase. Im Rahmen der Produktionsphase sind reichlich vorhandene Rohstoffe einzusetzen, eine angemessene (individuelle) Lebensdauer eines Produktes zu gewährleisten und die Wiederverwendung von Abfällen sicher zustellen. In der Ge- und Verbrauchsphase sind die Gesundheitsverträglichkeit der Produktsubstanzen, die Verwertbarkeit der Verpackung, der Energieverbrauch und die Schadstoffemissionen von Bedeutung. In der Entsorgungsphase spielen als Zielgrößen die Recyclingfähigkeit von Einzelbestandteilen eines Produktes und die Verbrennungs- bzw. Kompostierungsmöglichkeit eines Produktes eine Rolle.

Die Produktentwicklung erfolgt in den drei **Teilphasen**[41]
- Konzeption,
- Entwurf und
- Ausarbeitung;

eine inhaltliche Beschreibung der drei Teilphasen findet sich in der Abb. 2.38. Grundlage der Produktentwicklung ist ein geeigneter Produktvorschlag, welcher Angaben über Funktionen, Eigenschaften, Leistungsfähigkeit und Formvorstellungen des Produktes enthält. Im Rahmen der Konzeptionsphase ist zunächst eine Gesamtaufgabe zu formulieren, welche dann in verschiedene Teilfunktionen zu zerlegen ist. Lösungen sind anschließend zunächst für die Teilfunktionen, dann für die Gesamtaufgabe zu finden und zu bewerten, bis ein Lösungskonzept herausgefunden worden ist. Im Rahmen der folgenden Entwurfsphase ist nun schrittweise ein Gestaltungsentwurf herauszufinden, der dann in der Ausarbeitungsphase detailliert umgesetzt wird.

Unter **Produktdesign**[42] wird die kreative Gestaltung von Produkten unter besonderer Berücksichtigung ihrer bestmöglichen Benutzbarkeit verstanden. Durch ein ästhetisch ansprechendes Produktdesign soll erreicht werden, dass sich ein Pro-

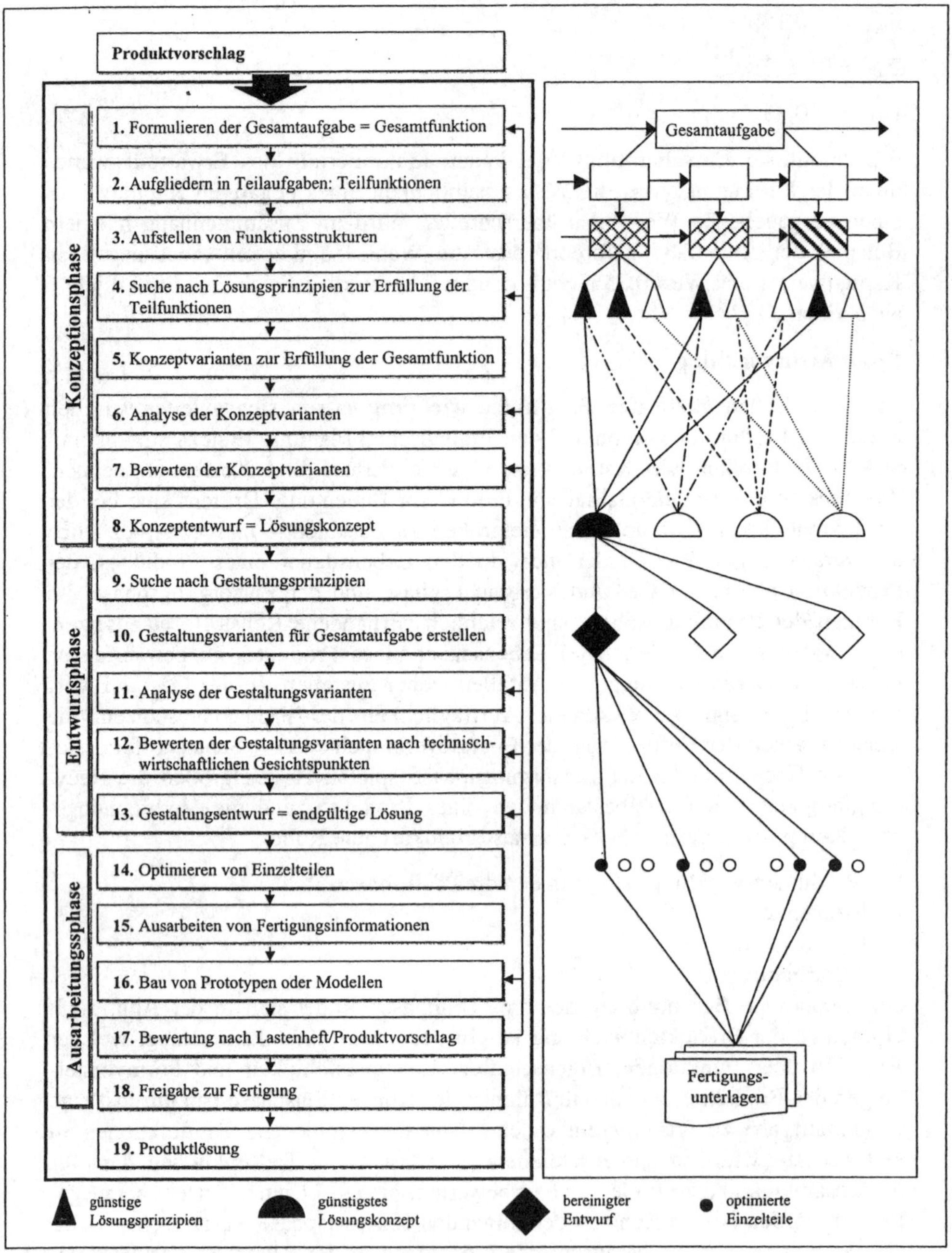

Quelle: Kramer 1987, S. 326.

Abb. 2.38: Der Prozess der Produktentwicklung

dukt von gleichartigen Konkurrenzprodukten abhebt; darüber hinaus kann ein Zusatznutzen geliefert werden, wenn das Design den Ge- oder Verbrauch des Produktes erleichtert.

Das Produktdesign hat einen Beitrag zu dem obersten Unternehmensziel der Qualitätsführerschaft zu leisten; daneben sollte ein ästhetisches und ergonomisches, d.h. die Handhabbarkeit des Produktes erleichterndes Produktdesign den Absatz eines Produktes fördern. Das Produktdesign als das visuell wahrnehmbare Äußere eines Produktes hat darüber hinaus eine wesentliche Informationsfunktion zu erfüllen: Neben dem Tragen produktbezogener Informationen (z.B. Produktmarke) und/oder Unternehmensname bzw. -zeichen soll ein unternehmenstypisches Produktdesign im Rahmen eines Corporate-Design- bzw. Corporate-Identity-Konzeptes den Hersteller des Produktes sofort identifizierbar werden lassen. Somit können folgende drei **Aspekte des Design** unterschieden werden:

- der technisch-funktionale Aspekt,
- der ästhetische Aspekt und
- der kommunikative Aspekt.

Daneben ist es sinnvoll, von den realen Eigenschaften eines Objektes (am Produkt erkennbare objektive Eigenschaften) die individuell wahrgenommenen Eigenschaften (subjektiv wahrgenommene Eigenschaften) zu unterscheiden. In den Abb. 2.39 – 2.41 werden die drei Aspekte des Design im Hinblick auf die objektiven und die subjektiven Eigenschaften näher analysiert; diese werden mit Beispielen untermauert.

Eine beachtliche Anzahl an **Design-Stilen**[43] kann unterschieden werden:

- **der ästhetische Funktionalismus**
  Beschränkung der Materialien, Formen und Farben auf das unbedingt Notwendige; Gebrauchstauglichkeit sowie eine auf den Bauhaus-Stil zurückgehende Ästhetik,
- **der Technizismus**
  Dominanz kühl anmutender Materialien, der technischen Ästhetik (z.B. Stahl-Glas-Konstruktion von Gebäuden),
- **der Ästhetizismus**
  Dominanz ebenmäßiger, geschlossener Formen, ästhetischer Proportionen (z.B. Bang & Olufson),
- **die Memphisbewegung**
  im Mittelpunkt stehen nicht-funktionale Formen, bewußte Materialverfremdung und bunte Farben,
- **der Dekonstruktivismus**
  eine aus der Postmoderne abgeleitete Stilrichtung; das Aufbrechen der Körper, Auflösung der Waagerechten und der Senkrechten,
- **der Neobarock**
  Gegensatz zum ästhetischen Funktionalismus; Vorherrschung von ausdrucksstarken Designprägnanzen (insbesondere in der Möbelbranche zu erkennen),

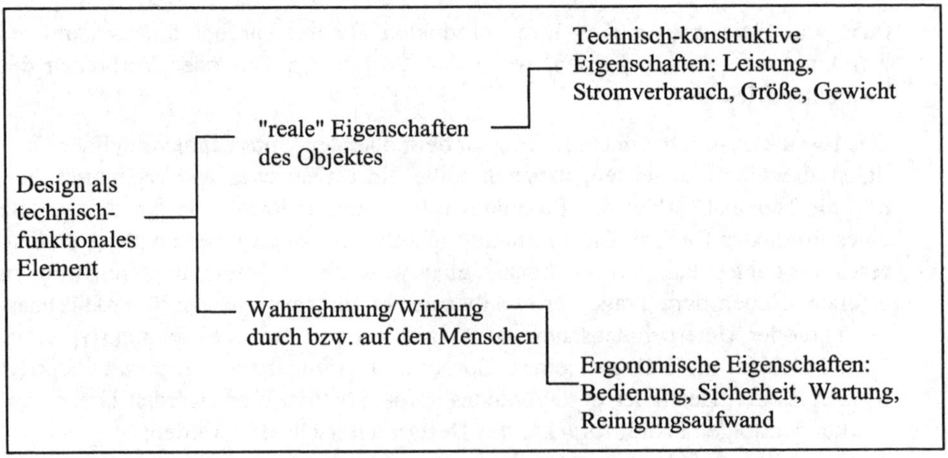

Abb. 2.39: Technisch-funktionaler Aspekt des Design

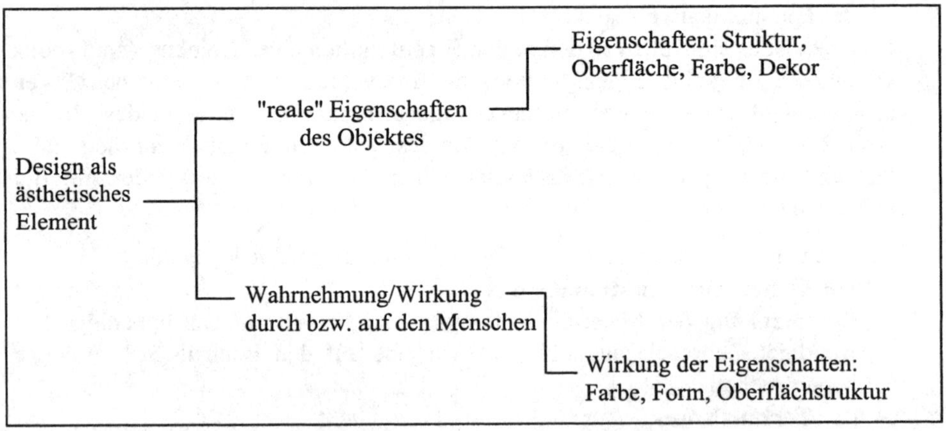

Abb. 2.40: Ästhetischer Aspekt des Design

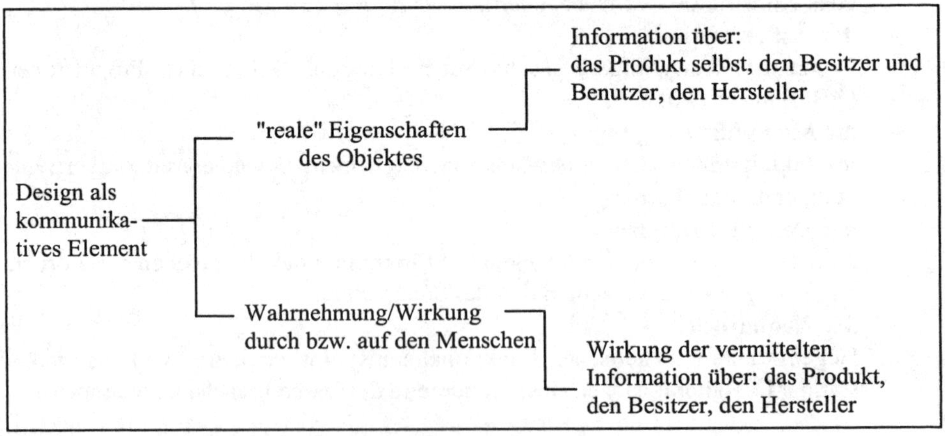

Abb. 2.41: Kommunikativer Aspekt des Design

Soziale Schicht	Wertorientierung				
	Wertekonstanz		Wertewandel		
	Traditionelle Grundorientierung (Bewahren)	Materielle Grundorientierung (Haben)	Hedonismus (Genießen)	Postmaterialismus (Sein)	Postmodernismus (Haben, Sein, Genießen)
Oberschicht	Konservativ-gehobenes Milieu (7%)		Technokratisch-liberales Milieu (9%)		
Obere Mittelschicht				Alternatives Milieu (2%)	
Untere Mittelschicht	Kleinbürgerliches Milieu (21%)		Aufstiegsorientiertes Milieu (25%)	Neues Arbeitnehmermilieu (5%)	Hedonistisches Milieu (13%)
Unterschicht	Traditionelles Arbeitermilieu (5%)		Traditionsloses Arbeitermilieu (5%)		

Quelle: In Anlehnung an Koppelmann 1995, Sp. 450.
Abb. 2.42: Soziale Stellung und Grundorientierung

- **das Organic-Design**
  Vorherrschung von organischen Materialien wie Holz oder Horn; die Erscheinung eines Objektes ist wichtiger als dessen Funktionalität,
- **das Archetypdesign**
  Orientierung an einfachen und markanten, als Bild gespeicherten Urtypen von Erzeugnissen.

Welches Interesse die verschiedenen Design-Stile bei potentiellen Zielgruppen erreichen, kann auf der Basis der **Sinus-Milieu-Studie**[44] gezeigt werden. Mittels der Cluster-Analyse sind verschiedene Milieus identifiziert worden, die insbesondere auf der Basis "Zugehörigkeit zu sozialen Schichten" und "Wertorientierung" (Wertekonstanz bzw. Wertewandel) beschrieben werden. Abb. 2.42 lässt insgesamt neun Milieus erkennen. Am umfangreichsten sind das aufstiegsorientierte Milieu (untere Mittelschicht mit Orientierung zum Geniessen) und das kleinbür-

Milieu	Designstil							
	Ästhetischer Funktionalismus	Technizismus	Ästhetizismus	Memphisbewegung	Dekonstruktivismus	Neobarock	*organic*-Design	Archetypdesign
Konservativ-gehobenes Milieu	++	-	++	--	--	+	--	--
Technokratisch-liberales Milieu	++	++	++	++	++	++	++	-
Alternatives Milieu	+	-	-	--	-	--	+	+
Kleinbürgerliches Milieu	-	--	-	-	--	--	--	++
Aufstiegsorientiertes Milieu	++	++	+	-	--	--	--	--
Neues Arbeitnehmermilieu	-	++	--	--	--	-	--	++
Hedonistisches Milieu	+	-	-	-	++	++	++	--
Traditionelles Arbeitermilieu	-	--	-	--	-	--	-	--
Traditionsloses Arbeitermilieu	--	--	--	--	--	--	--	--

++ = stößt auf großes Interesse, + = stößt auf Interesse,
- = stößt eher auf kein Interesse, -- = stößt auf kein Interesse

Quelle: In Anlehnung an Koppelmann 1995, Sp. 452.
Abb. 2.43: Zuordnung von Designstilen zu Milieus

gerliche Milieu (untere Mittelschicht mit Orientierung zum Bewahren). Auf der Grundlage des Kriteriums "Interesse an Designstils" sind den neun Milieus typische Designstile zugeordnet worden. Abb. 2.43 zeigt zum Beispiel, dass das Archetyp-Design beim kleinbürgerlichen Milieu auf grosses Interesse stösst.

Hinsichtlich der Auswahl des Design-Stils kann damit gefolgert werden: Verschiedenen Zielgruppen (Milieus) können angemessene Design-Stile zugeordnet werden. Daneben besteht die Möglichkeit, auf der Basis eines Scoring-Modells verschiedene Design-Stile vergleichend zu beurteilen.

Die Produktentwicklung kann durch verschiedene **Tests** ergänzt werden. Denkbar sind:
- Konzepttests und
- Produkttests.

Mit Hilfe eines **Konzepttests**[45] soll die Produktidee geprüft werden. Das Produkt wird dabei beschrieben, als Skizze bzw. als Modell vorgelegt, und die Testpersonen werden im Rahmen von Einzelinterviews oder einer Gruppendiskussion nach einer Einschätzung des Produkts gefragt.

Im Rahmen von **Produkttests**[46] ist die Produktleistung zu prüfen; es wird der Frage nachgegangen, ob ein Produkt hinsichtlich seiner Produktleistung auf dem Markt bestehen kann. Produkttests können als monadischer Test oder als nicht-monadischer Test durchgeführt werden. Bei einem monadischen Test wird ein einziges Produkt – das neue Produkt – beurteilt; im Rahmen eines nicht-monadischen Tests werden mehrere Produkte (inklusive des neuen Produktes) miteinander verglichen; z.B. wird eine Rangfolge der Produkte bestimmt[47].

Auf die Produktentwicklung und Konstruktion folgt die **Produkterprobung**: Prototypen sind zu bauen, in technischer Hinsicht zu testen, eine Probeserie ist herzustellen. Die Rohmaterialien sind festzulegen; die Einzelteile sind auszuwählen und die Baugruppen zu konstruieren. Außerdem muss der technische Produktionsprozess geplant werden. **Technische Dauertests** sind erforderlich, um unter Einsatzbedingungen das neue Produkt zu testen und gegebenenfalls vorhandene Mängel zu erkennen und abzustellen. Im Zusammenhang mit Dauertests ist eine Wertanalyse durchzuführen. Die technische Entwicklung ist dann (unter Umständen nur vorläufig) abgeschlossen, wenn Prototypen hergestellt werden konnten, welche die technischen Tests bestanden haben, und wenn die Patentfähigkeit der Innovation geprüft ist.

Um im Rahmen der technischen Produktentwicklung verfolgte ökonomische Ziele zu berücksichtigen, kann das **Target-Costing**[48] angewandt werden, das durch folgende Vorgehensweise (vgl. Abb. 2.44) charakterisiert ist:
- Ausgehend von einem entwickelten Produktkonzept für eine geplante Produktinnovation wird durch eine Konsumentenbefragung der zu erwartende Marktpreis ermittelt.
- Als nächstes wird ein geplanter Gewinn pro Stück festgelegt, welcher z.B. der angestrebten Umsatzrendite entspricht.
- Als Differenz zwischen Preis und geplantem Gewinn pro Stück resultieren die zulässigen Kosten pro Stück, welche mit den (erwarteten) Kosten pro Stück des aktuellen Produktkonzeptes verglichen werden.
- Übersteigen die mit dem Produktkonzept verbundenen Kosten pro Stück die zulässigen Kosten pro Stück, so sind durch eine geeignete Änderung des Produktkonzeptes die Kosten entsprechend zu reduzieren; dabei können die Wertanalyse bzw. generelle Rationalisierungsmaßnahmen eingesetzt werden.

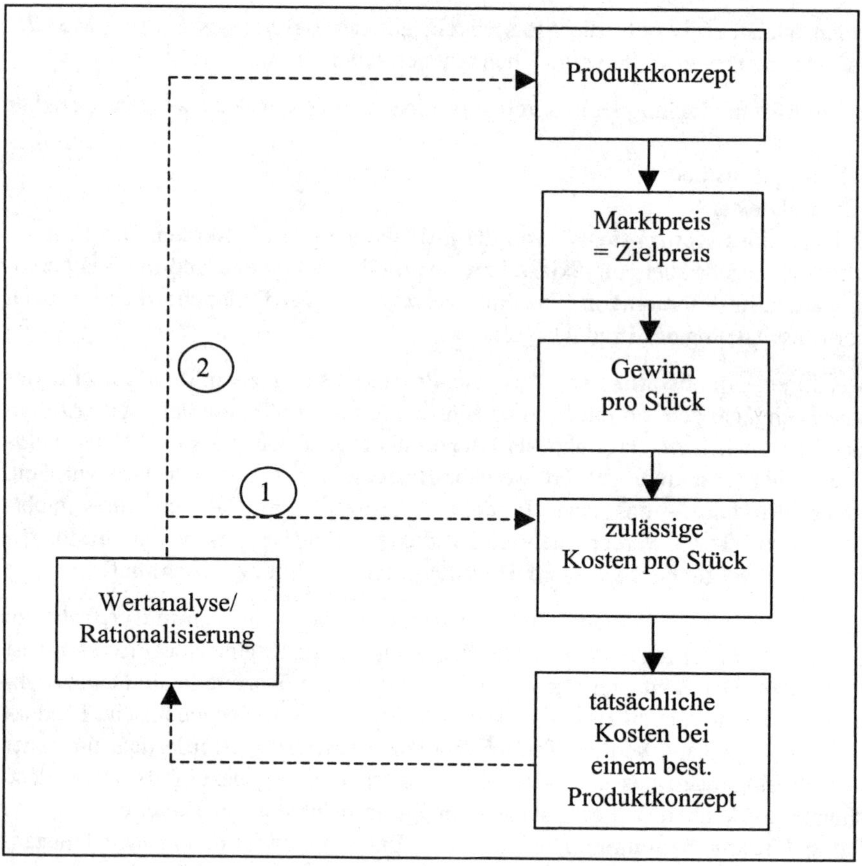

Abb. 2.44: Zielkostenfestlegung bei Nissan

Zur optimalen Gestaltung der Produktinnovation

In verschiedenen empirischen Erhebungen sind die Ursachen für den Erfolg bzw. Misserfolg von Produktinnovationen hinterfragt worden. Cooper[49] hat die Ursachen für den Erfolg von mehr als zweihundert neuen industriellen Produkten analysiert. Zwei von den drei Faktoren, die die Schlüssel zum Erfolg sind, machen bei näherer Untersuchung dieser Tabelle unmittelbar die Qualität des strategischen Marketings deutlich: (a) die Überlegenheit des Produktes für den Käufer und die Tatsache, dass sich das Produkt durch bestimmte Eigenschaften von anderen unterscheidet; (b) das Verständnis des Marktes und das Marketing-Know-how.

Für Produktinnovationen, die zu Erfolgen bzw. Misserfolgen führten, ist zusätzlich ermittelt worden, in welchem Maße sie von der Ausführungsqualität der typischen Aktivitäten im Rahmen des Innovationsprozesses abhängen. Abb. 2.45 zeigt deutlich, dass Misserfolge unter anderem darauf zurückzuführen sind, dass Ideenauswahl, Voranalyse Technik, Marktanalysen und die Markteinführung selbst in

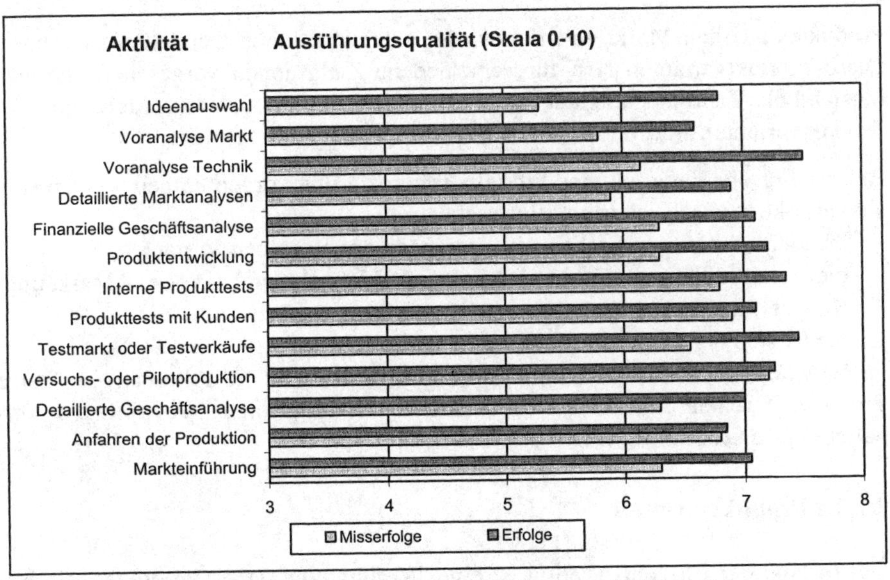

Quelle: In Anlehnung an Kleinschmidt/Geschka/Cooper 1996, S. 34.

Abb. 2.45: Ausführungsqualität der Innovationen bei erfolgreichen bzw. nichterfolgreichen Innovationen

qualitativ zu schlechter Weise erfolgen. Erfolgreiche Innovationen hingegen sind dadurch gekennzeichnet, dass die technische Produktentwicklung (über diverse Stufen), die Produkt- und Markttests sowie die Markteinführung selbst sehr gut durchgeführt worden sind.

Calantona/Cooper[50] haben außerdem mittels einer empirischen Erhebung die Erfolgscharakteristika neuer Produkte hinterfragt. Überdurchschnittliche Erfolgsraten waren bei

- nicht allzu neuen Produkten mit neuen Nutzungskomponenten in wachsenden Märkten (Gründe: hohe Synergieeffekte „aller" anderen Herstelleraktivitäten, starke F&E, ausreichend starkes Marketing),
- High-Tech-Innovationen mit neuen Nutzungskomponenten in wettbewerbsschwachen Märkten mit unzufriedenen Kunden (Gründe: Erfolg durch Ausnützung der Unzufriedenheit und der wenig handlungsfreudigen Konkurrenten) und
- nicht allzu neuen Produkten mit neuen Nutzungskomponenten (Gründe: Synergie-Effekte in der Produktion.

Geringe Erfolgsraten zeigten Innovationen ohne neuen Nutzungskomponenten in stagnierenden Märkten sowie Imitationen in Märkten mit starkem Wettbewerb.

2.1.2.3 Produktdifferenzierung

Der Produktdifferenzierung liegt folgende Idee zu Grunde: Bisher ist ein einziges Produkt angeboten worden; erwogen wird, in Zukunft mehrere Varianten dieses

Produktes auf den Markt zu bringen, die unterschiedliche Qualitäten aufweisen. Diese Produktvarianten sind für verschiedene Zielgruppen vorgesehen, die sich hinsichtlich Zahlungsfähigkeit und Zahlungswilligkeit unterscheiden. Für die Produktvarianten sind verschiedene Marketing-Strategien zu planen.

Bei der Entscheidung, ob eine Produktdifferenzierung vorgenommen werden soll, sind als ökonomisch relevante Einflussfaktoren
- die zielgruppenspezifischen Absatzmengen der einzelnen Varianten,
- die zielgruppenspezifischen Marketing-Maßnahmen (Preise, Marketing-Budgets) und
- die Kosten der einzelnen Varianten

zu beachten. Mittels eines Kapitalwert-Vergleiches für die Alternativen "keine Produktdifferenzierung" bzw. "Produktdifferenzierung" kann die optimale Verhaltensweise bestimmt werden[51].

2.1.2.4 Produktvariation

Gegenstand der Produktvariation ist eine "Verjüngung" eines Produktes, ein Relaunch; gewisse Produkteigenschaften werden geändert. Ausgangspunkt ist eine "Veralterung" eines bereits eingeführten Produktes (auf Grund von neuen Technologien, neuen Konkurrenzprodukten und gewissen Konsumententrends), welche zu einer Stagnation bzw. zu einem Rückgang des Umsatzes führen. Durch eine Produktvariation soll der Lebenszyklus eines Produktes beeinflusst werden; sowohl die Erlös- als auch die Gewinnkurve sollen wieder ansteigen (vgl. Abb. 2.46)[52].

2.1.2.5 Produkteliminierung

Ein letzter Entscheidungstatbestand im Zusammenhang mit einem Produkt ist die Herausnahme des Produktes aus dem Markt. So können staatliche Vorschriften (Gesundheits- bzw. Umweltschutz) eine Herausnahme quasi erzwingen. Auch ist denkbar, dass ein Produkt in einer späteren Phase seines Lebenszyklus keinen ausreichenden Gewinn mehr erwirtschaftet.

Die Entscheidung über eine Produkteliminierung kann im Zusammenhang mit einer gleichzeitig erwogenen Produktvariation oder im Zusammenhang mit einem (neuen) Nachfolgeprodukt zu treffen sein. Zu beachten sind gegebenenfalls auch absatzmäßige Verflechtungen mit den anderen angebotenen Produkten eines Unternehmens; eine spürbare komplementäre Verflechtung zu anderen Produkten kann gegen eine Produkteliminierung sprechen. Als Entscheidungshilfen können Scoring-Modelle, Gewinnvergleichsrechnungen, investitionstheoretische Ansätze und Entscheidungsverfahren bei Risiko herangezogen werden[53].

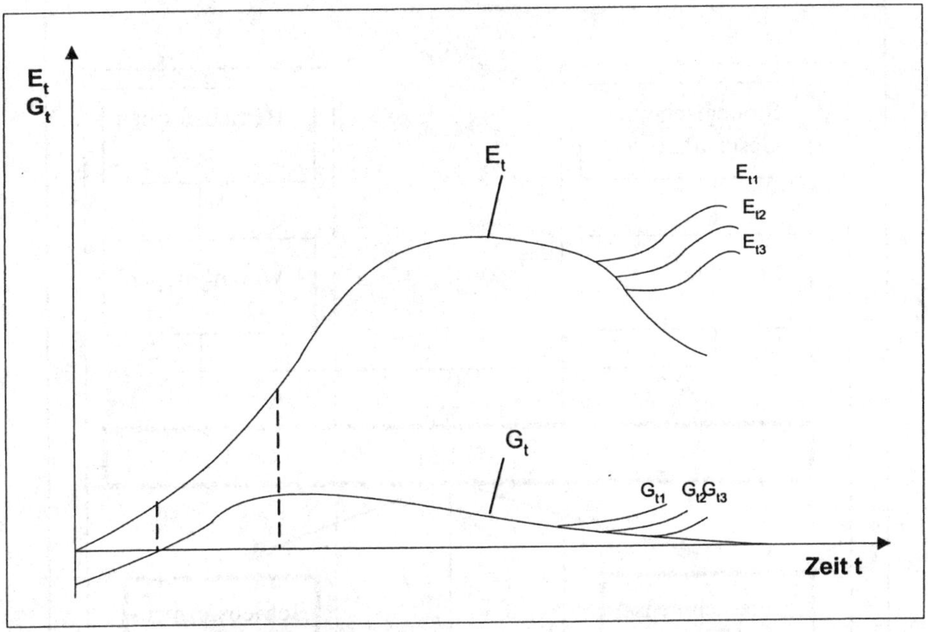

Abb. 2.46: Der Einfluss einer Produktvariation auf den Lebenszyklus

2.1.3 Markenstrategien

2.1.3.1 Überblick

Gegenstand der Markenplanung ist die Gestaltung von Marken, mit denen ein Markenartikelproduzent das eigene Unternehmen und/oder die von ihm angebotenen Produkte kennzeichnet, um die jeweils verfolgten Produzentenziele zu erreichen. Abb. 2.47 lässt erkennen, wie sich die Markenstrategien und –politiken im weiteren Sinne in das generelle Marketingplanungssystem von Industrie und Handel einordnen. Dabei sind grundsätzlich markierte Produkte, Unternehmensmarken und Betriebsformenmarken zu unterscheiden. Unternehmensmarken können charakterisiert werden als Marken, die für ein Unternehmen als Ganzes verwandt werden. Bei den Betriebsformenmarken des Handels handelt es sich um spezielle Marken, die für verschiedene Betriebsformen ein und derselben Handelsorganisation herangezogen werden. Markierte Produkte schließlich können als Markenartikel von der Industrie oder als Handelsmarken im Sinne von Eigenmarken des Handels angeboten werden.

Wenn von einem Industrieunternehmen eine **Produktinnovation** bis hin zur Marktreife entwickelt wurde, so bestehen die Möglichkeiten, die Produktinnovationen unter einer neuen Marke oder unter einer schon eingeführten eigenen Mar-

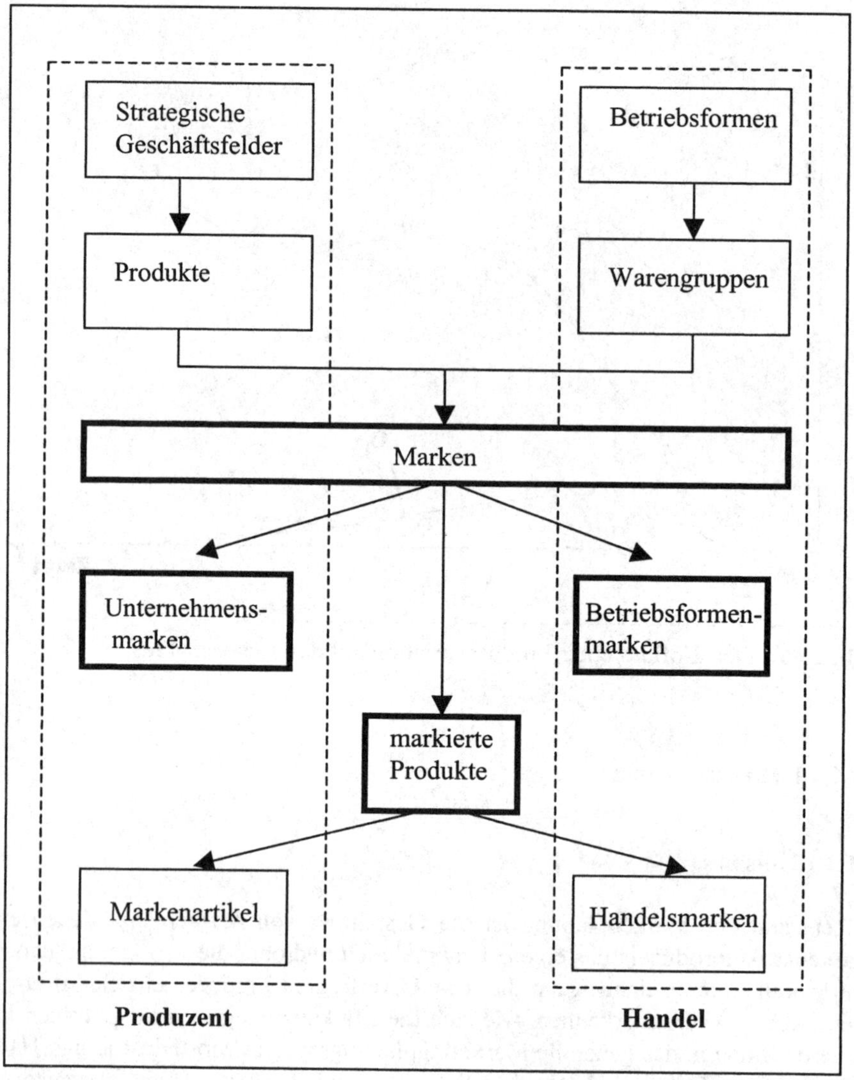

Abb. 2.47: Markenstrategien und –politiken im Rahmen des generellen Marketing-Planungssystems von Industrie und Handel

ke zu vermarkten; im ersten Fall entsteht die Notwendigkeit einer Markeninnovation, im zweiten Fall wird ein Markentransfer vorgenommen. Des weiteren kann sich die Frage stellen, ob eine (gegebenenfalls simultane Produkt- und) Markendifferenzierung, eine Variation des Produktes/der Marke oder eine Eliminierung eines Produktes/einer Marke vorgenommen werden soll.

2.1.3.2 Zielsystem der Markenplanung

Bei der – aus marketingpolitischer Sicht – erweiterten Kennzeichnung **einer** Marke (vgl. Abschnitt 1.5.2 „Arten von Marken“) sind verschiedene psychologische Zielgrößen aufgeführt worden[54]:
- die Bekanntheit einer Marke insbesondere bei den Konsumenten,
- das Schaffen eines Zusatznutzens (gegenüber einem Produkt) durch die Marke,
- das Erzielen eines spezifischen Images, welches sich von den Images der Konkurrenzmarken abhebt,
- das Erreichen von Präferenzen bei den Konsumenten.

Ergänzt werden können diese psychologischen Zielgrößen durch ökonomische Zielgrößen (wie Gewinn, Kapitalwert); verwiesen sei nur auf die Ansätze zur Bewertung einer Marke (vgl. Abschnitt 1.5.4 „Der Wert von Marken“).

2.1.3.3 Basisstrategien der Markenplanung

Die Markenstrategien bilden die möglichen Zuordnungen von Marken zu Produkten (bzw. Produktgruppen) ab. Die idealtypische Breite bzw. Tiefe einer Markenstrategie kann mit Hilfe der sogenannten **Produkte-Marken-Matrix** gekennzeichnet werden. Die **Breite** einer Markenstrategie ergibt sich aus der Anzahl der Produkte, die unter einer Marke geführt werden, die **Tiefe** einer Markenstrategie aus der Anzahl der Marken, die für ein Produkt (bzw. eine Produktart) herangezogen werden. Das **Markenportfolio** stellt die Gesamtheit der von einem Unternehmen eingesetzten Marken dar[55].

Es ist sinnvoll, **programmbezogene** (auf das Produktionsprogramm eines Unternehmens bezogene) Markenstrategien wie
- die Strategie der Globalmarke,
- die Strategie der Dachmarke(n),
- die Strategie der Familienmarke(n) und
- die Strategie der Einzelmarken

von **produktartbezogenen** Strategien wie
- die Strategie der Einmarke (singuläre Produktmarkt-Marke) und
- die Strategie der Mehrmarken (mehrere alternative Marken pro Produktart)

zu unterscheiden. Daneben sind noch Strategien der produktbezogenen **Markenkombinationen** zu nennen. Pro Produkt werden mindestens zwei Marken verwandt; ein Beispiel ist die Schokolade „Ritter Sport Smarties“.

Programmbezogene Markenstrategien

Die **Globalmarken-Strategie**[56] ist dadurch gekennzeichnet, dass für alle Produkte eines Unternehmens eine einzige, in diesem Sinne globale Marke existiert (Abb. 2.48); sie entspricht der Unternehmensmarke. Ein typisches **Beispiel** ist das Un-

Produkte / Marken	1	2	3	4	5	6	
A	x	x	x	x	x	x	**Globalmarke A**
B							
C							
D							
E							
F							

	1	2	3	4	5	6	
A	x	x	x	x	x	x	**Dachmarke A und Submarken B-G**
B	x						
C		x					
D			x				
E				x			
F					x		
G						x	

	1	2	3	4	5	6	
A	x	x	x				**Familienmarken A und B (nach Produktgruppen)**
B				x	x	x	
C							
D							
E							
F							

	1	2	3	4	5	6	
A	x						**Einzelmarken A bis F**
B		x					
C			x				
D				x			
E					x		
F						x	

Abb. 2.48: Spezifizierung der Produkte-Marken-Matrix für die Global-, Dach-, Familien- und Einzelmarken-Strategie

ternehmen **Kodak**, welches eine globale Marke für verschiedene Produktlinien (Fotoapparate, Filme, Fotokopien) hat; ein weiteres Beispiel ist **Benetton** (Produzent so unterschiedlicher Bekleidungsstücke wie Kleider, Röcke, Blusen, Hosen usw.).

Die Globalmarken-Strategie bedeutet eine extreme Standardisierung des markenbezogenen Auftritts eines Produktionsprogrammes. Eine klare, zielgruppenspezifische Positionierung einzelner Produkte ist nicht möglich. Ebenfalls besteht nicht die Möglichkeit der gezielten Bearbeitung verschiedener Marktsegmente. Die Einführung neuer Produkte – unter der Globalmarke – ist offensichtlich einfach. Als positiv gesehen werden kann die Partizipation des einzelnen Produktes am Goodwill, dem positiven Image eines Unternehmens. Ein Image-Einbruch (Badwill) betrifft aber jedes einzelne Produkt. Von Vorteil ist auch, dass keine neuen Marken gesucht, entwickelt und durchgesetzt werden müssen; die hiermit verbundenen Einsparungen an Zeit und Kosten sind offensichtlich. Generell gilt, dass bei der Globalmarken-Strategie die Marketing-Kosten, insbes. die Werbekosten, deutlich beschränkt werden können.

Die **Dachmarken-Strategie** (Strategie der Dachmarke oder der Dachmarken (vgl. Abb. 2.48)), stellt eine Mischform dar[57]. Unter einer Marke **(Dachmarke)** werden mehrere oder alle Produkte angeboten, zusätzlich mit einer **Submarke** (einer spezifischen Produktmarke) versehen. Ein typisches Beispiel sind die Volkswagenwerke AG, welche die Dachmarke VW mit Submarken wie "Golf GTI Europe" versehen. Im Spezialfall entspricht die Unternehmensmarke einer Dachmarke, wenn **alle** Produkte eines Unternehmens mit ihr und zusätzlich mit einer Submarke versehen werden. Typische Beispiele sind **Siemens, Allianz** oder **Haribo**. Im Falle Haribo werden Submarken wie Goldbären, Fantasia oder Colorado verwandt.

Die **Beurteilung** der Dachmarken-Strategie ähnelt jener der Globalmarken-Strategie, ist aber in wesentlichen Punkten moderater.

- Eine spezifische Positionierung einzelner Produkte ist auf der Grundlage der Submarke möglich, aber auf Grund der Dachmarke erschwert.
- Das gleichzeitige Bearbeiten verschiedener Marktsegmente ist möglich.
- Die Einführung neuer Produkte wird auf Grund der Existenz und der Zuordnung zu einer Dachmarke vereinfacht.
- Die einzelnen Produkte profitieren vom Image der Dachmarke; entsprechend treffen sie aber auch deren Image-Einbrüche.
- Auf Grund des Vorhandenseins der Dachmarke wird die Einführung neuer Produkte vereinfacht.
- Gegenüber der Globalmarken-Strategie sind zwar höhere, aber im Vergleich zu anderen Strategien immer noch vergleichsweise niedrige Marketingkosten zu verzeichnen.

Im Rahmen der **Familienmarken-Strategie**[58] (Strategie der Familienmarken) werden verschiedene Produkte bzw. Produktgruppen mit jeweils einer bestimmten

Familienmarke angeboten (vgl. Abb. 2.48). Typisches **Beispiel** ist **Beiersdorf** mit den Marken

- Nivea,
- Tesa und
- Hansaplast

und den zugehörigen sehr umfangreichen Markenfamilien

- Nivea-Creme, -Bath Care, -Body, -Vital, -Sun, etc.,
- Tesa-Film, Tesa-Photo, Tesa-Powerstrip, Tesa-Haushaltsabroller, etc. und
- Hansaplast-Classic, Hansaplast-Elastic, Hansaplast-Sensitive, Hansaplast-Agna Protect, etc.

Bei der **Beurteilung** der Familienmarken-Strategie sind folgende Punkte von Bedeutung:

- Spezifische Positionierungen von Produkten im Rahmen der Familienmarken sind möglich.
- Eine Marktsegmentierung kann durch Brand Extensions (die Einführung neuer Produkte unter derselben Familienmarke) erfolgen.
- Neue Produkte werden durch das Image der relevanten Familienmarke unterstützt.
- Mehrere (Familien-)Marken tragen die jeweils erforderlichen Marketingkosten; gegenüber einer Globalmarke sind aber im allgemeinen höhere Marketingkosten zu verzeichnen.
- Die Existenz von Familienmarken erleichtert das Bilden von Strategischen Geschäftsfeldern.
- Familienmarken sind gefährdet, wenn der Handel nur ausgewählte Markenartikel aus den Familienmarken akzeptiert.
- Es muss die Gefahr der Markenüberdehnung (der Einführung zu vieler Produkte unter der Familienmarke) und der Markenverwässerung beachtet werden.

Bei der **Einzelmarken-Strategie**[59] (Strategie der Monomarken) wird jedes Produkt mit einer jeweils spezifischen Marke (Einzelmarke) versehen (vgl. Abb. 2.48), d.h. unter **einer** Marke wird nur ein bestimmtes Produkt angeboten. Als typische **Beispiele** gilt das Unternehmen **Ferrero** mit den Marken **Mon Chérie** (Pralinen), **Rocher** (Pralinen), **Hanuta** (Riegel) und **Nutella** (Brotaufstrich).

Die **Beurteilung** der Einzelmarken-Strategie steht im deutlichen Gegensatz zur Beurteilung der Globalmarken-Strategie:

- Die Einzelmarken-Strategie bedeutet eine extreme Differenzierung des markenbezogenen Auftritts eines Produktionsprogrammes.
- Für jedes einzelne Produkt ist eine klare, zielgruppenspezifische Positionierung möglich.
- Eine konsequente Marktsegmentierung kann durchgeführt werden.
- Die Einführung neuer Produkte als Einzelmarken ist vergleichsweise schwierig; erhebliche Marketingkosten fallen dabei an.

- Ein Image-Einbruch bei einer Marke betrifft kaum eine andere Marke desselben Unternehmens.
- Mit einer Einzelmarken-Strategie sind vergleichsweise hohe Marketing-Kosten verbunden.

Produktartbezogene Markenstrategien

Bei den produktartbezogenen Markenstrategien werden die Einmarken-Strategie und die Mehrmarken-Strategien unterschieden.

Im Rahmen der produktartbezogenen Markenstrategien, das heisst der Markenstrategien für ein einziges Produkt, das von einem Unternehmen angeboten wird, ist zunächst die **Einmarkenstrategie**[60] möglich. Sie beinhaltet, dass für ein einziges angebotenes Produkt eine einzige Marke verwandt wird, in diesem Sinne eine singuläre Produktmarkt-Marke herangezogen wird (Abb. 2.49). Ein geläufiges Beispiel ist die Marke **"Pilsener Urquell"**. Von der Brauerei wird ein einziges Produkt, ein Pils unter einer einzigen Marke, "Pilsener Urquell" angeboten.

Die **Beurteilung** der Einmarken-Strategie ist offensichtlich:
- keine Markendifferenzierung, das heisst keine segmentspezifische Marktbearbeitung,
- die Marketingkosten werden dadurch deutlich beschränkt,
- eine gegebenenfalls vorhandene Heterogenität von Märkten wird aber nicht ausgenutzt.

Produktart / Marken	1	2	3	4	5	6
A	x					
B						
C						
D						
E						
F						

Einmarken-Strategie (Marke A für Produktart 1)

Produktart / Marken	1	2	3	4	5	6
A	x					
B	x					
C	x					
D	x					
E	x					
F	x					

Mehrmarken-Strategie (Marken A bis F für Produktart 1)

Abb. 2.49: Spezifizierung der Produkte-Marken-Matrix für die Einmarken- und Mehrmarken-Strategie

Die Idee der **Mehrmarken-Strategie**[61] besteht darin, dass für eine bestimmte Produktart mehrere Marken eingeführt und realisiert werden. Typische Beispiele sind

- Philip Morris (Zigaretten) mit Marlboro und Benson & Hedges,
- Unilever (Streichfette) mit Rama, Flora Soft, Sanella, Becel und
- die Pkw-Industrie (Abb. 2.50).

Die Mehrmarkenstrategie ist wie folgt zu **beurteilen:**
- Sie bedeutet eine extreme produktartbezogene Differenzierung.
- Eine gezielte Marktsegmentierung und Markenpositionierung ist sehr gut möglich.
- Die Wettbewerbssituation des eigenen Unternehmens gegenüber der Konkurrenz durch das Setzen von Markteintrittsbarrieren wird gesichert.

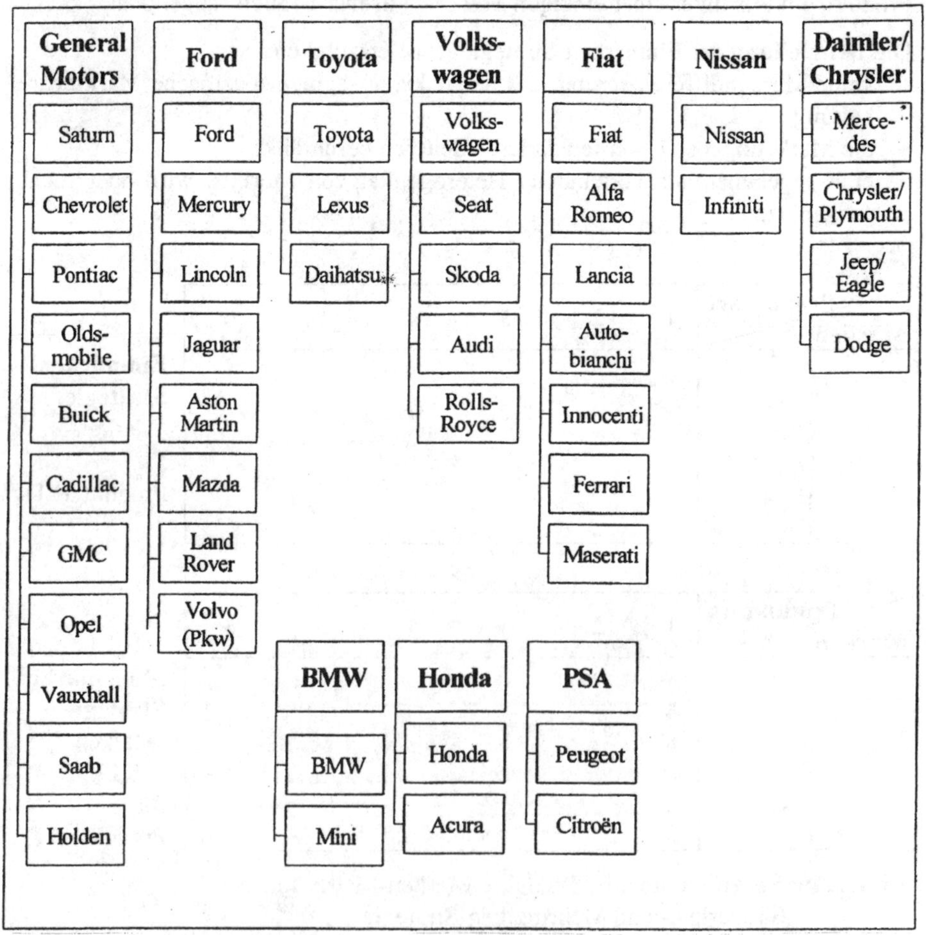

Quelle: In Anlehnung an Meffert/Perrey 2001, S. 687.

Abb. 2.50: Mehrmarkenstrategien in der Automobilindustrie

- Die gleichzeitige Bearbeitung verschiedener Marktsegmente, die bezogen auf eine Produktart durch unterschiedliche Markenartikel bedient werden, ist sehr kostenintensiv.

Markenkombinations-Strategien

Eine **Markenkombination**[62] definiert sich, wenn ein Produkt mit mindestens zwei Marken gleichzeitig gekennzeichnet wird. Grundsätzlich unterschieden werden können

- **interne** Markenkombinationen
  (alle herangezogenen Marken stammen von einem einzigen Hersteller) und
- **externe** Markenkombinationen
  (die Marken stammen von mehreren Anbietern; es liegen Markenallianzen bzw. Co-Branding vor).

Ein typisches Beispiel für eine Markenkombination ist die gleichzeitige Verwendung einer Dachmarke und einer Submarke.

Markenkombinationen können in Form von **Markenhierarchien**[63] dargestellt werden. Sowohl programmbezogene Strategien (z.B. Dachmarken-Strategie) als auch produktartbezogene Strategien (z.B. Mehrmarkenstrategie) können über mehrere Ebenen kombiniert werden. Ein Beispiel findet sich in Abb. 2.51; für den Pkw "Seat Marbella Sprint" aus der VW-Gruppe wird die Markenkombination hierarchisch strukturiert.

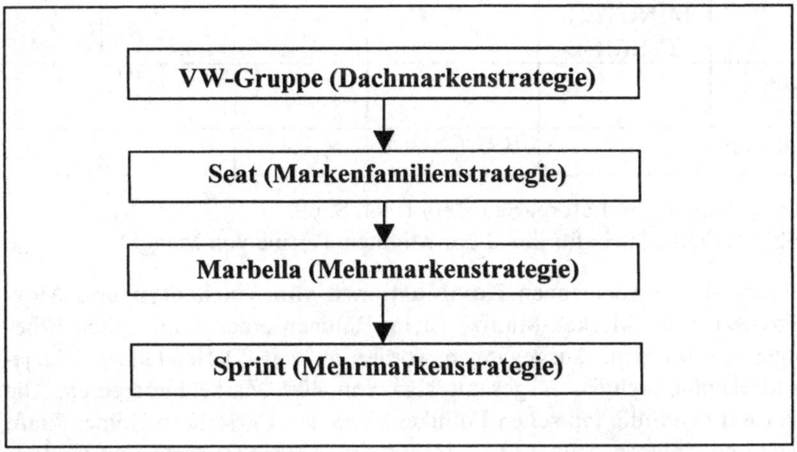

Quelle: Sattler 2001, S. 104.

Abb. 2.51: Beispielhafte hierarchisch strukturierte Markenkombinations-Strategie (Seat Marbella Sprint aus der VW-Gruppe)

In diesem Zusammenhang kann eine **Marken-Matrix**[64] entwickelt werden, welche auf den beiden Variablen

- **Markentyp**
  (Unternehmensmarke, Dachmarke, Familienmarke, Einzelmarke, Zusatzmarkierung) und
- **Markenprominenz**
  (von dominierend bis nicht identifizierbar; den verbalen Kategorien werden numerische Werte von 4 bis 0 zugeordnet)

beruht. Ein Beispiel für eine Marken-Matrix findet sich in Abb. 2.52, zu Grunde liegt die "Fünf-Minuten-Terrine von Maggi".

Markentyp	**Markenprominenz**				
	dominierend (4)	untergeordnet (3)	stark nachgeordnet (2)	versteckt (1)	nicht identifizierbar (0)
Unternehmen				NESTLÉ	
Dachmarke		MAGGI			
Familienmarke					
Einzelmarke	FÜNF-MINUTEN-TERRINE				
Zusatzmarkierung					
Beschreibung		BROCCOLI			

Quelle: In Anlehnung an Laforet/Saunders 1994, S. 69.
Abb. 2.52: Marken-Matrix für die „Fünf-Minuten-Terrine von Maggi“

Die Bedeutung der verschiedenen **Kombinationen von Markentyp und Markenprominenz** (in der Marken-Matrix) ist im Rahmen einer empirischen Erhebung[65] hinterfragt worden. Ausgegangen worden ist von 20 Herstellern und jeweils 20 Markenhierarchien, insgesamt also von 400 Markenhierarchien. Die Ergebnisse (und damit die typischen Politiken) von den Herstellern Heinz, Kraft, Mars, Nestlé und Unilever zeigt Abb. 2.53. Extreme Gegenbeispiele sind die Produzenten Heinz und Unilever. Während bei Heinz die Unternehmensmarke (UM) neben der Einzelmarke (EM) dominiert, haben bei Unilever Dach- und Familienmarken (DM und FaM) eine überragende Bedeutung; auf Unternehmensmarken (UM) wird verzichtet.

Zu abschließenden **vergleichenden Beurteilung** der einzelnen programmbezogenen Markenstrategien und der einzelnen produktartbezogenen Strategien können grundsätzlich Kriterien wie

		UM	DM	FaM	EM	ZM
HEINZ	Häufigkeit	100 %			60 %	
	Prominenz	4			3,5	
KRAFT	Häufigkeit	100 %		25 %	95 %	5 %
	Prominenz	3,9 %		4	3,9	4
MARS	Haufigkeit	40 %	60 %	15 %	100 %	
	Prominenz	1	1,75	3,5	3,8	
NESTLÉ	Häufigkeit	80 %	25 %	40 %	100 %	15 %
	Prominenz	1,4	1	3,25	4	3,75
UNILEVER	Häufigkeit		100 %	85 %	100 %	
	Prominenz		1	2	4	

Quelle: Laforet/Saunders 1994.

Abb. 2.53: Markenhierarchietypen in der Praxis

- zielgruppenspezifische Ausrichtung bzw. Ausrichtung auf den breiten, gegebenenfalls heterogenen Markt,
- Ausmaß der Partizipation am (Unternehmens-)Image,
- Schwierigkeitsgrad der Einführung neuer Marken,
- Höhe der Marken-Kosten und
- Zeitaufwand der Markenpolitik

herangezogen werden (vgl. die Ausführungen bei den einzelnen Strategien).

Werden die einzelnen Markenstrategien auf ihren jeweiligen Kern reduziert, so zeigt sich deutlich, dass die grundlegenden Strategien des (internationalen) Marketing, nämlich

- die Standardisierung bzw.
- die Differenzierung

zu Grunde liegen. Dabei stellen beide Grundsatzstrategien die Endpole eines Kontinuums dar. So entspricht bei den programmbezogenen Marketingstrategien die Globalmarken-Strategie einer (völligen) Standardisierung, die Einzelmarken-Strategie hingegen einer (völligen) Differenzierung. Dazwischen positioniert – auf dem Kontinuum – sind die Dachmarken – und die Familienmarken-Strategie. Bei den produktartbezogenen Marketingstrategien entspricht die Einmarken-Strategie einer Standardisierung, die Mehrmarken-Strategie einer Differenzierung.

Bei den Markenkombinations-Strategien stellt sich die Frage nach der optimalen Kombination: Zum einen ist die Anzahl der Ebenen festzulegen, auf denen eine Markenhierarchie beruht. Zum anderen ist in inhaltlicher Hinsicht zu entscheiden, welche programmbezogenen und welche produktartbezogenen Markenelemente heranzuziehen sind.

Welche Markenstrategie vorteilhaft ist, kann nicht allgemein gesagt werden. In jedem konkreten Einzelfall ist die situationsadäquate Strategie herauszufinden, zu erreichen ist also (nur) eine situative Vorteilhaftigkeit. Als Entscheidungshilfen zur Optimierung der Markenstrategien können grundsätzlich

- die Lexikographische Ordnung oder
- Scoring-Modelle

herangezogen werden; auch denkbar sind – wie bei der Ermittlung des Markenwertes - kapitalwertorientierte Ansätze (vgl. Abschnitt 1.5.4 „Der Wert von Marken").

2.1.3.4 Markeninnovation

Die Markeninnovation beinhaltet das Einführen einer völlig neuen, bisher noch nicht verwendeten Marke. Die Markeninnovation im Zusammenhang mit einer Produktinnovation umfasst verschiedene Planungsbereiche, die sachlich aufeinander aufbauen, ein entsprechendes Prozessmodell findet sich in Abb. 2.54 Ausgehend von einer vorliegenden Produktinnovation sind

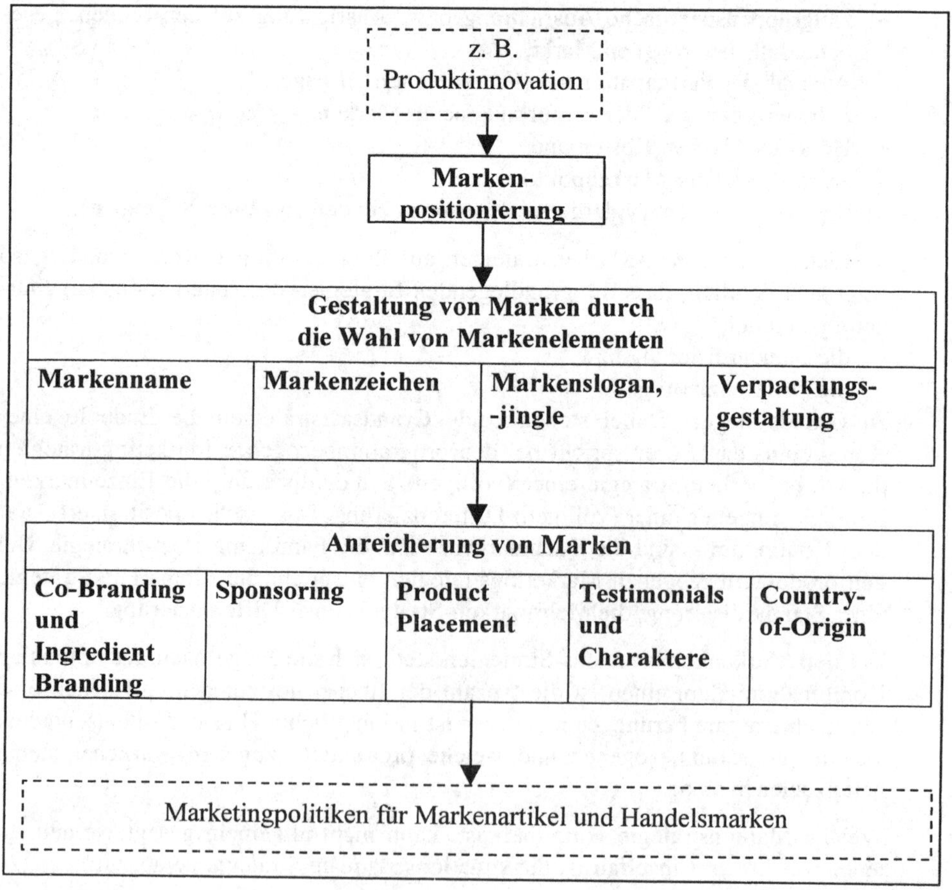

Abb.: 2.54: Der Prozess der Markeninnovation

- die Markenpositionierung,
- die heranzuziehenden Markenelemente und
- die Anreicherung von Marken

zu planen. Für die resultierenden Markenartikel (bzw. Handelsmarken) können dann angemessene Marketingpolitiken entwickelt werden.

Markenpositionierung

Als Markenpositionierung[66] ist die Gestaltung der Stellung einer Marke im Markt im Hinblick auf die von den Konsumenten wahrgenommenen (Marken-) Dimensionen zu bezeichnen. Anhand der relevanten (Marken-)Dimensionen ist es möglich, die betrachtete Marke im Vergleich zu den Konkurrenzmarken (auch im Vergleich zur Idealposition) im n-dimensionalen Raum zu positionieren.

Hinsichtlich der **(Marken-)Dimensionen**[67], die einer Markenpositionierung zu Grunde gelegt werden, ist eine beachtliche Bandbreite gegeben: Grundsätzlich können Produkteigenschaften bzw. Markenpersönlichkeitseigenschaften herangezogen werden. Beispiele für **Produkteigenschaften** sind

- Qualität (z.B. Miele),
- Technologie (z.B. Sony),
- Design (z.B. Braun),
- Ökologie (z.B. Frosch),
- Preis (insbes. bei Handelsmarken wie Ja von Rewe und Zweitmarken wie Söhnlein Brillant).

Bei Positionierungen, die auf **Markenpersönlichkeiten** beruhen, wird nicht von den genannten Produkteigenschaften ausgegangen. Im Vordergrund stehen vielmehr Erlebnisse (z.B. kulturspezifische Feste wie das Münchner Oktoberfest oder Hobbies wie Free Climbing).

Ausgehend von der Anzahl der Positionierungsinhalte (Zahl der herangezogenen Dimensionen) wird im Rahmen des **Markenidentitätsansatzes**[68] zwischen einer Markenessenz, einem Markenkern sowie einer erweiterten Markenidentität unterschieden: Während die **Marken-Essenz** nur eine oder sehr wenige Positionierungsinhalte ausmacht, setzt sich der **Markenkern** aus zwei bis vier Inhalten zusammen. Die **erweiterte Markenidentität** umfasst weitere Positionierungsinhalte. Die drei Ebenen der Markenidentität setzen sich aus 12 verschiedenen Dimensionen aus den Gruppen Produkt, Organisation, Person und Symbol zusammen (vgl. Abb. 2.55).

Soll eine **datenanalytischen Positionierung** vorgenommen werden, so können zwei verschiedene Vorgehensweisen herangezogen werden: Zum einen können bei den Konsumenten relevante, vorgegebene Markendimensionen gemessen und dann – mit Hilfe der Faktorenanalyse – auf eine geringe Anzahl voneinander unabhängigen Dimensionen, sogenannte Faktoren, reduziert werden[69]. Zum anderen kann die Ähnlichkeit verschiedener Marken bei den Konsumenten erfragt werden;

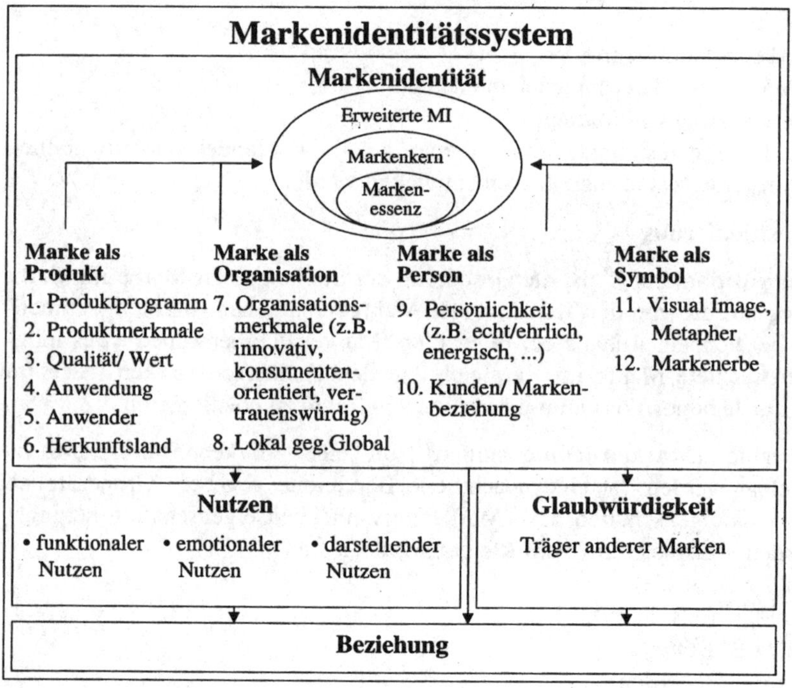

Quelle: Aaker/Joachimsthaler 2000, S. 44.
Abb. 2.55: Markenidentitätsansatz

mit Hilfe der mehrdimensionalen Skalierung[70] kann dann der zum Beispiel zweidimensionale Markenmarktraum konstruiert werden.

Auf Basis der datenanalytischen Positionierung kann die Ist-Position einer Marke ermittelt werden. Diese stellt ihre momentane Position im Verhältnis zu den relevanten Konkurrenzmarken zum Beispiel im 2-dimensionalen Markenmarktraum dar. Ein typisches Beispiel für eine "reine" **Ist-Positionierung** von Marken findet sich in Abb. 2.56. Betrachtet wird ein spezieller Biermarkt, der Markt für Premiums-Pils. Die hier herangezogenen drei Dimensionen sind "Herbheit", "Genuss" und "Internationalität". Hervorgehoben ist die Marke "BECK'S" im Vergleich zu den konkurrierenden Marken A bis F. Deutlich zeigt sich, dass sich die Marke "BECK'S" von den konkurrierenden Marken bezüglich der Dimension "Internationalität" abhebt.

Die reine Ist-Positionierung von Marken kann ergänzt werden durch eine **Soll-(Ideal-)Positionierung** sowie durch das **Erkennen von Marktlücken.**

Als **Basisstrategien der Positionierung**[71] lassen sich grundsätzlich
- die Beibehaltung einer Position,
- die Umpositionierung bzw.
- die Neupositionierung

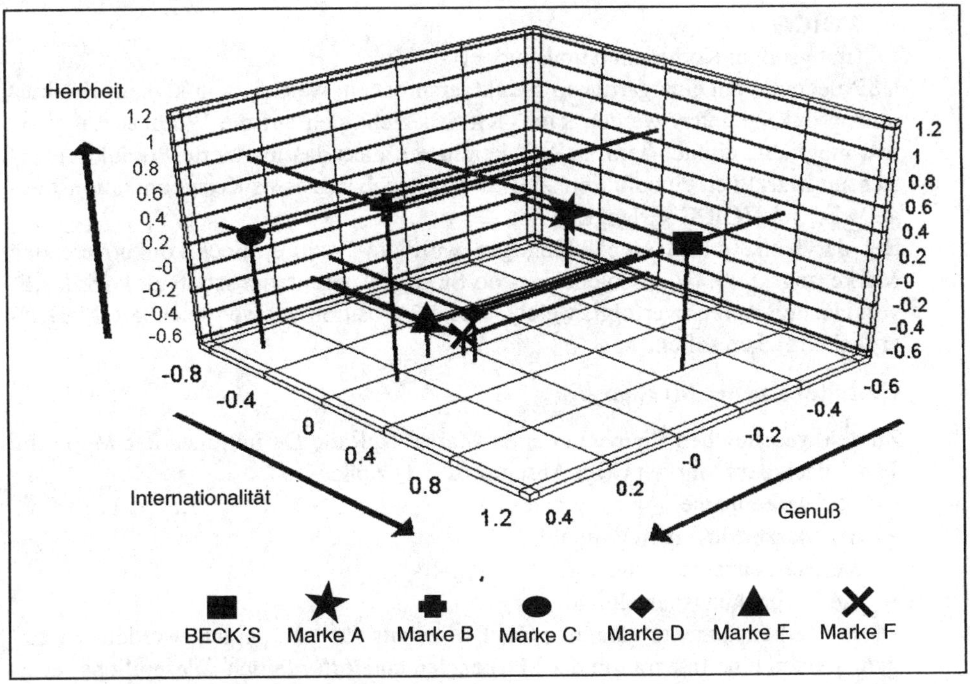

Quelle: Trommsdorff/Paulssen 2000, S. 1147.

Abb. 2.56: Markenpositionierung in einem Imageraum des deutschen Premium-Pils-Marktes

unterscheiden. Eine Beibehaltung einer realisierten Position ist offensichtlich dann angemessen, wenn – aus der Sicht der Konsumenten – eine ideale Position (fast) erreicht ist. Wenn hingegen eine deutliche Differenz zur Idealposition vorliegt, erscheint eine Umpositionierung als angemessen. Die Strategie der Neupositionierung ist für Produktinnovationen bzw. für eingeführte Marken, deren Position völlig unbefriedigend ist, zu weit von der Idealposition entfernt ist, relevant (die Ähnlichkeit zur Strategie der Umpositionierung ist hier offensichtlich).

Im Falle eines neuen Produktes/einer neuen Marke können zwei verschiedene **wettbewerbsorientierte Positionierungen**[72] unterschieden werden:

- die Differenzierungsstrategie bzw.
- die Imititationsstrategie.

Idee der **Differenzierungsstrategie** ist es, eine Position für eine Marke zu finden, die sich deutlich von den Positionen der anderen Marken unterscheidet. Sie lässt sich durch folgende (idealtypische) Merkmale kennzeichnen:

- **USP**
  (Unique Selling Proposition),
- **KISS**
  (Keep It Simple Stupid),
- **FIRST**
  (als erster am Markt),

- **VOICE**
  (mit großem Kommunikationsbudget).

USP bedeutet ein einzigartiges Produktversprechen, welches von keinem Konkurrenzprodukt geliefert werden kann. KISS bezieht sich auf die Werbeaussage; sie soll möglichst einfach sein. FIRST beinhaltet, dass das markierte Produkt als erstes am Markt neu einzuführen ist. Ein vergleichbar grosses Kommunikationsbudget wird mit VOICE verlangt.

Bei der **Imitationsstrategie** hingegen wird die Position einer konkurrierenden Marke angestrebt. Eine solche me-too-Strategie (=Imitationsstrategie) wird z.B. von Handelsmarken verfolgt, welche dieselbe Position wie vergleichbare Markenartikel erreichen sollen.

Gestaltung neuer Marken

Zu den wesentlichen Elementen einer Marke (vgl. die Definitionen der Marke im Teil 1 nach dem Marken G im Abschnitt 1.5.1) zählen

- der Markenname,
- der Markenslogan und –jingle,
- das Markenzeichen und
- die Verpackungsgestaltung.

Diese Markenelemente müssen zunächst jeweils für sich geplant werden; zusätzlich ist dann eine Integration der Markenelemente erforderlich. Wesentliche rechtliche Grundlagen, die dabei zu berücksichtigen sind, sind im Teil 1 präsentiert worden.

Markenname

Die Gestaltung des Markennamens[73] ist grundsätzlich davon abhängig, ob ein Produktname bzw. ein Unternehmensname und - im Falle eines Produktnamens – ein Name für einen Markenartikel oder eine Handelsmarke gesucht wird. Der Prozess der **Markennamensbildung** umfasst die Stufen

- Festlegung der Ziele der Namengebung,
- Kreation von Markennamen,
- Tests, Bewertung und Auswahl und
- rechtliche Absicherung.

Typische **Ziele** im Rahmen der Namensfindung sind

- die schnelle Wahrnehmbarkeit,
- die leichte Lernbarkeit,
- die Verständlichkeit (beim Zuhören),
- die Verbalität (gut auszusprechen!),
- die Sinnhaftigkeit (macht der Name in Zusammenhang mit dem Produkt Sinn?),
- das Auslösen positiver Assoziationen,
- die Integrierbarkeit in Slogans,
- die graphische Umsetzbarkeit in Logos und
- die rechtliche Schutzmöglichkeit.

Es gibt eine Vielzahl an **Möglichkeiten** einen Markennamen zu gestalten. So können Markennamen aus Buchstaben, Zahlen und sonstigen Zeichen gebildet werden (Abb. 2.57). Außerdem existieren verschiedene inhaltliche Gestaltungsansätze; so können Markennamen Hinweise auf Produktherkunft (z.B. Bad Reichenhaller Salz), Hersteller (z.B. BMW/Bayerische Motoren Werke), Produkteigenschaften z.B. Knirps (Größe des Taschenschirms), Mildessa (Geschmack des Sauerkrautes), oder Produktnutzen z.B. Kilofort (Schlankheitsmittel) enthalten.

- **Name aus Buchstaben**
  - als Wort (Persil / Waschmittel)
  - als Einzelbuchstaben (BMW, TVR / PKW)
- **Name aus Zahlen** (4711 / Eau de Cologne)
- **Name mit sonstigen Zeichen**
  - Bindestrich (Blend-a-med / Zahnpasta)
  - Multiplikationszeichen (8 x 4 /Seife)[1)]
- **Kombinationen**
  - Wort-Wortzeichen (Flora Soft / Margarine)
  - Wort-Buchstabenzeichen (WK-Möbel, hohes C / Orangensaft)
  - Wort-Zahlenzeichen (Ernte 23 / Zigarette; Chanel Nr. 5 /Parfüm)
  - Buchstaben-Zahlenzeichen (TR7 / PKW)
  - Wort-Buchstaben-Zahlenzeichen (Mercedes 280 SE / PKW)

1) Maße des Seifenstückes (8 cm x 4 cm)

Abb. 2.57: Markennamen nach verwendeten Zeichen

Verschiedene **Anforderungen** sind an die Markennamensgebung zu stellen. So müssen Namen
- aussprechbar,
- wiedererkennbar,
- merkfähig und
- unterscheidbar

sein. In welchem Maße diese Anforderungen erfüllt werden, kann im Rahmen von **Namenstests** untersucht werden. Zum Beispiel kann ermittelt werden, wie merkfähig ein Name ist, indem eine Liste von Namen vorgelegt und erhoben wird, in welchem Ausmaß die Namen erinnert werden. Auch können die Assoziationen, die mit einem Namen verbunden werden, erfragt werden.[74]

Zur Bewertung gefundener Markennamen und zur Auswahl kann ein **Scoring-Modell** eingesetzt werden. Bei der Festlegung der Bewertungskriterien ist von den oben aufgeführten typischen Zielen im Rahmen der Namensführung auszugehen. Ob der herausgefundene Markenname rechtlich schützbar ist, kann – auf der Grundlage des Marken G – durch Anfrage beim Patentamt geklärt werden. Im Rahmen einer **empirischen Studie**[75] ist der Prozess der Namensfindung in der Praxis hinterfragt worden; 101 Produkt- und Markenmanager wurden befragt. Hinsichtlich der verfolgten Ziele ergab sich, dass

- die Unterstützung der beabsichtigten Positionierung,
- die Produktdifferenzierung und
- der Aufbau eines eindeutigen Segmentes

von überragender Bedeutung sind. Als Methoden zur Entwicklung von Markennamen kommen insbesondere individuelle sowie gruppenbezogene Kreativitätstechniken zum Zuge. Was die Kriterien zur Auswahl von Markennamen angeht, zeigte sich, dass insbesondere Kriterien wie Relevanz für die Produktart, (positive) Assoziationen zum Produkt sowie Merk- und Lernfähigkeit eines Namens eine besondere Rolle spielen.

Markenslogan und – jingle

Slogans[76] sind kurze Phrasen (Satzteile, in der Regel unvollständige Sätze). Sie stehen in engem Bezug zum Markennamen und sollen deskriptive bzw. emotionale Inhalte über eine Marke übermitteln, die Wiedererkennung einer Marke und die Markenbekanntheit steigern sowie die Einschätzung einer Marke verbessern. In Abb. 2.58 werden für verschiedene Marken die geläufigen Slogans dargestellt. Außerdem werden die Prozentsätze wiedergegeben, mit denen ein Slogan in zutreffender Weise einer Marke zugeordnet wurde.

Slogan	Marke	richtige Markenzuordnung
"... macht Kinder froh und Erwachs'ne ebenso"	HARIBO	93 %
"... Dir Deine Meinung"!	BILD	93 %
"Wenn's ums Geld geht ..."	SPARKASSE	93 %
"...die zarteste Versuchung, seit es Schokolade gibt"	MILKA	92 %
"Bitte ein ..."	BIT(BURGER)	91 %
"Hoffentlich ... versichert"	ALLIANZ	90 %
"Das einzig Wahre ..."	WARSTEINER	87 %
"Waschmaschinen leben länger mit ... "	CALGON	87 %
"... räumt den Magen auf"	RENNIE	87 %
"... Schöne Ferien"	TUI	85 %

Quelle: Kirschhofer 2000, S. 9.

Abb. 2.58: Slogans und deren richtige Zuordnung zu Marken

Jingles sind musikalische Markenelemente, kurze, eingängige Melodien, welche den Slogan durch die Melodie und den Rhythmus unterstützen. Zwei Gestaltungsansätze können unterschieden werden:
- **direkte Jingles**
  (Integration des Markennamens; z.B. Ei, Ei, Ei, Verporten, Verporten aller Orten) und
- **indirekte Jingles**
  (kein direkter Bezug zu anderen Markenelementen; z.B. Sail Away-Melodie bei BECK's BIER).

Bei indirekten Jingles besteht die Gefahr, dass die betroffene Marke nicht richtig zugeordnet wird.

Markenzeichen

Ein weiteres Markenelement ist das Markenzeichen, das Logo[77]. Grundsätzlich können **Bild- und Schriftlogos** unterschieden werden; Abb. 2.59 zeigt typische Unternehmensnamen und –zeichen. Ein systematischer Überblick über die denkbaren Gestaltungsansätze für Markenzeichen – auf der Basis der Gestaltungsmöglichkeiten von Schrift und Bild – findet sich in Abb. 2.60. An die Logo-Gestaltung können diverse **Anforderungen** gestellt werden:
- leichte Interpretierbarkeit,
- animationsfähig und dynamische Gestaltung,
- kontrastreich und gut auch zweifarbig darstellbar,
- Sicherstellung der Interpretierbarkeit bei Verkleinerung, Vergrößerung und Sichtbeeinträchtigung,
- prägnant und einzigartig,
- "zeitlos",
- Anwendbarkeit in anderen Kulturkreisen.

Daneben ist grundsätzlich zu fordern, dass die Gestaltung des Markenzeichens mit dem Produktdesign abgestimmt ist und im weitesten Sinne auch mit dem Corporate Design im Rahmen einer verfolgten Corporate-Identity-Policy.

Verpackungsgestaltung und Marken

Ein weiteres Markenelement ist die markenbezogene Verpackungsgestaltung[78] bei einem Markenartikel bzw. bei einer Handelsmarke. Die Verpackungsgestaltung ist als integriertes Konzept anzusehen. Neben spezifischen, zu erfüllenden Anforderungen, müssen das Produktdesign, der Markenname und das Markenzeichen berücksichtigt werden. Die Bedeutung der Verpackung als Markenelement macht Abb. 2.61 deutlich.

Eine Vielzahl an Anforderungen sind an Verpackungen zu stellen - generell, aus der Sicht der Hersteller, des Handels und der Konsumenten. Generell ist zu fordern, dass Verpackungen
- stapel- und palettierungsfähig,
- raumsparend,
- gewichtsgünstig und bruchsicher

sind. Aus der Sicht der Hersteller sind zusätzlich

I) Namenszeichen

1) Natürliche Namen

2) Künstliche Namen

II) Buchstabenzeichen

1) Abkürzung natürlicher Namen

2) Abkürzung künstlicher Namen

III) Bildzeichen

1) Symbolhafte Darstellungen mit charakteristischem Bezug zum Unternehmen

Bosch: Ankerkern eines Elektromotors

2) Symbolhafte Darstellungen, die bestimmte Assoziationen in bezug auf das Unternehmen wecken sollen

Deutsche Bank: Aufstieg, Sicherheit

IV) Kombinierte Namens- und Bildzeichen

Abb. 2.59: Ausgewählte Firmennamen und Firmenzeichen

Logo (Schrift)	Signet (Bild)				
	ohne Signet	**abstrakt**	**stilisiert**	**naturalistisch**	**surreal**
ohne Schrift		Deutsche Bank	Mercedes Stern	Salamander	
Standard-typografie	Persil, Storch, Milasan, Laura Biagoitti	Vichy	Ponds, Quelle, Iglo, eismann	Ralph Lauren, Penaten, Lacoste	
spezifische Typografie	Alete, demeter, Esprit	Pioneer, Nike CD, Spee	Triumpf, Fjäll Räven, Ergee, Wick	Puma, Mustang, Falke	Expo-Hannover
prägnante Typografie	Coca Cola, Dunhill	Togal, Bellinda	Etienne Aigner, HIPP	Medima	

Quelle: Linxweiler 1999, S. 209.
Abb. 2.60: Übersicht über die Systematik von Markenzeichen (Logo/oder Signet)

Quelle: Linxweiler 1997, S. 40.
Abb. 2.61: MAGGI oder ODOL-Verpackung?

- eine hohe Abfüllgeschwindigkeit,
- eine Kostengünstigkeit sowie
- eine Eignung als Informationsträger

zu fordern. Wichtige Kriterien aus der Sicht des Handels sind

- die optimal Nutzung von Regalplatz,
- die Scanning-Fähigkeit und
- die Selbstbedienungsgerechtigkeit.

Für Konsumenten sind von Bedeutung

- ein leichtes Handling,
- ein ansprechendes Design,
- die Sichtbarkeit des Inhalts und
- die ökologische Qualität.

Aus ökologischer Sicht sind zusätzlich differenzierte Anforderungen zu stellen:

- Minimaler Rohstoff- und Energieverbrauch,
- minimaler Luft- und Wasserbelastung bei Herstellung, Distribution, Gebrauch und Entsorgung,
- möglichst geringes Gewicht,
- optimale Nutzung der Raumkapazität,
- möglichst geringer Beitrag zum Abfallproblem,
- Wiederverwendbarkeit, Verwertbarkeit oder unproblematische Entsorgbarkeit.

Die wesentlichen **Gestaltungsmittel für Verpackungen** können einfache Elemente wie z.B. Stoff, Form, Farbe und Zeichen sowie komplexe Elemente wie z.B. Konstruktionsprinzipien und Verpackungsteile sein; gesucht ist jeweils der optimale Gestaltungsmittel-Mix.

Bei der Verpackungsgestaltung sind verschiedene **rechtliche Regelungen** zu beachten; beispielhaft zu nennen sind

- Schutzrechte anderer (Patent-, Gebrauchsmuster-, Geschmacksmusterrechte),
- Füllmengen- und Kennzeichnungsvorschriften,
- Vorschriften bezüglich der Größe der Verpackung und
- das Verbot sittenwidriger und irreführender Mogelpackungen.

Zur **Auswahl der geeigneten Verpackung** eines Produktes ist ein extensiver Planungsprozess (wie bei der Produktinnovation selbst) zu durchlaufen. Zur vergleichenden Beurteilung von Verpackungsentwürfen kann z.B. ein Scoring-Modell auf der Grundlage eines geeigneten Kriterienkataloges herangezogen werden.

Anreicherung neuer Marken

Ausgangspunkt eines **Brand Enrichment** (Markenanreicherung)[79] ist die (geplante) Marke für ein bestimmtes Produkt, welche durch die – in Bezug auf die gewünschte Positionierung/die ausgewählten Positionierungsdimensionen – ausgewählten Markenelemente festgelegt ist. Zusätzlich wird bei der Markierung der betrachteten Marke ein anderes Objekt bzw. ein Subjekt herangezogen, welches bekannt ist und über die gewünschte Positionierungsdimensionen verfügt; in diesem Sinne erfolgt eine Anreicherung der betrachteten Marke. Bei der Markenanreicherung werden insbesondere zwei **Ziele** verfolgt:

- die Steigerung der Bekanntheit der Marke und
- die Image-Verbesserung dieser Marke mittels eines Image-Transfers (einer Übertragung des Images des zusätzlich herangezogenen Objektes/Subjektes auf die betrachtete Marke).

Eine Markenanreicherung kann grundsätzlich durch

- Co-Branding (inkl. Ingredient Branding),
- Sponsoring,
- Product Placement,
- Testimonials bzw. Charaktere und
- das Berücksichtigen des Country-of-Origin

erfolgen.

Co-Branding und Ingredient Branding

Ein **Co-Branding**[80] liegt vor, wenn ein Produkt durch mindestens zwei Marken markiert wird, welche für Dritte (Konsumenten) wahrnehmbar sind und weiterhin selbständig auftreten; beide Marken werden in der Regel durch verschiedene wirtschaftlich und rechtlich selbständige Unternehmen angeboten und sind jeweils (z.B. durch das MarkenG) rechtlich geschützt. Für beide Unternehmen können durch das Co-Branding Bekanntheits- und Imagewirkungen auftreten; je nach Machtverteilung kann von einem beteiligten Unternehmen eine Gegenleistung (z.B. eine Geldzahlung) durchgesetzt werden (vgl. Abb. 2.62). Typische **Beispiele** für Co-Branding sind

- der Sportschuh Fila-Ferrari,
- das Waschmittel Ariel und Bauknecht-Waschmaschinen,
- das Waschmittel Dash und Braun-Bügeleisen,
- der Rasierapparat Philishave Cool Skin
  (ein Rasierapparat von Philips mit eingebauter Nivea-Rasieremulsion).

Folgende **Erfolgsfaktoren** des Co-Branding können aufgeführt werden:

- Komplementarität zwischen den beiden betreffenden Produktklassen,
- gemeinsam vorhandene (bzw. angestrebte) wahrgenommene Produkteigenschaften,
- gemeinsam angestrebte Positionierungen bzw. Images,

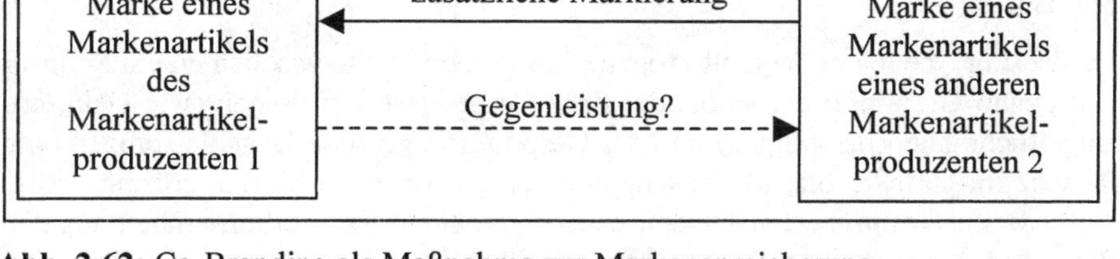

Abb. 2.62: Co-Branding als Maßnahme zur Markenanreicherung

- weitgehende Überschneidungen der Zielgruppen der beiden individuellen Marken (Markenartikel),
- positive image- bzw. absatzmäßige Effekte auf beide individuellen Marken durch das Co-Branding.

Bei einer kritischen Beurteilung der **Vor- und Nachteile** des Co-Branding ist auf folgende Punkte hinzuweisen:
- Durch ein Co-Branding kann die Bekanntheit und Glaubwürdigkeit der angereicherten Marke gesteigert werden; positive Imagedimensionen der Co-Marke können auf die angereicherte Marke transferiert werden.
- Durch das Co-Branding kann ein Zusatznutzen für den Konsumenten entstehen.
- Hinsichtlich der Marketingpolitik gilt: Ein vergleichsweise höherer Preis kann durchgesetzt, Maßnahmen der Marketing-Kommunikation können zusätzlich fundiert werden. Neue Märkte können erreicht werden, zusätzliche Umsatzpotentiale können entstehen; die Erlöswirkungen sind also als positiv zu bewerten. Hinzu kommt: Durch ein Co-Branding können die sonst erforderlichen Investitionen für den Aufbau der neuen Marke reduziert werden.
- Als nachteilig kann sich erweisen, dass – im konkreten Fall – ein Bezug (hinsichtlich der Produktverwendung bzw. der relevanten Imagedimensionen) fehlt.
- Auch kann sich eine nicht angemessene Zusammenarbeit zwischen den beiden Unternehmen (Entstehung von Konflikten, einseitige Veränderung der Positionierung der Co-Marke oder zu viele Co-Brandings, die von der Partnermarke eingegangen werden) als nachteilig erweisen.

Eine spezifische Form des Co-Branding ist das **Ingredient Branding**[81], eine Zusammenarbeit zwischen einem Konsumgüterproduzent und einem wesentlichen Zulieferer. Hier liegt eine (zusätzliche) Markierung eines Produktes durch die Marke eines wesentlichen Zulieferers vor. Typische **Beispiele** sind
- Intel(-Prozessor) Inside beim Computer,
- Shimano-Schaltung am Fahrrad oder
- Gore-Tex-Schild an einer Windjacke.

Ein offensichtlicher, natürlich gegebener **Erfolgsfaktor** ist die Komplementarität der beiden Produktklassen; entsprechendes gilt für die relevanten, anerkannten, überlegenen technischen Eigenschaften des Ingredient (Vorproduktes). Hiermit verbunden ist der Transfer des Images des Vorproduktes auf das neue Endprodukt, dessen Marke angereichert werden soll.

Sponsoring

Sponsoring[82] bedeutet die zielbezogene Zusammenarbeit zwischen einem Sponsor und einem Gesponserten, wobei der Sponsor gewisse Leistungen (wie Geld, unentgeltliche Dienstleistungen) und der Gesponserte gewisse Gegenleistungen (wie Präsenz im Umfeld, öffentliche Nutzung der gesponserten Marke) erbringt (Abb. 2.63). Beim **Gesponserten** handelt es sich um eine Organisationseinheit aus den Bereichen Sport, Kunst, Sozialwesen oder Umweltschutz, welche das Ziel ver-

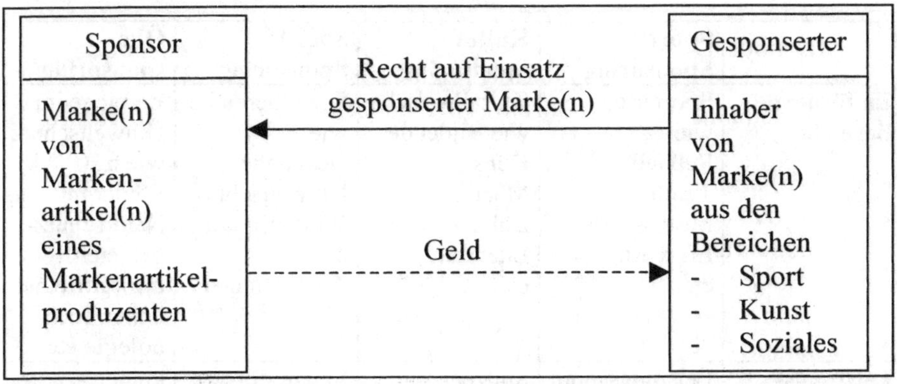

Abb. 2.63: Sponsoring als Maßnahme zur Markenanreicherung

folgt, seine Einnahmen zu erhöhen. Der **Sponsor** ist in der Regel ein Markenartikelproduzenten, der ein markiertes Produkt anbietet und die von ihm verwandte Marke (z.B. Opel) durch die Marke des Gesponserten (z.B. Bayern München) anreichern will; beide Marken sind dabei (z.B. durch das MarkenG) rechtlich geschützt. Der Sponsor verfolgt dabei die Ziele, die Bekanntheit seiner Marke und deren Image zu erhöhen bzw. zu verbessern.

Die Zahl der **Beispiele** für Sponsoring ist nicht mehr zu überschauen. Beispielhaft seien genannt

- beim Sportsponsoring das Sponsern einer Fußballmannschaft in der 1. Fußballbundesliga,
- beim Kunstsponsoring das Sponsern eines Orchester, einer Band, eines Museums,
- beim Socialsponsoring das Sponsern von Lehrstühlen an Universitäten,
- beim Ökosponsoring das Sponsern von Umweltschutzorganisationen wie dem WWF.

In Abb. 2.64 findet sich ein strukturierter allgemeiner Überblick über die grundsätzlichen Handlungsmöglichkeiten im Bereich des Sponsoring.

Als **Erfolgsfaktoren** des Sponsoring als Maßnahme der Markenanreicherung können genannt werden:

- Eingeführte, bekannte und in der Zielgruppe positiv bewertete Marke des Gesponserten,
- generelle Bewertung der anzureichernden und der zu sponsernden Marke anhand derselben Imagedimension,
- geringe Zahl an Sponsorships,
- Nähe zum zu sponsernden Objekt (z.B. Sportnähe) der anzureichernden Marke (vgl. Abb. 2.65) und
- weitgehende Überschneidung der Zielgruppen.

	Sport-Sponsoring	Kultur-Sponsoring	Social-Sponsoring	Öko-sponsoring
Zu fördernde Bereiche	Sportarten wie Fußball, Tennis, Motorsport, Eissport, etc.	Kulturbereiche wie Bildende Kunst, Musik, Bühnenkunst, Literatur, etc.	Sozialbereiche wie Gesundheit, Umweltschutz, Wissenschaft und Ausbildung	Bereiche im Umweltschutz wie z.B. Förderung von Naturschutzgebieten, umweltfreundlicher Technologie etc.
Leistungs-ebenen	Leistungssport, Breitensport, Nachwuchs	Spitzen-Künstler, Nachwuchs-künstler	Spitzenforschung, Breitenforschung, Nachwuchs-forschung	keine spezifischen Bereiche
Zu fördernde organisatorische Einheiten	Verband, Verein, Team, Sportler	Veranstaltungen, Institutionen, Gruppen, Individuen	Institutionen wie z.B. Hochschulen, Lehrstühle	Umwelt-schutzorganisationen wie z.B. Greenpeace
Leistungs-arten	Geld, Sachzuwendungen, Dienstleistungen			
Arten von Gegen-leistungen	Gestaltung von Ausrüstungs-/Ausstattungsgegenständen, Präsenz im Umfeld von Veranstaltungen, Nutzung offizieller Titel, Benennung einer Veranstaltung nach dem Sponsor, Einsatz von geförderten Personen/Teams bei Werbe-, Verkaufsförderungsmaßnahmen			

Abb. 2.64: Handlungsmöglichkeiten des Sponsoring

Die **Vor- und Nachteile** des Sponsoring sind offensichtlich: Das Sponsoring kann zielgruppenspezifisch geplant und durchgeführt werden. Dabei sind vergleichsweise hohe Reichweiten erzielbar und das Zapping entfällt. An die Massenmedien ist kein Entgelt zu zahlen. Ein Imagetransfer vom Sponsoringobjekt zur betrachteten Marke kann erreicht werden, wenn beide anhand derselben Imagedimensionen bewertet werden. Des Weiteren muss eine Mindestbekanntheit der neuen Marke gegeben sein. Mit Hilfe des Sponsorings können nationale und supranationale Werbeverbote umgangen werden. Kritisch ist hingegen anzumerken, dass die Darstellungsmöglichkeiten von Markenartikeln im Rahmen der Sponsoring-Maßnahme sehr begrenzt sind (es kann nur der Markenname oder auch das Markenzeichen an die Zielgruppe übermittelt werden). Es muss aber vermerkt werden,

Nähe zum Sport	Produkt	Sponsor
Produkte 1. Grades (Sportartikel)	Ski und Stöcke Bindung Schuhe Brille Sturzhelm Bekleidung (Anzug, Handschuhe etc.)	ATOMIC, Blizzard, Völkl MARKER; SALOMON; TYROLIA verschiedene UVEX UVEX ADIDAS, BOGNER, REUSCH
Produkte 2. Grades (sportnahe Produkte)	Skiwachs Skikantenschärfer Trainingsgeräte Videoanlagen und Aufzeichnungsgeräte Skiservicegeräte Sonnenschutzmittel Verpflegung Erfrischungsgetränke	verschiedene SKS verschiedene TELERENT WINTERSTEIGER PIZ BUIN BIO NATUR-KRAFT, SPORTFIT GEROLSTEINER
Produkte 3. Grades (sportferne Produkte)	PKW (Fuhrpark) Schneeketten Fluggesellschaft Hotel Dirndlkleider Trachtenjacken	AUDI OBERLAND LUFTHANSA CREST KRÜGER HUBER
Produkte 4. Grades (sportfremde Produkte)	Hersteller von Produkten dieser Kategorie finden Bisher im Skipool keine Aufnahme.	

Quelle: Drees 1990, S. 43.

Abb. 2.65: Einordnung ausgewählter Sponsoringmarken in der Sportart Ski (alpin) nach der Nähe zur Sportart

dass neben dem eigentlichen Sponsoringobjekt (z.B. Sport, Verein, Sportart) sich auch weitere Images (z.B. Pay-TV, privates TV) auswirken können. Die Zahl der verfügbaren Sponsoring-Objekte ist sehr begrenzt und Sponsoring-Objekte gehen häufig zu viele Sponsoring-Engagements ein. Es besteht zudem die Gefahr von Imageeinbrüchen.

Product Placement

Product Placement[83] kann als gezielte Plazierung eines Markenartikels als reales Requisit in der Handlung eines Spielfilms, einer TV-Sendung oder eines Videoclips gegen Entgelt gekennzeichnet werden (Abb. 2.66). Der Produzent z.B. des Spielfilms verfolgt dabei das Ziel der Einnahmensteigerung. Der Markenartikler will – wie beim Sponsoring – seine Marke anreichern; wieder werden die Ziele der Bekanntheitssteigerung und der Image-Verbesserung (durch einen Imagetransfer) verfolgt.

Eine Vielzahl an **Beispielen** für Product Placements existiert; wohl kaum eine internationale Spielfilmproduktion verzichtet darauf. Nur beispielhaft genannt sei der James Bond Film "Im Angesichts des Todes" mit Product Placements von Michelin, Renault, Nikon, Philips, Apple, Sony, Louis Vuitton, Cartier, Montblanc, Seiko, Bollinger, Whiskas und Bogner. Ein interessantes Beispiel ist der Sportwagen "BMW Z 2" in James Bond Film "Golden Eye". Neue Handlungsmöglichkeiten im Sinne von Product Placement seitens der Markenartikelproduzenten sind in aktuellen Spielfilmen, TV-Sendungen und Video-Clips vertreten.

Hinsichtlich der **Erfolgsfaktoren** des Product Placement als Maßnahme der Markenanreicherung gelten die entsprechende Ausführungen zum Sponsoring in analoger Weise. Entsprechendes gilt hinsichtlich der **Vor- und Nachteile**; hervorzuheben sind folgende Argumente: Durch Product Placements können hohe Reichweiten erzielt werden; das Zapping entfällt. Ermöglicht wird ein Imagetransfer vom Film bzw. Schauspieler auf die neue Marke. Problematisch erscheinen aber die rechtliche Zulässigkeit, die geringe Zahl geeigneter Projekte, die geringe Einflussnahmemöglichkeit auf die endgültige Gestaltung des Placements, die möglicherweise auftretende Reaktion der Zuschauer beim Erkennen eines Product Placements.

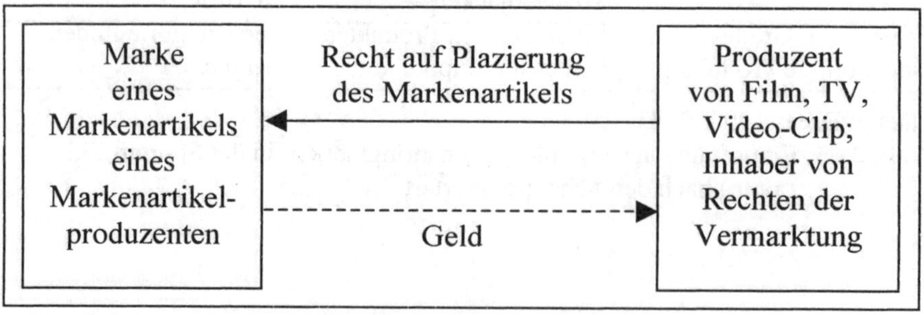

Abb. 2.66: Product Placement als Maßnahme zur Markenanreicherung

Testimonials und Charaktere

Als **Testimonial**[84] wird eine bekannte Person bezeichnet, welche im Rahmen einer Werbekampagne für einen bestimmten Markenartikel diesen empfiehlt und – quasi mit ihrem Namen – für dessen Qualität bürgt. Als Gegenleistung erhält sie Geld (Abb. 2.67) Die Persönlichkeitsrechte einer Person (z.B. Recht am eigenen

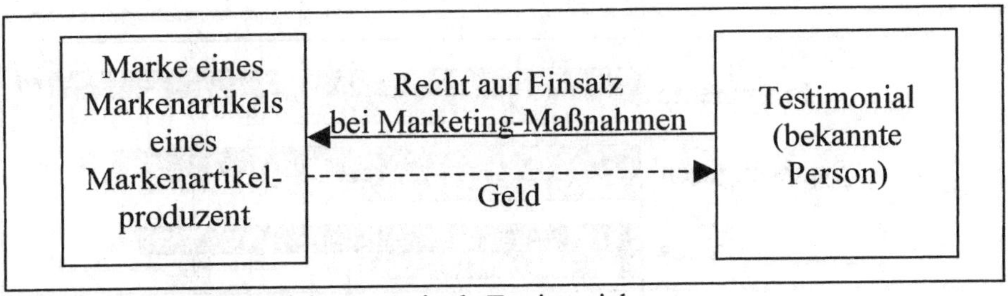

Abb. 2.67: Markenanreicherung mittels Testimonials

Bild) sind durch § 22 Kunst-Urhebergesetz geschützt. Mit dem Einsatz eines Testimonials verfolgt ein Markenartikelproduzent die Ziele, die Aufmerksamkeit bezüglich seiner Marke zu steigern und einen Imagetransfer zu bewirken. Typische **Beispiele** sind

- Thomas Gottschalk für Haribo,
- Dieter Bohlen für 02 oder
- Rudi Assauer für Veltins.

In Abb. 2.68 findet sich eine Auswahl von Werbekampagnen des Jahres 2004, in denen Testimonials eingesetzt worden sind.

Unternehmen/Marke	**Testimonial**
Veltins	Rudi Assauer
02	Dieter Bohlen
Telegate	Verona Feldbusch
Actimel	Jörg Kachelmann
Garnier	Iris Berben
T-Online	Michael Steinbacher

Abb. 2.68: Beispielhafte Testimonials

Im Rahmen eines Anzeigen-Copytest des Stern, dem knapp 6000 in der Zeitschrift Stern erschienenen Anzeigen zu Grunde liegen, ist die **Wirksamkeit von Bildelementen,** unter anderem von Testimonial, ermittelt worden. Gemessen wurden Wiedererkennen (Recognition) und Erinnerung (Aided Recall) von Anzeigen. Abb. 2.69 zeigt, in welchem Maße unterschiedliche Bildelemente erinnert bzw. wiedererkannt werden. Mit Abstand die besten Werte erreichen eingesetzte Prominente, also Testimonials.

Folgende **Erfolgsfaktoren** des Einsatzes von Testimonials sind zu nennen:

- Erforderlich sind geeignete Charakteristika des Testimonials (wie Bekanntheit, Attraktivität, Glaubwürdigkeit, positive Bewertung), dies dürfte aber im Falle Dieter Bohlens nicht erreichbar sein,

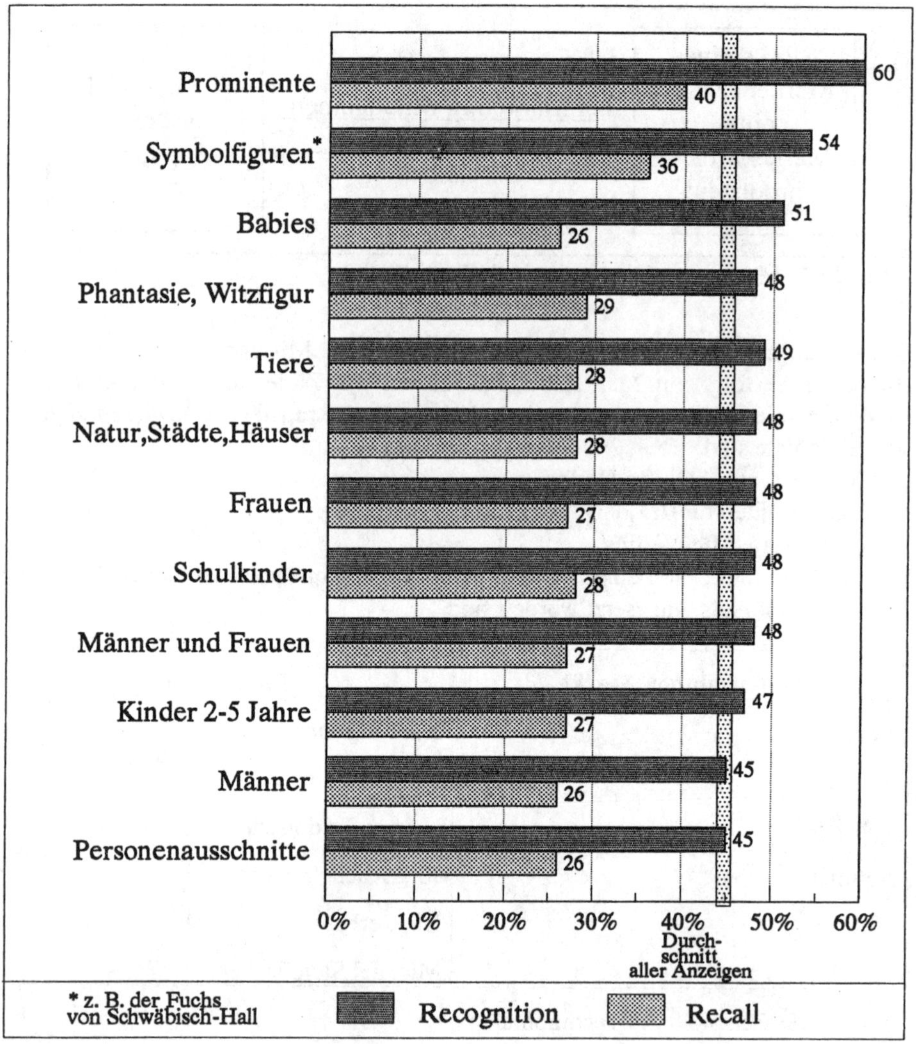

Quelle: Stern, Gruner + Jahr AG 1994, S. 25.
Abb. 2.69: Die Beobachtungswerte unterschiedlicher Bildelemente

- ein Image des Testimonials, das zur anzureichernden Marke passt, und
- eine geringe Anzahl von anderen Einsätzen des Testimonials (für andere Marken).

Die **Vorteile** des Testimonial-Einsatzes lassen sich an dessen spezifischen Zielen erkennen, der Aufmerksamkeitserzielung und des Imagetransfers. **Nachteilig** können sich Imageeinbrüche bei Testimonials auswirken.

Eine spezielle Form von Testimonials sind sogenannte **Charaktere**[85], reale oder fiktive Menschen oder Tiere, die rechtlich geschützt sind, markenspezifisch eingesetzt werden und Marken unverwechselbar machen sollen. Einschränkend muss aber darauf hingewiesen werden, dass reale Persönlichkeiten häufig von verschiedenen Marken als Charaktere eingesetzt werden. **Beispiele** für Charaktere sind:

– Lila Kuh	Milka,
– Cowboy	Marlboro,
– Herr Kaiser	Hamburg-Mannheimer,
– Clementine	Ariel,
– Frau Bratbecker	Ronald McDonald,
– Tom und Jerry	EnBw,
– der rosarote Panter	Telekom,
– schwarz gekleidete Männer (wie in Men in Black)	Mercedes E-Klasse.

Der Anzeigen-Copytest des Stern gibt auch Auskunft darüber, in welchem Maße Symbolfiguren, also Charaktere, wiedererkannt bzw. erinnert werden (vgl. Abb. 2.69). Symbolfiguren erreichen – nach Testimonials – die zweitbesten Werte.

Country-of-Origin

Das Country-of-Origin[86] ist eine Herkunftsbezeichnung, welche zwei Dimensionen umfasst (Abb. 2.70):
- regionale Herkunft ("Made-in - ..."),
- soziokultureller Lebensraum ("Live-in -...").

Die Herkunftsbezeichnung (z.B. das Land) stellt quasi eine Marke mit einem gewissen Image (z.B. Images von USA, Schweiz, Schweden) dar, mit der die Marke eines Markenartikelproduzenten angereichert werden soll; angestrebt ist ein entsprechender Imagetransfer. Sehr auffällige **Beispiele** sind
- die italienische Fluggesellschaft "Alitalia",
- die französische Fluggesellschaft "Air France" sowie
- der japanische Stahlkonzern "Nippon Steel".

Damit die Anreicherung einer Marke mittels "Country-of-Origin" **erfolgreich** ist, sollten folgende Faktoren vorliegen:
- Ein zur anzureichernden Marke passendes Image des Landes, das in der Zielgruppe in entsprechender Weise wahrgenommen wird,
- eine Förderung des Images der anzureichernden Marke durch das Länderimage.

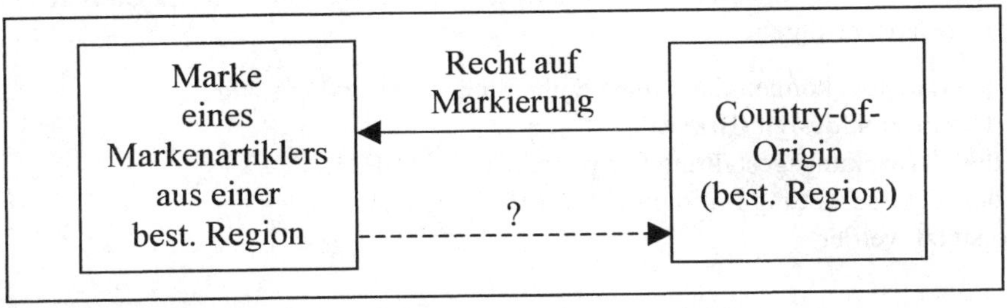

Abb. 2.70: Markenanreicherung mittels Country-of-Origin

In Deutschland wurde bis Ende 2002 mit dem Gütezeichen „Markenqualität aus deutschen Landen" seitens der Agrarwirtschaft geworben. Der Europäische Gerichtshof (EuGH) entschied aber Ende 2002, dass Deutschland nicht mehr für Agrarerzeugnisse mit dem Qualitätshinweis „aus deutschen Landen" werben darf mit der Begründung, die Verknüpfung von Qualität und Herkunft ist unzulässig, da sie eine Barriere für Wettbewerber aus anderen Ländern darstellt und damit ausländischen Anbietern den Zutritt zum deutschen Markt erschwert.

Abschließend ist darauf hinzuweisen, dass international tätige, globale Unternehmen auf eine Betonung des nationalen Ursprunges verzichten und statt eines Country-of-Origin-Anreicherung der Art "Made in ..." eine unternehmensbezogene Anreicherung der Art "Made by ..." vorziehen.

Entscheidung über die Markenanreicherungsmaßnahme

Ist grundsätzlich für eine Markenanreicherung entschieden worden, so kann auf der Grundlage eines **Scoring-Modells** entschieden werden, welche in Betracht gezogene Maßnahme bzw. Maßnahmenkombination durchgeführt werden soll. Zur Beurteilung der Anreicherungsmaßnahmen können **Kriterien** wie
- Steigerung der Bekanntheit,
- Verbesserung einzelner Imagekriterien,
- Einsparung an Marketingkosten,
- Erlössteigerung

herangezogen werden.

2.1.3.5 Markentransfer

Bei einem Markentransfer bringt ein Markenartikelproduzent ein neues Produkt unter einer schon eingeführten Marke auf den Markt. Bei der eingeführten Marke kann es sich um eine eigene Marke (= Markentransfer im engeren Sinne) oder um eine fremde Marke, für die eine Markenlizenz erworben wird (= Einsatz von Lizenzmarken), handeln.

Ein **Markentransfer im engeren Sinne**[87] ist dadurch charakterisiert, dass ein Markenartikelproduzent ein neues Produkt unter einer schon eingeführten Marke eines bereits eingeführten Produktes desselben Markenartikelproduzenten auf den Markt bringt. Das heisst der Markenartikelproduzent transferiert die Marke des bereits eingeführten Produktes auf das neue Produkt (Abb. 2.71). In divisional organisierten Unternehmen können dabei Zahlungen jener Division, die ein neues Produkt betreut, an die Division, zu der die schon eingeführte, zu transferierende Marke gehört, erfolgen.

Markentransfers können durch eine einheitliche Verwendung von
- dem Produktdesign (Braun),
- der Verpackungsgestaltung (Schwartauer Konfitüren),
- der Regalgestaltung im Supermarkt (Niederegger)

unterstützt werden.

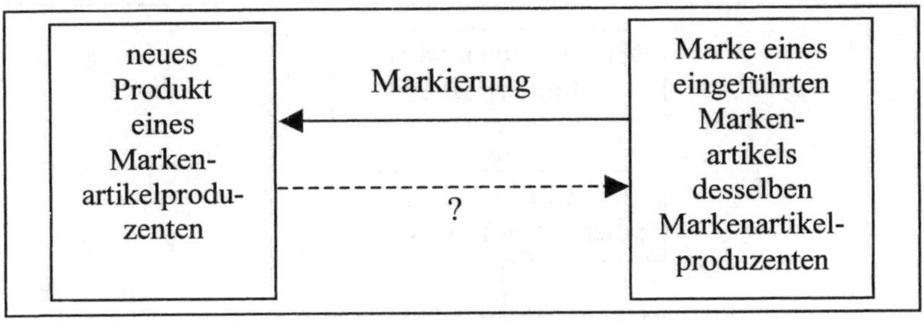

Abb. 2.71: Der Markentransfer im engeren Sinne

Für Markentransfers existieren viele **Beispiele.** Ausgangspunkt sind jeweils bekannte Markennamen wie
- Maggi,
- CD,
- Nivea oder
- Marlboro,

unter denen neue Produkte wie
- Maggi Ketchup,
- CD Deodorant,
- Nivea dekorative Kosmetik oder
- Marlboro Light Zigaretten

eingeführt wurden.

Markentransfers liegen gewisse **Marken-Basisstrategien**, nämlich
- die Dachmarkenstrategie bzw.
- die Familienmarkenstrategie

zu Grunde; dabei werden Markenhierarchien gebildet (vgl. Kapitel 2.1.3.3. „Markenkombination-Strategien").

Der **Planungsprozess des Markentransfers** wird in Abb. 2.72 veranschaulicht. Zunächst ist das Dehnungspotential der Muttermarke einzuschätzen (wie groß ist der Markenwert? Welches Image ist vorhanden?). Als nächstes sind potentielle Transferprodukte zu identifizieren (hier können Kreativitätstechniken zum Einsatz kommen). Drittens sind Fitanalysen in dem Sinne durchzuführen, dass die Ähnlichkeit der Muttermarke und möglichen Transferprodukte ermittelt wird. Im vierten Schritt sind dann Erfolgsschätzungen vorzunehmen
- bzgl. der möglichen Transferprodukte,
- der Muttermarke und
- des Transfers insgesamt.

Ein Markentransfer beinhaltet diverse **Chancen**:
- die Gewinnung neuer Zielgruppen,
- die Senkung von Markteintrittsbarrieren (knapper Regalplatz!),
- die Reduzierung der Kosten einer Markenentwicklung,

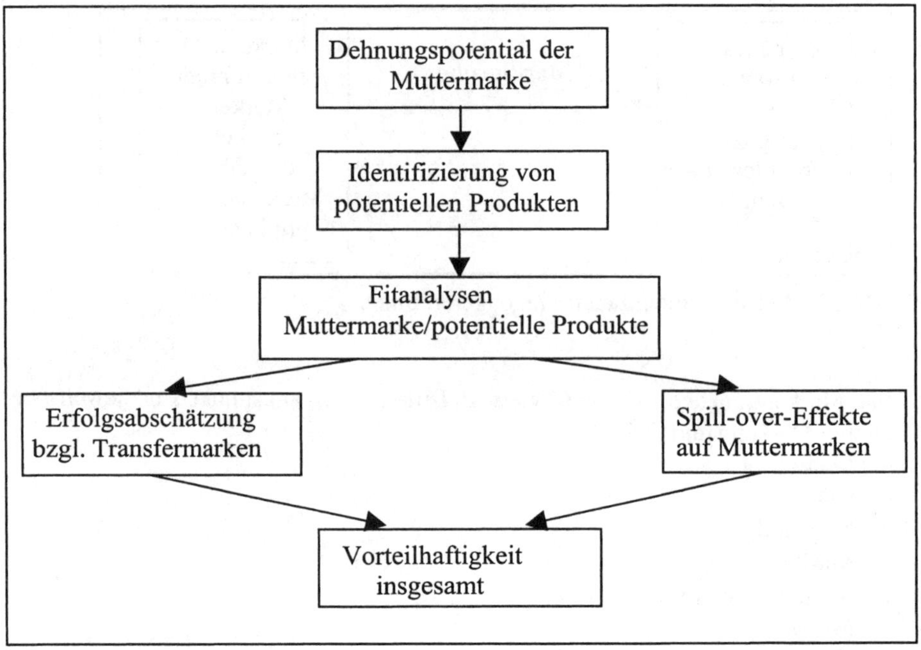

Abb. 2.72: Planungsprozess des Markentransfers

- die Stärkung der Hauptmarke (durch einen positiven Spill-over-Effekt),
- die Begrenzung der Marketingkosten,
- die Reduzierung des Risikos eines Flops,
- die Ermutigung von Konsumenten zu einem Erstkauf (auf Grund der bekannten, transferierten Marke).

Diesen Chancen stehen gewisse **Risiken** gegenüber:
- die Verwässerung des ursprünglichen Markenimages,
- negative Spill-over-Effekte auf die transferierte Marke (wegen schlechter Erfahrungen mit dem neuen Produkt),
- die fehlende Akzeptanz des Transferproduktes durch den Handel.

Auf Grund einer Meta-Analyse von 35 empirischen Untersuchungen mit insgesamt 121 überprüften Hypothesen zeigte sich, dass – weitgehend unabhängig von Transferprodukt und der Muttermarke
- der Fit (die Ähnlichkeit) und
- die Qualitätseinschätzung der Ausgangsmarke

entscheidend für den Erfolg des Markentransfers sind, Risiken des Transfers verringern.

Einsatz von Lizenzmarken

Eine **Lizenz**[88] beinhaltet das Recht, ein gewerbliches Schutzrecht eines anderen gegen Entgelt zu nutzen. Eine **Markenlizenz** liegt vor, wenn eine bisher unmarkierte Marke eines Lizenznehmers mit der – vom Lizenzgeber gegen Entgelt erworbenen – Lizenzmarke markiert (anreichert) wird (vgl. Abb. 2.73). Der Einsatz von Lizenzmarken ist damit ein Spezialfall des Markentransfers – ein Markentransfer nicht mittels einer eigenen Marke sondern per Lizenzvergabe.

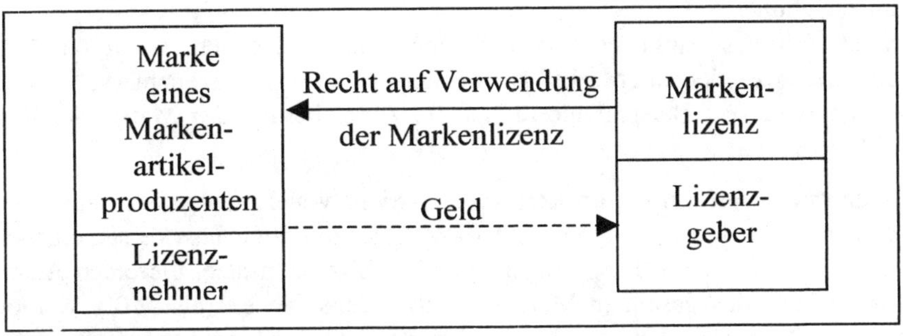

Abb. 2.73: Erwerb einer Markenlizenz

Bei Lizenzmarken ist die **Art der Lizenz** vertraglich zu regeln. Es können
- eine ausschließliche Lizenz,
- eine nicht-exklusive Lizenz oder
- eine branchenmäßig exklusive Lizenz

unterschieden werden. Entsprechendes gilt für die **Lizenzgebühr.** Üblich ist ein gewisser Prozentsatz auf den Umsatz der Lizenzmarke, die der Lizenznehmer erreicht. Dieser Prozentsatz ist im Einzelfall per Verhandlungen festzulegen; allgemein hängt er von der Art der Lizenz ab; empirische Studien[89] zeigen eine Variationsbreite insbesondere zwischen 3% und 15% des Umsatzes des Lizenznehmers; die häufigste Nennung beträgt 6%.

Die **Lizenzgeber**, also Anbieter von Lizenzmarken, stammen in Deutschland **typischerweise** aus den Bereichen
- Mode/Design,
- Genussmittel und
- Feinkost/Gastronomie;

typische Lizenzgeber sind
- Joop,
- Boss,
- Camel oder
- Käfer.

Die **Lizenznehmer**, also Nachfrager von Markenlizenzen, sind üblicherweise in den Bereichen

- Bekleidung,
- Brillen,
- Uhren,
- Kosmetik,
- Lebensmittel

vorzufinden; typische Beispiele für Lizenzmarken sind

- Joop-Brillen,
- Boss-Parfum oder
- Camel-Schuhe.

Ein Sonderfall des Einsatzes von Lizenzmarken ist gegeben, wenn ein Co-Branding der Art – "eigene Marke" angerechnet durch eine "Lizenzmarke" – vorgenommen wird; ein Beispiel hierfür ist die Anreicherung der Marke Schöller durch Mövenpick.

Die **Bedeutung von Lizenzmarken** aus der Sicht von Lizenzgebern läßt Abb. 2.74 erkennen. Die Marke Joop erreicht 100% Lizenzumsätze, also keinen eigenen Umsatz mehr. Die Marke Boss hingegen erzielt Lizenzumsätze, die einen Anteil von knapp 30% des gesamten Markenumsatzes entsprechen (also 70% werden durch eigene Markenartikel von Boss realisiert). Abb. 2.74 macht auch die absolute Höhen der Lizenzumsätze deutlich. So kommt die Lizenzmarke Joop auf einen Lizenzumsatz von mehr als 400 Mio. DM, die Marke Boss auf etwa 250 Mio. DM pro Jahr.

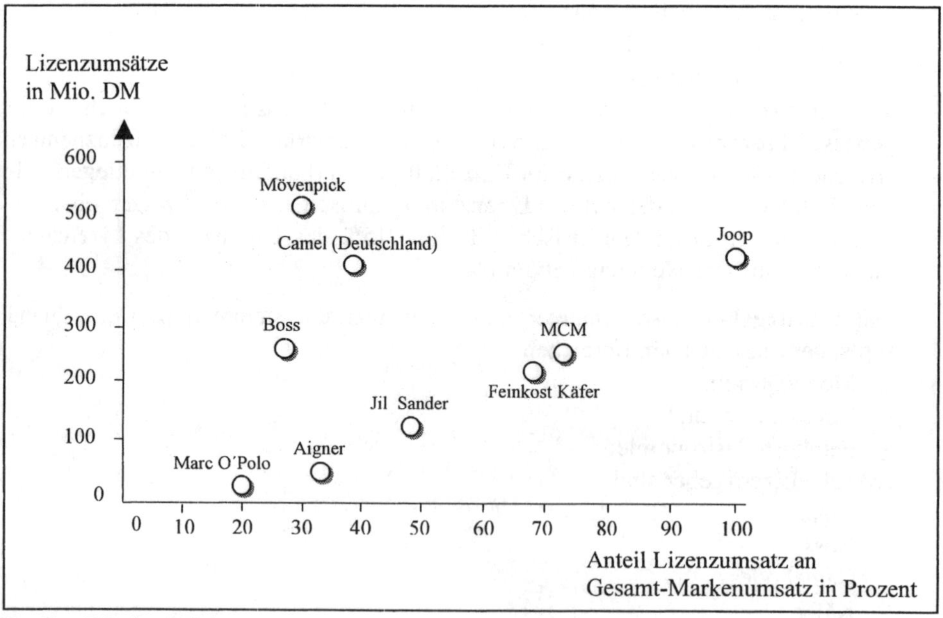

Quelle: Binder 1994.

Abb. 2.74: Umsätze ausgewählter Lizenzmarken

Ob ein Markentransfer durch den Einsatz von Lizenzmarken vorteilhaft ist, muss im Einzelfall festgestellt werden. Allgemein kann gesagt werden:

- Zu finden ist eine geeignete Lizenzmarke, die anhand derselben Imagedimensionen bewertet wird, wie das zu markierende Produkt.
- Erforderlich ist ein aktuelles und zukünftig zu erwartendes positives Image.
- Die Lizenzkosten (abhängig von der Lizenzgebühr) müssen die Marketingkosten, die im Falle der Entwicklung und des Einsatzes einer eigenen neuen Marke anfallen, unterschreiten.
- Sind zusätzlich unterschiedliche Absatzmengen bei einer (eigenen) Markeninnovation im Vergleich zum Markentransfer per Lizenzmarke zu erwarten, muss ein umfassendes Gewinn- bzw. Kapitalwertkalkül herangezogen werden.

2.1.3.6 Markenvariation

Eine Markenvariation erfolgt wie eine Produktvariation im Zeitablauf: Eine, von einem gewissen Zeitpunkt an verwandte Marke (Markennamen, -zeichen) wird nach einem gewissen Zeitabschnitt variiert, z.B. wird ein neuer, aktueller Designstil verwandt. Bei der Markenvariation können zwei Problemkreise unterschieden werden:

- die Variation (der Relaunch, die Repositionierung) einer eingeführten Marke und
- die Restrukturierung eines Markenportfolios.

Bei einer auf dem Markt eingeführten Marke ist permanent ihre Akzeptanz, Aktualität und ihre Positionierung im Vergleich zu den Konkurrenzmarken und zur Idealposition zu prüfen[90]. Die Gründe hierfür sind in der Gefahr der "Veralterung" einer Marke, des Auftretens gewisser (Mode- oder Design-)Trends, eines geänderten Konkurrenzverhaltens oder des Entstehens neuer Konsumententrends zu sehen.

Gegebenenfalls (z.B. beim Vorhandensein einer nicht befriedigenden Positionierung) ist die Marke zu variieren. In der Praxis existieren viele **Beispiele** für Markenrelaunches, z.B. bei den Marken Persil, Coca Cola oder Langnese.

Ein Praxisbeispiel für die Änderung einer gewählten Positionierung findet sich in Abb. 2.75. Betrachtet wird der Markt für Haarkuren, hier insbesondere die Marke Poly Kur und im Vergleich hierzu die Marke Schauma. Während die Positionierung der (Vergleichs-)Marke Schauma zwischen 1988 und 1994 unverändert blieb, wurde die Positionierung der Marke "Poly Kur" im Jahre 1992 deutlich geändert (sehr viel stärkere Betonung der Ausprägung "High Tech" im Vergleich zur Ausprägung "Natürlichkeit" bei der Imagedimension "Pflegeleistung"); diese Repositionierung wurde dann im Jahre 1994 wieder rückgängig gemacht, da sich der erwünschte Erfolg nicht einstellte.

Hinsichtlich einer Repositionierung einer Marke können folgende Vor- und Nachteile aufgeführt werden: Eine nicht erfolgreiche Positionierung kann durch eine erfolgsversprechende Positionierung ersetzt werden, aufgetretenen langfristi-

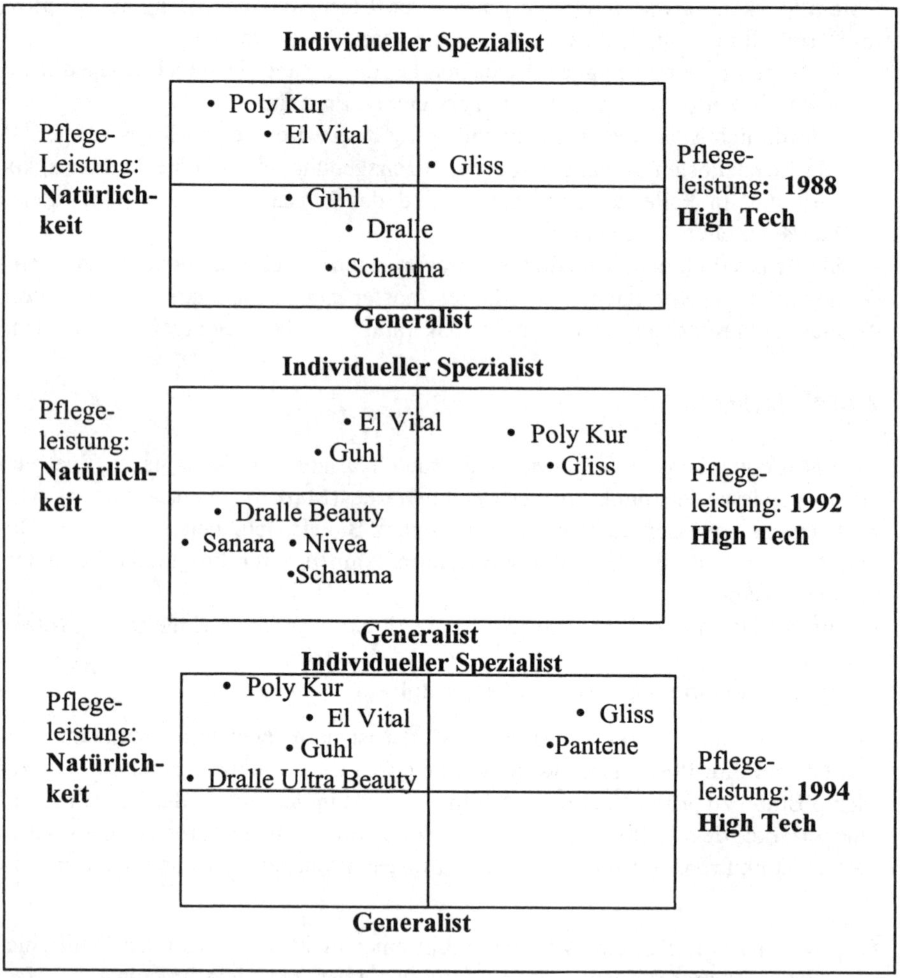

Quelle: Büttgen/Kepper/Köhler 1996, S. 61 ff.

Abb.: 2.75: Repositionierung der Marke Poly Kur im Haarkurenmarkt 1988 bis 1994

gen Mode- bzw. Design-Trends kann gefolgt werden. Außerdem kann auf eine neuartige Konkurrenzsituation (neue Konkurrenzmarke oder repositionierte Konkurrenzmarke) reagiert werden. Erforderlich sind aber hohe Kommunikationsbudgets auf Grund notwendiger, intensiver Kommunikationsmaßnahmen. Wegen der Resistenz von Images sind Repositionierungen nur langfristig wirksam. Es besteht zudem die Gefahr einer fehlenden Akzeptanz der relaunchten Marke bei der verfolgten Zielgruppe.

Restrukturierung eines Markenportfolios

Folgende Situation wird betrachtet:

- In einer Ausgangssituation war eine (einzige) starke Einzelmarke gegeben.
- Es sind dann Markentransfers durchgeführt worden.
- Durch die Markentransfers ist die Einzelmarke zu einer Dach- bzw. Familienmarke geworden, unter der jeweils verschiedene Produkte angeboten werden.
- Im Vergleich zur starken Einzelmarke entwickelte sich die Dach- bzw. Familienmarke zu einer schwachen Marke.

Um einer solchen Situation zu begegnen, können erstens unter der Familien- bzw. Dachmarke Submarken entwickelt werden[91]. Ein entsprechendes Beispiel liefert die Marke Nivea, für die Submarken wie

- Nivea for Men,
- Nivea Beauté oder
- Nivea Skin

entwickelt worden sind. Die Familienmarke Nivea ist also durch - in einem gewissen Maße – eigenständige Submarken ergänzt worden.

Eine zweite Möglichkeit besteht darin, durch den Aufbau von Einzelmarken eine Dachmarke zu restrukturieren. Ein aussagekräftiges Beispiel hierfür ist Melitta. Auf Grund einer diffusen Dachmarke, einer Imageverwässerung durch Markentransfers, hat sich Melitta entschlossen, verschiedene Markenfamilien einzuführen (vgl. Abb. 2.76).

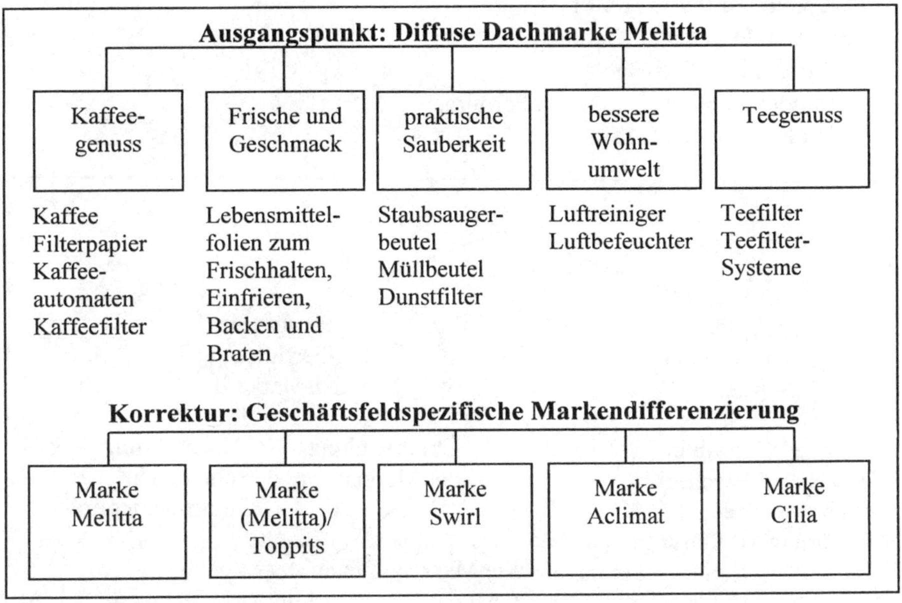

Quelle: Becker 2000, S. 287.

Abb. 2.76: Restrukturierung eines Markenportfolios

2.1.3.7 Markenwechsel

Ein Markenwechsel (Re-Branding)[92] liegt vor, wenn ein Markenartikelproduzent eine von ihm eingeführte Marke durch eine neue Marke ersetzt, das heisst alle bisher eingesetzte Markenelemente durch neue austauscht. Dabei kann es sich sowohl um Unternehmensmarken als auch um Markenartikel (im Sinne markierter Produkte) handeln.

Für ein Re-Branding existieren verschiedene Anlässe. Zunächst werden schwache Marken bzw. schwach gewordene (Unternehmens-)Marken ersetzt. Nach erheblichen Skandalen (Bilanzfälschungen, Insolvenzverfahren) ist die Worldcom in MCI umgenannt worden. Mergers & Akquisitions können dazu führen, dass eine neue Unternehmensidentität vermittelt werden soll; ein typisches Beispiel ist Philip Morris, das in Attria Group umbenannt worden ist, um sich von dem Image eines Zigaretten-Herstellers zu entfernen. Ein weiterer Anlass ist das Schaffen supranationaler standardisierter Marken (z.B. die Umbenennung von Raider in Twix oder von Fairy in Dawn in Deutschland). Außerdem kann ein Re-Branding erforderlich werden, wenn Schutzrechte anderer z.B. auf ausländischen Märkten verletzt werden, wenn z.B. der Markenname dort bereits von einem anderen Unternehmen verwendet wird und dieses nicht bereit ist, die Markenrechte abzutreten.

Weitere **Beispiele** für vorgenommene Markenwechsel in der Praxis sind
- Texaco zu DEA,
- Wertkauf zu WAL MART,
- Frosti zu Dr. Oetker Tiefkühl,
- KKB Bank zu Citi-Bank,
- Schroder Ventures Europe zu Permira,
- Viag Interkom zu O2.

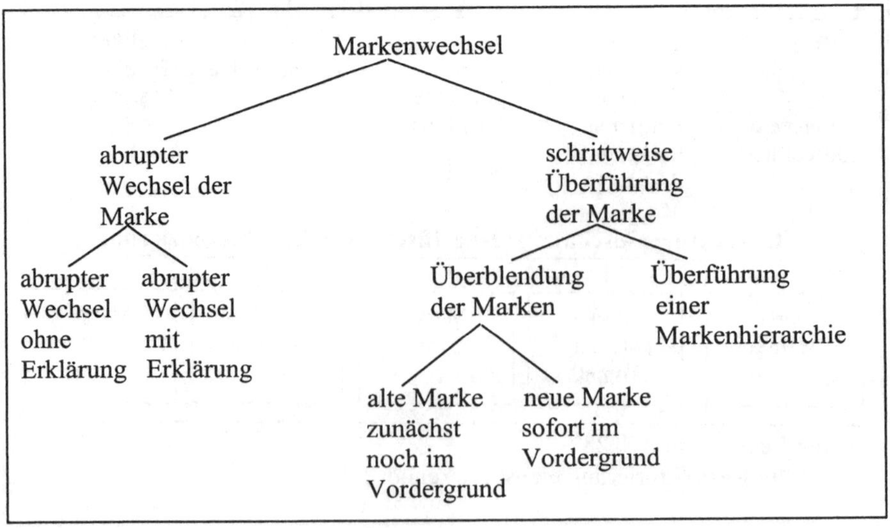

Abb. 2.77: Arten des Markenwechsels

Es lassen sich verschiedene **Arten des Markenwechsels** (Re-Branding-Strategien) unterscheiden; sie werden in Abb. 2.77 systematisiert. Beim abrupten Markenwechsel wird zu einem bestimmten Zeitpunkt eine eingeführte Marke durch eine andere, neue Marke ersetzt; die alte Marke wird vom betrachteten Zeitpunkt an gar nicht mehr (auch nicht untergeordnet) verwandt; die neue Marke wird allein eingesetzt. Diese Art des Markenwechsels empfiehlt sich eher dann, wenn die alte Marke keinen nennenswerten Markenwert besitzt (wegen z.B. fehlender Bekanntheit, eines zu schlechten Images, zu geringen Erlöses und Gewinnes), der dann naturgemäß auch nicht auf die neue Marke transferiert werden kann.

Die schrittweise Überführung einer alten Marke zu einer neuen Marke mittels einer Überblendung läuft typischerweise in drei Schritten ab:

(1) Markierung des Produktes mit der alten Marke und der neuen Marke, wobei die neue Marke zunächst deutlich kleiner ist (im Hintergrund bleibt),
(2) nach einer gewissen Zeit Vergrößerung der neuen Marke (in den Mittelpunkt rücken) zu Lasten der alten Marke;
(3) Einsatz nur noch der neuen Marke (Eliminierung der alten Marke).

Diese Vorgehensweise empfiehlt sich dann, wenn die alte Marke (noch) über einen gewissen Markenwert verfügt, der auf die neue Marke transferiert werden kann.

Ausgangspunkt der dritten Vorgehensweise ist die Existenz einer Markenhierarchie, z.B. Familienmarke und Einzelmarke. Verändert wird nur eine Marke, z.B. wird eine neue Familienmarke eingeführt, die andere Marke (die Einzelmarke) bleibt erhalten. Ein typisches Beispiel ist die Überführung von Kukident 2-Phasen zu Blend-a-Dent 2 Phasen. Auch in diesem Fall hat die alte Marke (hier Einzelmarke) einen gewissen Markenwert, der – zunächst in einem gewissen Ausmaß – übertragen werden soll.

Ein erfolgreiches Re-Branding setzt voraus, dass die neue Brand (der neue Markenname, das neue Markenzeichen) von den Zielgruppen positiv aufgenommen wird. Die neue Brand muss sich von den Konkurrenzmarken deutlich abheben, also auf einer Differenzierungsstrategie im Rahmen der Positionierung beruhen. Positive Imagedimensionen müssen besetzt werden. Die neue Brand muss ausreichend vorab getestet werden. Ein rechtlicher gegebenenfalls supranationaler Schutz ist anzustreben. Mittels der Kommunikationspolitik (insbesondere der Werbung) auf der Basis eines angemessenen Kommunikationsbudgets muss die neue Brand den Zielgruppen näher gebracht werden. Nicht zu unterschätzen sind die erheblichen Kommunikationskosten. Auch muss die neue Brand unternehmensintern im Rahmen des verfolgten Corporate-Identity-Konzeptes vermittelt werden: Durch Maßnahmen im Bereich des Corporate Behavior muss erreicht werden, dass die Mitarbeiter die neue Brand akzeptieren, sich mit ihr identifizieren und sie nicht – mehr oder weniger – ignorieren.

Unternehmensextern sind im Rahmen der Corporate-Identity-Politik das Corporate Design (das einheitliche äußere Erscheinungsbild) und die Corporate Communications (Corporate Advertising und Public Relations) von besonderer Bedeutung. Bei beiden Basisinstrumenten der Kommunikationspolitik ist das Re-Branding konsequent durchzusetzen. Die gewünschten (Marken-)Eigenschaften, die zur angestrebten Positionierung beitragen, sind zu übermitteln. Je nach Ursache des Re-Branding ist zu erwägen, ob im Rahmen der Markenkommunikation eine Begründung des Re-Branding erfolgen soll, oder ob die Umbenennung stillschweigend erfolgen soll.

Ein Re-Branding beinhaltet erhebliche Risiken. So besteht die Gefahr, dass die Zielgruppen die neue Brand nicht akzeptieren, sich also kein positives image einstellt. Negative Konsequenzen bezüglich des Markenwertes können eintreten. Unternehmensintern besteht die Gefahr einer negativen Reaktion der Mitarbeiter.

Gelingt das Re-Branding nicht, ist unter Umständen ein **Re-Re-Branding** vorzunehmen, also zur alten Brand zurückzukehren. Typische Beispiele sind

- Deutsche Bank => Consignia => Deutsche Bank (fehlende Akzeptanz der Marke „Bank 24“ im Privatkundengeschäft der Deutschen Bank),
- Royal Mail => Consignia => Royal Mail (fehlende Akzeptanz des Markenwechsels bei den Zielgruppen) oder
- Fairy => Dawn => Fairy (keine Akzeptanz des neu markierten Markenartikels bei den Konsumenten in Deutschland).

Dass mit dem R-Re-Branding erneut erhebliche Marketing-Kosten verbunden sind, ist nicht zu ignorieren. Die Notwendigkeit eines erfolgreichen vorausgehenden Re-Branding ist offensichtlich.

Die Vorteilhaftigkeit des Markenwechsels selbst kann auf der Grundlage eines geeigneten Scoring-Modells bzw. eines Kapitalwert-Vergleiches ermittelt werden, wenn die erforderlichen Inputdaten geschätzt werden können.

2.1.3.8 Markenbereinigung

Die Markenbereinigung beinhaltet die Überprüfung und oft auch Eliminierung von Marken, die bisher von einem Unternehmen eingesetzt worden sind. Im Rahmen der Markenbereinigung können zwei Problemkomplexe unterschieden werden:

- Zum einen die Bereinigung des Produkte-Marken-Portfolios,
- zum anderen die (endgültige) Eliminierung einer Marke (gleichzeitig mit der Eliminierung des zugrundeliegenden, markierten Produkten).

Ausgangsprodukt ist das jeweilige **Produkte-Marken-Portfolio** (vgl. Abb. 2.48); zu Grunde liegen können eine durchgeführte Dachmarken- bzw. Familienmarken-Strategie. Die Idee besteht nun darin, in der Vergangenheit durchgeführte Markentransfers derart rückgängig zu machen, dass die Zahl der Produkte, die unter einer (Dach- bzw. Familien-)Marke geführt werden, reduziert worden sind[93].

Gründe hierfür können in negativen Wirkungen der zu eliminierenden Marke auf die Dach- bzw. Familienmarke oder in rechtlichen Bedingungen liegen.

Die endgültige **Eliminierung einer Marke** kann Ergebnis eines Markenwechsels oder der endgültigen Eliminierung einer Produkt-Marken-Kombination sein. Sie kann national oder international erfolgen. Typische **Beispiele** für die Eliminierung einer Marke sind Ja (Zeitung), Tempo (Zeitschrift), Spüli (Spülmittel), Interent (Autovermietung), Nixdorf Computer oder Braun HiFi. In den Fällen von Ja, Tempo und Braun HiFi waren jeweils überlegene Konkurrenzprodukte auf dem Markt.

2.2 Strategische Marketingplanung einer Handelsorganisation

Gegenstände der strategischen Marketingplanung einer Handelsorganisation sind die Betriebsformen (inkl. deren Marken, der Betriebsformenmarken) und die Warengruppen.

Wie sich die im folgenden im Detail zu betrachtende Strategische Planung von Betriebsformen des Handels und die Planung von Warengruppen einer Handelsorganisation in die Gesamtplanung von Marketing-Strategien und -Politiken von Markenartikelproduzenten und Handelsorganisationen einordnet, zeigt Abb. 2.78. Die nicht gefetteten Planungsbereiche sind parallel hierzu (Strategische Geschäftsfelder und Produkte) bzw. sachlich folgend zu bewerkstelligen.

2.2.1 Strategische Planung von Betriebsformen

2.2.1.1 Strategischer Planungsprozess

Der Strategische Planungsprozess für einen Produzenten ist in Kapitel 2.1.1.1 „Strategischer Planungsprozess" charakterisiert worden (vgl. Abb. 2.2). Für Handelsorganisationen gilt dieselbe Struktur; der Planungsprozess ist jedoch ein wenig zu modifizieren (Abb. 2.79). Die unterschiedlichen Betriebsformen einer Handelsorganisation stellen die Strategischen Geschäftsfelder dar[94]. Entsprechend ist im Rahmen der Umweltanalyse die Betriebsform-Attraktivität und im Rahmen der Unternehmensanalyse der Relative Wettbewerbsvorteil zu messen; beide Dimensionen sind Ausgangspunkt der Positionierung der Betriebsformen im Rahmen des Portfoliomodells[95]. Wie im Rahmen der Strategischen Planung von Markenartikelproduzenten sind die Strategischen Geschäftsfelder (jetzt die Betriebsformen) zu positionieren und zu bewerten, Normstrategien sind zuzuordnen und detaillierte Strategien zu ermitteln.

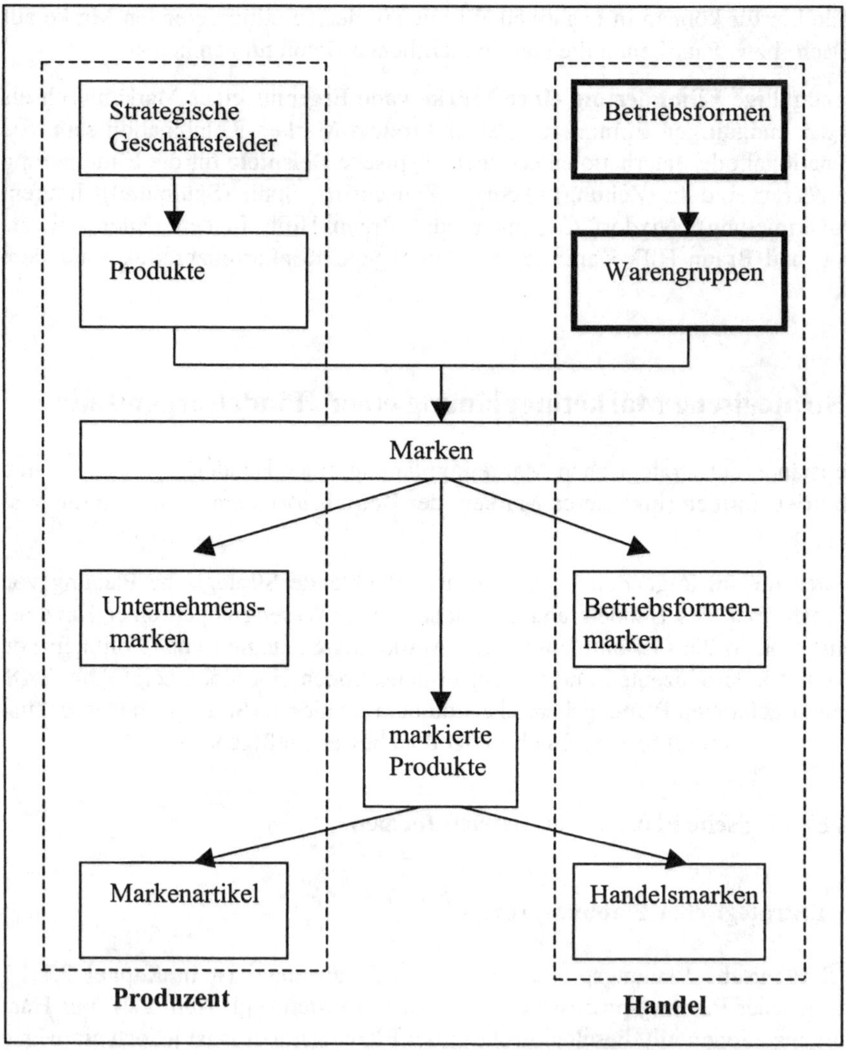

Abb. 2.78: Die Planung von Betriebsformen und Warengruppen einer Handelsorganisation im Rahmen des generellen Marketing-Planungssystems von Industrie und Handel

2.2.1.2 Umweltanalyse

Im Rahmen der Umweltanalyse ist die Betriebsform-Attraktivität zu bestimmen. Ausgangspunkt der Umweltanalyse sind die Kriterien, anhand derer die Strategischen Geschäftsfelder zu bewerten sind. Beispielhafte **Kriterien** sind[96]

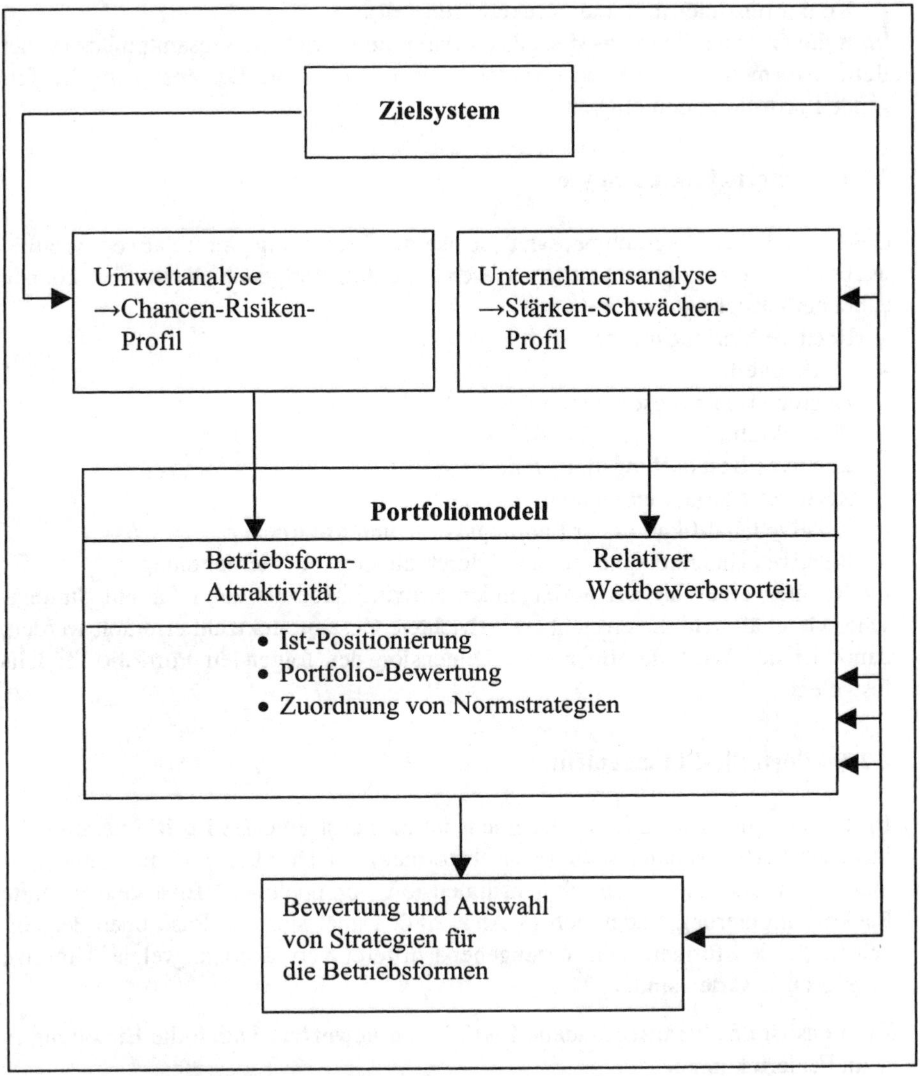

Abb. 2.79: Strategischer Planungsprozess von Betriebsformen für Handelsorganisationen

- Marktanteil der Betriebsform,
- Marktwachstum der Betriebsform,
- Betriebsformqualität,
  - generelle Rohgewinnspannen,
  - generelle Kostenstruktur,
  - generelle Ertragsstruktur,
- gesetzliche Restriktionen,
- Eintrittsbarrieren,

- Konkurrenzintensität und -struktur (generell).

Im Rahmen eines **Scoring-Modells** ist dann die gewichtete Gesamtpunktzahl der Betriebsform-Attraktivität zu ermitteln, die als eine erste Dimension in das folgende Portfoliomodell eingeht.

2.2.1.3 Unternehmensanalyse

Gegenstand der Unternehmensanalyse ist die Ermittlung der relativen Wettbewerbsstärke eines Strategischen Geschäftsfeldes. Folgende **Kriterien** können dabei berücksichtigt werden[97]:

- Relative Marktposition,
- Marktanteil,
- Aggregierte Ertragsentwicklung,
- Finanzkraft,
- Relatives Beschaffungspotential,
- Relatives Marketingpotential,
- Relative Qualifikation der Führungskräfte und Mitarbeiter,
- Relatives Unterstützungspotential durch die Gesamtunternehmung.

Im Rahmen eines hierauf aufbauenden **Scoring-Modells** kann für ein Strategisches Geschäftsfeld die erreichbare gewichtete Gesamtpunktzahl ermittelt werden; damit ist der Wert für die zweite Dimension des folgenden Portfolio-Modells festgelegt.

2.2.1.4 Portfolio-Management

Im Rahmen des Portfolio-Management ist zunächst eine **Ist-Positionierung** der Strategischen Geschäftsfelder (Betriebsformen) im Hinblick auf die Umweltdimensionen und die Unternehmensdimension vorzunehmen. Eine beispielhafte Punktpositionierung findet sich in Abb. 2.80. Dabei sind die Positionen der einzelnen Betriebsformen nicht dahingehend differenziert worden, welche Umsätze jeweils zu erwarten sind.

Zweitens ist das herausgefundene Portfolio zu **bewerten.** Durch die Einteilung in neun Feldern können

- Cash Cows,
- Question Marks,
- Stars und
- Dogs

identifiziert werden. Außerdem kann festgestellt werden, ob das Portfolio ausgewogen oder unausgewogen ist.

Drittens können für die Strategischen Geschäftsfelder **Normstrategien** ermittelt werden. Generell sind die zwei Bereiche Zone des Marktanteilsabbaus und Zone der Marktanteilserweiterung bzw. –erhaltung (vgl. Abb. 2.81) relevant.

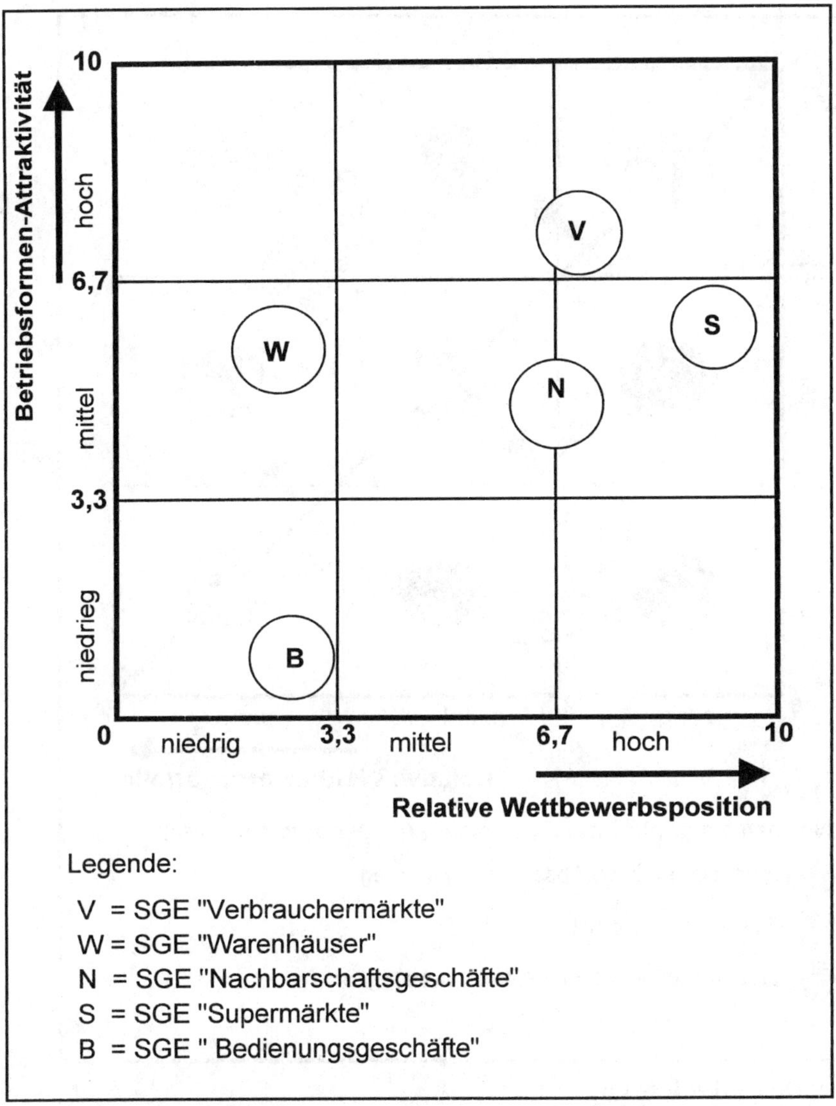

Quelle: Drexel 1981, S. 34.

Abb. 2.80: Ist-Betriebsformen-Portfolio einer Handelsorganisation

2.2.1.5 Bewertung und Auswahl von Strategien für die Betriebsformen einer Handelsorganisation

Schließlich müssen die herausgefundenen Normstrategien noch konkretisiert und im Detail bewertet werden. Dies kann

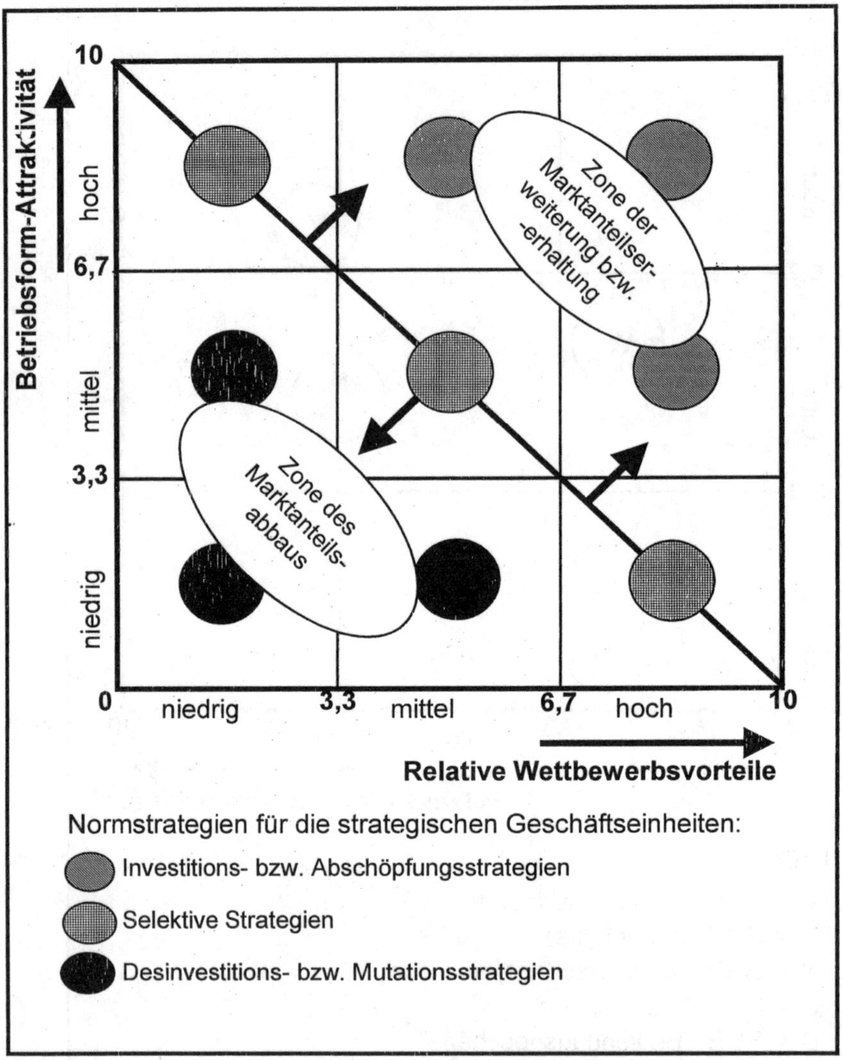

Quelle: Drexel 1981, S.156.

Abb. 2.81: Grundschema des Betriebsformen-Portfolios

- auf der Grundlage eines Kapitalwert-Modells bzw.
- durch Vergleich von Soll- und Ist-Positionen unter Zuhilfenahme eines Goal-Programming-Ansatzes

erfolgen.

Ein Kapitalwert-Modell für Strategische Geschäftsfelder eines Produzenten ist im Kapitel 2.1.1.6 „Bewertung und Auswahl von Strategien für Strategische Geschäftsfelder" entwickelt worden. In analoger Weise kann für eine erwogene Betriebsform des Handels b der zugehörige **Kapitalwert** bestimmt werden als[98]

$$C_{o,b} = -I_{o,b} + \sum_{t=1}^{n} \frac{CF_{bt}}{(1+WACC)^t} + \frac{Residualwert_n}{(1+WACC)^n} \qquad \text{(für alle b)}$$

mit

$I_{o,b}$: Anschaffungsauszahlung im Zeitpunkt 0 (z.B. einmalige Investition für den Aufbau der Betriebsform b);

t : Perioden (t=1, ..., n);

CF_{bt} : Cash-Flow aus der betrachteten Investition bei Betriebsform b im Zeitpunkt t (t=1, ...,n);

WACC: Kalkulationszinsfuß (gewichteter durchschnittlicher Kapitalkostensatz).

Bei alternativ erwogenen Betriebsformen wird jene realisiert, welche den höchsten Kapitalwert mit sich bringt. Wird eine einzelne Betriebsform beurteilt, so ist sie nur dann zu realisieren, wenn zumindest ein positiver Kapitalwert resultiert.

Welchen **Dateninput** ein solches Kapitalwert-Modell verlangt, lässt das Strukturdiagramm der Abb. 2.82 erkennen. Zu prognostizieren sind die Cash-Flows der einzelnen Betriebsformen, die zugrundeliegenden Einzahlungs- und Auszahlungsströme und die wiederum zugrundeliegenden Erlös- und Kostenströme (hinsichtlich deren Bestimmungsfaktoren s. Abb. 2.82)[99].

Für den Fall, dass die Ist-Positionen der strategischen Geschäftsfelder (Betriebsform) gemessen werden und die (angestrebten) Ziel-Positionen vorgegeben sind (vgl. Abb. 2.83), kann die gesuchte Strategie für eine Betriebsform mit Hilfe eines **Goal-Programming-Ansatzes** herausgefunden werden. Gegeben ist ein Entscheidungsproblem bei mehrfacher Zielsetzung; sowohl jede Ist-Position als auch jede Zielposition beinhaltet

- einen bestimmten Umsatzwert sowie
- einen bestimmten Wert der Betriebsform-Attraktivität und
- einen bestimmten Wert der relativen Wettbewerbsvorteile.

Jene Betriebsform ist optimal, bei der die Summe der gewichteten absoluten Abweichungen zwischen Ist- und Sollwerten minimiert wird (vgl. die entsprechenden Ausführungen bei der Geschäftsfeldplanung eines Produzenten).

2.2.2 Planung von Warengruppen

2.2.2.1 Sortimentsstrategien

Bei den Sortimentsstrategien[100] lassen sich grundsätzlich

- die Sortimentsexpansion,
- die Sortimentsvariation und
- die Sortimentskontraktion

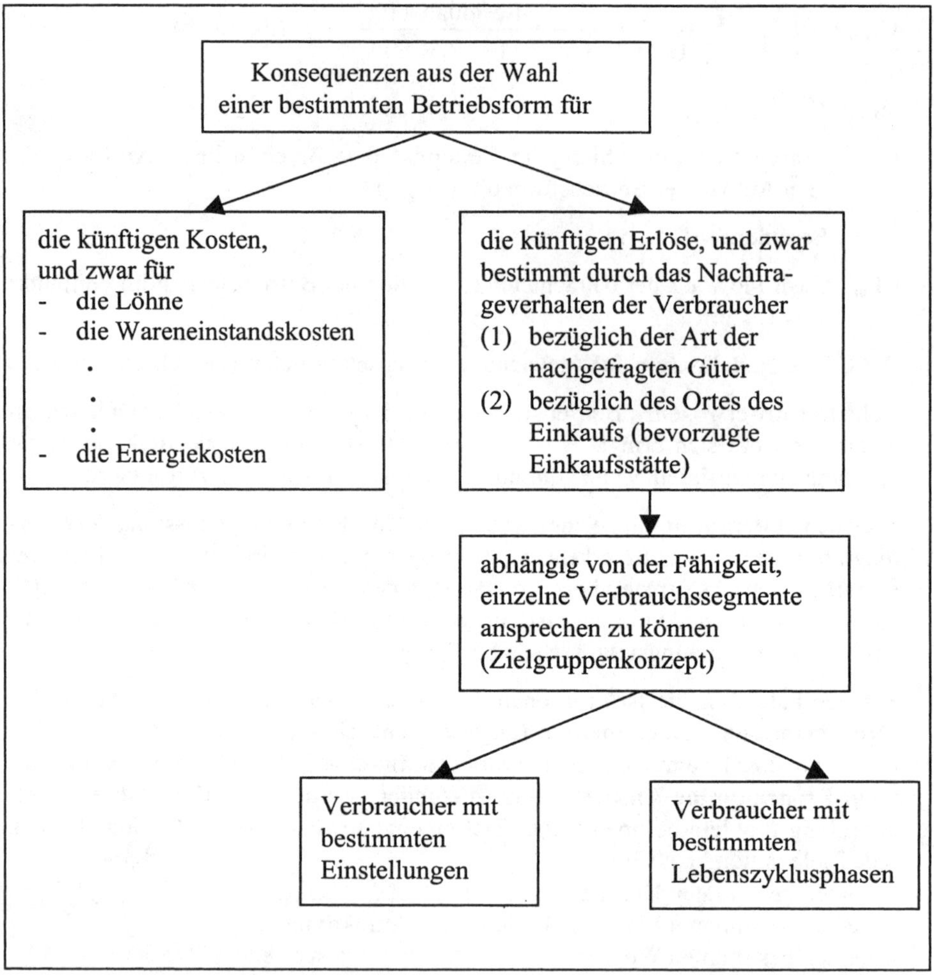

Quelle: Müller-Hagedorn 2002, S. 72.

Abb. 2.82: Ein Denkrahmen zur Analyse der Vorteilhaftigkeit einzelner Betriebsformen

unterscheiden; in Abb. 2.84 werden die jeweils zugehörigen Sub-Strategien aufgeführt. Gegenstand der **Sortimentsexpansion** ist die Ausweitung eines vorhandenen Sortimentes. Grundsätzlich erweitert werden können die Sortimentstiefe und/oder die Sortimentsbreite. Eine Erhöhung der Sortimentstiefe bedeutet, dass pro Artikel aus einer bestimmten Warengruppen weitere Varianten hinzutreten (von der Idee her entspricht dies der Produktdifferenzierung eines Produzenten). Die Sortimentsbreite wird erhöht, wenn zusätzlich zu den schon angebotenen Warengruppen weitere Warengruppen angeboten werden.

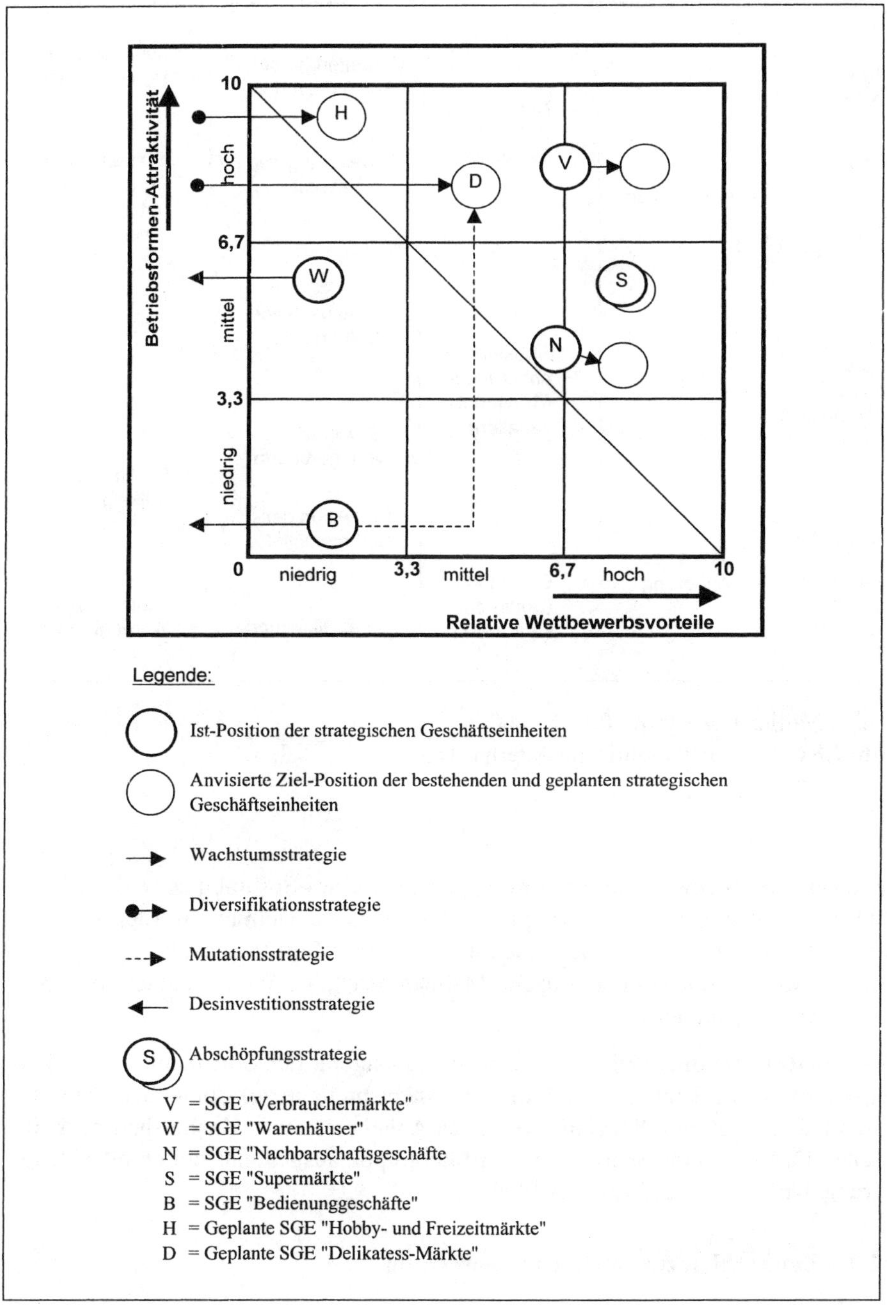

Quelle: Drexel 1981, S. 177.

Abb. 2.83: Ist- und Ziel-Betriebsformen-Portfolio einer Handelsorganisation

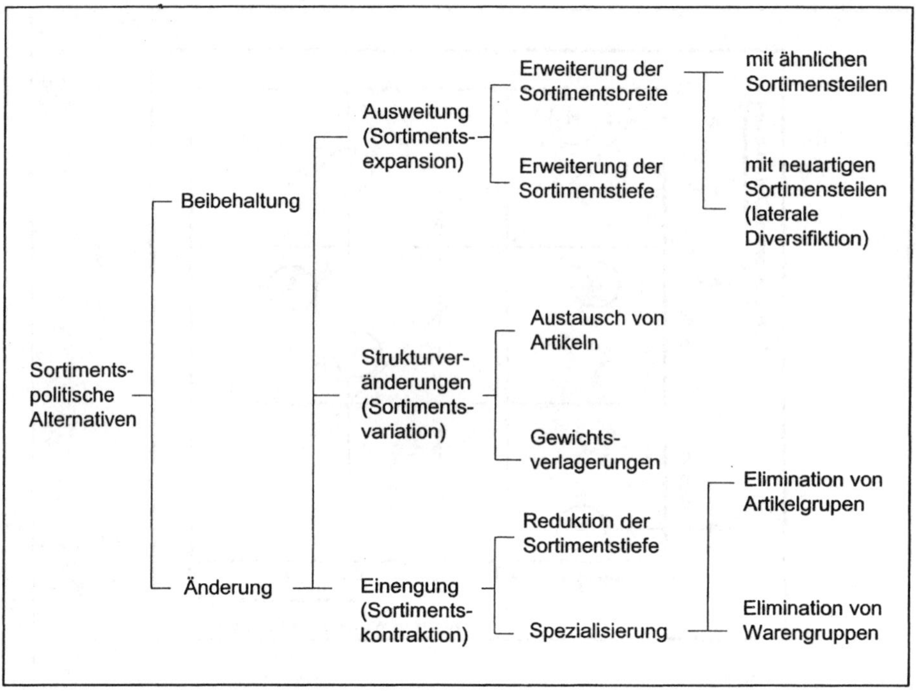

Quelle: Müller-Hagedorn 2002, S. 160.
Abb. 2.84: Sortimentspolitische Alternativen

Bei einer **Sortimentsvariation** wird der Umfang eines Sortimentes (z.B nach der Zahl der angebotenen Warengruppen) nicht geändert; vielmehr werden einzelne Artikel ausgetauscht, oder die Bedeutung einzelner Sortimentsteile (z.B. gemäß Umsatz) wird durch absatzpolitische Maßnahmen (z.B. Werbemaßnahmen, Warenplazierung) geändert.

Eine **Sortimentskontraktion** bedeutet die Einengung des Sortiments eines Handelsbetriebes; sie kann sich auf die Sortimentsbreite bzw. –tiefe beziehen. Im ersten Fall erfolgt eine Spezialisierung des Angebotes eines Handelsbetriebes; im zweiten Fall wird eine Waren- bzw. Artikelgruppe ausgedünnt, durch eine Reduzierung der Zahl der geführten Artikel.

2.2.2.2 Kennzahlen zur Sortimentsbewertung

Die Analyse der Warengruppen in einem Handelsbetrieb mit einer bestimmten Betriebsform entspricht dem Problem der Wirtschaftlichkeitsanalyse von Produktideen im Rahmen der Produktinnovation. Erforderlich sind detaillierte ökonomische Bewertungen auf der Grundlage geeigneter Schätzungen bzw. Prognosen.

Um einzelne Sortimentsteile (so z.B. Warengruppen) zu bewerten, werden in der Praxis gewisse **Kennzahlen** herangezogen, die in Abb. 2.85 zusammengestellt sind. Das erste Kriterium "Umsatz" erlaubt zu erkennen, welche Warengruppen einen hohen bzw. einen niedrigen Umsatz erreicht haben; definitionsgemäß werden aber Kosten (oder Deckungsbeiträge) nicht berücksichtigt. Dieser Kritikpunkt

	Definition	**andere Bezeichnungen**
(1) Umsatz	Absatzmenge x Verkaufspreis	Umsatzkraft
(2) Spanne	a) Betragsspanne: = absolute Differenz von Umsatz (bereinigt um MwSt) und Wareneinkauf (EK) der abgesetzten Artikel b) prozentual als Abschlagsspanne c) prozentual als Aufschlagsspanne	Warenrohertrag Bruttoertrag Ertragskraft Varianten: Stück-, WG-, Betriebsspanne
(3a) Umschlagshäufigkeit (3b) Kapitalumschlag	$\frac{\text{Umsatz (zu Einkaufspreisen)}}{\text{Ø Warenbestand (bewertet zu Einkaufspreisen)}}$ $\frac{\text{Umsatz (zu Verkaufspreisen)}}{\text{Ø Warenbestand (bewertet zu Einkaufspreisen)}}$	Umschlagsgeschwindigkeit Lagerumschlag
(4) Bruttorentabilität	$\frac{\text{Bruttoertrag}}{\text{Ø Warenbestand (bewertet zu Einkaufspreisen)}}$ $= \frac{\text{Aufschlagsspanne x Umsatz (EK)}}{\text{Ø Warenbestand (zu EK)}}$ = Aufschlagsspanne x Lagerumschlag $= \frac{\text{Bruttoertrag}}{\text{Umsatz (zu EK)}} \text{ x } \frac{\text{Umsatz(zu EK)}}{\text{Ø Warenbestand (zu EK)}}$	Bruttorentabilitätskraft Bruttonutzen
(5) Nettorentabilität	$\frac{\text{Deckungsbeitrag}}{\text{Ø Warenbestand}} \text{ x 100 oder}$ $\frac{\text{Deckungsbeitrag}}{\text{BeanspruchteVerkaufsfläche}} \text{ x 100}$	
(6) DPP/DPR	Deckungsbeitrag eines Produktes ./. durch Umlage zugeordnete Elemente $\frac{\text{Direkter Produkt-Profit}}{\text{Ø Warenbestand (zu EK)}} \text{ x 100}$	Direkter Produkt-Profit (DPP) Direkte Produkt-Rentabilität (DPR)

Quelle: Müller-Hagedorn 2002, S. 169.

Abb. 2.85: Klassische Kennzahlen zur Beurteilung der Vorteilhaftigkeit einzelner Sortimentsteile

wird bei dem zweiten Kriterium "Spanne" überwunden. Beim dritten Kriterium "Umschlagshäufigkeit/Kapitalumschlag" handelt es sich um Quotienten; der Outputfaktor "Umsatz" wird in Bezug gesetzt zum "Inputfaktor" durchschnittlicher Warenbestand. Beim vierten Kriterium "Brutto-Rentabilität", wieder einem Quotienten, werden im Zähler neben dem Umsatz einer Warengruppe deren Einstandkosten berücksichtigt. Dieses Konzept wird beim fünften Kriterium der "Netto-Rentabilität", erweitert: Im Vergleich zum Bruttoertrag beim vorausgehenden Konzept werden bei der Ermittlung des Deckungsbeitrages weitere Kostenarten berücksichtigt. Eine weitere Erweiterung ist beim sechsten Kriterium, dem "Direkten Produkt-Profit" gegeben. Um den notwendigen Faktoreinsatz bezüglich einer Warengruppe möglichst weitgehend zu erfassen, werden neben Wareneinstandskosten auch Prozesskosten (im Zusammenhang mit der Lagerung und der Warenpräsentation) erfasst.

In Abb. 2.86 wird gezeigt, dass die Kriterien jeweils in gewissen Weisen logisch (mathematisch) verknüpft sind; so ergibt sich zum Beispiel der durchschnittliche Rohertrag pro Stück als Differenz aus durchschnittlichem Nettoverkaufspreis und durchschnittlichem EK-Preis.

2.2.2.3 Warengruppen-Management

Die zuvor dargestellten Kennzahlen werden insbesondere zur ex-post Sortimentsanalyse verwandt. Zu hinterfragen ist hier aber, in welcher Weise eine ex-ante Warengruppenplanung vorgenommen werden kann. Bei der Entscheidung, welche Warengruppen angeboten werden sollen, besteht ein erheblicher Informationsbedarf:

- Zu schätzen sind (durchschnittliche) Einstands- und Verkaufspreise sowie die Absatzmengen, die auf dem Markt realisiert werden können.
- Beachtet werden müssen Nachfrageverbünde (zwischen Artikeln, Artikelgruppen bzw. Warengruppen).

Offensichtlich ist, dass in erheblichem Umfang Schätzungen bzw. Prognosen erstellt werden müssen; derartige Schätzungen können einwertig (bei Sicherheit) bzw. mehrwertig (bei Risiko) sein. In methodischer Hinsicht kann zur Warengruppenplanung die lineare Programmierung eingesetzt werden[101].

2.2.3 Markenstrategien einer Handelsorganisation

Wie Markenartikelproduzenten müssen Handelsorganisationen spezifische Markenstrategien entwickeln, die sich zum einen auf die spezifischen Betriebsformen, zum anderen auf die einzelnen Warengruppen beziehen. Bekanntlich unterscheiden sich die verschiedenen, von einer Handelsorganisation nutzbar gemachten Betriebsformen gemäss verfolgter Zielgruppe, Sortimentsbreite und –tiefe sowie Prestige.

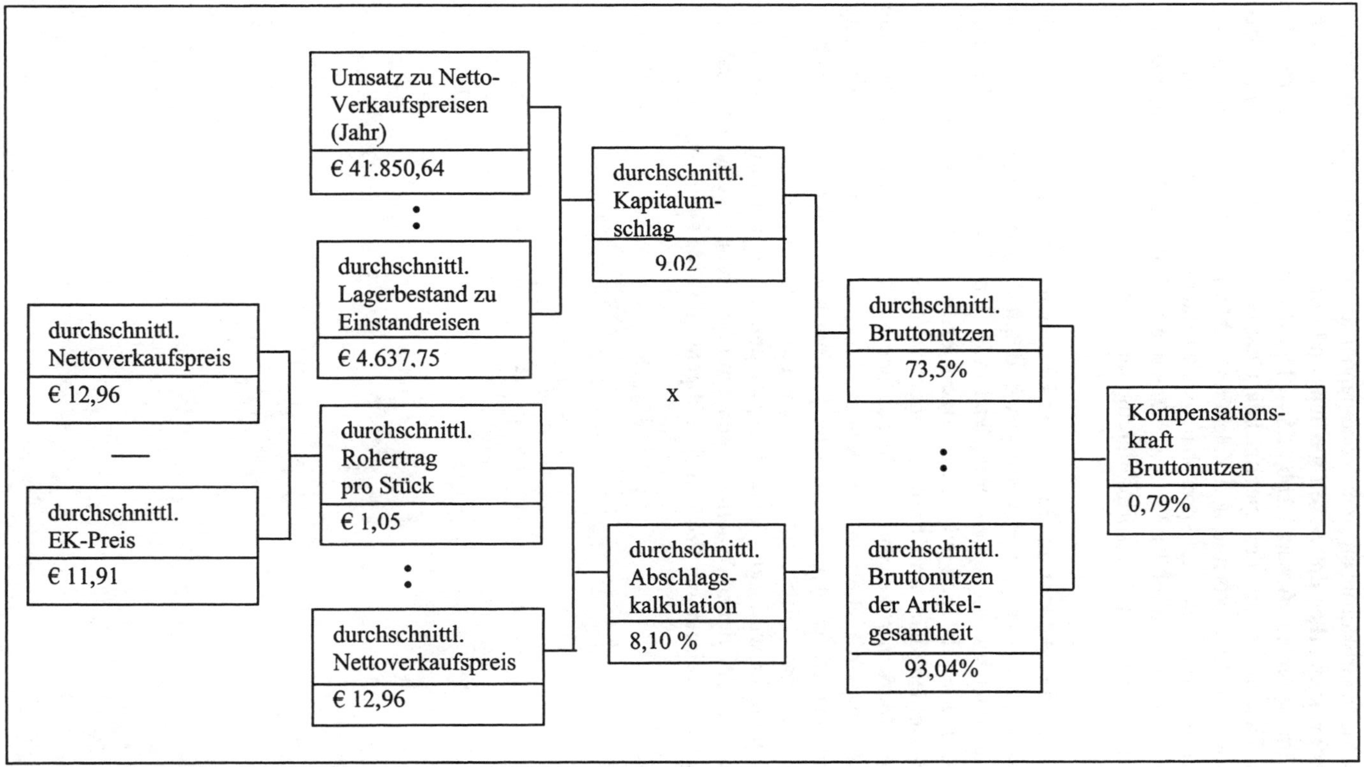

Quelle: Müller-Hagedorn 2002, S. 172.

Abb. 2.86: Kennzahlenpyramide mit der Systemkennzahl Bruttonutzen für einzelne Artikel, dargestellt am Beispiel des Absatzes einer Spirituosenmarke in einer Warenhausfiliale

Um die verschiedenen Betriebsformen voneinander abzugrenzen, müssen spezifische Betriebsformenmarken entwickelt werden. Zu Grunde liegen muss ein geeigneter Markenmanagement-Ansatz (Abb. 2.54). Die Positionierung ist gemäss der angestrebten Zielgruppe und der spezifischen Charakteristik der jeweiligen Betriebsform vor zu nehmen. Name und Zeichen der Marke müssen – wie im Fall eines markierten Produktes – aussprechbar, wiedererkennbar, merkfähig und unterscheidbar sein (vgl. Kapitel 2.1.3.4. „Markenname"). Soll eine Markenanreicherung erfolgen, so kann ein Sponsoring durchgeführt oder Testimonials eingesetzt werden.

Warengruppenmarken können in Gestalt von Handelsmarken entwickelt werden; sie können spezifisch warengruppenbezogen (z.B. eine Warengruppenmarke nur für Aufschnitt) oder warengruppeübergreifend (z.B. Tip, Ja) sein. Im Falle einer Warengruppenmarke, die sich auf eine einzige spezifische Warengruppe bezieht, kann erreicht werden, dass ein Konsument nicht wiedererkennt, ob eine Handelsmarke oder ein Markenartikel vorliegt (insbesondere falls der Markenartikel nicht intensiv beworben wird). Hierdurch entsteht ein Spielraum für eine Preiserhöhung bei der Handelmarke. Wird hingegen eine Warengruppenmarke warengruppenübergreifend eingesetzt, also nicht für eine einzige, sondern mehrere Warengruppen nutzbar gemacht wird, so können komplementäre absatzmäßige Wirkungen bezüglich der verschiedenen Warengruppen erreicht werden. Auch ist denkbar, dass ein vergleichsweise hoher Werbeaufwand getätigt wird.

Literaturverweise Teil 2

[1] Hofer/Schendel (1984), S. 27 ff.

[2] Zur Corporate Mission im Rahmen der Corporate-Identity-Policy; Schneider (1991), S. 71 ff.

[3] Hahn/Hinze (1999).

[4] Ebenda.

[5] Rappaport (1986), S. 50 ff.

[6] Rappaport (1986), S. 55 ff.; Bea/Haas (2001), S. 77f.

[7] Bea/Haas (2001), S. 101 ff.

[8] Zur Analyse der weiteren Umwelt; Bea/Haas (2001), S. 100 ff.; Steinmann/Schreyögg (1997), S. 158 ff.

[9] Zur Branchenanalyse; Bea/Haas (2001), S. 95 ff.; Porter (1999), S. 33 ff.

[10] Zur Analyse des relevanten Marktes; Abschnitt 1.2.1.

[11] Zum Chancen-Risiken-Profil; Bea/Haas (2001), S. 93 ff. und S. 148.

[12] Vgl. Abschnitt 2.1.1.2.

[13] Buzzel/Gale (1989).

[14] Berndt (1995), S. 43 ff.

[15] Bea/Beutel (1984).

[16] Henderson (1984).

[17] Bea/Haas (2001), S. 127 ff.

[18] Zur Stärken-Schwächen-Analyse; Bea/Haas (2001), S. 110 ff. und S. 149.

[19] Bea/Haas (2001), S. 146 ff.; Hinterhuber (1996), S. 157.

[20] Zur Punktpositionierung; Bea/Haas (2001), S. 133 ff.

[21] Zur Bereichspositionierung; Kirsch/Trux (1979).

[22] Hofer/Schendel (1984).

[23] Ebenda.

[24] Zu den Normstrategien für bestehende Geschäftsfelder; Hinterhuber (2004a), S. 166 ff.

[25] Zu den Normstrategien für neue Geschäftsfelder; Aaker (1984), S. 233 ff.

[26] Tomczak (1989); Kuß/Tomczak (2001), S. 129 ff.

[27] Zu den Möglichkeiten der Erstellung von Entwicklungsprognosen; Berndt (1996), S. 249 ff.

[28] Wilde (1989), S. 236.

[29] Zur Risikoanalyse; Köhler/Uebele (1983); Berndt/Cansier (2002).

[30] Berndt/Cansier (2002).

[31] Zum Goal-Programming-Ansatz; Bamberg/Coenenberg (2000), S. 60 ff.

[32] Bea/Haas (2001), S. 120 f.

[33] Berndt (1995), S. 43 ff.

[34] Zur Ideengewinnung im Internet; Schütz (2001); Fritz (2001), S. 128 ff.

[35] Überblicke über die Techniken zur Ideengewinnung; Schlicksupp (1983).

[36] Zur Morphologischen Methode; Zwicky (1966).

[37] Zur Synektik; Gordon (1961).

[38] Zum Conjoint-Measurement; Berndt (1996), S. 239 ff.; Backhaus et al. (2003), S. 543 ff.

[39] Zur Probabilistischen Ideenbewertung; Schneider (1991), S. 125 ff.

[40] Zu den Entscheidungsregeln für Risikosituationen; Bamberg/Coenenberg (2000), S. 77 ff.

[41] Zur Produktentwicklung; Kramer (1987).

[42] Zum Produktdesign; Koppelmann (1995).

[43] Zu den Design-Stilen; Koppelmann (1995).

[44] Zur Sinus-Milieu-Studie; Koppelmann (1995).

[45] Zu den Konzepttests; Erichson (2002), S. 422 f.

[46] Zu den Produkttests; Erichson (2002), S. 425 f.

[47] Konzept- und Produkttests können auch im Internet durchgeführt werden. Zu virtuellen Produkttests; Fritz (2001), S. 103 f. und 128 ff.

[48] Zum Target-Costing; Horvath/Niemand/Wolbold (1993).

[49] Cooper (1979).

[50] Calantona/Cooper (1981).

[51] Zur Produktdifferenzierung; Brockhoff (1999), S. 303 ff.; Büschken/von Thaden (2002), S. 600 ff.

[52] Zur Produktvariation; Brockhoff (1999), S. 289 ff.; Büschken/ von Thaden (2002), S. 595 ff.

[53] Berndt (1996), S. 137 ff.; Brockhoff (1999), S. 321 ff.

[54] Vgl. Abschnitt 1.5.1.

[55] Zu den begrifflichen Abgrenzungen; Baumgarth (2001), S. 124 ff.

[56] Zur Globalmarken-Strategie; Baumgarth (2001), S. 291 f.

[57] Zur Dachmarken-Strategie; Dahlhoff (1997); Becker (1999); Baumgarth (2001), S. 125; Sattler (2001), S. 70 f.

[58] Zur Familienmarken-Strategie vgl. Becker (1999); Baumgarth (2001), S. 126; Sattler (2001), S. 71.

[59] Zur Einzelmarken-Strategie; Becker (1999); Baumgarth (2001), S. 124 ff.; Sattler (2001), S. 69.

[60] Zur Einmarken-Strategie; Sattler (2001), S. 97.

[61] Zur Mehrmarken-Strategie; Meffert/Perrey (1999).

[62] Zur Markenkombination-Strategie; Sattler (2001), S. 103 ff.

[63] Zu Markenhierarchien; Sattler (2001), S. 103 ff.

[64] Zur Marken-Matrix; Laforet/Saunders (1994).

[65] Ebenda.

[66] Zur Markenpositionierung; Herrmann (1998); Trommsdorff/Paulsen (2001).

[67] Zu den Dimensionen, die einer Markenpositionierung zu Grunde gelegt werden können; Sattler (2001), S. 90 ff.

[68] Aaker/Joachimstaler (2002).

[69] Trommsdorff/Paulsen (2001), S. 1144 ff.

[70] Zur Mehrdimensionalen Skalierung; Berndt (1996), S. 232 ff.; Backhaus et al. (2003), S. 605 ff.

[71] Hinsichtlich der Basisstrategien der Positionierung; Baumgarth (2001), S. 118 ff.

[72] Hinsichtlich der wettbewerbsorientierten Positionierungen; Tomczak/ Roosdorp (1996).

[73] Zur Gestaltung des Markennamens; Herstatt (1985); Keller (1998); Kohli et al. (2001).

[74] Berekoven/Eckert/Ellenrieder (2004), S. 386 f.

[75] Kohli/LaBahn (1997).

[76] Zur Gestaltung von Slogans und Jingles; Keller (1998); Linxweiler (1999).

[77] Zur Gestaltung des Markenzeichen; Linxweiler (1999); Esch/Langner (2001).

[78] Zur Verpackungsgestaltung; Medeyros (1982); Meffert/Kirchgeorg (1992).

[79] Zum generellen Konzept der Markenanreicherung; Baumgarth (2001).

[80] Zum Co-Branding; Andres (2003), Baumgarth (2003).

[81] Zum Ingredient Branding; Norris (1992); Vaidyanathan/Aggarwal (2002); Desai /Keller (2002).

[82] Zum Sponsoring; Drees (1990); Nufer (2003).

[83] Zum Product Placement; Bente (1990); Karrh (1998); Karrh/McKeel/Pardun (2003).

[84] Zu Testimonials; Koeppler (2002); Haase (2000); Gierl (2003).

[85] Zu Charakteren; Fischer (2002).

[86] Zum Country-of-Origin; Papadopoulos et al. (1987); Scholzen/Schmidt (2003); Chiou (2003); Noorderhaven/Hartzing (2003/2); Nebenzahl/Jaffe/Usunier (2003/4); Insch/McBride (2004).

[87] Zum Markentransfer im engeren Sinne; Hätty (1989); Sattler/Völckner/Zatloukal (2003).

[88] Zum Einsatz von Lizenzmarken; Braitmayer (1998).

[89] Zur Übersicht; Braitmayer (1998), Kutz (2002).

[90] Zum Relaunch einer Marke; Berndt (2003b).

[91] Zur Restrukturierung eines Markenportfolios; Baumgarth (2001a), S. 140 f.

[92] Zum Markenwechsel; Berndt (2003).

[93] Zur Bereinigung von Marken-Portfolios; Baumgarth (2001), S. 143 f.

[94] Drexel (1981) kennzeichnet die Strategischen Geschäftsfelder einer Handelsorganisation als Betriebstypen. Hier wird aber keine Unterscheidung von Betriebsformen und Betriebstypen (als Unterteilung von Betriebsformen) vorgenommen; die Begriffe Betriebsform und Betriebstyp werden vielmehr synonym verwandt.

[95] Drexel (1981).

[96] Zu den Kriterien der Betriebsform-Attraktivität; Drexel (1981), S. 157 ff.

[97] Zu den Kriterien der relativen Wettbewerbsstärke; Drexel (1981), S. 162 ff.

[98] Müller-Hagedorn (2002), S. 71.

[99] Eine sehr detaillierte Analyse der Erlös- und Kostenströme und deren Bestimmungsfaktoren; Müller-Hagedorn (2002), S. 73 ff.

[100] Zu den typischen Sortimentsstrategien; Müller-Hagedorn (2002), S. 159 ff.; Rusche (1990); Müller-Hagedorn (1998), S. 402 ff.; Barth et al. (2002), S. 175 ff.; Liebmann/Zentes (2001), S. 479 ff.

[101] Brauer (1969).

3. Marketingpolitiken von Industrie und Handel

3.1 Marketingpolitiken eines Markenartikelproduzenten

3.1.1 Überblick

Wie sich die Marketingpolitik eines Markenartikelproduzenten in das generelle Marketing-Planungssystem von Industrie und Handel einordnet, zeigt Abb. 3.1. Dabei ist zu beachten, dass der Produzent sowohl Markenartikel als auch Handelsmarken herstellen kann; ebenfalls hat er für die heranzuziehenden, konsumentenbezogenen Marketingpolitiken für Markenartikel zu befinden; die konsumentenbezogenen Marketingpolitiken für Handelsmarken hingegen werden vom Handelsbetrieb festgelegt.

Ein Überblick über die **Marketing-Entscheidungen** aus der Sicht eines Markenartikelproduzenten findet sich in Abb. 3.2. Bezogen auf **eigene Markenartikel** sind

- über die vor einer Markteinführung durchzuführenden Markttests zu entscheiden,
- das heranzuziehende Prae-Marketing-Konzept festzulegen,
- die Distributions-, Programm-, Kontrahierungs- und Kommunikationspolitik zu planen,
- eine Abstimmung dieser (Teil-)Politiken im Rahmen eines angemessenen Marketing-Mixes vorzunehmen.

Bezogen auf **herzustellende Handelsmarken** sind offensichtlich die Programmpolitik und die Preispolitik (bezüglich der Abgabepreise an den Handel und die unverbindliche Preisempfehlung) von Bedeutung.

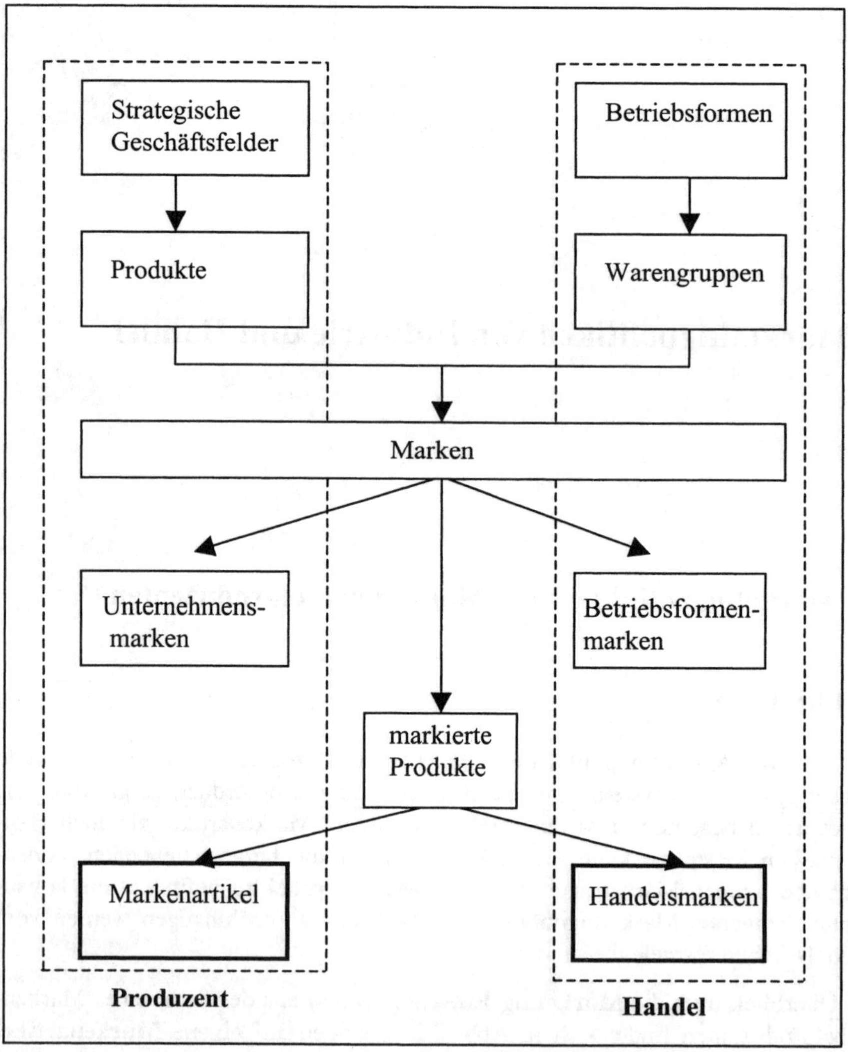

Abb. 3.1: Die Marketingpolitik eines Markenartikelproduzenten im Rahmen des generellen Marketing-Planungssystems von Industrie und Handel

3.1.2 Markttests für neue Markenartikel

Wenn z.B. die Produkt- und Markeninnovation abgeschlossen ist, also innovative Markenartikel hergestellt werden können, ist zunächst die Durchführung eines Markttest, also das probeweise Anbieten des innovativen Markenartikel auf einem Testmarkt, anzugehen.

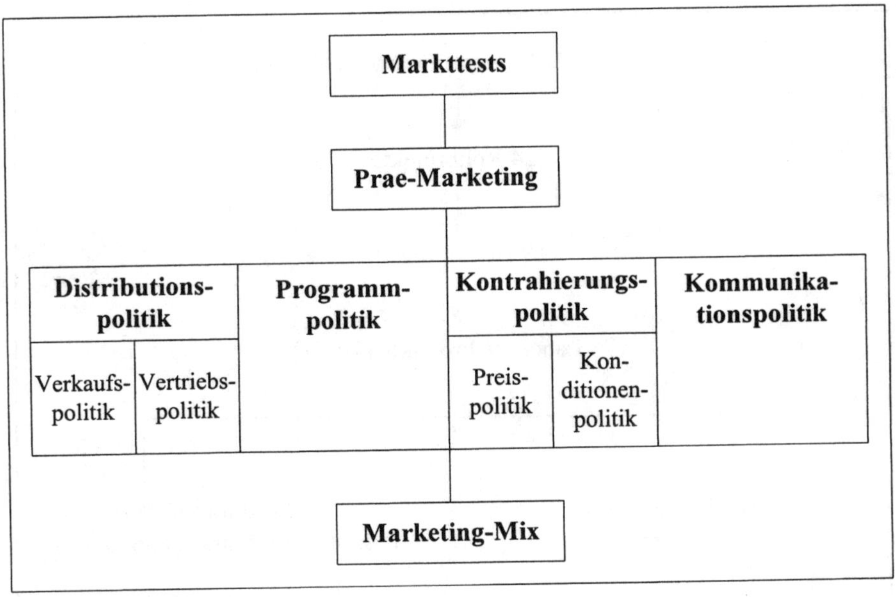

Abb. 3.2: Marketing-Planungsbereiche eines Markenartikelproduzenten

Markttests werden durchgeführt, um das **Risiko eines Markenartikel-Fehlschlages** zu begrenzen. In diversen Erhebungen wurden die Misserfolgsraten ermittelt, die durchgehend beachtenswert hoch liegen; zusätzlich ist zu berücksichtigen, dass nicht alle am Markt akzeptierten Markenartikel positive Gewinne erwirtschaften (vgl. Abb. 3.3).

Im Gebiet des geplanten Gesamtmarktes des neuen Produktes kann grundsätzlich eine **Vielzahl an Tests** durchgeführt werden. Die einzelnen möglichen Tests unterscheiden sich unter anderem in der Größe des Testmarktes, in der Zahl der potentiellen Käufer, in der Repräsentativität des Testmarktes bezüglich des Gesamtmarktes, in den jeweils anfallenden Kosten sowie in der jeweiligen Testdauer. Ein Testmarkt ist **repräsentativ** für den Gesamtmarkt, wenn Strukturgleichheit bezüglich der relevanten Repräsentanzkriterien besteht; als Repräsentanzkriterien können z.B. Konsumentenmerkmale, vorhandene Absatzwege und vorhandene Werbeträger herangezogen werden. Im Rahmen eines Test fallen **Kosten** für die Produktion des neuen Produktes, für Marketing-Maßnahmen und für die erforderlichen Marktforschungsmaßnahmen an; diese Kosten werden zum Teil kompensiert durch die im Rahmen des Tests anfallenden Erlöse für das neue Produkt. Bei der Festlegung der Dauer eines Tests ist zu beachten, dass als Ergebnis des Tests ein stabiler Marktanteil für das neue Produkt ermittelt werden sollte.

Grundsätzlich lassen sich
- Testmarktsimulationen (Labor-Markttests),
- Minimarkttests,

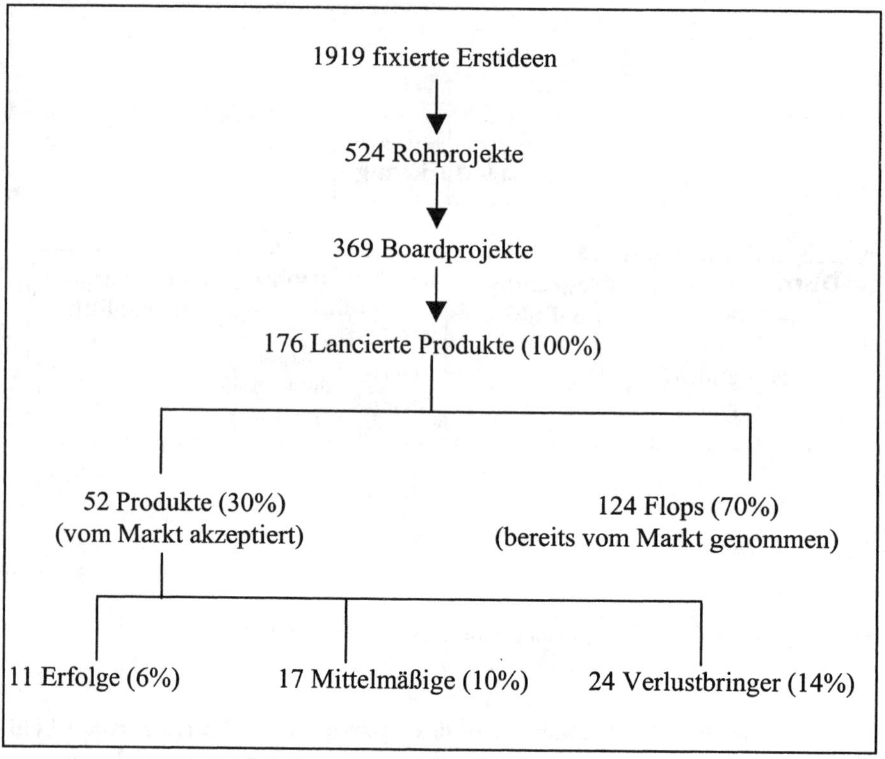

Quelle: In Anlehnung an Brockhoff 1999, S. 4.
Abb. 3.3: Häufigkeit von Produktfehlschlägen

- Store-Tests und
- regionale Markttests

unterscheiden. Bei **Testmarktsimulationen**[1] handelt es sich um keine Feldexperimente sondern um Experimente unter Laborbedingungen. Am bekanntesten ist das Simulationsmodell ASSESSOR mit den Weiterentwicklungen DESIGNOR und TESI. Zunächst werden die Versuchspersonen nach ihren bisherigen Präferenzen und Gewohnheiten befragt. Anschließend werden sie mit Werbemitteln für ein neues Produkt (Videos, Anzeigen) konfrontiert. Dann können sie in einem Einkaufslabor Einkäufe tätigen. Die gekauften Produkte werden von ihnen getestet. Im Anschluss hieran werden die Versuchspersonen erneut nach ihren Präferenzen befragt. Hierauf aufbauend werden dann Prognosen hinsichtlich des Erstkauf- und des Wiederholungskaufverhaltens erstellt. Offensichtlich ist die Eignung der Testmarktsimulationsmodelle für kurzlebige Konsumgüter.

Der **Minimarkttest**[2] zählt zu den so genannten experimentellen Märkten, die folgendermaßen gekennzeichnet sind: Das Einkaufsverhalten eines Haushalts-Panels, welches an das Kabelfernsehen angeschlossen ist, wird im Supermarkt mit Hilfe der Scanner-Technik aufgezeichnet. Mittels der Scanner-Technik werden die Artikelnummern der im Supermarkt eingekauften Artikel, die als Strich- und/oder Zifferncode auf der Verpackung angebracht sind, optisch-elektronisch erfasst; außerdem werden die zu den jeweiligen Artikelnummern gehörigen Preise abgerufen. Die Einkäufe der zu einem Scanner-Haushaltspanel gehörigen Haushalte werden dadurch registriert, dass sich diese Haushalte durch ihre Identitätskarte ausweisen (vgl. Abb. 3.4).

Bei einem **Store-Test**[3] wird das neue Produkt unter kontrollierten Bedingungen in wenigen ausgewählten Einzelhandelsgeschäften, also nicht in allen Einzelhandelsgeschäften einer Region, probeweise angeboten. Für ein neues Produkt können mittels eines Store-Tests Fragen nach
- den Absatzchancen,
- der Eignung der Verpackung oder
- der angemessenen Preissetzung

beantwortet werden; insbesondere können in verschiedenen Einzelhandelsgeschäften verschiedene Maßnahmen ausprobiert werden. Die Hauptvorteile eines Store-Tests liegen in der schnellen Durchführbarkeit und in den vergleichsweise geringen Kosten. Nachteilig kann sich eine eingeschränkte Repräsentanz des Store-Tests bezüglich des Gesamtmarktes auswirken.

Merkmale	**GfK Behavior Scan**
Testmarkt	Haßloch in der Pfalz: 100% aller Haushalte sind kabelfähig
Anzahl der Testhaushalte	2.000 Haushalte mit GfK-Box, 1.000 Haushalte ohne GfK-Box
Markterfassungsgrad im Lebensmitteleinzelhandel	je nach Warengruppe bis zu 95%
einsetzbare Medien	- alle relevanten TV-Sender - Tageszeitungen - Publikumszeitschriften - Plakate - Handelswerbung (Tageszeitung, Handzettel, Anzeigenblätter)
TV-Testsport	individuelle Ansteuerung einzelner Haushalte (z.B. der Zielgruppe) über alle Kanäle
Kontrollverfahren	individuell

Quelle: Berekoven/Ecker/Ellenrieder 2001, S. 167 f.

Abb. 3.4: Ein beispielhafter Minimarkttest

Ein **(regionaler) Markttest**[4] unterscheidet sich von einem Store-Test darin, dass bei einem **Markttest** das neue Produkt unter kontrollierten Bedingungen in einem regional abgegrenzten Markt unter Heranziehung verschiedenartiger Verkaufsorgane probeweise verkauft wird, während bei einem Store-Test das neue Produkt nur in wenigen ausgewählten Einzelhandelsgeschäften probeweise angeboten wird.

Um entscheiden zu können, **welcher Markttest** durchgeführt werden soll, können verschiedene Ansätze herangezogen werden. Zunächst ist denkbar, dass die Repräsentativität eines Testmarktes (mehrerer Testmärkte) bezüglich des Gesamtmarktes gemessen wird, indem

- der Gesamtmarkt und jeder erwogene Testmarkt vollständig beschrieben wird hinsichtlich der Zusammensetzung der Konsumenten gemäß den relevanten demo-, sozio- und psychografischen Merkmalen, der Distributionswege und der Mediaszene,
- die Unterschiedlichkeit/Ähnlichkeit des Gesamtmarktes und (jedes) erwogenen Testmarktes durch ein geeignetes Proximitätsmaß (Distanzmaß im Falle zumindest intervallskalierter Merkmale bzw. Ähnlichkeitsmaß) festgestellt wird und
- jener Testmarkt ausgewählt wird, welcher die größte Ähnlichkeit bzw. die geringste Unterschiedlichkeit bezüglich des Gesamtmarktes aufweist.

Offensichtlich ist, dass bei dieser Vorgehensweise zwar die Repräsentativität, aber nicht die Kosten verschiedener Testmärkte erfasst werden. Sollen gleichzeitig die Repräsentativität und die Kosten verschiedener Testmärkte ins Kalkül gezogen werden, so können Entscheidungsregeln wie

- Maximierung der Repräsentativität eines Testmarktes unter der Bedingung, dass ein vorgegebenes Kostenbudget nicht überschritten wird, oder
- Minimierung der Kosten unter der Bedingung, dass eine Mindest-Repräsentativität erreicht wird,

herangezogen werden. Alternativ kann ein Ansatz der Entscheidungsfindung bei mehrfacher Zielsetzung wie

- Scoring-Modell oder
- Goal-Programming-Ansatz

angewandt werden[5].

3.1.3 Prae-Marketing für neue Markenartikel

Für neue Markenartikel, welche Markttests erfolgreich überstanden haben, ist Im Folgenden zu entscheiden, ob für sie Prae-Marketing-Maßnahmen durchgeführt werden sollen. Unter Prae-Marketing[6] sind alle Marketingmaßnahmen zu subsumieren, welche vor der eigentlichen Einführung eines Markenartikels auf dem Gesamtmarkt stattfinden. Primäre Zielgruppen sind die Konsumenten und der Handel. Mögliche **Instrumente des Prae-Marketing**[7] sind

- Product Publicity
  (gezieltes Hereintragen von Produktinformationen in dem redaktionellen Teil z.B. von Zeitschriften),
- Events
  (Sales Promotions vor Produkteinführung),
- Werbung
  (vor der Produkteinführung),
- Product Placement und
- Subskriptionspreise
  (Preise vor der Produkteinführung).

Typische **Beispiele** sind auf dem Pkw-Markt (Mercedes-Benz S-Klasse, Swatch, Opel Astra), bei der Pharma-Industrie, auf dem Strommarkt (eon) oder bei Büchern (Harry Potter) zu verzeichnen.

Auf Grund der Zeitbezogenheit von Prae-Marketing-Maßnahmen sind diese unter der **Zielgröße** Kapitalwert zu bewerten; zu Grunde liegende, spezielle Prae-Marketing-Ziele sind

- die Aufmerksamkeitserzielung,
- die schnelle Durchsetzung der Innovation am Markt,
- die Erhöhung des Marktpotentials und
- ggfs. die Begrenzung von Marketingkosten (z.B. durch das Einsetzen kostengünstiger Kommunikationsinstrumente wie die Product Publicity).

Wie sich eine Prae-Marketing-Maßnahme auf den **Produktlebenszyklus**[8], also auf die Erlös- (E) und Gewinnentwicklung (G) in der Zeit, auswirken kann, zeigt Abb. 3.5. Im Fall einer Prae-Marketing-Maßnahme sind schon vor dem Einführungszeitpunkt des neuen Markenartikels Marketingkosten und damit negative Gewinnwerte zu verzeichnen; bewirkt wird aber eine schnellere Durchdringung des Marktes, die sich im Verlauf der Erlöskurve (E_1) zeigt. Insgesamt wird im Vergleich zur Alternative "kein Prae-Marketing" (wesentlich) früher das Gewinnmaximum erreicht.

Eine differenzierte theoretische Analyse erlaubt die **Diffusionstheorie**[9] als Partialmodell des Käuferverhaltens. Im Rahmen der Diffusionstheorie wird die Verbreitung einer Innovation (z.B. eines neuen langlebigen Markenartikels) in einem sozialen System (dem Gesamtmarkt) und im Zeitablauf beschrieben. Es wird davon ausgegangen, dass die Akzeptanz einer Innovation nicht gleichzeitig bei allen Konsumenten erfolgt. Die Konsumentenschaft wird vielmehr – nach der zeitlichen Reaktion auf eine Innovation – in verschiedene Klassen eingeteilt, die zusätzlich im Detail beschrieben werden.

- Klasse I : Innovationen,
- Klasse II : Frühe Übernehmer,
- Klasse III: Frühe Mehrheit,
- Klasse IV: Späte Mehrheit,
- Klasse V : Nachzügler.

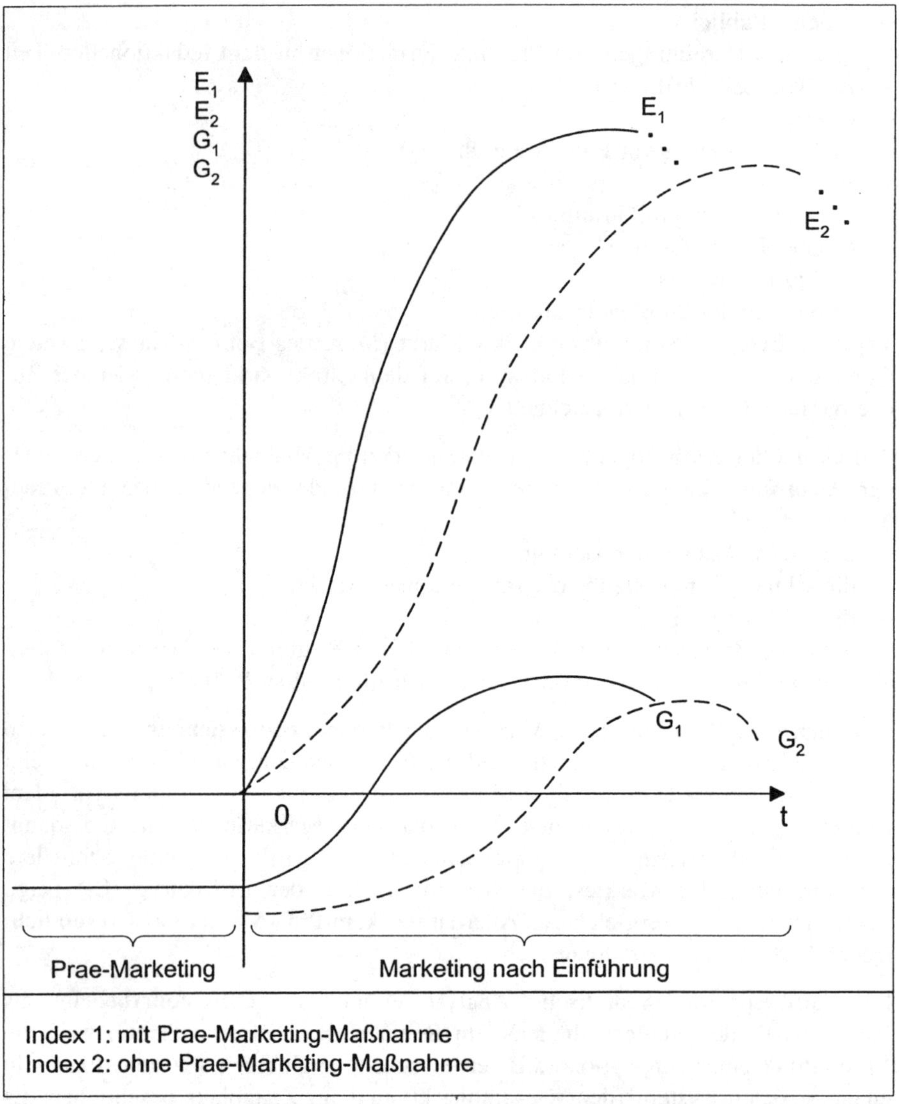

Abb. 3.5: Der (idealtypische) Produktlebenszyklus mit bzw. ohne Prae-Marketing

Der Diffusionsprozess, d.h. die Verbreitung der Innovation im sozialen System, wird durch gewisse Antriebskräfte erklärt: Ausgegangen wird von der Existenz von Leitbildgruppen, denen ein Individuum nicht angehört, deren Verhalten es jedoch nachahmen will. Die erste Antriebskraft des Diffusionsprozesses ist die Klasse der Innovatoren, welche als Meinungsführer die nachfolgende Klasse beeinflussen. Die Klasse der frühen Übernehmer ist wiederum meinungsbildend für die nachfolgende Klasse etc.

Der Diffusionsprozess wird nicht nur beschrieben und erklärt, sondern auch analytisch formuliert und entsprechend graphisch abgebildet. Nach dem logistischen Modell[10] gilt für die **Bestandsentwicklung** (Gesamtbestand an neueren langlebigen Konsumgütern)

$$Y_t = \frac{a}{1+e^{B-c\cdot t}} \quad \text{(für alle t)}$$

und für die **Entwicklung des Zusatzbestandes**

$$Y_t' = \frac{a \cdot c \cdot e^{B-c\cdot t}}{(1+e^{B-c\cdot t})^2} \quad \text{(für alle t).}$$

Dabei müssen die drei Parameter des analytisch formulierten Modells, a (Marktpotential) sowie B und c geschätzt werden.

In Abb. 3.6 und 3.7 wird die Wirkung des Prae-Marketing auf die Bestandsentwicklung und auf den Zusatzbestand im Zeitablauf skizziert. Die Abbildungen entsprechen dem zuvor analytisch formulierten Diffusionsmodell, wobei von unterschiedlichen Parameterwerten ausgegangen werden muss für die Fälle mit bzw. ohne Prae-Marketing. Das Marktpotential selbst wird hier als unabhängig vom Prae-Marketing unterstellt.

Ob das Prae-Marketing bzw. welche Prae-Marketing-Maßnahme von Vorteil ist, kann ermittelt werden, indem für jede Alternative ein Diffusionsmodell aufgestellt und (numerisch) spezifiziert wird; es kann dann jeweils die Bestandsentwicklung prognostiziert werden. Hierauf aufbauend kann ein **Kapitalwertmodell** aufgestellt und jene Alternative mit dem größten Kapitalwert ermittelt werden. **Kritisch** zu verweisen ist auf den Geltungsbereich des Diffusionsmodells (insbesondere langlebige Konsumgüter) und auf das Schätzungsproblem bezüglich der Parameter (insbesondere Expertenschätzungen).

3.1.4 Distributionspolitik

Für neue Markenartikel, die Markttests erfolgreich überstanden haben, ist als nächstes die Distributionspolitik festzulegen. Im Rahmen der Distributionspolitik sind alle betrieblichen Aktivitäten festzulegen, die darauf gerichtet sind, eine Leistung vom Ort ihrer Entstehung – unter Überbrückung von Raum und Zeit – an jene Stellen zu bringen, wo sie in den Verfügungsbereich der Nachfrager übergeht.

3.1.4.1 Überblick

Die betriebliche Distributionspolitik umfasst die beiden Teilbereiche
- Vertriebspolitik und
- Verkaufspolitik.

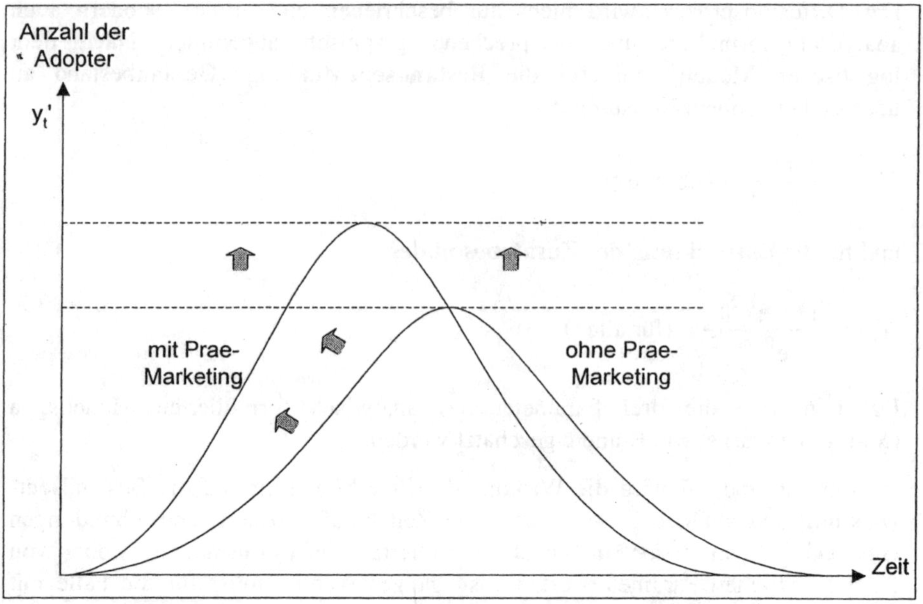

Quelle: Möhrle 1995, S. 39.

Abb. 3.6: Die Praemarketing-Wirkung auf das Adoptionsverhalten

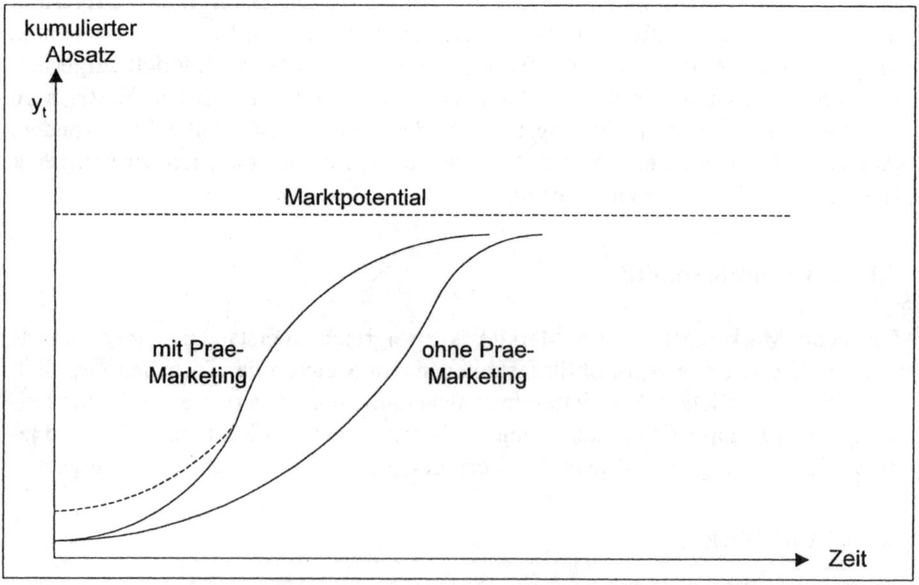

Quelle: Möhrle 1995, S. 39.

Abb. 3.7: Die diffusionsbeschleunigende Wirkung von Prae-Marketing bei ausschließlicher Betrachtung von Erstkäufen

Gegenstand der **Vertriebspolitik** ist die Wahl der Absatzwege, die Wahl der Absatzmittler und die Marketing-Logistik (vgl. Abb. 3.8). Die **Verkaufspolitik** umfasst die Festlegung aller betrieblichen Aktivitäten im Zusammenhang mit dem persönlichen Verkauf an die Nachfrager.

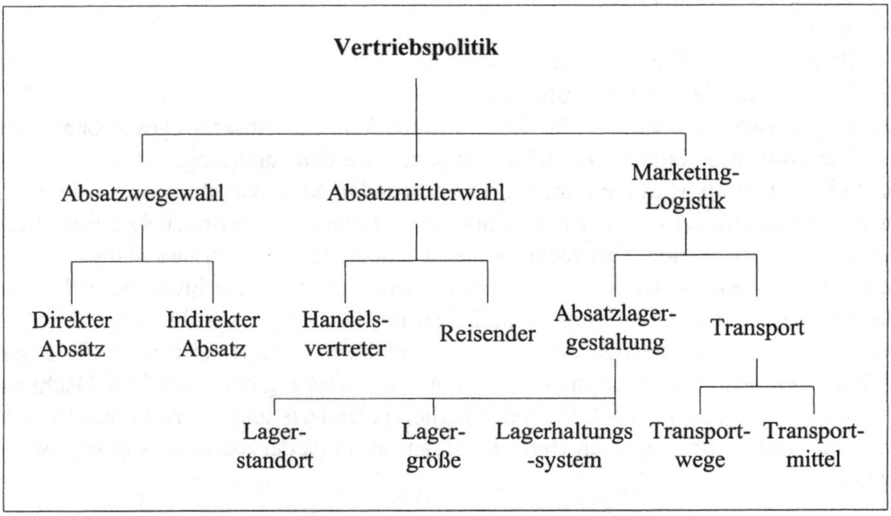

Abb. 3.8: Planungsbereiche im Rahmen der Vertriebspolitik

3.1.4.2 Absatzwegewahl

Unter einem Absatzweg wird die Gesamtheit aller Stufen, die ein Produkt durchläuft, um vom Hersteller an den Verbraucher zu gelangen, verstanden, wobei die Zugehörigkeit einer Stufe – z. B. Handel – zum Absatzweg daran geknüpft ist, dass die Entscheidungsträger auf dieser Stufe auch das Eigentum dieses Produktes erwerben. Bei der Wahl des Absatzweges stehen grundsätzlich die beiden Handlungsalternativen

- direkter Absatz und
- indirekter Absatz

zur Wahl. Beim **direkten** Absatz wird auf die Einschaltung des Handels verzichtet; der Hersteller liefert direkt an den Endverbraucher. Möglichkeiten hierzu sind eigene Verkaufsniederlassungen (WMV, Salamander), Vertreter (AVON, Vorwerk) oder Werksverkauf. Der Hersteller übernimmt die Funktion des Handels (Lagerung, Sortimentsbildung, Finanzierung, u.ä.). Beim **indirekten** Absatz werden dagegen zwischen Hersteller und Endverbraucher weitere Stufen eingeschaltet (Großhandel, Einzelhandel, Handelskooperationen, z.B. Einkaufsgenossenschaften).

Bei der Absatzwegewahl sind folgende **Zielgrößen** typisch:
- Marktausschöpfung und Sicherung der Marktpräsenz,
- Kontrollierbarkeit und Steuerbarkeit des Absatzweges,
- Flexibilität und Anpassungsfähigkeit des Absatzweges an nachfragemäßige Veränderungen,
- Image des Absatzweges,
- Vertriebskosten,
- Schaffung von Kundentreue,
- Einfluss auf den Endverkaufspreis.

Beim **direkten Absatz** ist die Kontrollierbarkeit des Absatzweges größer, der Endverkaufspreis kann unmittelbar festgelegt werden; allerdings ist die Anpassungsfähigkeit an Marktveränderungen beim **indirekten Absatz** größer, die Vertriebskosten und der erforderliche Marketingaufwand sind geringer. Die Entscheidung zwischen beiden Vertriebsformen ist jedoch stark situationsabhängig. Tendenzielle Vorteile weist der direkte Absatz dann auf, wenn die Produkte technisch kompliziert sind und damit eine hohe Erklärungsbedürftigkeit aufweisen, wenn eine vergleichsweise geringe Anzahl an Abnehmern vorliegt oder im Falle einer starken regionalen Konzentration der Abnehmer. Bei regional verteilter Nachfrage, bei unproblematischen Gütern des täglichen Bedarfs und bei zu hohen Kosten für den Aufbau einer eigenen Vertriebsorganisation ist der indirekte Absatz vorzuziehen.

Die Entscheidung zwischen alternativen Absatzwegen kann beispielsweise auf der Grundlage von
- Kostenvergleichsrechnungen,
- Gewinnvergleichsrechnung oder
- Scoring-Modellen

getroffen werden; daneben können die typischen Ansätze für Risikosituationen wie Entscheidungsbaumverfahren oder Risikoanalyse herangezogen werden. Im Rahmen einer **Kostenvergleichsrechnung** wird die Entscheidung ausschließlich auf Basis der bei den einzelnen Vertriebsformen anfallenden Kosten getroffen. Die Kosten beim **direkten Absatz** setzen sich aus fixen und variablen Bestandteilen zusammen:

$$K_D = K_D{}^F + K_K^{MA} + k_{vD} \cdot x.$$

Fixe Kosten entstehen insbesondere für die Errichtung und Erhaltung eines eigenen Vertriebsnetzes, z.B. Mieten für die eigenen Verkaufsniederlassungen ($K_D{}^F$) sowie für Marketingmaßnahmen gegenüber Endverbrauchern ($K_K{}^{MA}$). Variable Kostenbestandteile sind beispielsweise
- Löhne und Gehälter für das Verkaufspersonal,
- Lager- und Versandkosten.

Beim **indirekten Absatz** fallen überwiegend variable Kosten an; neben den für den direkten Absatz geltenden Kostenarten fallen noch fixe Kosten für an den Handel gerichtete Marketingmaßnahmen an ($K_H{}^{MA}$). Für die Kosten des indirekten Absatzes gilt also:

$$K_I = K_K^{MA} + K_H^{MA} + k_{vI} \cdot x.$$

Die Höhe der variablen Kosten beim direkten bzw. indirekten Absatz ist weitgehend davon abhängig, in welchem Umfang der Handel Funktionen wie Endverbrauchermarketing, Lagerung und Transport übernimmt. Der optimale Absatzweg ergibt sich durch Vergleich der entstehenden Gesamtkosten; daneben kann auch eine kritische Menge x^* errechnet werden, bei der beide Absatzwege dieselben Gesamtkosten aufweisen:

$$x^* = \frac{(K_H{}^{MA} - K_D{}^F)}{(k_{vD} - k_{vI})}.$$

Eine reine Kostenvergleichsrechnung berücksichtigt aber nicht, dass erstens bei beiden Vertriebsformen unterschiedliche Absatzmengen zu erwarten sind, zweitens der Stückdeckungsbeitrag beim direkten Vertrieb in der Regel höher ist, da der Verkaufspreis für die Endverbraucher höher liegt als der Abgabepreis an den Handel; aus diesem Grunde ist eine **Gewinnvergleichsrechnung** zweckmäßiger. Der Gewinn beim **direkten Absatz** in einer Periode t berechnet sich als

$$G_D = (p_{EVP} - k_v{}^{Prod} - k_{v_D}) \cdot x_D - K_D^F - K_K^{MA} - K^F,$$

mit

p_{EVP} : Einzelverkaufspreis,

$k_v{}^{Prod}$: variable Stückkosten der Produktion

k_{vD} : variable Stückkosten des Direktvertriebs,

x_D : Absatzmenge beim direkten Absatz,

$K^F{}_D$: Fixe Kosten für den Aufbau eines Vertriebsnetzes,

$K_K{}^{MA}$: Marketingkosten gegenüber den Konsumenten,

K^F : sonstige Fixkosten (vom Vertriebsweg unabhängig).

Beim **indirekten Absatz** beträgt der Gewinn in einer Periode t

$$G_I = (p_{APH} - k_v{}^{Prod} - k_{vI}) \cdot x_I - K_H^{MA} - K_K^{MA} - K^F,$$

wobei

P_{APH} : Abgabepreis an den Handel,

k_{vI} : variable Stückkosten beim indirekten Vertrieb,

x_I : Absatzmenge beim indirekten Vertrieb,

$K_H{}^{MA}$: Marketingkosten gegenüber dem Handel.

Zu bemängeln ist an diesem Ansatz insbesondere die statische Betrachtungsweise. Die Absatzwegewahl stellt eine strategische Entscheidung dar, welche über einen längeren Zeitraum Gültigkeit besitzt; eine einperiodige Betrachtung der Gewinne ist daher unzureichend. Unter Berücksichtigung der diskontierten Gewinne mehrerer Perioden kann eine **Kapitalwert-Vergleichsrechnung** durchgeführt werden. Daneben können mehrwertige Erwartungen vorliegen.

Die Berücksichtigung weiterer Kriterien neben Umsätzen und Kosten erlauben **Scoring-Modelle**. In einem ersten Schritt sind die entscheidungsrelevanten Kriterien zu identifizieren, z.B.

- Steuerbarkeit,
- Flexibilität,
- Einfluss auf den Endverkaufspreis,
- Image,
- Vertriebskosten usw.

Im Anschluss daran sind die einzelnen Kriterien gemäß den Präferenzen des Entscheidungsträgers zu gewichten. In einem weiteren Schritt sind die Kriterienerfüllungsgrade zu skalieren, es ist also für jedes Kriterium festzulegen, welchem Kriterienerfüllungsgrad welche Punktzahl zuzuordnen ist. Für jede in Frage kommende Handlungsalternative – hier die einzelnen Absatzwege – ist bei jedem Kriterium je nach Erfüllungsgrad der zugehörige Punktwert zu vergeben. Schließlich ist unter Berücksichtigung der Kriteriengewichte für jeden Absatzweg die gewichtete Gesamtpunktzahl zu ermitteln. Ein **Beispiel** hierfür findet sich in der Abb. 3.9. Im Beispiel wurde eine Punkteskala von 1 – 5 verwendet; optimal ist hier der direkte Absatz. Das (deterministische) Scoring-Modell kann zu einem probabilistischen Scoring-Ansatz erweitert werden.

Kriterien	**Gewicht**	**Bewertung**	
		Direkter Absatz	Indirekter Absatz
Steuerbarkeit	0,1	4	2
Flexibilität	0,1	2	3
Einfluss auf Endverkaufspreis	0,3	5	2
Image des Absatzweges	0,1	3	4
Vertriebskosten	0,4	2	4
Gewichtete Gesamtpunktzahl		**3,2**	3,1

Abb. 3.9: Ein Scoring-Modell zur Absatzwegewahl

3.1.4.3 Absatzmittlerwahl

Als Absatzmittler das heißt als Verkaufsorgane, können grundsätzlich Reisende oder Handelsvertreter eingesetzt werden. Beide Arten von Absatzmittlern können zunächst auf der Grundlage der relevanten rechtlichen Regelungen des Handelsgesetzbuches (HGB) gekennzeichnet werden. So gilt als **Handelsvertreter** (§§ 84 – 92 HGB), wer als selbständiger Gewerbetreibender ständig damit betraut ist, Geschäfte für einen anderen Unternehmer zu vermitteln oder in dessen Namen und auf dessen Rechnung abzuschließen (vgl. § 84 HGB). Als Vergütung erhält ein Handelsvertreter in der Regel eine umsatzabhängige Provision; Vertretern, die nur für ein Unternehmen tätig sind, kann darüber hinaus ein Fixum gewährt werden. Nach Beendigung des Vertragsverhältnisses besitzt der Handelsvertreter einen Anspruch auf Ausgleichszahlung, es sei denn, der Handelsvertreter hat seine Kündigung selbst verschuldet. Der Ausgleich beträgt höchstens eine Jahresprovision; sie wird aus dem Durchschnitt der Provisionen der letzten fünf Jahre berechnet. Ein Handelsvertreter ist in der Regel in einem abgegrenzten Gebiet tätig. In welchem Maße er weisungsgebunden ist, hängt von der Vertragsgestaltung ab.

Im Gegensatz zum Handelsvertreter ist der **Reisende** (§§ 59 – 75 HGB) Angestellter eines Unternehmens und damit "betriebseigenes" Absatzorgan. Damit ist er weisungsgebunden; im engeren besitzt er ein Inkassorecht und kann Zahlungsziele festlegen; Mängelrügen ihm gegenüber sind rechtswirksam. Die Entlohnung des Reisenden besteht aus Fixum plus (umsatzabhängiger) Provision:

Ob Reisende oder Handelsvertreter von einem Unternehmen eingesetzt werden sollen, kann auf der Grundlage von

- Kostenvergleichsrechnungen,
- Gewinnvergleichsrechnungen,
- Kapitalwert-Ansätzen oder
- Scoring-Modellen

bestimmt werden, wobei sichere bzw. unsichere Erwartungen bezüglich der Inputdaten gegeben sein können.

Die einfache **Kostenvergleichsrechnung** zur Absatzmittlerwahl basiert auf der Überlegung, dass in einem Unternehmen unterschiedliche Kosten anfallen, je nachdem, ob ein Handelsvertreter oder ein Reisender eingesetzt wird; unterstellt wird, dass beide Absatzmittler prinzipiell die gleichen Umsätze realisieren. Für den Reisenden fallen dem Unternehmen fixe Kosten in Form eines Gehalts an; daneben entstehen variable Kosten in Form von Provisionen. Die für einen Handelsvertreter anfallenden Kosten sind vor allem Provisionsbeträge; grundsätzlich ist der Provisionssatz für Handelsvertreter höher als für Reisende. Gegebenenfalls fallen auch fixe Kosten an, wenn dem Vertreter ein Fixum gewährt wird; dieses Fixum ist jedoch in der Regel niedriger als beim Reisenden. Unter der Annahme, dass die variablen Kostenbestandteile für Handelsvertreter beziehungsweise Reisende ausschließlich vom realisierten Umsatz abhängig sind, lassen sich die Kosten für die einzelnen Absatzmittler wie folgt angeben:

$K_R = F_R + q_R \cdot U$ und

$K_{HV} = F_{HV} + q_{HV} \cdot U$

mit
F_R : Fixum Reisender
F_{HV} : Fixum Handelsvertreter ($F_{HV} < F_R$),
q_R : Provisionssatz Reisender,
q_{HV} : Provisionssatz Handelsvertreter ($q_{HV} > q_R$),
U : Umsatz.

Ermitteln lässt sich der **kritische Umsatzwert U^***, d. h. derjenige Umsatz, bei dem Handelsvertreter und Reisende die gleichen Kosten verursachen. Analytisch lässt sich U^* durch Gleichsetzen der beiden Kostengleichungen bestimmen:

$$K_R \overset{!}{=} K_{HV}$$

$$\rightarrow F_R + q_R \cdot U^* = F_{HV} + q_{HV} \cdot U^*$$

$$\rightarrow U^* = \frac{F_R - F_{HV}}{q_{HV} - q_R}.$$

Für Umsätze unterhalb des kritischen Umsatzes fallen beim Einsatz eines Handelsvertreters geringere Kosen an; für Umsätze oberhalb des kritischen Umsatzes ist der Einsatz eines Reisenden vorteilhafter.

Ausgehend von diesem Grundmodell sind zahlreiche **Erweiterungen** denkbar. Beispielsweise kann angenommen werden, dass die Provisionssätze nicht konstant, sondern nach der Umsatzhöhe gestaffelt sind, d. h. $q_{HV} = q(U_{HV})$, $q_R = q(U_R)$; damit sind die Kostenfunktionen nicht mehr linear. Der kritische Umsatz lässt sich analog zum Grundmodell ermitteln. Weiterhin kann berücksichtigt werden, dass ein Unternehmen seinen Absatzmittlern für die verschiedenen von ihm hergestellten Produkte 1, 2, .. unterschiedliche Provisionssätze gewährt; die Kostengleichungen ergeben sich dann als

$K_R = F_R + q_R^1 \cdot p^1 \cdot x^1 + q_R^2 \cdot p^2 \cdot x^2 + ...$ und
$K_{HV} = F_{HV} + q_{HV}^1 \cdot p^1 \cdot x^1 + q_{HV}^2 \cdot q^2 \cdot x^2 + ...$

Des Weiteren kann berücksichtigt werden, dass die Produktpreise bei zunehmender Absatzmenge gemäß einer Preis-Absatzfunktion fallen, d.h. $p = p(x)$. In diesem Fall ist in den Kostenfunktionen jeweils der Umsatz entsprechend zu spezifizieren. Durch Lösen einer quadratischen Gleichung lässt sich die kritische Absatzmenge bestimmen. Falls nicht nur die aufgeführten Kostenarten, Fixum und umsatzabhängige Provision, sondern auch weitere Kostenarten wie Reisespesen, Kosten der Auftragsabwicklung, der Gehaltsabrechnung, des Berichtswesens, der Außendiensteinsatzplanung im Falle des Reisenden-Einsatzes zu berücksichtigen sind, ist ein erweiterter Kostenvergleich vorzunehmen.

Kritisch zu betrachten sind weitere restriktive Prämissen der Kostenvergleichrechnungen. So wird unterstellt, dass Handelsvertreter und Reisende in jeder Planungsperiode beliebig zu ersetzen sind, d.h. beispielsweise, dass im Falle der Vorteilhaftigkeit eines Vertreters einem angestellten Reisenden sofort gekündigt werden kann. Auch die Annahme, dass beide Absatzmittler die gleichen Umsätze realisieren, ist wenig plausibel. Darüber hinaus bleiben Kriterien wie z. B. Marktnähe, Steuerbarkeit, Fachwissen außer Betracht. Eine Kostenvergleichsrechnung ist nicht mehr ausreichend, falls Reisende und Handelsvertreter unterschiedliche Umsätze realisieren. Beispielsweise kann angenommen werden, dass ein Reisender in seinem Gebiet größere Mengen absetzen kann als ein Handelsvertreter, der oft in mehreren Gebieten und für mehrere Unternehmen tätig ist. In diesem Falle kann die Entscheidung auf der Basis der von den einzelnen Absatzmittlern erzielbaren **Gewinne** getroffen werden:

$$G_R = (p - k_v) \cdot x_R - q_R \cdot p \cdot x_R - F_R - K^F \quad \text{und}$$

$$G_{HV} = (p - k_v) \cdot x_{HV} - q_{hV} \cdot p \cdot x_{HV} - F_{HV} - K^F.$$

Bei diesem Ansatz wird lediglich die Annahme gleicher Umsätze aufgehoben; die übrigen, bei der Kostenvergleichsrechnung angeführten Kritikpunkte gelten weiterhin. Ansatzpunkte zur Modellerweiterung ergeben sich analog zur Kostenvergleichsrechnung; außerdem lässt sich der Ansatz unter Betrachtung mehrerer Perioden zu einer **Kapitalwert-Vergleichsrechnung** erweitern.

3.1.4.4 Marketinglogistik

Gegenstand der Marketing-Logistik[11] sind Entscheidungen über die **Absatzlagergestaltung** und die Wahl von **Transportmitteln und –wegen**. Im Rahmen der Absatzlagergestaltung sind insbesondere die Festlegung der Standorte der Läger, ihrer Größe sowie Entscheidungen hinsichtlich der **Lagerhaltung und -bewirtschaftung** von Bedeutung.

Die Bestimmung der Anzahl, Grösse und Standorte der Läger hat unter Berücksichtigung von Lieferzeit und Kosten zu erfolgen. Während die Lieferzeit mit der Anzahl der Läger sinkt, steigen die Lagerhaltungskosten insgesamt und es entstehen Kosten für den Betrieb der Läger (Systemkosten); auf Grund dieses Zielkonfliktes wird in der Regel versucht, die Lieferzeit bei gegebenem Kostenniveau zu minimieren. Zu beachten ist, dass eine kurze Lieferzeit beziehungsweise eine hohe **Liefer- und Servicebereitschaft** eines Anbieters ein erhebliches akquisitorisches Potential darstellen kann. So stellt eine kurze Lieferzeit von Waren (z.B. Rohstoffe) für einen Abnehmer eine Möglichkeit zur Reduktion des durchschnittlichen Lagerbestandes, eine höhere Lagerumschlagshäufigkeit und damit ein niedriges gebundenes Kapital dar.

Im Bereich der **Lagerbewirtschaftung** wurden zahlreiche Entscheidungsmodelle entwickelt, die sich insbesondere hinsichtlich ihres Komplexitätsgrades unterscheiden. So existieren Modelle, denen entweder eine deterministische oder eine stochastische Nachfrage- und/oder Wiederbeschaffungssituation zu Grunde liegt; des weiteren ist zwischen statischen Modellen mit konstanter durchschnittlicher Nachfrage sowie dynamischen Modellen zu unterscheiden, bei denen die Perioden-Nachfrage im Zeitablauf schwankt (z. B. wegen saisonaler Einflüsse). Ausserdem kann von einer Ein-Lager-Situation zu einer Mehr-Lager-Situation übergangen werden, bei der die zwischen den einzelnen Absatzlängern bestehenden Interdependenzen berücksichtigt werden müssen; hier ist unter anderem eine Abstimmung der Bestellpolitiken der einzelnen Läger erforderlich.

Bei der Entscheidung über die einzusetzenden **Transportmittel** (Bahn, LKW, Schiff, Flugzeug) können zunächst im Rahmen eines Verfahrenvergleiches die Kosten der einzelnen Transportmittel in Abhängigkeit von der zu versendenden Menge ermittelt werden. Zu berücksichtigen sind jedoch produktspezifische Anforderungen (z.B. Kühlbedürftigkeit), die in bestimmter Weise ausgerüstete Transportmittel erfordern, als auch die Geschwindigkeit, mit der die Waren befördert werden können. Beispielsweise können die Transportkosten für den Transport einer bestimmten Warenmenge mittels Flugzeug über den vergleichbaren Kosten für die Beförderung per Schiff liegen; durch die schnellere Beförderung per Flugzeug können jedoch unter Umständen die durchschnittliche Lagerbestände und somit das gebundene Kapital gesenkt werden. Hier ergeben sich als kompensatorisch Effekt, die zu beachten sind. Daher sind die Transportkosten nicht isoliert zu betrachten; nur bei ganzheitlicher Berücksichtigung von Transport-, Lagerhaltungs-, Verwaltungs-, Verpackungs- und Versicherungskosten kann eine Entscheidung über die einzusetzenden Transportmittel gefällt werden.

Im Rahmen der Transportmittelwahl ist des weiteren darüber zu entscheiden, ob und gegebenenfalls in welchem Umfang ein **eigener Fuhrpark** unterhalten werden soll. Eine Ausrichtung der Fuhrparkgröße an der maximalen Transportnachfrage ist auf Grund der hohen Fixkosten des Fuhrparks und seiner Unterauslastung in der übrigen Zeit in der Regel ökonomisch nicht sinnvoll. Der Fuhrpark ist daher so zu dimensionieren, dass eine gleichmäßige Auslastung der Fahrzeuge im Zeitablauf gewährleistet ist; in Engpasssituationen ist dann auf spezialisierte Aufgabenträger (zum Beispiel Speditionen) zurückzugreifen oder die Lieferfrist entsprechend auszudehnen, sofern dies unter akquisitorischen Gesichtspunkten vertretbar erscheint.

Bei der Festlegung der **Transportwege** ist zu bestimmen, auf welchen Wegen welche Mengen eines Produktes zu den einzelnen Nachfragepunkten gelangen soll. Das Ziel hierbei ist die Wegstrecken- bzw. Transportkostenminimierung. Besteht die Möglichkeit, sämtliche Aufträge im Rahmen einer Tour zu erledigen, so ist lediglich die optimale Rundreise (Travelling-Salesman-Problem) zu ermitteln; überschreitet das Transportvolumen jedoch die Kapazität, die im Rahmen einer Tour zu bewältigen ist, so ist festzulegen, welche Abnehmer zu einer Tour zusammenfassen sind und in welcher Reihenfolge die Abnehmer einer Tour zu beliefern sind. In diesem Zusammenhang sind Tourenplanungsprobleme unter deterministischen Bedingungen, bei denen die Anzahl der Aufträge, die jeweilige Abnahmemenge und die Bestimmungsorte vorab bekannt sind, von Tourenplanungsproblemen unter stochastischen Bedingungen unterscheiden. Bei letzteren sind insbesondere die nachgefragten Mengen an den einzelnen Absatzpunkten als Zufallsvariable anzusehen,

3.1.4.5 Verkaufspolitik

Gegenstand der Verkaufspolitik[12] sind alle betrieblichen Aktivitäten im Zusammenhang mit dem Persönlichen Verkauf durch Mitarbeiter eines Unternehmens an die Nachfrager (Handel bzw. Konsumenten). Der **persönliche Verkauf** lässt deutlich von der Medienwerbung abgrenzen: Während bei der Medienwerbung eine unpersönliche, in der Regel einseitige und mittelbare Kommunikation erfolgt, ist mit dem persönlichen Verkauf eine mündliche Kommunikation verbunden, die persönlich, wechselseitig und unmittelbar erfolgt. Das **Aufgabenspektrum** des persönlichen Verkaufes erstreckt sich von der Kontaktaufnahme über die Beeinflussung und den Kaufabschluss bis gegebenenfalls zur Kaufabwicklung; folgende wesentlichen Aufgabenbereiche lassen sich unterscheiden:

- Die Erlangung von Aufträgen,
- die Beeinflussung der Einstellungen der Nachfrager gegenüber dem Unternehmen,
- die Erfüllung mancher logistischer Aufgaben,
- die Informationsbeschaffung über die Nachfrager.

Der **Prozess der Verkaufsplanung** wird in Abb. 3.10 dargestellt. Nach einer Analyse der Ausgangssituation (Unternehmensziele, betriebsinterne Situation, Konkurrenzsituation) sind zunächst die Ziele und die Zielgruppen der Verkaufspolitik festzulegen. Im Anschluss hieran ist dann das Verkaufsbudget, das heißt, die Höhe der finanziellen Mittel, die für Verkaufszwecke eingesetzt werden sollen, zu bestimmen. Begrenzte verfügbare finanzielle Mittel können eine Revision der verfolgten Ziele und der beabsichtigten Zielgruppen bewirken. Im Anschluss hieran können der Umfang des Außendienstes und die Verkaufsbezirke festgelegt werden. Im Folgenden ist eine Akquisition, Selektion und Schulung der Außendienstmitarbeiter vorzunehmen; außerdem sind die Steuerungs-Instrumente zu planen. Sind die entsprechenden Entscheidungen getroffen, so können Außendienst-Besuche geplant werden. Die gestrichelten Pfeile in der Abb. 3.10 beinhalten verschiedene zu beachtende, wesentliche Rückkopplungen. Zum einen wird die Planung eines jeden Entscheidungstatbestandes von dem (nachträglich) bewerteten, entsprechenden Ergebnis einer vorausgehenden Periode beeinflusst. Darüber hinaus bestehen einige enge Beziehungen zwischen verschiedenen Planungsbereichen, welche eine sukzessive Planung erschweren.

Bei den **Zielen der Verkaufspolitik** können grundsätzlich unternehmensbezogene Ziele und verkäuferbezogene Ziele unterschieden werden. Die verkäuferbezogenen Ziele haben eine besondere Bedeutung im Rahmen der Steuerung des Außendienstes; hierauf wird später eingegangen. Zu den **unternehmensbezogenen verkaufspolitischen Zielen** lassen sich

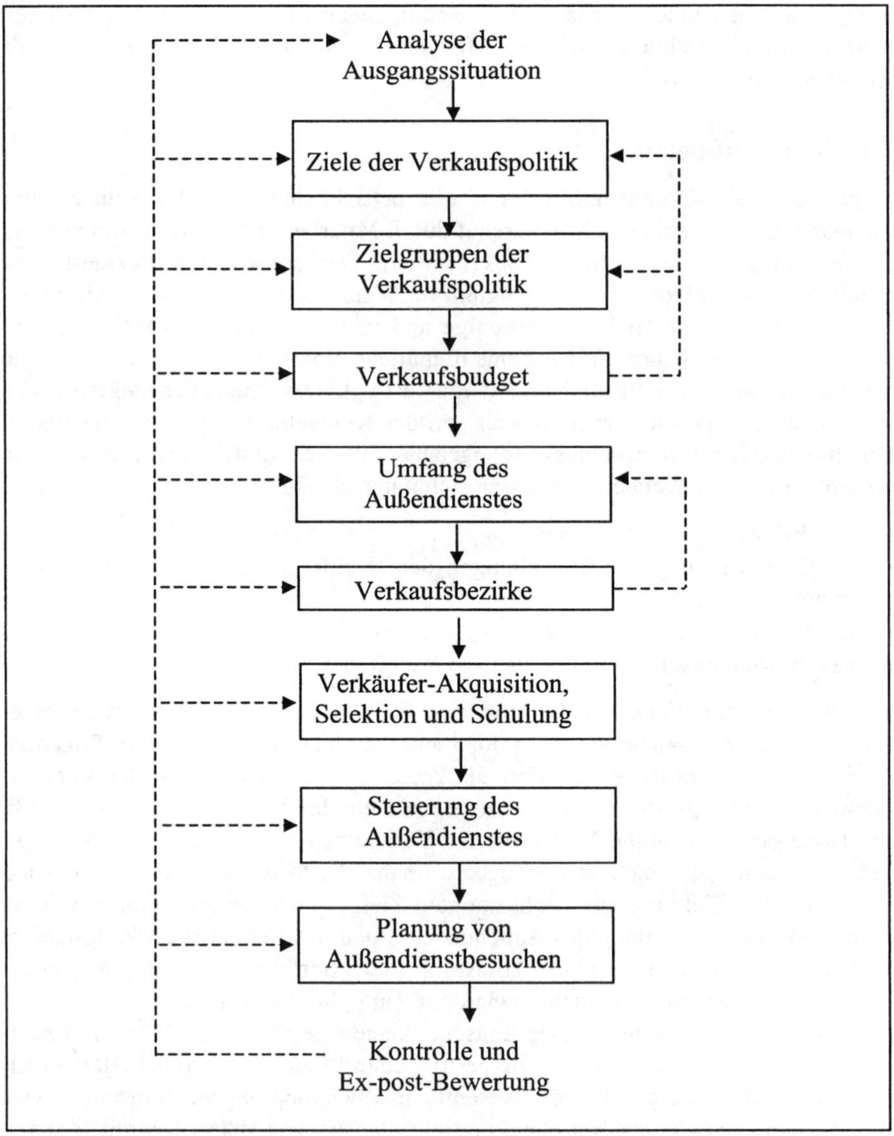

Abb. 3.10: Planungsprozess der Verkaufspolitik

- Gewinnziele,
- Erlösziele,
- Marktanteilsziele und
- Absatzmengenziele

wie z.B. die Gewinnmaximierung bzw. -steigerung um einen gewissen Prozentsatz in der Planungsperiode zuordnen. Daneben sind Ziele wie

- Erlangung der relevanten Marktinformationen oder
- Erkennen, Information und Überzeugung des potentiellen Kundenkreises

zu nennen.

Zur Entscheidung über die **Höhe des Verkaufsbudgets**, also der finanziellen Mittel, die im Rahmen der Verkaufspolitik eingesetzt werden sollen, sind sogenannte Praktikerverfahren sowie theoretische Ansätze entwickelt worden; sie ähneln jenen, die zur Werbebudgetierung vorgeschlagen worden sind. Zu den **Praktikerverfahren** zählen die Verfahren

- Budget als Prozentsatz des Umsatzes (des Gewinnes),
- Budget gemäß Ausgaben der Hauptkonkurrenten,
- Budget gemäß verfügbarer Mittel und
- Budget gemäß Ziel und zu lösender Aufgabe (Objective-and-Task).

Im Zusammenhang mit den entsprechenden Praktikermethoden zur Werbebudgetierung wird dargelegt, dass die drei erstgenannten Verfahren einer kritischen Analyse nicht standhalten können. Sinnvoll kann eine Anwendung des Verfahrens "Budget gemäß Ziel und zu lösende Aufgabe" sein. Bei einer Anwendung dieses Verfahrens kann die im zweiten Schritt erforderliche Prognose der Wirksamkeit alternativer, erwogener Maßnahmen problematisch sein.

Wie bei der Planung des optimalen Werbebudgets kann auch zur Planung des optimalen Verkaufsbudgets eine Vielzahl an **Optimierungsmodellen** eingesetzt werden. Denkbar sind insbesondere statische und dynamische marginalanalytische Ansätze. Im einfachsten Fall ist der Preis vorgegeben; die Absatzmenge hängt vom Verkaufsbudget V ab. Damit gilt für die Gewinnfunktion

$$G(V) = p \cdot x(V) - K(x(V)) - V \rightarrow \text{Max!}$$

Die notwendige Bedingung für das gewinnmaximale Verkaufsbudget kann mit Hilfe der Differentialrechnung bestimmt werden.

Um den **Umfang des Außendienstes** zu planen, können Praktikerverfahren wie

- das Potentialverfahren (Breakdown Method),
- das Arbeitslastverfahren (Workload Method)

oder aber Optimierungsmodelle herangezogen werden. Das **Potentialverfahren**[13] lässt sich folgendermaßen charakterisieren:

- In einem ersten Schritt ist das Umsatzpotenzial des Unternehmens in der Planungsperiode zu prognostizieren.
- Zweitens ist zu ermitteln, welchen Umsatz ein Außendienstmitarbeiter im Durchschnitt erzielen kann.
- Die erforderliche Zahl der Außendienstmitarbeiter resultiert dann, indem das prognostizierte Umsatzpotenzial durch den durchschnittlichen Umsatz pro Außendienstmitarbeiter dividiert wird.

Offensichtlich ist, dass bei diesem Verfahren von der Prämisse ausgegangen wird, dass jeder Außendienstmitarbeiter dieselbe Leistung erbringt, d.h. denselben Umsatz erzielt. Hiervon unabhängig ist das Verfahren aber sachlogisch falsch: Der

Umsatz wird als Bestimmungsfaktor für die Zahl der Außendienstmitarbeiter und nicht als deren Resultat angesehen.

Das **Arbeitslastverfahren**[14] umfasst folgende Schritte:
- Zunächst ist die für die Bearbeitung des Gesamtmarktes in der Planungsperiode erforderliche gesamte Arbeitszeit festzustellen.
- Zweitens ist die verfügbare Arbeitszeit pro Außendienstmitarbeiter in der Planungsperiode zu bestimmen.
- Die erforderliche Zahl der Außendienstmitarbeiter lässt sich dann ermitteln, indem die erforderliche gesamte Arbeitszeit durch die verfügbare Arbeitszeit pro Person dividiert wird.

Diesem Verfahren liegt die Prämisse zu Grunde, dass auf alle Außendienstmitarbeiter dieselbe Arbeitslast entfallen soll. Dabei werden unterschiedliche individuelle Leistungsfähigkeiten der Außendienstmitarbeiter vernachlässigt. Unberücksichtigt bleibt auch die Abhängigkeit des erzielbaren Umsatzes vom Umfang des Außendienstes. Positiv zu vermerken ist hingegen, dass eine detaillierte Ermittlung der mit der Bearbeitung eines Gesamtmarktes verbundenen Arbeitslast möglich ist, indem unterschiedliche Kundengruppen, die in unterschiedlicher Weise bearbeitet werden sollen, beachtet werden.

Den einzelnen Außendienstmitarbeitern sind **Verkaufsbezirke** zuzuordnen, die sie allein zu bearbeiten haben. Der Planung von Verkaufsbezirken können folgende **Grundsätze**[15] zu Grunde liegen:
- Die Verkaufsbezirke sollen einfach zu verwalten sein;
- das Umsatzpotenzial soll einfach zu schätzen sein;
- die gesamte Reisezeit soll niedrig gehalten werden;
- die Verkaufsbezirke sollen eine ausreichend große und eine gleich große Arbeitslast für die Außendienstmitarbeiter aufweisen.

Diese Grundsätze sind durch eine angemessene Größe (Umsatzpotenzial) und Fläche (regionale Ausdehnung) der einzelnen Verkaufsbezirke zu verwirklichen. Bei der Planung der Bezirke können zwei **Vorgehensweisen** herangezogen werden:
- Bildung von Verkaufbezirken mit demselben Umsatzpotenzial bzw.
- Bildung von Verkaufsbezirken mit derselben Arbeitslast.

Eine Bildung von **Verkaufsbezirken mit demselben Umsatzpotenzial** hat verschiedene Vorteile: für alle Außendienstmitarbeiter bestehen dieselben Verdienstmöglichkeiten. Die Bewertung der Leistungen der Außendienstmitarbeiter ist vergleichsweise einfach; unterschiedliche Verkaufsergebnisse basieren insbesondere auf unterschiedlichen Einsätzen/Fähigkeiten. Damit wird eine Konkurrenzsituation zwischen den Außendienstmitarbeitern geschaffen. Dieses Verfahren findet aber gewisse Grenzen, wenn die Bezirke deutlich unterschiedliche regionale Ausdehnungen besitzen und damit deutlich unterschiedliche Arbeitslasten gegeben sind.

Werden hingegen **Verkaufsbezirke mit derselben Arbeitslast** gebildet, so resultieren in der Regel unterschiedliche Umsatzpotenziale bei den verschiedenen Bezirken. Dies kann zu unterschiedlichen Einkommen der Außendienstmitarbeiter führen, wenn eine provisionsabhängige Einkommenszahlung vereinbart wird. Als Ergebnis ist festzuhalten, dass bei der Planung der Verkaufsbezirke sowohl die Arbeitslast als auch das Umsatzpotenzial, als auch die Art und Weise der Außendienstentlohnung beachtet werden müssen.

Ein **Prozessmodell zur Planung von Verkaufsbezirken** findet sich in der Abb. 3.11. Ausgangspunkt ist die Festlegung der Basisbezirke (z.B. Stadtteile, Städte, Landkreise, Bundesländer), die – unter Beachtung der geplanten Zahl an Außendienstmitarbeitern und des Marktpotentials pro Basisbezirk – zu vorläufigen Verkaufsbezirken zusammenzufassen sind. Die Im Folgenden durchzuführende Arbeitslast-Analyse kann zu Anpassungen der vorläufigen Verkaufsbezirke aufgrund von Arbeitslastunterschieden führen. Schließlich sind den endgültigen Verkaufsbezirken die Außendienstmitarbeiter zuzuordnen; dabei sind die relevanten Fähigkeiten der Außendienstmitarbeiter zu berücksichtigten.

Verschiedene **Optimierungsmodelle** zur Bestimmung von Verkaufsbezirken sind entwickelt worden[16]. Beispielhaft wird hier auf das Modell **GEOLINE**[17] verwiesen, welchem als Zielsetzung die Konstruktion möglichst kompakter Gebiete unter

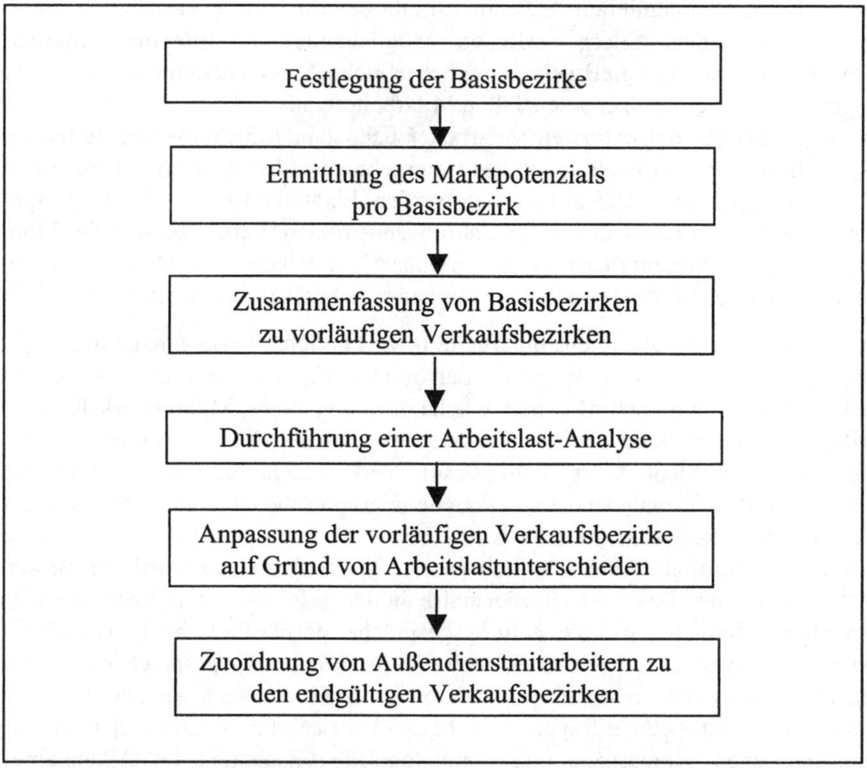

Quelle: Churchill et al. 2000, S. 183.

Abb. 3.11: Prozessmodell zur Planung von Verkaufsbezirken

der Bedingung, dass gleichartige Gebiete resultieren, zu Grunde liegt. Dabei wird die Kompaktheit eines Gebietes durch die Summe der Entfernungen der Basisbezirke zum Reisendenstandort eines Verkaufsgebietes, multipliziert mit der jeweils zugehörigen Arbeitsbelastung, gemessen. Die Gleichheit von Verkaufsbezirken wird anhand der zeitlichen Belastung eines Außendienstmitarbeiters beurteilt, welche allgemein von der Anzahl und der Struktur der Kunden abhängt. Hiermit ist ein kritischer Punkt des Modells GEOLINE gegeben, welcher im später entwickelten Modell **MAPS**[18] überwunden wird; dort werden mehrere Kriterien bei der Beurteilung der Gleichartigkeit von Verkaufsbezirken herangezogen.

Die **Akquisition und Selektion von Außendienstmitarbeitern** ist eine der wesentlichen Aufgaben des Verkaufsmanagements, gleichzeitig aber ein Bereich, in dem es häufig zu Fehlentscheidungen kommt: So wurde festgestellt, dass nach einem Jahr 15%, nach fünf Jahren bereits 50% der Außendienstmitarbeiter das Unternehmen verlassen (müssen); dabei verursacht die Rekrutierung und Schulung eines Außendienstmitarbeiters erhebliche Kosten, die in den USA zwischen 10.000 und 50.000 $ liegen[19]. Daraus ergibt sich die Notwendigkeit, die Eignung von Außendienstmitarbeitern bei der Einstellung genauestens zu überprüfen.

Die **Suche** nach potentiellen Außendienstmitarbeitern kann grundsätzlich unternehmensintern oder –extern[20] erfolgen. Möglichkeiten der **internen** Mitarbeiteranwerbung sind beispielsweise innerbetriebliche Stellenausschreibungen oder die gezielte Ansprache von potenziellen Mitarbeitern aus anderen Abteilungen. Zu den Möglichkeiten der **externen** Mitarbeitersuche zählen insbesondere Stellenanzeigen; diese können sowohl durch das Unternehmen selbst als auch von Personal- oder Unternehmensberatern aufgegeben werden. Letzteres ist eine übliche Vorgehensweise bei Stellenangeboten für Führungspositionen. Ferner besteht die Möglichkeit eines Mitarbeiterleasings (kurzfristiges "Ausleihen" von Mitarbeitern aus anderen Unternehmen) wie auch die Mitarbeitersuche über das Arbeitsamt.

Die **Selektion** von Außendienstmitarbeitern wird üblicherweise anhand der Kriteriengruppen wie fachliche Eignung, persönliche Eignung und Persönlichkeitsmerkmale vorgenommen. Die persönliche Eignung eines Mitarbeiters für eine Stellung im Außendienst umfasst Kriterien wie Selbständigkeit, Ambitionen, organisatorisches Talent, Überzeugungskraft, Verkaufserfahrungen u.ä. Relevante Persönlichkeitsmerkmale sind zum einen demographische Charakteristika wie Geschlecht und Alter, zum anderen sozio- bzw. psychographische Merkmale wie Ausbildung, familiäre Situation, Lebensstil. Die konkrete **Auswahl** der Bewerber[21] kann auf der Basis verschiedener Methoden erfolgen: Zum einen kommen persönliche Methoden wie Vorstellungsgespräche, psychologische Tests und Assessment Centers zur Anwendung, wobei dem Vorstellungsgespräch die größte Bedeutung beigemessen wird; zum anderen kann die Auswahl auf der Basis unpersönlicher Methoden erfolgen, wie beispielsweise die Sichtung der Bewerbungsunterlagen, Referenzen und graphologische Gutachten. Im Allgemeinen werden in der Einstellungspraxis verschiedene Methoden kombiniert eingesetzt. Die einzelnen Bewerber sind abschließend danach zu beurteilen, inwieweit sie dem Anforderungsprofil des Unternehmens entsprechen.

Nach erfolgter Einstellung von Außendienstmitarbeitern sind deren Fähigkeiten entsprechend den Verkaufsanforderungen gezielt weiterzuentwickeln und zu schulen. Dies erfolgt in der Regel durch **Verkaufstraining**. Als **Ziele** eines Verkaufstrainings lassen sich insbesondere

- die Verbesserung der Verkaufsproduktivität,
- die Verbesserung der Verkaufsmoral,
- die Verbesserung der Kundenbeziehungen sowie
- die Verringerung der Mitarbeiterfluktuation

nennen. Die **Inhalte** eines Verkaufstrainings[22] unterscheiden sich je nachdem, ob das Verkaufstraining für neu eingestellte oder für bereits im Unternehmen tätige Verkäufer erfolgt. Allgemein gilt jedoch, dass eine der zentralen Aufgaben die Vermittlung von Kenntnissen über das Unternehmen selbst, die vom Unternehmen vertriebenen Produkte und die einzelnen Märkte ist; daneben steht die gezielte Entwicklung der Verkaufsfähigkeiten im Vordergrund, z.B. Argumentationstechnik, Verkaufstaktik, Verkaufspsychologie. Ergänzend wird auf die Einstellungen der Mitarbeiter eingewirkt, z.B. durch Wecken respektive Verstärken von Motivation und Engagement. Die konkrete Durchführung eines Verkaufstrainings kann auf der Basis verschiedener **Methoden**[23] erfolgen:

- persönliche Methoden
  (wie Vortrag, Diskussion, Rollenspiel),
- unpersönliche Methoden
  (wie Bücher, Lehrbriefe, Ton- und Videokassetten),
- Training on the Job.

Neben der Festlegung der konstitutiven Entscheidungen im Rahmen der Verkaufspolitik ist noch generell darüber zu befinden, in welcher Weise der Außendienst gesteuert werden soll. Mittels einer geeigneten **Steuerung des Außendienstes** soll gewährleistet werden, dass die unternehmensbezogenen Ziele der Verkaufspolitik erreicht werden. Mögliche **Steuerungsinstrumente** sind:

- individuelle Zielvorgaben,
- materielle (in der Regel finanzielle) und immaterielle Leistungsanreize,
- Verkaufsrichtlinien und
- dienstvertragliche Regelungen.

Die **Zielvorgaben** für die einzelnen Außendienstmitarbeiter, die so genannten Verkaufsquoten, haben eine mehrfache Bedeutung: Sie dienen als Zielvorgaben; gleichzeitig stellen sie eine Basis für die Verkaufskontrolle dar; sie können zur Motivation der Außendienstmitarbeiter beitragen; außerdem kann der Grad ihrer Erfüllung bei der Entlohnung der Außendienstmitarbeiter berücksichtigt werden.

Die Motivation von Außendienstmitarbeitern im Rahmen der außendienstgerichteten Verkaufsförderungsmaßnahmen haben grundsätzlich eine kurzfristige Steigerung des Leistungswillens oder eine Erhöhung des Leistungsvermögens zum Ziel; hierdurch soll die Marktposition eines Unternehmens (gemessen z.B. am Marktanteil bzw. am Umsatz) verbessert werden. Eine Steigerung des Leistungswillens soll dadurch bewirkt werden, dass die Motivation der Außendienstmitarbeiter erhöht wird; hierfür können zum Beispiel Wettbewerbe zwischen den Außendienstmitarbeitern veranstaltet werden, im Rahmen derer bestimmte Leistungen (wie Mindestzahl neuer Kunden) erbracht werden müssen. Eine Steigerung des Leistungsvermögens kann durch spezielle Trainings- und Informationsmaßnahmen bewirkt werden.

Drei **Typen von Verkaufsquoten** sind von besonderer Relevanz:
- Quoten auf der Basis des Verkaufsvolumens,
- Quoten auf der Basis von Verkaufsaktivitäten (Zahl der Anrufe, Angebote, Verkaufsförderungsmaßnahmen),
- Quoten auf der Basis des Gewinnbeitrages der Produkte.

Daneben können auch Kombinationen derartiger Quoten herangezogen werden. Die **Vor- und Nachteile** derartiger Verkaufsquoten-Typen sind offensichtlich: Quoten auf der Basis des Umsatzvolumens fördern das oberste Unternehmensziel des Unternehmenswachstums und auch entsprechende übergeordnete Marketingziele; hiermit muss aber nicht eine Gewinnsteigerung verbunden sein. Außerdem kann eine derartige Quotenvorgabe zur Vernachlässigung langfristig notwendiger Aktivitäten führen, da Außendienstmitarbeiter sich am kurzfristig erreichbaren Umsatz orientieren. Quoten auf der Basis des Gewinnes zwingen Außendienstmitarbeiter, auch die Kosten der Auftragserlangung zu kontrollieren; derartige Quoten führen dazu, dass sich Außendienstmitarbeiter auf Produkte mit hohen Deckungsbeiträgen und auf Nachfrager, bei denen ein vergleichsweise hoher Gewinn erreichbar ist, konzentrieren. Quoten auf alleiniger Basis von Verkaufsaktivitäten sind zu wenig verbunden mit den tatsächlich erzielbaren Umsätzen und Gewinnen. Damit bieten sich Kombinationen von Zielvorgaben auf der Basis von Umsatz/Gewinn und auf der Basis von Verkaufsaktivitäten an.

Da umsatzorientierte Verkaufsquoten in der Praxis die größte Bedeutung haben, soll noch ein **variables, umsatzorientiertes Quotensystem**[24] dargestellt werden. Dabei wird zunächst von drei wesentlichen **Einflussfaktoren** ausgegangen:
- dem erreichten Umsatzvolumen in der Vorperiode,
- dem Umsatzpotenzial und
- dem individuellen Leistungsvermögen.

Des Weiteren werden drei **Grundsätze** verfolgt:
- Die Umsatzvorgabe für einen Außendienstmitarbeiter für die Planungsperiode ist größer als das tatsächlich erreichte Umsatzvolumen in der Vorperiode.
- Die Umsatzvorgabe für die Planungsperiode ist umso größer, je größer die Differenz zwischen dem Umsatzpotenzial der laufenden Periode und dem erreichten Umsatzvolumen in der Vorperiode ist.
- Die Umsatzvorgabe ist umso größer, je positiver ein Außendienstmitarbeiter auf Leistungsdruck reagiert.

Mit den Bezeichnungen

S_{jt}^{P} : Umsatzpotenzial des vom Außendienstmitarbeiter j betreuten Gebietes in der Periode t,

$S_{j,t-1}$: erreichtes Umsatzvolumen des Außendienstmitarbeiters j in der Vorperiode t-1,

E_j : Anteilswert ($0 < E_j < 1$) für die Person j, abhängig von deren Leistungsvermögen

kann eine Umsatzvorgabe für die Person j und die Periode t, Q_{jt}, welche die zuvor aufgestellten Grundsätze erfüllt, wie folgt bestimmt werden:

$$Q_{jt} = S_{j,t-1} + E_j \cdot (S_{jt}^P - S_{j,t-1}) \qquad \text{(für alle j, t).}$$

Die Umsatzvorgabe ist also mindestens gleich dem Umsatzvolumen der Vorperiode; sie erhöht sich um einen – leistungsabhängigen – Anteil an dem in der Vorperiode nicht abgeschöpften Umsatzpotenzial.

Für eine Anwendung dieses variablen Quotensystems in der Praxis ist es erforderlich, das Umsatzpotenzial eines jeden durch einen Außendienstmitarbeiter betreuten Bezirkes für jede Periode t zu prognostizieren[25]. Daneben ist die Vorgabe des Anteilswertes E_j für jede Person j problematisch, da hiermit das Leistungsvermögen einer Person zu erfassen ist.

Leistungsanreize können zum einen materieller Art, zum anderen immaterieller Art sein. Typische **immaterielle Leistungsanreize** sind in
- Karriereplänen und
- exklusiven Verkäufer-Clubs, denen nur die leistungsstärksten Verkäufer angehören,

zu sehen. Zu den **materiellen Leistungsanreizen** zählen
- das Entlohnungssystem,
- zusätzlich gewährte Sozialleistungen,
- zusätzliche Verkaufsbudgets,
- Verkaufswettbewerbe.

Verschiedene **Entlohnungssysteme** sind denkbar:
- So kann ein Festgehalt gewährt werden;
- die Entlohnung kann insbesondere auf (umsatzabhängigen) Provisionen beruhen,
- daneben können Prämien gewährt werden.

Gründe für die Gewährung eines (leistungsunabhängigen) **Festgehalts** sind unter anderem lange Verkaufsanbahnungszeiten, eine langwierige Vertragsabwicklung, saisonale Schwankungen oder eine hohe Vorverkaufsfunktion der Werbung **Provisionssysteme** stellen Vergütungssysteme dar, die in Abhängigkeit der erbrachten Leistung bemessen werden. Nach der Bemessungsgrundlage werden unterschieden:
- Umsatzprovision,
- Deckungsbeitragsprovision,
- Neukundenprovision,
- rabattabhängige Provision.

Die Provisionssätze werden gegebenenfalls nach Produktgruppen oder Kundengruppen gestaffelt. **Prämiensysteme** sind wie Provisionssysteme an Umsätze und

Deckungsbeiträge gekoppelt. Der Unterschied liegt darin, dass die Bemessungsgrundlage nicht mehr die absolute Höhe des Umsatzes ist, sondern der Vergleich zwischen einer Umsatzvorgabe (Soll-Umsatz) und dem realisierten Ist-Umsatz; Prämiensysteme dienen also überwiegend dazu, besondere Leistungen der Außendienstmitarbeiter im Sinne einer Übererfüllung des vorgegebenen Ziels zu honorieren. In der Praxis finden sich die einzelnen Entlohnungsformen in der Regel als **Kombinationen,** wobei das zentrale Problem in der Gewichtung der fixen und variablen Einkommensbestandteile liegt.

Durch den Abschluss eines **Dienstvertrages** wird der Außendienstmitarbeiter verpflichtet, die i.e. festgelegten Verkaufsaufgaben zu erfüllen. Die dienstvertraglichen Regelungen können folgende Aufgabenbereiche umfassen:
- Art und Intensität der Kundenbetreuung,
- Führung von Verkaufsunterlagen,
- Anfertigung von Außendienstberichten,
- Prüfung der Bonität potenzieller Kunden,
- Konkurrenzbeobachtung.

Im Dienstvertrag muss vereinbart werden, dass der Außendienstmitarbeiter die **Verkaufsrichtlinien** beachtet. Diese können zum Beispiel in einem Verkäuferhandbuch niedergelegt werden. Darin sind zum einen in detaillierter Weise die Pflichten eines Außendienstmitarbeiters dazulegen; zum anderen können darin diverse Informationen (über die Produkte, Kunden und Konkurrenten) zusammen-gefasst werden.

Die **Planung von Außendienstbesuchen** gehört zu den operativen Entscheidungen der Verkaufspolitik. Die wesentlichen Entscheidungstatbestände sind
- die Kundenselektion und Kundensegmentierung,
- die Planung der Besuchshäufigkeiten sowie
- die Routenplanung.

Eine sorgfältige **Planung der Besuchshäufigkeiten** ist insbesondere dann von Bedeutung, wenn der erzielbare Umsatz wesentlich von der Besuchtätigkeit eines Außendienstmitarbeiters abhängt. Das **Entscheidungsproblem** besteht darin, eine gegebene, knappe Besuchskapazität effizient auf die einzelnen Kunden, beim Mehrproduktunternehmen zusätzlich auf die einzelnen Produkte zu verteilen. Gegenstand der **Routenplanung** ist die Ermittlung einer optimalen (kostenminimalen) Reiseroute von einem vorgegebenen Standort aus über eine Anzahl vorgegebener Orte (Kundenstandorte) zurück zum Ausgangsstandort; dabei sollen alle Kundenstandorte genau einmal besucht werden.

3.1.5 Programmpolitik

3.1.5.1 Überblick

Gegenstand der Programmplanung eines Markenartikelproduzenten ist die Frage, welche Markenartikel in der Planungsperiode hergestellt und angeboten werden sollen. Herangezogen werden können bei einfachen Planungsproblemen die Deckungsbeitragsrechnung und bei komplexeren Problemen die lineare Programmierung. Des Weiteren ist zu entscheiden, ob neben der Herstellung von Markenartikeln eine (Zusatz-)Produktion von Handelsmarken angestrebt werden soll.

3.1.5.2 Bestimmung des optimalen Markenartikelprogrammes

Bestimmungsfaktoren der Programmpolitik

Um ein Programm für eine Planungsperiode planen zu können, müssen
- die Preise der einzelnen Markenartikel,
- die bei diesen Preisen maximal absetzbaren Mengen,
- die variablen Kosten pro Stück und
- die Fixkosten

festgelegt beziehungsweise vorab geschätzt werden. Im Falle der Programmplanung in einem Industriebetrieb muss zusätzlich der Produktionsprozess bekannt sein; in diesem Zusammenhang ist insbesondere von Bedeutung, welche Produktionskapazitäten bei den relevanten, funktionsverschiedenen Anlagen (Maschinen) in der Planungsperiode verfügbar sind und in welchem Maße die funktionsverschiedenen Anlagen durch die einzelnen Markenartikel beansprucht werden.

Im Zusammenhang mit der Beanspruchung verschiedener Kapazitätsarten durch die angebotenen Markenartikel ist von großer Bedeutung,
- ob gar kein Engpass,
- ein einziger Engpass oder
- mehrere Engpässe

gegeben sind. Im ersten Fall können alle Produktmengen, die hergestellt werden sollen, auch produziert werden; im zweiten (dritten) Fall ist (sind) eine (mehrere) Kapazitätsart(en) gegeben, bei denen die Kapazitätsbeanspruchung die verfügbare Kapazität übersteigt.

Programmplanung mit Hilfe der Deckungsbeitragsrechnung

Ausgegangen wird von folgenden Situation:
- Ein Unternehmen verfolgt das Ziel der Gewinnmaximierung in der Planungsperiode;
- insgesamt n Markenartikel ($i=1,...,n$) können hergestellt und angeboten werden;
- der Preis des Artikels i beläuft sich auf p_i ($i=1,...,n$);
- die variablen Stückkosten des Artikel i belaufen sich auf k_{vi} ($i=1,...,n$);

– zum Preise p_i kann von dem Markenartikel i maximal die Menge $\overline{x}$ abgesetzt werden.

Erstens wird der Fall betrachtet, dass **kein produktionsmäßiger Engpass** gegeben ist. In diesem Falle ist für die einzelnen Markenartikel der **absolute Deckungsbeitrag**

$$d_i^{abs} = p_i - k_{vi} \quad (i=1,...,n)$$

zu berechnen; jene Markenartikel, für welche der absolute Deckungsbeitrag größer als Null ist, sind dann – unter der Zielsetzung der Gewinnmaximierung – mit ihren maximalen Absatzmengen herzustellen.

Zweitens wird der Fall betrachtet, dass **genau ein Engpass** gegeben ist. Dies bedeutet, dass zum Beispiel auf einer bestimmten Maschinenart die beanspruchte Kapazität die verfügbare Kapazität überschreitet. Es muss also die knappe verfügbare Kapazität so verteilt werden, dass ein gewinnmaximales Programm resultiert. In diesem Falle ist für die einzelnen Marken der **relative Deckungsbeitrag**

$$d_i^{rel} = \frac{p_i - k_{vi}}{z_{ij}} \quad (i=1,...,n)$$

zu berechnen, wobei z_{ij} angibt, wie viele Kapazitätseinheiten der Art j (beispielsweise wie viele Stunden auf einer Maschine) für die Herstellung genau einer Einheit des Artikels i benötigt werden. Der relative Deckungsbeitrag ist damit als Gewinn pro eingesetzter Einheit der knappen Kapazität für ein Markenartikel zu interpretieren. Damit ist die Programmplanung wie folgt vorzunehmen: Zunächst wird der Markenartikel mit dem höchsten relativen Deckungsbeitrag bis zur maximalen Absatzmenge, dann der Markenartikel mit dem zweithöchsten relativen Deckungsbeitrag bis zur maximalen Absatzmenge etc. hergestellt, bis die Kapazität erschöpft ist.

Bisher ist vom Ziel der Gewinnmaximierung ausgegangen worden; das optimale Programm kann auch unter der **modifizierten Zielsetzung** der „Gewinnmaximierung unter der Bedingung, dass von bestimmten Markenartikeln vorgegebene Mindestmengen hergestellt werden“ geplant werden. In diesem Falle sind bei der Verteilung der knappen Kapazität vorab die vorgegebenen Mindestmengen zu beachten; die restliche Kapazität kann dann nach dem Kriterium des relativen Deckungsbeitrages verteilt werden.

Drittens kann der Fall gegeben sein, dass mehrere kapazitative Engpässe gegeben sind. Im Falle mehrerer Engpässe ist eine Programmplanung auf der Grundlage der Deckungsbeitragsrechnung nicht mehr möglich; in einem derartigen Falle ist einer der folgenden Planungsansätze heranzuziehen.

Graphische Bestimmung des optimalen Programmes

Die graphische Programmbestimmung soll anhand eines **Beispieles** dargestellt werden. Betrachtet wird ein Unternehmen, welches die beiden Artikel 1 und 2 herstellen kann. Die Deckungsbeiträge belaufen sich auf $d_1 = 6$ und $d_2 = 4$; die Fixkosten betragen 1.000. Beide Artikel müssen auf zwei funktionsverschiedenen Maschinen hergestellt werden; die Maschine I hat eine Kapazität in Höhe von 40.000 Kapazitätseinheiten und die Maschine II eine Kapazität in Höhe von 60.000 Kapazitätseinheiten. Eine Einheit des Artikels 1 (2) beansprucht 4 (2) Kapazitätseinheiten auf der Maschine I; auf der Maschine II beansprucht eine Einheit des Artikels 1 (des Artikels 2) insgesamt 4 (6) Kapazitätseinheiten. Die maximal absetzbare Menge von Artikel 1 beträgt 10.000, jene von Artikel 2 insgesamt 7.000 Mengeneinheiten. Diese Daten erlauben zunächst, einen geeigneten Ansatz der linearen Programmierung aufzustellen, dessen Lösung dann auf grafischem Wege ermittelt wird:

Die **Zielfunktion**

$$G = 6 \cdot x_1 + 4 \cdot x_2 - 1.000$$

ist unter Beachtung der **Kapazitätsrestriktionen**

$$4 \cdot x_1 + 2 \cdot x_2 \leq 40.000 \text{ (Restriktion I) und}$$

$$4 \cdot x_1 + 6 \cdot x_2 \leq 60.000 \text{ (Restriktion II),}$$

der **Absatzrestriktionen**

$$x_1 \leq 10.000 \text{ und}$$

$$x_2 \leq 7.000$$

sowie der **Nicht-Negativitätsbedingungen**

$$x_1 \geq 0 \text{ und } x_2 \geq 0$$

zu maximieren. Gesucht sind also die Mengen der beiden Markenartikel, welche den Gewinn maximieren. Die graphische Analyse findet sich in der Abb. 3.12. In einem x_1/x_2-Koordinatenkreuz sind zunächst die Absatzbedingungen für die beiden Artikel und die Kapazitätsrestriktionen I und II eingezeichnet worden; unter gleichzeitiger Beachtung der Nicht-Negativitätsbedingungen resultiert der schraffiert gekennzeichnete, **zulässige Lösungsbereich** für die gesuchten Mengen der beiden Artikel. Im Folgenden ist dann die Gewinnfunktion (für den fiktiven Gewinnwert G = 11.000) eingezeichnet. Wird diese Gewinnfunktion – vom Koordinatenkreuz weg – parallel verschoben, so erhöht sich der erzielbare Gewinnwert. Der maximale Gewinn wird bei der Mengenkombination $x_{1opt} = 7.500$ und $x_{2opt} = 5.000$ erzielt; bei dieser Mengenkombination wird der zulässige Lösungsbereich gerade tangiert.

Bei einer **kritischen Beurteilung** dieser grafischen Methode ist auf folgende Punkte hinzuweisen:

- Grundsätzlich können mehr als zwei Kapazitätsrestriktionen berücksichtigt werden.

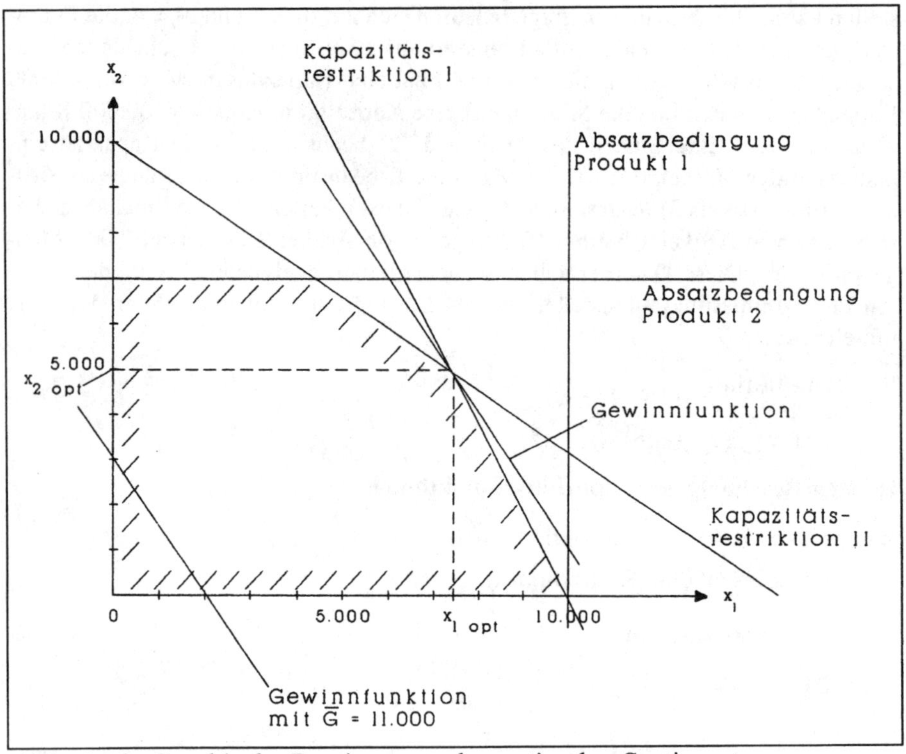

Abb. 3.12: Graphische Bestimmung des optimalen Sortiments

- Es können auch Varianten des Gewinn-Maximierungs-Zieles zu Grunde gelegt werden (wie Erreichung eines Mindestgewinnes bzw. eines fest vorgegebenen Gewinnwertes).
- Eine graphische Analyse ist im Prinzip auch noch denkbar, wenn drei Artikel in die Analyse einbezogen werden; in diesem Falle stellen die Gewinnfunktion und die Kapazitäts- und Absatzbedingungen Flächen im dreidimensionalen Raum dar.
- Sind mehr als drei Artikel zu berücksichtigen, so muss ein entsprechender Ansatz der linearen Programmierung gelöst werden.

Programmplanung auf der Grundlage der linearen Programmierung

Der Grundsatz der **linearen Programmierung** findet sich in der Abb. 3.13. Dabei sind die optimalen Werte der Variablen x_i (i=1,...,n) so zu bestimmen, dass die Zielfunktion (1) unter Berücksichtigung der Nebenbedingungen (2) – (4) maximiert wird. Eine Lösung des Ansatzes der linearen Programmierung kann mit Hilfe der **Simplex-Methode**[26] erfolgen. Dabei ist folgende Vorgehensweise zu wählen:

Zielfunktion:

(1) $$G = \sum_{i=1}^{n} (p_i - k_{vi}) \cdot x_i - K^F \rightarrow \text{Max!}$$

Kapazitätsbedingungen:

(2) $$\sum_{i=1}^{n} z_{ij} \cdot x_i \leq c_j \qquad (j = 1,...,m)$$

Absatzbedingungen:

(3) $$x_i \leq \overline{x_i} \qquad (i = 1,...,n)$$

Nicht-Negativitäts-Bedingungen:

(4) $$x_i \geq 0 \qquad (i = 1,...,n)$$

Abb. 3.13: Grundmodell der linearen Programmierung zur Programmplanung

- Zunächst sind die Nebenbedingungen (2) und (3), die als Ungleichungen vorliegen, durch Einführen so genannter Schlupfvariablen in Gleichheitsform zu bringen.
- Dadurch wird die Zahl der Variablen (Mengen- und Schlupfvariablen) größer als die Zahl der Gleichungen (Nebenbedingungen (2) und (3) in Gleichheitsform).
- Der Lösungsweg der linearen Programmierung besteht nun darin, dass so genannte Basislösungen bestimmt werden, dass also bestimmten Variablen der Wert Null zugewiesen wird und die übrig gebliebenen Variablen dann aus dem Gleichungssystem bestimmt werden.
- Nach dem Simplex-Theorem ist die optimale Lösung des Problems eine zulässige Basislösung, also eine Basislösung, bei der alle Variablen nicht-negativ sind.

Bei einer **kritischen Beurteilung** des Grundansatzes ist auf folgende Punkte hinzuweisen:
- Es liegt ein statisches, deterministisches Modell unter der alleinigen Zielsetzung der Gewinnmaximierung vor.
- Eine Kapazitätsanpassung ist nicht vorgesehen.
- Die Preise der einzelnen Artikel sind gegeben; sie werden nicht simultan mit den Mengen bestimmt.

- Weder absatzmäßige Verflechtungen der Produkte noch artikelspezifische Fixkosten werden beachtet.

Die Entscheidung über eine (Zusatz-) Produktion von Handelsmarken

Hinsichtlich der Produktion von Handelsmarken durch einen Markenartikler können grundsätzlich drei **Strategien** unterschieden werden:
- Zero-Strategie (Keine Produktion von Handelsmarken),
- Double-Strategie (auch Produktion von Handelsmarken) oder
- Only-Strategie (nur Produktion von Handelsmarken).

Dabei ist zusätzlich zu beachten, ob ein (betrachteter) Markenartikelproduzenten den größten Marktanteil oder aber einen vergleichsweise geringen Marktanteil hat. In Abb. 3.14 wird die Situation skizziert: Zwei Markenartikelproduzenten (1: stark; 2: schwach) stehen drei Handelsorganisationen gegenüber, wobei die Handelsorganisationen 1 und 2 sowohl Markenartikel als auch Handelsmarken führen und Handelsorganisation 3 nur Handelsmarken anbietet (Bsp. Aldi). In Abb. 3.14 wird der beispielhafte Fall illustriert, dass der Markenartikler 1 den Markenartikel (MA) den Handelsorganisationen 1 und 2, der Handelsorganisation 3 Handelsmarken (HM) anbietet, während der Markenartikler 2 versucht, allen Handelsorganisationen Handelsmarken und den Organisationen 1 und 2 zusätzlich Markenartikel anzubieten.

Bezüglich der **Vorteilhaftigkeit einer Handelsmarken**-Produktion im Vergleich zur Markenartikel-Produktion können tendenzielle Aussagen gemacht werden:

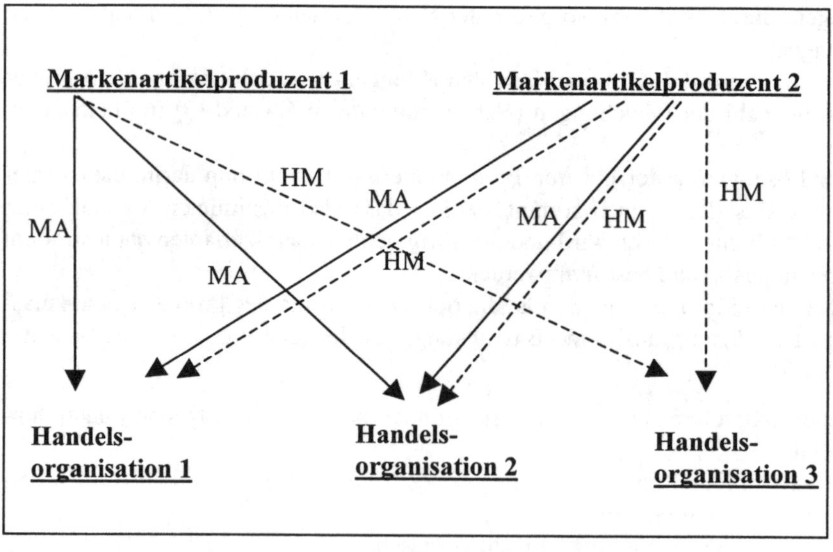

Abb. 3.14: Markenartikel- und Handelsmarken-Produktion zweier (starker bzw. schwacher) Markenartikelproduzenten

- der Abgabepreis (Verkaufspreis) an den Handel ist geringer,
- die Kosten sind ebenfalls geringer (auf Grund des Fortfalls spezifischer Marketingkosten),
- der absolute Deckungsbeitrag (pro Stück) und der Gesamtdeckungsbeitrag sind im Einzelfall festzustellen,
- die Kapazitätsbeanspruchung pro Stück wird vergleichbar sein;
- zu beachten ist noch, dass die maximale Absatzmenge bezüglich des Markenartikels sinken kann, wenn eine vergleichbare Handelsmarke hergestellt wird.

Damit können die drei grundsätzlichen Strategien im Detail beurteilt werden: Die Zero-Strategie bedeutet zwar einen Kostennachteil (Marketingkosten!), aber gleichzeitig einen Preisvorteil. Bei der Double-Strategie können freie Kapazitäten genutzt werden; fraglich ist aber, ob dadurch ein Wettbewerbsvorteil gegenüber einem Only-Strategie-Produzenten erreicht werden kann; dies ist im Einzelfall zu hinterfragen. Bei der Only-Strategie ist zu fragen, ob und in welchem Ausmaß eine Abhängigkeit gegenüber einer Handelsorganisation entsteht; auch dies ist im Einzelfall festzustellen.

Abschließend wird das Planungsproblem eines Markenartikelproduzenten noch einmal detailliert betrachtet. Für ihn stellt sich die Frage, ob – und in welchen Mengen – neben Markenartikel auch eine Handelsmarke angeboten werden soll. Zur **Planung der optimalen Mengen** der Markenartikel i = 1, ...n, sowie der optimalen Menge der Handelsmarke n + 1 kann der in Abb. 3.15 dargestellte Ansatz der linearen Programmierung herangezogen werden. Dabei sind substitutive Verflechtungen zwischen der Handelsmarke und den Markenartikeln berücksichtigt worden. Beim Absatz einer Einheit der Handelsmarke n + 1 werden gleichzeitig $h_{n+1,i}$ Einheiten des Markenartikels i (i = 1, ..., n) weniger abgesetzt.

(1') $$G = \sum_{i=1}^{n} (p_i - k_{vi}) \cdot x_i + (p_{n+1} - k_{vn+1}) \cdot x_{n+1} - K^F \rightarrow \text{Max!}$$

(2') $$\sum_{i=1}^{n+1} z_{ij} \cdot x_i \leq C_j \qquad (j = 1,...,n)$$

(3') $$x_i \leq \overline{x_i} - h_{n+1,i} \cdot x_{n+1} \qquad (i = 1,...,n)$$

$$x_{n+1} \leq \overline{x}_{n+1}$$

(4') $$x_i \geq 0 \qquad (i = 1,...,n+1)$$

Abb. 3.15: Ein Ansatz der linearen Programmierung zur Programmplanung bezüglich Markenartikel und Handelsmarken

3.1.6 Kontrahierungspolitik

3.1.6.1 Überblick

Die Kontrahierungspolitik umfasst alle Entscheidungstatbestände im Rahmen der Preispolitik und der Konditionenpolitik. Wesentliche Handlungsmöglichkeiten im Bereich der **Preispolitik** sind alternative Preishöhen, alternative Preisstrategien und Preisdifferenzierungen (Verkauf ein und desselben Produktes an verschiedene Nachfragegruppen zu unterschiedlichen Preisen). Gegenstand der betrieblichen **Konditionenpolitik** ist die Entscheidungsfindung hinsichtlich der Rabattgewährung, der einzuräumenden Zahlungs- und Lieferungsbedingungen sowie der Absatzfinanzierung; in den Allgemeinen Geschäftsbedingungen werden in der Praxis die gewährten Konditionen zusammengefasst.

Die Preispolitik eines Markenartikelproduzenten ist determiniert durch die Ein- bzw. Mehrstufigkeit seines Marktes. Bei **einstufigen Märkten** kann er – in verbindlicher Weise – den Endverbraucherpreis festlegen. Bei **mehrstufigen Märkten** hingegen kann er zwar den Abgabepreis an den Handel (gegebenenfalls in kooperativer Weise) festlegen, hinsichtlich des Endverbraucherpreises hingegen bleibt ihm in der Regel nur das Instrument der „unverbindlichen Preisempfehlung".

Im Falle von **Handelsmarken** kann ein Markenartikelproduzent im Rahmen von Ausschreibungen seine Preisforderung optimieren, um den Zuschlag bei der Ausschreibung zu erhalten.

3.1.6.2 Preispolitik für Markenartikel

Preispolitik auf einstufigen Märkten

Hinsichtlich der Preisfindung bei einstufigen Märkten, also ohne Berücksichtigung des Handels als eigenständiger Partner, können folgende **Vorgehensweisen** unterschieden werden:
- Verfahren der Preisfindung in der Praxis,
- theoretische Ansätze zur Preisfindung,
- die Preisbündelung,
- die Preisdifferenzierung sowie
- dynamische Preisstrategien.

Praktikerverfahren

Zu den Verfahren der Preisfindung in der Praxis zählen
- die kostenorientierte Preisbestimmung,
- die nachfrageorientierte Preisbestimmung,
- die konkurrenzorientierte Preisbestimmung.

Im Rahmen einer kostenorientierten Preisbestimmung erfolgt eine Preiskalkulation, die auf Vollkosten- beziehungsweise Teilkostenbasis durchgeführt werden kann. Zur nachfrageorientierten Preisbestimmung ist eine Vielzahl an Preistests zu rechnen, im Rahmen derer Konsumenten in geeigneter Weise (nach Preisvorstellungen, angemessenen Preishöhen) befragt werden. Bei einer konkurrenzorientierten Preisbestimmung wird auf eine autonome Preissetzung verzichtet; vielmehr richtet sich ein Anbieter bei seiner Preisfindung zum Beispiel nach einem dominierenden Konkurrenten. Im Rahmen einer nutzenorientierten Preisfindung leitet ein Anbieter seine Preisforderung aus den Nutzen seines angebotenen Markenartikels den Nachfrager ab. Beispielhaft werden die kosten- und die nutzenorientierte Preisfindung näher betrachtet.

Die Grundidee einer **kostenorientierten Preisbestimmung**[27] ist die Preiskalkulation auf der Grundlage der Selbstkosten pro Stück (im Falle eines Industriebetriebes) bzw. des Einkaufspreises eines Artikels (im Falle eines Handelsbetriebes) zuzüglich eines Gewinnzuschlages (Cost-plus-pricing). Grundsätzlich können eine Preiskalkulation auf Vollkostenbasis und eine Preiskalkulation auf Teilkostenbasis unterschieden werden. Bei der **Preiskalkulation auf Vollkostenbasis** werden die Selbstkosten eines Produktes unter Berücksichtigung sämtlicher Einzel- und Gemeinkosten bestimmt. Dabei sind die Einzelkosten jene Kosten, die einem Produkt direkt zurechenbar sind. Im Gegensatz hierzu müssen die Gemeinkosten, d.h. jene Kosten, die nicht einem einzelnen Produkt allein zurechenbar sind, auf die Produkte aufgeschlüsselt werden (vgl. Abb. 3. 16).

Materialeinzelkosten + Materialgemeinkosten (zugerechnete)
Materialkosten + Lohneinzelkosten + Lohngemeinkosten (zugerechnete)
Herstellkosten + Verwaltungs- und Vertriebsgemeinkosten (zugerechnete) + Sondereinzelkosten des Vertriebs
Selbstkosten

Abb. 3.16: Bestimmung der Selbstkosten auf Vollkostenbasis

Dabei ist die Höhe der einzelnen Kostenarten auf der Grundlage einer geplanten Produktionsmenge zu schätzen; entsprechend werden die Selbstkosten zunächst auf der Basis einer geplanten Produktionsmenge errechnet. Die Selbstkosten pro Stück ergeben sich beispielsweise nach dem Verfahren der einstufigen Divisionskalkulation, indem die errechneten gesamten Selbstkosten durch die geplante Menge dividiert werden. Eine Preiskalkulation auf Vollkostenbasis kann dann gemäß der Formel

$$p_i = k_{si}\left(1+\frac{g}{100}\right) \quad \text{(für alle i)}$$

erfolgen. Dabei bezeichnen

p_i: Preis des Produktes;
k_{si}: Selbstkosten des Produktes i pro Stück;
g : Gewinnzuschlag, ausgedrückt in Prozent der Selbstkosten pro Stück.

Ein Gewinnzuschlag in Höhe von 100% bedeutet dann, dass der Verkaufspreis die doppelte Höhe der Selbstkosten pro Stück hat.

Die **Kritik** einer derartigen Preisbestimmung ist offensichtlich: Egal, in welcher Weise die Gemeinkosten auf die einzelnen Produkte zugerechnet werden, die Zurechnung von Gemeinkosten auf einzelne Produkte bleibt willkürlich. Problematisch ist auch die Festlegung des Gewinnzuschlages. Er kann branchenüblich festgelegt werden. Dabei fehlt aber eine Orientierung am eigentlich verfolgten preispolitischen Ziel. Des Weiteren fehlt eine angemessene Berücksichtigung der Nachfrage- und der Konkurrenzseite. Die Kapazitätssituation hingegen wird indirekt beachtet, indem die Selbstkosten auf der Basis einer geplanten, realisierbaren Produktionsmenge bestimmt werden. Das Problem der Gemeinkostenschlüsselung kann umgangen werden, indem eine **Preiskalkulation auf Teilkostenbasis,** zum Beispiel auf der Basis der Einzelkosten, vorgenommen wird. Folgende Frage erscheint aber in diesem Falle als kaum lösbar: Wie sollen die Gewinnaufschläge für die einzelnen Produkte bestimmt werden, durch welche auch die Gemeinkosten gedeckt werden sollen, wenn für die einzelnen Produkte die relevanten Gemeinkosten nicht bekannt sind?

Bei einer **nutzenorientierten Preissetzung**[28] leitet ein Anbieter seine Preisforderung aus dem Nutzen des angebotenen Produktes für den Nachfrager ab. Von entscheidender Bedeutung ist es demzufolge, die Wertvorstellungen und Nutzenerwartungen der Nachfrager in Bezug auf das betreffende Produkt festzustellen, das heißt die Bewertung eines Produktes durch den Nachfrager zu messen. Hierzu bieten sich zumindest zwei **Vorgehensweisen** an:

- die nutzenorientierte Preisbestimmung auf der Basis von Leistungsmerkmalen und
- die nutzenorientierte Preisbestimmung auf der Basis ökonomischer Größen.

Die nutzenorientierte Preissetzung **auf Basis von Leistungsmerkmalen** basiert auf der Idee, dass ein Nachfrager bei der Beurteilung eines Produktes Leistungsmerkmale heranzieht und seine Zahlungsbereitschaft an dem Erfüllungsgrad der betreffenden Kriterien ausrichtet. Bei Berücksichtigung nur **eines einzigen Leistungsmerkmals** können Verhältniszahlen gebildet werden, bei denen der Preis des betreffenden Produktes zu einer spezifischen Leistung in Beziehung gesetzt wird:

$$PLV_i = \frac{P_i}{l_{ij}},$$

wobei

PLV_i : Preis/Leistungs-Verhältnis von Produkt i;
P_i : Preis von Produkt i;
l_{ij} : Leistung j von Produkt i.

Gebräuchliche Preis/Leistungs-Verhältnisse in der Praxis sind EURO/PS bei Motoren oder EURO/qm bei Gebäuden (Bau oder Vermietung). Die praktische Relevanz solch einfacher Kennzahlen ist nicht zu bestreiten; allerdings dienen derartige Kennziffern in der Regel nur als erste Orientierungsgrößen und müssen durch weitere Beurteilungskriterien ergänzt werden.

Eine Möglichkeit zur Berücksichtigung **mehrerer Leistungsmerkmale** besteht in der Anwendung eines Punktbewertungsmodells (Scoring-Modells), welches mehrere entscheidungsrelevante (Leistungs-) Merkmale sowie deren Bedeutungsbeimessung (mittels Gewichtungsfaktoren) umfasst. Allgemein gilt:

$$L_i = \sum_{j=1}^{J} g_j \cdot l_{ij}$$

mit
L_i : Leistungsindex von Produkt i;
l_{ij} : Ausprägung des Leistungsmerkmals j von Produkt i;
g_j : Gewichtungsfaktor des Leistungsmerkmals j.

Die Funktionsweise eines derartigen Modells soll am **Beispiel** einer Beschaffungsentscheidung eines Luxusklasse-Automobiles verdeutlich werden. In Abb. 3.17 sind in der Spalte 1 die vom Nachfrager herangezogenen Leistungsmerkmale (auf deren Erhebung wird nicht eingegangen), in der Spalte 2 die entsprechenden fiktiven Gewichtungsfaktoren eines Entscheidungsträgers enthalten. In den Kästchen der Spalten (3) bis (5) sind (jeweils von links nach rechts) die Merkmalausprägung, die entsprechende Punktzahl (wobei die beste Ausprägung je Merkmal vier Punkte erhält, die schlechteste Ausprägung einen Punkt) aufgeführt. In der letzten Zeile wird das Verhältnis des Preises des Automobiles p_i zur jeweils ermittelten Gesamtpunktzahl (Leistungsindex von Automobil i) L_i angegeben. Der Automobilkäufer wird sich demnach für einen Jaguar XKR Coupé entscheiden.

Kriterien	**Gewichtungsfaktoren**	**Porsche 911 GT3**		**Mercedes SL55 AMG**		**Jaguar XKR Coupé**	
Zylinderzahl	0,3	6	1	8	2	8	2
Leistung (PS)	0,25	381	2	500	3	295	1
Höchstgeschwindigkeit (km/h)	0,15	306	3	250	2	250	2
Beschleunigung (0-100 km/h in sec)	0,15	4,5	1	4,7	2	5,4	3
Kraftstoffverbrauch (l/100 km)	0,05	12,9	2	14,2	1	12,4	3
Kofferraumvolumen (l)	0,1	110	1	235	2	327	3
L_i		1,5		2,2		2,05	
Preis (P_i in €)		102.112€		129.108€		83.170€	
Preis/ L_i		68074,7		58685,5		40570,7	

Abb. 3.17: Preis-Leistungs-Verhältnisse von drei Automobilen der Luxusklasse

Welche **Aussagekraft** weist dieses Verfahren für die Preispolitik von DaimlerChrysler auf? Eine Leistungseinheit eines Mercedes SL 55 AMG kostet nur 18114,8 € mehr als die des Jaguar. Um auf den Preis je Leistungseinheit des Jaguar zu kommen, müsste DaimlerChrysler den Anschaffungspreis auf 89255,5 € senken. Jede weitere Preissenkung des Mercedes bringt einen Preisvorteil je Leistungseinheit gegenüber dem Jaguar. Eine andere Handlungsmöglichkeit für DaimlerChrysler besteht darin, den potentiellen Käufer mittels geeigneter Marketing-Maßnah-men zu einer Veränderung seiner Präferenzen (das heißt seines Gewichtungsschemas) zu bewegen. Könnte der Kunde überzeugt werden, dass die Leistung mit 0,75 und alle anderen Kriterien mit 0,05 zu bewerten sind, so würde der Preis je Leistungseinheit des Mercedes SL 55 AMG 47817,8 €, der des Jaguar XKR Coupé 59407,1 € betragen.

Das Beispiel verdeutlicht, dass der Bewertung der Produktleistungen durch die Nachfrager eine große Bedeutung zukommt. Auf der anderen Seite sind auch die **Probleme** offensichtlich, die sich aus der Informationsbeschaffung bezüglich der individuellen Bewertung der Produktleistungen ergeben. Insbesondere ist darauf hinzuweisen, dass jeder Nachfrager auf Grund seiner spezifischen Präferenzen eine andere Produktbewertung vornehmen wird. Dieser Sachverhalt stellt einen Anbieter vor das Problem, die in der Regel individuell unterschiedlichen Bewertungen der Kunden zu aggregieren beziehungsweise eine durchschnittliche Bewertung zu finden. Eine derartige nutzenorientierte Preissetzung erscheint eher im Investitionsgüterbereich sinnvoll, wenn ein Anbieter genau auf einzelne Kunden eingehen kann und die Preissetzung sich an einzelnen Kunden zu orientieren hat.

Eine **nutzenorientierte Preissetzung** kann auch **auf der Basis ökonomischer Größen**[29] erfolgen; auch eine derartige Preissetzung besitzt in erster Linie für den Investitionsgüterbereich Relevanz. Der Nutzen eines Investitionsgutes beruht unter anderem auf dem Erlös, der unter dem Einsatz des Investitionsgutes zu erwirtschaften ist. Wird nun dieser zukünftige Erlös den relevanten Kosten gegenübergestellt, so wird der Preisspielraum für den Anbieter ersichtlich. Eine Preisobergrenze ergibt sich als Differenz aus dem einem Produkt zurechenbaren Mehrerlös und den Kosten des Produkteinsatzes. Prinzipiell kann ein Anbieter die Vorteilhaftigkeit seines Angebotes anhand statischer oder dynamischer Investitionsrechnungen ermitteln. Für den **Kapitalwert** gilt:

$$C_0 = -A_0 + \sum_{t=1}^{T} \frac{E_t}{(1+i)^t}$$

mit

C_0: Kapitalwert;

A_0: Anschaffungsausgaben;

E_t: Einzahlungsüberschüsse in t (t=1,...,T);

i : Kalkulationszinssatz.

Wenn ein Nachfrager eines Investitionsgutes seine Entscheidung nur an dem Kriterium "Kapitalwert", das heißt an den Anschaffungsausgaben und den diskontierten Einzahlungsüberschüssen orientiert, und Konkurrenzanbieter vorhanden sind, so hat der betrachtete Anbieter seinen Angebotspreis so zu setzen, dass der mit dem von ihm angebotenen Investitionsgut zu erwirtschaftende Kapitalwert größer ist als jener Kapitalwert, den der Nachfrager bei Einsatz eines Konkurrenzproduktes erzielen könnte. Diese Vorgehensweise wird an einem **Beispiel** veranschaulicht: Das Konkurrenzprodukt (eine Druckmaschine) erbringe zurechenbare konstante Einzahlungsüberschüsse in Höhe von 100.000 € pro Jahr über 5 Jahre. Der Verkaufspreis der Maschine betrag 300.000 €, der Restwert betrage 0 €. Es wird mit einem Zinssatz i in Höhe von 10 % gerechnet. Für den Kapitalwert gilt somit:

$$C_0 = -300.000 + \sum_{t=1}^{5} \frac{100.000}{(1+0,1)^t} = 79.078,68.$$

Der betrachtete Anbieter rechnet auf Grund einer um 10% höheren maximalen Taktfrequenz seiner neuen Druckmaschine (bei deren Ausnutzung sich allerdings auch der Ausschuss erhöht) mit 5% höheren Einzahlungsüberschüssen. Über 5 Jahre summieren sich die diskontieren Einzahlungsüberschüsse auf 398.032,61 €. Wird angenommen, dass der Kapitalwert als Entscheidungsgrundlage dient, kann der betrachtete Anbieter seine Maschine bis zu 18.953,93 € teurer anbieten als der Konkurrent; der Nachfrager erzielt in diesem Fall mindestens den gleichen Kapitalwert wie bei Anschaffung des Konkurrenzproduktes. Wird hingegen die neue Druckmaschine günstiger als 318.953,93 € angeboten, ergibt sich ein Wettbewerbsvorteil für den Innovator.

Statische Ansätze der Preistheorie

Eine Vielzahl an theoretischen Ansätzen zur Preisbestimmung ist vorgeschlagen worden, die sich von den Praktikerverfahren zur Preisfindung insbesondere darin unterscheiden, dass gleichzeitig die verfolgten preispolitischen Ziele, die Nachfrage, die Kosten und die Kapazitätssituation berücksichtigt werden. Die theoretischen Ansätze könne nach Kriterien wie

- zu Grunde liegende Informationssituation,
- statischer bzw. dynamischer Ansatz,
- zu Grunde liegende Marktform oder
- zu Grunde liegendes Zielsystem

systematisiert werden. Im Folgenden wird ein **Grundmodell** der Preistheorie betrachtet, welches sich auf ein Monopol bezieht und eine Sicherheitssituation unterstellt. Zu ermitteln ist zunächst eine Preisabsatzfunktion, welche angibt, welche Absatzmengen zu verschiedenen Preishöhen realisiert werden können. Ausgegangen wird von einer linearen Preisabsatzfunktion der Form (Abb. 3.18).

$$p = p(x) = a - b \cdot x.$$

Zur Menge $x = 0$ gehört ein Prohibitivpreis in Höhe von a; beim Preis b=0 ergibt sich eine Sättigungsmenge in Höhe von $\frac{a}{b}$.

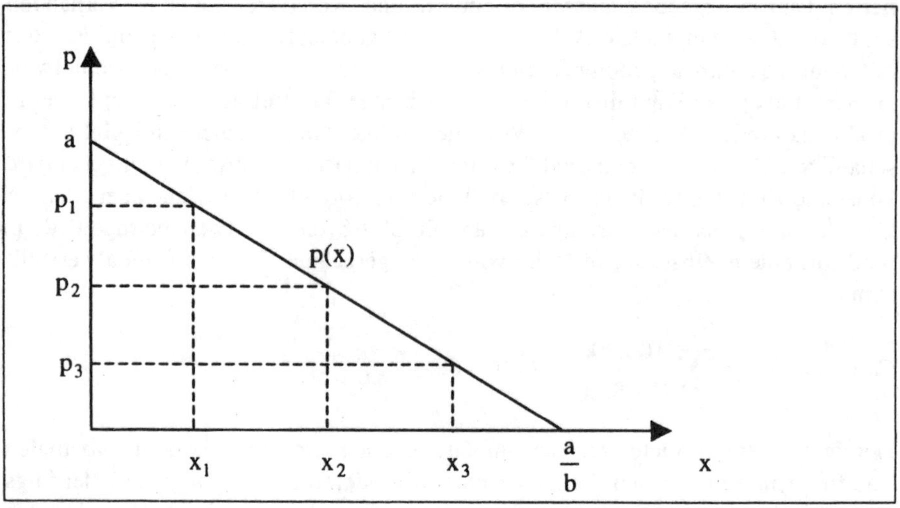

Abb. 3.18: Preisabsatzfunktion

Ein Überblick über die grundsätzlichen Möglichkeiten zur **Bestimmung einer Preisabsatzfunktion** findet sich in Abb. 3.19. Zum einen kann auf empirische Daten, Gesamtmarkt- bzw. Testmarktdaten zurückgegriffen werden. Zum anderen können Befragungen von Experten oder Konsumenten (auf Basis des Conjoint Measurement) vorgenommen werden. Die Bestimmung einer Preisabsatzdatenfunktion beinhaltet eine **regressionsanalytische Auswertung** von Gesamtmarkt- bzw. Testmarktdaten.

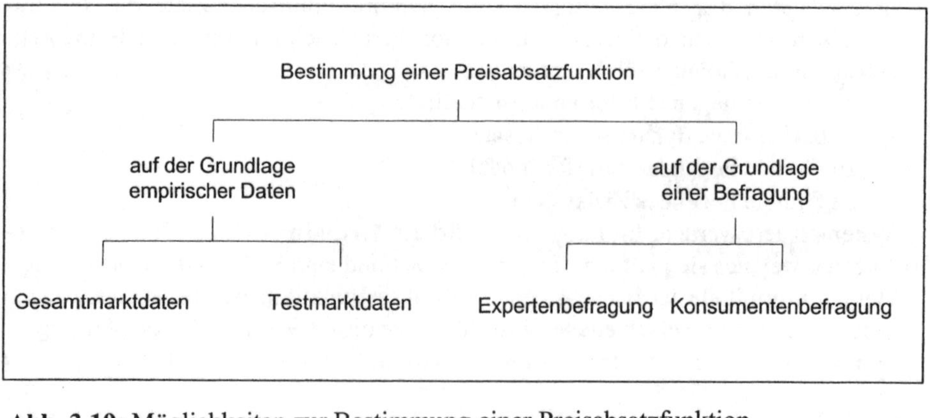

Abb. 3.19: Möglichkeiten zur Bestimmung einer Preisabsatzfunktion

Ein besonders interessanter Ansatz zur Bestimmung von Preisabsatzfunktionen besteht in der Anwendung des Conjoint Measurement. Mittels **Conjoint Measurement** können Teilnutzenwerte für einzelne Produkteigenschaften bzw. für Ausprägungen von Produkteigenschaften ermittelt werden[30]. Konkret werden Präferenzurteile bzw. ordinale Rangdaten für unterschiedliche Produktalternativen erhoben und versucht, den einzelnen Produktmerkmalen (metrische) Teilnutzenwerte zuzuordnen. Diese Teilnutzen für einzelne Produkteigenschaften sollen derartige Werte annehmen, dass die resultierenden Gesamtnutzenwerte alternativer Produkte möglichst genau ihren erhobenen Rangdaten entsprechen; die am meisten präferierte Produktalternative soll also auch den höchsten Gesamtnutzen erhalten. Wird der Preis als Produkteigenschaft in die Untersuchung mit einbezogen, so lassen sich für unterschiedliche Preise die jeweils zugehörigen Teilnutzenwerte ermitteln. Gegenüber einer direkten Befragung nach der Preisbereitschaft von Konsumenten für ein Produkt, welche eine stark einseitige Ausrichtung der Kaufentscheidung auf den Preis und damit ein übertrieben hohes Preisbewusstsein impliziert [31], wird auf diese Weise neben dem Preis auch das Produkt als solches berücksichtigt; eine derartige Vorgehensweise bildet die reale Kaufentscheidung wesentlich besser ab, da eine simultane Kosten-Nutzen- bzw. Preis-Produktnutzen-Abwägung erfolgt.

Durch Anwendung des Conjoint Measurement werden zunächst **individuelle** Preisabsatzfunktionen ermittelt; durch den individuellen Bezug besitzen die per Conjoint Measurement bestimmten Preisabsatzfunktionen eine deutlich höhere verhaltenswissenschaftliche Fundierung als die auf Gesamtmarktdaten, Preisexperimenten oder Expertenbefragungen beruhenden Verfahren[32]. Im nächsten Schritt sind die individuellen Preisabsatzfunktionen dann zu aggregieren, um zu einer Preisabsatzfunktion für den Gesamtmarkt zu gelangen.

Anhand eines **Beispiels** soll die Vorgehensweise demonstriert werden. Zu Grunde gelegt wird dabei der Markt für Kondensmilch. Als relevante Eigenschaften der auf diesem Markt gehandelten Produkte werden der Fettgehalt, die Art der Verpackung, der Preis sowie die Marke herangezogen. In Abb. 3.20 sind die mittels einer Conjoint-Analyse für einen einzelnen Probanden bestimmten Teilnutzenwerte für die Ausprägungen der jeweiligen Produkteigenschaft sowie die Gesamtnutzenwerte von drei existierenden Alternativen dargestellt. Die Gesamtnutzenwerte ergeben sich dabei gemäß dem linear-additiven Teilpräferenzwertmodell, das heißt durch eine einfache Aufsummation der Teilnutzenwerte der entsprechenden Produkteigenschaften einer Produktalternative[33]. Um zu einer individuellen Preisabsatzfunktion zu gelangen, ist zunächst eine Kaufentscheidungshypothese aufzustellen. Wird die First-Choice-Regel unterstellt, so wird davon ausgegangen, dass das Produkt mit dem höchsten Gesamtnutzenwert gekauft wird; dies ist im vorliegenden Beispiel Marke A. Die individuelle Preisabsatzfunktion für dieses Produkt wird dann durch hypothetische Variationen des Produktpreises und damit auch seines Teilnutzenwertes ermittelt; konkret wird der Preis so lange variiert, bis das betrachtete Produkt die Erstplatzierung in der Rangordnung der Produkte gewinnt[34]. Würde der Preis der Marke A von 1 Euro auf 1,50 Euro herauf-

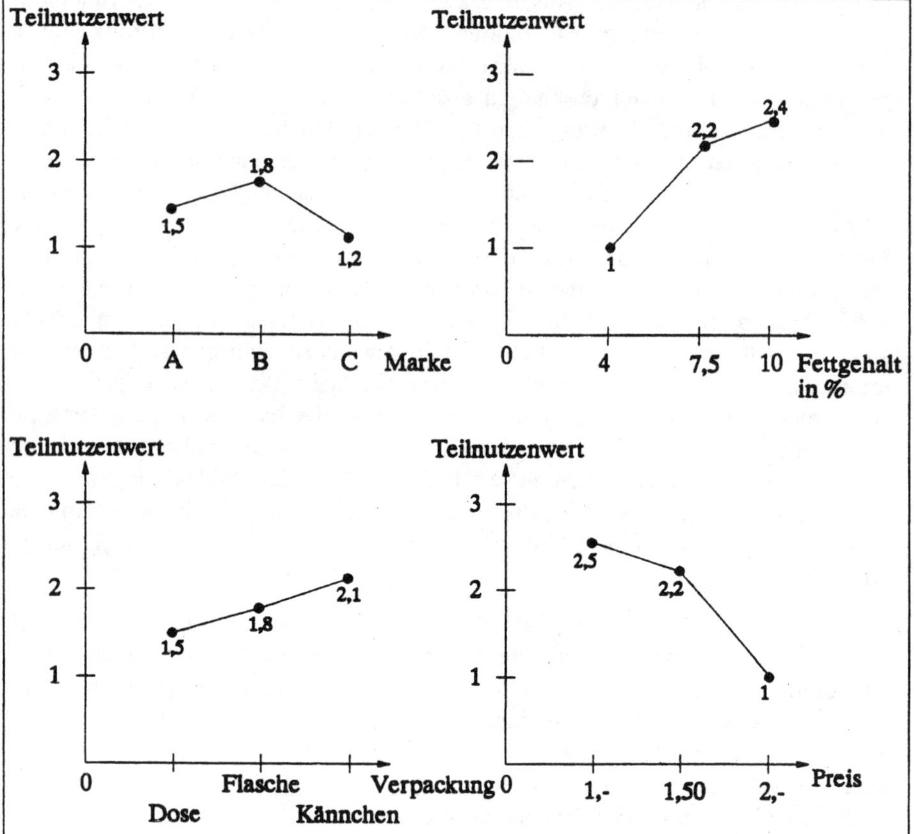

Rangordnung	Produktprofil				Gesamtnutzenwert
	Marke	Fettgehalt	Verpackung	Preis	
1	A	10%	Kännchen	1,-	8,5
2	B	7,5%	Dose	1,50	7,7
3	C	4%	Flasche	2,-	5

Abb. 3.20: Teilnutzen- und Gesamtnutzenwerte am Beispiel des Kondensmilchmarktes

gesetzt, so würde sich dieser Proband nach wie vor für dieses Produkt entscheiden, da der Gesamtnutzenwert immer noch über der zweitplazierten Marke B liegt. Lediglich bei einer Preiserhöhung auf 2 Euro liegt der Gesamtnutzenwert von Marke B über dem Gesamtnutzenwert der Marke A, so dass ein Markenwechsel erfolgt.

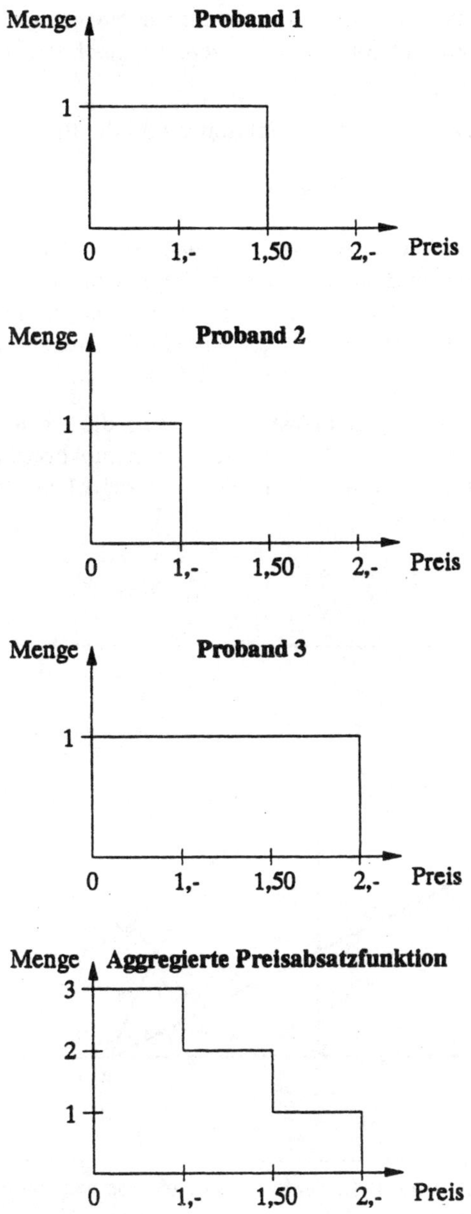

Abb. 3.21: Aggregation individueller Preisabsatzfunktionen für die Marke A

Die individuelle Preisabsatzfunktion des Probanden für die Marke A hat damit die hierbei handelt es sich offensichtlich um eine Preisabsatzfunktion, welche eine 0/1-Entscheidung (Nicht-Kauf/Kauf) abbildet. Preisabsatzfunktionen von zwei Probanden, welche eine schwächere (Proband 2) bzw. stärkere (Proband 3) Präferenz für die Marke A besitzen, sind in Abb. 3.20 ebenfalls enthalten. Durch eine vertikale Aggregation resultiert schließlich die aggregierte Preisabsatzfunktion (Abb. 3.21). Wird eine Vielzahl von Probanden herangezogen, so kann auf diese Weise eine Preisabsatzfunktion ermittelt werden, welche Aussagen für den Gesamtmarkt zulässt.

Zur betrachteten linearen Preisabsatzfunktion gehört die Erlösfunktion

$$E = E(x) = p \cdot x = (a - b \cdot x) \cdot x = a \cdot x - b \cdot x^2.$$

Offensichtlich ist, dass bei der Menge x = 0 und bei der Sättigungsmenge der Erlös gleich Null ist. Der maximale Erlös wird bei der halben Sättigungsmenge erreicht. In der Abb. 3.22 ist neben der Preisabsatzfunktion die zugehörige Erlösfunktion gegeben; außerdem ist die erlösmaximale Preis-Mengen-Kombination gekennzeichnet.

Neben der Preisabsatz- und der Erlösfunktion muss die **Kostenfunktion** bekannt sein, welche auf der jeweils relevanten Produktionsfunktion basiert und die entscheidungsrelevanten Kosten in Abhängigkeit von der Menge wiedergibt; im einfachsten Fall gilt:

$$K = K(x) = k_v \cdot x + K^F.$$

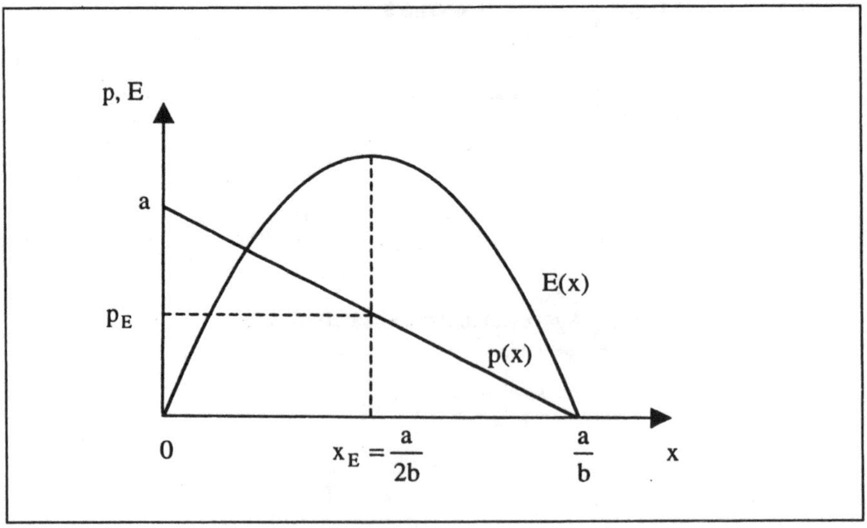

Abb. 3.22: Preisabsatz- und Erlösfunktion sowie erlösmaximale Preis-Mengen-Kombination

Wesentlich für die weitere Analyse ist die Unterscheidung von fixen und variablen Kosten. Während fixe Kosten nicht von der produzierten Menge abhängen (also für alternative Produktionsmengen gleich groß sind), ändern sich die variablen Gesamtkosten mit der produzierten Menge. Grundsätzlich kann die Höhe der variablen Kosten pro Mengeneinheit unabhängig von der gesamten Produktionsmenge sein, mit der Produktionsmenge fallen oder steigen. Entsprechend resultieren verschiedene Verläufe der Gesamtkostenfunktion.

Wie die Preisabsatzfunktion ist die für die Planungsperiode gültige Kostenfunktion zu ermitteln[35]. Auf Grund der produktionstheoretischen Fundierung der Kostenfunktion ist insbesondere denkbar, die mit alternativen Produktionsmengen verbundenen geplanten Einsatzmengen und Preise der erforderlichen Produktionsfaktoren zu bestimmen. Unter gewissen Bedingungen können auch die in der Vergangenheit bei verschiedenen Produktionsmengen eingetretenen Kosten herangezogen werden. Falls diese beiden Vorgehensweisen nicht realisierbar sind, ist noch eine subjektive Schätzung der Kostenfunktion denkbar: Für alternative Produktionsmengen sind die zu erwartenden Kosten zu schätzen; durch eine regressionsanalytische Auswertung dieser Daten kann die Gestalt der zu Grunde liegenden Kostenfunktion bestimmt werden.

In der Abb. 3.23 sind die Preisabsatz-, Erlös- und Kostenfunktion eingezeichnet. Diese Abbildung lässt nun erkennen, bei welcher Preis-Mengen-Kombination der maximale Gewinn (die maximale Differenz aus Erlös und Kosten) gegeben ist; diese optimale Kombination beläuft sich auf (x_G, p_G).

In der Abb. 3.24a findet sich die entsprechende grafische Grenzanalyse (vgl. zur analytischen Berechnung Abb. 3.24b); deren Ergebnisse stimmen mit der entsprechenden Totalanalyse (Abb. 3.23) überein.

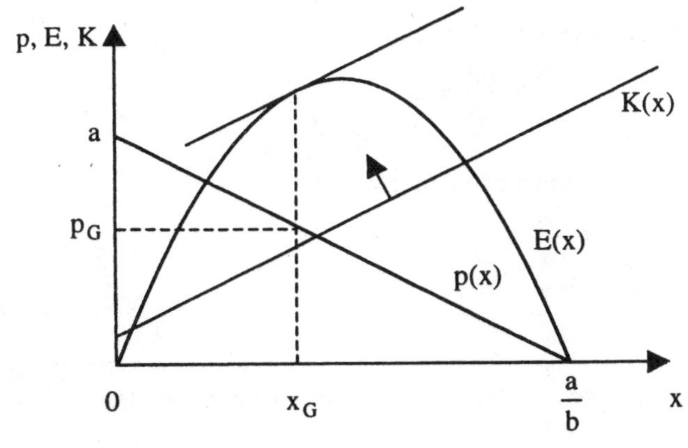

Abb. 3.23: Ermittlung der gewinnmaximalen Preis-Mengen-Kombination

a) Grafische Lösung:

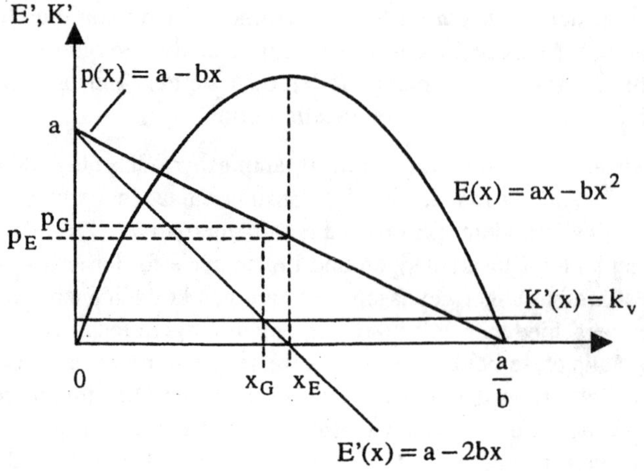

b) Analytische Lösung:

Preisabsatzfunktion:

(1) $p = p(x)$

Kostenfunktion:

(2) $K = K(x)$

Gewinnfunktion:

(3) $G(x) = p(x) \cdot x - K(x) \rightarrow \text{Max!}$

Erste Ableitung der Gewinnfunktion:

(4) $\frac{dG}{dx} = p + x \cdot \frac{dp}{dx} - \frac{dK}{dx} \stackrel{!}{=} 0$

Gewinnmaximierungsbedingung:

(5) $\underbrace{p + x \cdot \frac{dp}{dx}}_{E'} = \underbrace{\frac{dK}{dx}}_{K'}$

Abb. 3.24: Grenzanalyse zur Bestimmung der gewinnmaximalen Preis-Mengen-Kombination

Erweiterungen des Grundmodells sind denkbar, indem von anderen Zielsetzungen ausgegangen wird (z.B. Erlösmaximierung oder Absatzmaximierung; im letzt genannten Fall resultiert das unrealistische Ergebnis Preis gleich Null, Absatzmenge gleich der Sättigungsmenge, mit einem Verlust in Höhe der Gesamtkosten bei der Sättigungsmenge). Sinnvoller ist die Zielsetzung Absatzmengenmaximierung unter der Bedingung eines Mindestgewinnes.

Ist eine **kapazitative Restriktion** gegeben, so kann dies bedeuten, dass eine gemäß einem verfolgten Ziel optimale Menge nicht abgesetzt werden kann, da sie nicht hergestellt werden kann; die optimale Menge ist entsprechend zu reduzieren, was zu einem neuen zu fordernden Preis (gemäß der Preisabsatzfunktion) führt.

Preisbündelung

Bietet ein Unternehmen mehrere Artikel an, so ist zu überlegen, ob diese Artikel nicht im Sinne von Systemkomponenten zu einem Bündel bzw. Paket zusammengefasst werden sollen, für welches dann ein eigenständiger Systempreis gefordert wird. Diese Frage wird in der Literatur unter der Problematik der **Preisbündelung** diskutiert[36]. Dabei wird im Regelfall ein Paketpreis gefordert, welcher niedriger ist als die Summe der Preise der einzelnen Systembestandteile, sofern die Einzelpreise bekannt sind bzw. die Produkte überhaupt einzeln verkauft werden. Betroffen von dieser Preisbündelung sind in erster Linie komplementäre Artikel. Typische **Beispiele** für derartige Preisbündelungen in der Praxis sind:

- **Paketpreise in der EDV-Branche**
  So werden oftmals Einzelkomponenten wie Drucker, Farbmonitor, Maus und PC-Zentraleinheit zusammen deutlich unter der Summe ihrer Einzelpreise verkauft.
- **Menüpreise in Restaurants**
  Vielfach werden in Restaurants Komplettmenüs angeboten, welche Vorspeise, Hauptgang, Dessert und unter Umständen Getränke beinhalten. Der Menüpreis liegt dabei im Regelfall unter dem Preis der einzelnen Speisen und Getränke.
- **Sondermodelle im Automobilbereich**
  Derartige Sondermodelle besitzen eine gegenüber dem Grundmodell aufgewertete Ausstattung, wobei der Preis für das Sondermodell unter dem Preis des Grundmodells, welches mit den einzelnen Ausstattungskomponenten versehen wird, liegt.

Als **Formen der Preisbündelung** stehen die reine sowie die gemischte Bündelung zur Verfügung. Die **reine Bündelung** liegt dann vor, wenn ein Kauf der einzelnen Produkte bzw. Systembestandteile nicht möglich ist; es wird also nur die Paketlösung angeboten. Von **gemischter Bündelung** hingegen wird gesprochen, wenn sowohl die Einzelprodukte als auch die Paketlösung angeboten werden. Zu hinterfragen ist die Vorteilhaftigkeit einer derartigen Preisbündelung im Vergleich mit der Einzelpreislösung.

Anhand eines **Beispiels** soll im Folgenden demonstriert werden, wie die Vorteilhaftigkeit einer Preisbündelung ermittelt werden kann. Ausgangspunkt hierfür sind die in Abb. 3.25 angegebenen Maximalpreise von fünf Nachfragern für zwei

Artikel A und B; diese Maximalpreise geben die Preisbereitschaft der einzelnen Nachfrager an und können beispielsweise über Preistests oder über das Conjoint-Measurement erhoben werden. In Abb. 3.25 wird zudem angenommen, dass die Maximalpreise für die Paketlösung aus der Summe der einzelnen Maximalpreise gebildet werden kann. Als Ziel wird die Gewinnmaximierung unterstellt. Ferner fallen variable Stückkosten in Höhe von 1 Geldeinheit für Produkt A und in Höhe von 1,5 Geldeinheiten für Produkt B an; Fixkosten sind nicht zu berücksichtigen. Zu ermitteln sind nun die bei den drei grundsätzlich denkbaren **Strategien**, das heißt

- der Einzelpreislösung,
- der reinen Preisbündelung und
- der gemischten Preisbündelung

zu fordernden Preise sowie die resultierenden Gewinne. Für die Einzelpreislösung und die reine Preisbündelung werden hierzu die bei den jeweiligen Maximalpreisen entstehenden Erlöse und Kosten errechnet; Preise zwischen den Maximalpreisen brauchen nicht überprüft zu werden, da Konsumenten, deren Maximalpreis überschritten wird, ohnehin nicht kaufen und Konsumenten, deren Maximalpreis noch nicht erreicht ist, auch zu einem höheren Preis kaufen würden. Die Ergebnisse zeigen die Abb. 3.26a und 3.26b. Offensichtlich entsteht bei der reinen Preisbündelungsstrategie sowohl ein höherer Erlös als auch ein höherer Gewinn im Vergleich mit der Einzelpreisstrategie.

Artikel \ Konsument	1	2	3	4	5
A	6	2	5	3	2,4
B	1	5	4	2,5	2
A + B	7	7	9	5,5	4,4

Abb. 3.25: Maximalpreise von Konsumenten für Einzelprodukte und Paketlösung

In beiden Fällen können allerdings die Konsumenten 4 und 5 nicht zum Kauf bewegt werden. Durch eine gemischte Preisbündelung kann nun versucht werden, die Konsumenten 4 und 5 zumindest zum Kauf eines der beiden Produkte zu bewegen, indem der Preis eines der beiden Produkte auf den entsprechenden Maximalpreis des Konsumenten 4 beziehungsweise 5 herabgesetzt wird. Dabei ist zu beachten, dass die Summe der Einzelpreise den Paketpreis übersteigen muss, da sonst alle Konsumenten beide Produkte getrennt zum Einzelpreis kaufen würden. Als optimale Lösung erhalten wir auf diesem Wege ein Preis für Produkt A von 2,4 Geldeinheiten und für Produkt B von 5 Geldeinheiten. In diesem Fall kaufen beide Konsumenten Produkt A, aber nicht Produkt B. Der Erlös steigt auf 25,8 Geldeinheiten, der Gewinn auf 16,3 Geldeinheiten (vgl. Abb. 3.26c).

$P_A^{opt} = 5$

$P_B^{opt} = 4$

Erlös = 18

Kosten = 5

Gewinn = 13

Käufer : 1 (A), 2 (B), 3 (A+B)

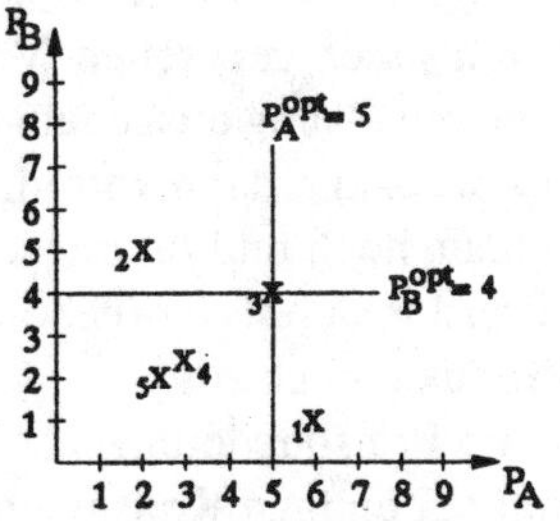

a) Optimalstrategie bei Einzelpreislösung

$P^{(A+B)^{opt}} = 7$

Erlös = 21

Kosten = 7,5

Gewinn = 13,5

Käufer : 1,2,3

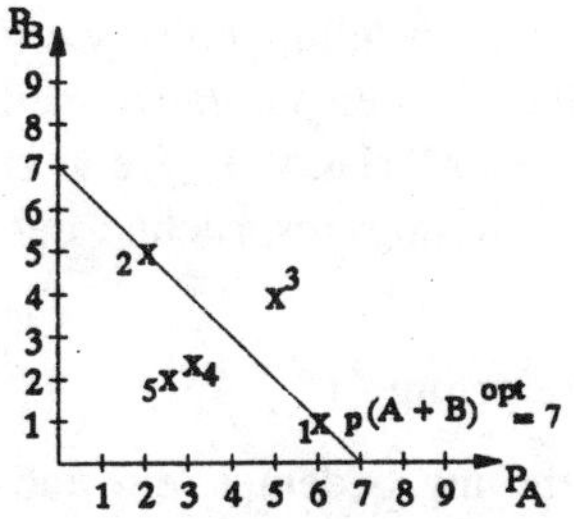

b) Optimalstrategie bei reiner Preisbündelung

$P_A^{opt} = 2,4$

$P_B^{opt} = 5$

$P^{(A+B)^{opt}} = 7$

Erlös = 25,8

Kosten = 9,5

Gewinn = 16,3

Käufer : 1, 2, 3 (A+B), 4, 5 (A)

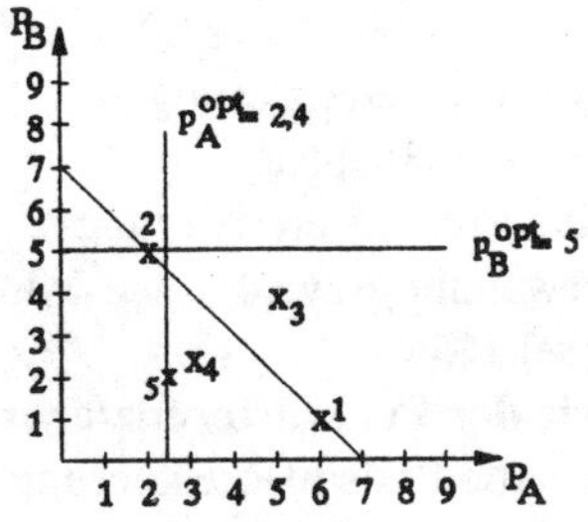

c) Optimalstrategie bei gemischter Preisbündelung

Abb. 3.26: Optimalstrategien bei Einzelpreisen und Preisbündelung

Ursache für die Gewinnverbesserung durch eine Preisbündelung ist die bessere Abschöpfung der Konsumentenrente; so kann durch eine Preisbündelung im Verbund mit geringeren Paketpreisen gegenüber der Einzelpreissumme bewirkt werden, dass ursprüngliche Nichtkäufer zu Käufern werden. Grundsätzlich kann allerdings nicht von einer generellen Vorteilhaftigkeit der Preisbündelung gegenüber einer Einzelpreislösung ausgegangen werden. So lässt sich zeigen, dass

- eine Einzelpreislösung dann vorteilhafter ist, wenn die Präferenz für **eines der beiden** Produkte hoch und für das jeweils andere niedrig ist,
- eine reine Preisbündelung vorgenommen werden sollte, wenn die Präferenzen für **beide** Produkte hoch sind,
- eine gemischte Preisbündelung vorteilhaft ist, wenn **Kundensegmente** auftreten, das heißt bei einigen Konsumenten einseitige Präferenzen vorhanden sind, bei anderen Konsumenten hingegen beide Produkte in etwa gleichem Maße präferiert werden[37].

Probleme der Preisbündelung bestehen in erster Linie in der Auffindung der Preisbereitschaften der Konsumenten, der Bestimmung optimaler Preise bei umfangreichen Problemstellungen sowie in wettbewerbsrechtlicher Hinsicht, da Bündelungspraktiken in der Vergangenheit des öfteren unterbunden wurden. Zudem besteht auf vielen Märkten der Trend zur Entbündelung von Leistungspaketen, um den Individualisierungsansprüchen der Konsumenten entgegen kommen zu können[38].

Preisdifferenzierung

Preisdifferenzierung bedeutet, ein und denselben Markenartikel an verschiedene Käufergruppen zu verschiedenen Preisen zu verkaufen. Verschiedene **Arten der Preisdifferenzierung** lassen sich unterscheiden[39]:

- personale Preisdifferenzierung
  (Fahrkarten an Schüler/Erwachsene),
- räumliche Preisdifferenzierung
  (Inlands- und Auslandsmarkt),
- zeitliche Preisdifferenzierung
  (nach Vor- und Hauptsaison),
- quantitative Preisdifferenzierung
  (nach Verwendungszweck; wie Mineralöl für Heizzwecke und für den Betrieb eines Diesel-Pkw).

In der **Theorie der Preisdifferenzierung** werden

- die horizontale Preisdifferenzierung und
- die vertikale Preisdifferenzierung

unterschieden. Im Falle der **horizontalen Preisdifferenzierung** findet ein Monopolist einen Gesamtmarkt vor, den er durch geeignete Marketing-Maßnahmen in verschiedene Teilmärkte zerlegt, auf denen verschiedene Preise gefordert werden. Bei der **vertikalen Preisdifferenzierung** hingegen findet ein Anbieter Teilmärkte (Inlands- und Auslandsmarkt) bereits vor. Im Rahmen der Preispolitik hat er dann die Möglichkeit, eine gewinnmaximale Preisdifferenzierung vorzunehmen oder einen gewinnmaximalen Einheitspreis auf dem Gesamtmarkt zu fordern. Die Abb. 3.27 erlaubt eine Illustration der vertikalen Preisdifferenzierung im Falle eines Monopols. Gegeben sind zwei Teilmärkte. Auf dem Teilmarkt 1 gilt die Preisabsatzfunktion AB, auf dem Teilmarkt 2 die Preisabsatzfunktion CD. Der Streckenzug CEF stellt die aggregierte Preisabsatzfunktion dar, welche sich durch horizontale Aggregation der Preisabsatzfunktionen für die beiden Teilmärkte ergibt.

Im Optimum muss gelten, dass die Grenzerlöse auf den beiden Teilmärkten jeweils den Grenzkosten der Gesamtproduktion entsprechen, d.h.

$E_I' = E_{II}' = K'$.

Wäre der Grenzerlös auf einem Markt höher als auf einem anderen, so könnte beispielsweise durch Verkauf einer Produkteinheit auf dem Markt mit dem höheren Grenzerlös, die vom Markt mit dem niedrigeren Grenzerlös abgezogen wird, der Gewinn gesteigert werden. Die zu produzierende Gesamtmenge beläuft sich in der vorliegenden Situation auf x_G, wobei $x_G = x_I + x_{II}$ (vgl. Abb. 3.27). Die gewinnoptimalen Preise sind offensichtlich p_I für Teilmarkt I sowie p_{II} für Teilmarkt 2. Der durch die Preisdifferenzierung erzielbare Zusatzgewinn gegenüber der Setzung nur eines einzigen gewinnoptimalen Preises lässt sich anhand von Abb. 3.27b ablesen. Will der Monopolist nur einen Preis für beide Märkte setzen, so wird er den Preis p_G wählen; in diesem Punkt stimmen Grenzerlös und Grenzkosten wiederum überein. Gegenüber der Situation einer Preisdifferenzierung fällt der Gewinn jedoch um die Fläche GHI geringer aus, da die zur Preisdifferenzierung zugehörige Grenzerlöskurve CGIJ (= $E_I' + E_{II}'$) in diesem Bereich über der Grenzerlöskurve CGHIJ liegt, welche zum Streckenzug CEF und damit zum Fall einer einheitlichen Preissetzung gehört.

Dynamische Preisstrategien

Wenn ein neuer Markenartikel vollständig entwickelt worden ist und die Markttests zu positiven Ergebnissen geführt haben, ist darüber zu befinden, in welcher Art und Weise der Artikel auf dem Gesamtmarkt einzuführen ist. Die möglichen Markteinführungsstrategien lassen sich als Erweitungen der denkbaren preispolitischen Strategien darstellen. Folgende fünf **preispolitische Strategien** sind möglich (vgl. Abb. 3.28):

- hoher Preis auf Dauer (Prämien-Preispolitik; Strategie I),
- hoher Einführungspreis und sukzessive Preissenkung (Skimming-Preispolitik; Strategie II),
- durchschnittliche Preislage auf Dauer (Strategie III),
- niedriger Einführungspreis und sukzessive Preiserhöhung (Penetration-Preispolitik; Strategie IV),
- niedriger Preis auf Dauer (Promotions-Preispolitik; Strategie V).

Eine Marketing-Strategie auf der Basis der **preispolitischen Strategie I** (hoher Preis auf Dauer) lässt sich wie folgt charakterisieren: eine erste Voraussetzung ist eine hohe/führende Qualität. Des Weiteren muss eine Zielgruppe gefunden werden, die über eine entsprechende Zahlungsfähigkeit verfügt und den Markenartikel z.B. zum offensichtlichen (demonstrativen) Konsum heranzieht. Sowohl die

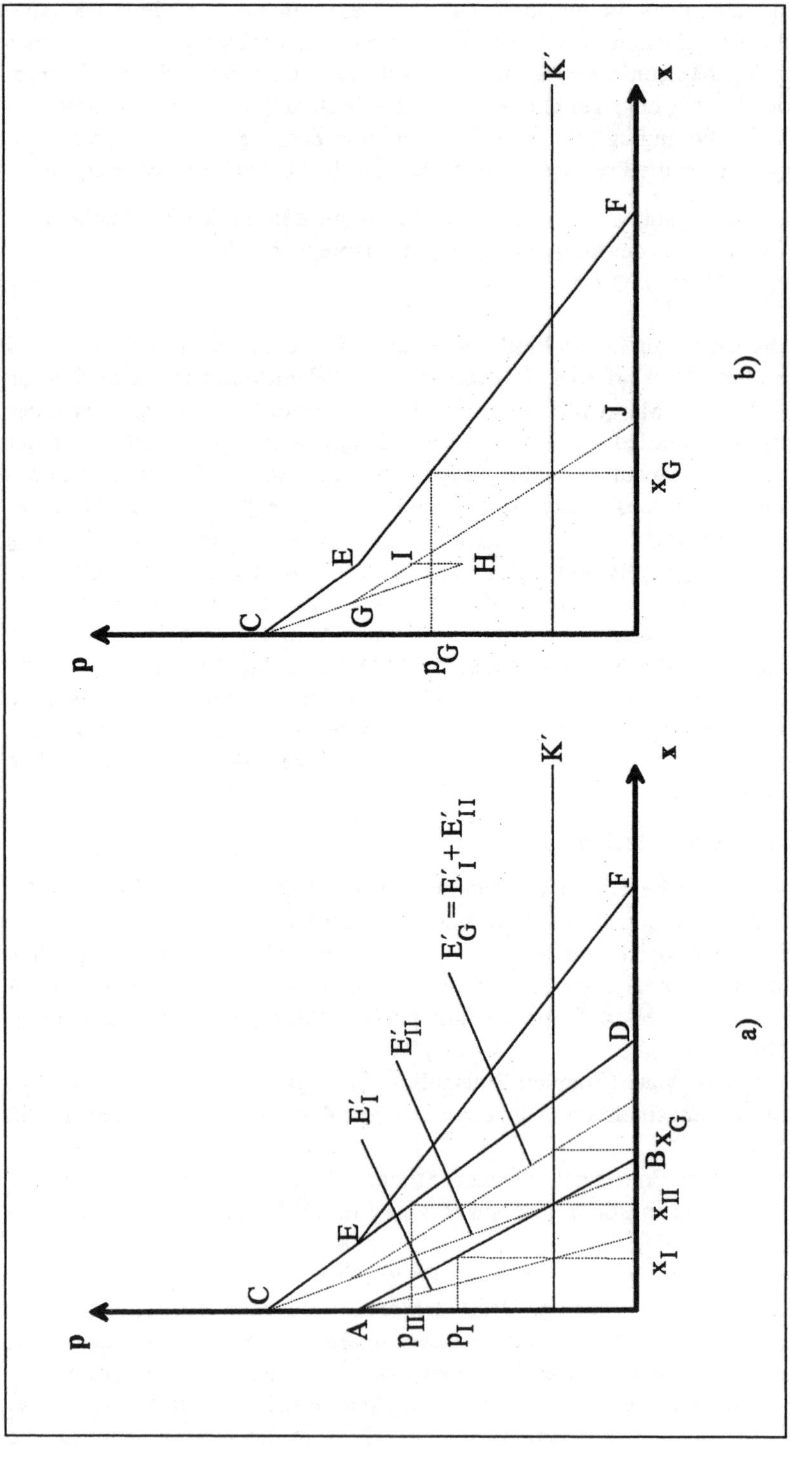

Abb. 3.27: Bestimmung der optimalen Preis-Mengen-Kombination im Falle einer vertikalen Preisdifferenzierung

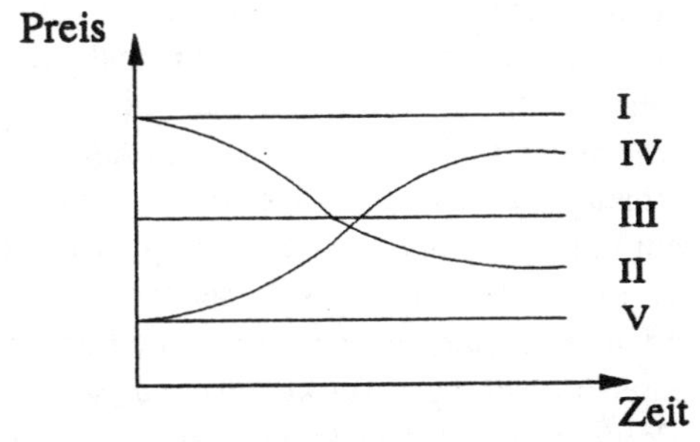

Abb. 3.28: Preispolitische Strategien

Kommunikationspolitik als auch die Distributionspolitik müssen zielgruppen- und qualitätsorientiert erfolgen. Die zu produzierende Stückzahl ist vergleichsweise gering, da sonst die Exklusivität des Angebotes nicht aufrecht erhalten bleiben kann. Eine derartige Marketing-Strategie ist beispielsweise für Sportwagen der Marken Lamborghini oder Porsche möglich.

Die Idee der **Preisstrategie II** (hoher Einführungspreis; sukzessive Preissenkungen) besteht darin, die Zahlungsfähigkeit und -willigkeit des Marktes abzuschöpfen. Entsprechend ist die zugehörige Marketing-Strategie zielgruppenbezogen: Zunächst wird eine exklusive Zielgruppe umworben; dann wird die Exklusivität der Zielgruppe schrittweise gemildert. Die Kommunikationspolitik und Distributionspolitik erfolgen in angemessener Weise; ist zunächst eine exklusive Distribution über Fachgeschäfte, später auch über Warenhäuser etc. vorzunehmen. Ein typisches Anwendungsbeispiel dieser Marketing-Strategie ist bei der Unterhaltungselektronik (z.B. bei Video-Recordern) zu verzeichnen. Die Vorteile einer derartigen Preisstrategie[40] sind offensichtlich:
- Es sind zunächst nur niedrige Kapazitäten erforderlich;
- die Beanspruchung finanzieller Ressourcen ist gering;
- mit dem hohen Preisniveau wird ein hohes Qualitätsniveau verbunden;
- ein preispolitsicher Spielraum (nach unten) wird geschaffen.

Ein möglicher Nachteil dieser Preisstrategie kann darin gesehen werden, dass die erreichbaren Gewinne Konkurrenten heranzuziehen, die zudem einen erheblichen Preispolitischen Spielraum vorfinden. Andererseits besteht für den Innovator die Möglichkeit, einer Konkurrenzreaktion durch eine Preissenkung zu begegnen. Wesentliche Voraussetzungen für diese preispolitische Strategie sind, dass der Innovator eine "echte" Neuheit anbietet, er damit auch als erster am Markt ist und dass geeignete Zielgruppen (mit entsprechender Zahlungsfähigkeit und –willigkeit) gegeben sind.

Die Idee der **Preisstrategie III** (durchschnittliche Preislage auf Dauer) ist für nicht-exklusive Markenartikel durchführbar, die in eingeführten Fachgeschäften vertrieben werden und bei denen eine dauerhaft "gute" Qualität gegeben ist.

Der **Preisstrategie IV** (niedriger Einführungspreis; sukzessive Preiserhöhungen) liegt typischerweise folgende Ausgangssituation zu Grunde: Ein Anbieter verfügt über vergleichsweise hohe freie Kapazitäten; unter Umständen befürchtet er einen Konkurrenzeinstieg auf einen Markt; auf jeden Fall will er einen Markt vergleichsweise schnell durchdringen und gegenüber Konkurrenten abschotten. Wenn eine beachtliche, unter Umständen monopolartige Marktstellung erreicht ist, können dann Preiserhöhungen vorgenommen werden. Ein typisches Beispiel für diese Marketing-Strategie ist die Einführung japanischer Personenkraftwagen in der EG. Bei einer Beurteilung dieser Strategie ist auf folgende Punkte hinzuweisen:

- Potentielle Konkurrenten können vom Markteintritt abgehalten werden.
- Hohe Absatz- und Produktionsmengen können zu vergleichsweise geringen Produktionskosten führen.
- Andererseits sind hohe Kapazitäten erforderlich.
- Ein preispolitischer Spielraum kann in der Regel nur geschaffen werden, wenn auch qualitative Verbesserungen gemacht werden.

Ein typischer Anwendungsbereich der **Preisstrategie V** (niedriger Preis auf Dauer) sind die Handelsmarken. Eine **optimale Preisstrategie** kann bestimmt werden, indem für alternative Preisstrategien die zugehörigen Kapitalwerte ermittelt werden. Dies kann in einer Sicherheitssituation (auf der Grundlage eines deterministischen Entscheidungsbaumes) beziehungsweise in einer Risikosituation (mittels der Risikoanalyse) erfolgen.

Preispolitik auf mehrstufigen Märkten

Folgender Ablauf der Preisfindung auf mehrstufigen Märkten ist typisch:

- Der Produzent ermittelt, auf der Basis der bei ihm anfallenden Produktionskosten (pro Stück) sein Abgabepreis an den Handel, über den er normalerweise mit der jeweiligen Handelsorganisation verhandeln muss.
- Der Abgabepreis des Produzenten an den Handel entspricht dem Einstandspreis des Handels.
- Unter zusätzlicher Berücksichtigung spezifischer Handelskosten (pro Stück) entscheidet der Handel über den Endverbraucherpreis.

Diese Vorgehensweise ist darin begründet, dass – abgesehen von Ausnahmen – der Produzent nur eine unverbindliche Preisempfehlung bezüglich des Endverbraucherpreises machen kann, welcher der Handel nicht folgen muss.

Exkurs: Ermittlung des Systemgewinnes bei kooperativer Preisfindung

Zunächst wird eine Vorüberlegung angestellt. Betrachtet wird die Wertschöpfungskette vom Produzenten über den Handel zum Endverbraucher. Für dieses "System" setzt sich der Systemgewinn[41] aus der Summe von Produzenten- und Handelsgewinn zusammen. Bei Betrachtung eines einzigen Produktes gilt

$$\begin{aligned} SG(p) &= G_E + G_H = p_E \cdot x(p) - K_E(x(p)) + (p - p_E) \cdot x(p) - K_H(x(p)) \\ &= p \cdot x(p) - K_E(x(p)) - K_H(x(p)) \end{aligned}$$

mit

SG: Systemgewinn,
P: Endverbraucherpreis,
E: Hersteller (Produzent),
H: Handelorganisation,
P_E: Abgabepreis des Herstellers an den Handel,
x = x(p): Preisabsatzfunktion des Handels (auf Endverbrauchermarkt),
K_H: Handlungskosten d. Handelsorganistation (ohne Beschaffungskosten des Produzenten),
K_E: Produktionskosten des Herstellers.

Der Systemgewinn ist gleich der Differenz der Erlöse aus den Verkäufen des Händlers an die Konsumenten und den Gesamtkosten von Hersteller und Händler. Die aus den Verkäufen des Herstellers an den Händler resultierenden Erlöse heben sich auf, da sie gleichzeitig Kosten auf der Händlerseite darstellen. Damit hängt der Systemgewinn allein vom Endverbraucherpreis ab.

Die **Ermittlung des Endverbraucherpreises** soll anhand eines Beispieles dargestellt werden. Folgende Ausgangssituation sei gegeben[42]:

Preisabsatzfunktion	: $x(p) = 10.000 - 100 \cdot p$
Kostenfunktion des Produzenten	: $K_E(x) = 6 \cdot x + 40.000$
Kostenfunktion des Handels	: $K_H(x) = 4 \cdot x + 50.000$

Als **Systemgewinn** erhält man dann

$$SG = p \cdot (10.000 - 100 \cdot p) + 1.000 \cdot p - 190.000$$
$$= -100p^2 + 11.000 \cdot p - 190.000 \rightarrow \text{Max}$$

Als notwendige Bedingung für das Maximum des Systemgewinnes resultiert

$$\frac{dSG}{dp} = -200 \cdot p + 11.000 \overset{!}{=} 0;$$

die hinreichende Bedingung für das Gewinnmaximum ist erfüllt. Folgende **Optimalwerte** ergeben sich:

$p^* = 55$

$x^* = 4.500$

$SG^* = SG(55) = 112.500.$

Hinsichtlich der **Aufteilung des Systemgewinnes** zwischen Produzent und Händler liefert die Theorie der kooperativen Spiele[43] interessante Erkenntnisse. Ausgegangen wird davon, dass sowohl Produzent als auch Händler vollkommene Information besitzt. Die Verhandlungssituation zwischen Produzent und Händler ist dahingehend zu lösen, dass aus der Menge der möglichen Aufteilungen des Systemgewinnes eine Aufteilung zu wählen ist, die individuell rational und gleichzeitig effizient ist. Rational bedeutet, dass Hersteller und Händler mindestens einen Gewinn wie bei Nicht-Kooperation erhalten. Effizient ist die Aufteilung, wenn Hersteller und Händler sich nicht besser stellen können, ohne dass der andere sich verschlechtert.

Die **Verhandlungssituation** wird in Abb. 3.29 dargestellt. Die relevanten (individuell rationalen und gleichzeitig effizienten) Aufteilungen liegen auf der sogenante **Pareto-Grenze** h, welche hier die Isoquante des erzielten Systemgewinns darstellt, und zwar zwischen den Widerstandspunkten von Hersteller und Händler. Der Drohpunkt resultiert aus den Gewinnen des Herstellers und Handelsunternehmens bei Nicht-Kooperation. G_E^{max} (G_H^{max}) bezeichnet den maximalen Anteil des Herstellers (Händlers) am Systemgewinn.

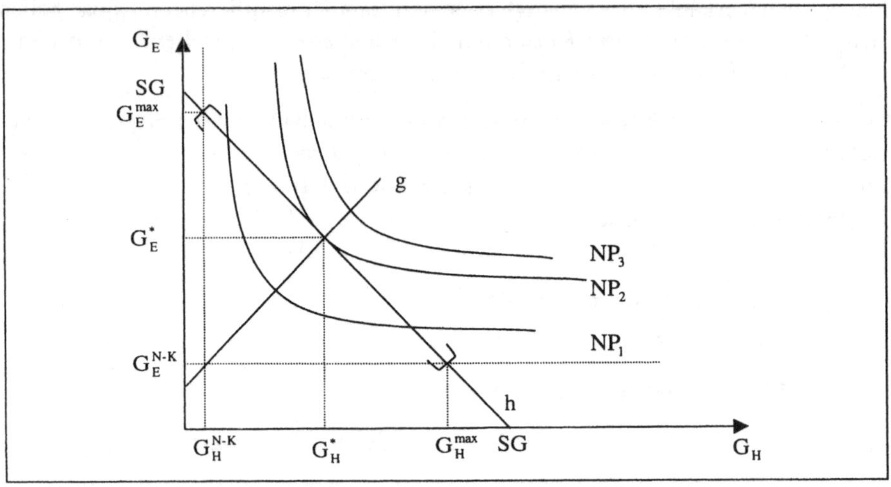

Quelle: Cansier 2001, S. 82.
Abb. 3.29: Gewinnaufteilung

Das in der kooperativen Spieltheorie grundlegende Modell für eine **faire Gewinnaufteilung** stellt die Verhandlungslösung von Nash dar[44]. Das Ergebnis eines Verhandlungsspiel im Zwei-Parteien-Fall wird nach Nash durch jenen Auszahlungsvektor bestimmt, bei dem sich jeder Spieler besser als in seinem Widerstandspunkt stellt und der das Nash-Produkt, welches das Produkt der Differenzen der tatsächlichen und der im Widerstandspunkt erzielten Auszahlungen beider Parteien ist, maximiert.

NP_1, NP_2 und NP_3 sind beispielhafte **Isoquanten des Nash-Produktes.** Je weiter diese rechts liegen – je höher der Index – desto höher ist das Nash-Produkt. Mit steigenden Individualgewinnen nähern sie sich G_H^{N-K} und G_E^{N-K} an. Die gesuchte, noch zulässige Aufteilung, bei der das Nash-Produkt maximal ist, ergibt sich aus dem Punkt, in welchem die Isoquante des Nash-Produktes die Aufteilungsgerade des Systemgewinns h gerade noch tangiert. Als **resultierende Gewinnaufteilung** ergibt sich: Jede Partei erhält einmal den Gewinn, den sie auch bei Nicht-Kooperation realisiert hätte, und sie erhält außerdem die Hälfte des danach verbleibenden Systemgewinnes. Dieser Teil entspricht dem mit der Kooperation als solcher verbundene Gewinn.

Nicht-kooperative Ermittlung von Endverbraucherpreisen durch den Handel

Bei nicht-kooperativer Preisbildung verfolgen Händler und Hersteller unabhängig voneinander das Ziel, den an ihrer Marktstufe in ihrem Unternehmen anfallenden Gewinn zu maximieren. Der Händler optimiert den Endverbraucherpreis, der Hersteller ausgehend von diesem den Herstellerabgabepreis. Entsprechend der bisherigen Bezeichnungen ergeben sich die Hersteller- und Händlergewinn zu

$G_E(p_E) = p_E \cdot x(p) - K_E(x(p))$ und

$G_H(p) = (p - p_E) \cdot x(p) - K_H(x(p))$.

Im ersten Schritt erfolgt die Bestimmung des gewinnmaximalen Endverbraucherpreises durch den Händler[45]. Hierbei wird unterstellt, dass der Herstellerabgabepreis eine Konstante darstellt, so dass als notwendige Bedingung die erste Abteilung des Händlergewinns mit Null gleichgesetzt werden muss. Der händlergewinnmaximale Endverbraucherpreis ergibt sich im Beispiel gemäß

$$G_H = (p - p_E)\,(10.000 - 100 \cdot p) + 400 \cdot p - 90.000$$

$$= -100 \cdot p^2 + 10.400 \cdot p - 10.000 \cdot p_E + 100 \cdot p \cdot p_E - 90.000 \rightarrow \text{Max}$$

und der ersten Ableitung

$$\frac{dG_H}{dp} = -200 \cdot p + 10.400 + 100 \cdot p_E \overset{!}{=} 0$$

als

$$p^{**} = 52 + 0{,}5\,p_E.$$

Nicht-koooperative Ermittlung von Abgabepreisen des Markenartikelproduzenten an den Handel

Der den Herstellergewinn maximierende Abgabepreis an den Handel errechnet sich dann im zweiten Schritt durch Nullsetzen der ersten Ableitung des Herstellergewinns[46]

$$G_E = p_E\,(10.000 - 100 \cdot p^{**}) + 600 \cdot p^{**} - 100.000 =$$

$$PE\,\big(10.000 - 100 \cdot (52 + 0{,}5 p_E)\big) + 600\;(52 + 0{,}5 p_E) - 100.000$$

die notwendige Bedingung für das Gewinnmaximum lautet

$$\frac{dG_E}{dp_E} = -100 \cdot p_E + 5.100 \overset{!}{=} 0$$

(die hinreichende Bedingung ist erfüllt).

Als optimal erweist sich
$p_E^{**} = 51$
sowie
$p^{**} = 77{,}5$
und

$x^{**} = 2.250$

mit den Gewinnwerten

$G_E^{**} = 61.250,$

$G_H^{**} = 625,$

$SG^{**} = G_E^{**} + G_H^{**} = 61.875.$

Im Beispiel wird eine lineare Preisabsatzfunktion unterstellt. Die Endverbraucherpreise bei Kooperation und Nicht-Kooperation betragen 55 GE bzw. 77,5 GE. Die Absatzmenge bei Kooperation und Nicht-Kooperation betragen 450 bzw. 2250 Stück. Der Systemgewinn beläuft sich auf 112.500 GE und die Summe der nicht-kooperativen Einzelgewinne auf 61.875 GE. Das Rechenbeispiel verdeutlicht, dass durch eine Umstellung von nicht-kooperativer zu kooperativer Endverbraucherpreisbildung eine deutliche Senkung des Endverbraucherpreises bei gleichzeitiger kräftiger Steigerung des Systemgewinns erzielbar sein kann. Erreicht wird dies durch eine fast doppelt so hohe Absatzmenge. Das kooperative Vorgehen muss weder einen niedrigeren Endverbraucherpreis noch einen höheren Systemgewinn garantieren, dies hängt vom Einzelfall ab.

3.1.6.3 Preisfindung im Falle der (Zusatz-) Produktion von Handelsmarken

Handelsorganisationen vergeben Aufträge für die Produktion von Handelsmarken typischerweise mittels **Ausschreibungen**. Eine Ausschreibung ist eine einzelbetriebliche Marktveranstaltung eines Nachfragers, im Rahmen derer der Nachfrager verschiedene Anbieter auffordert, ein Angebot für eine von ihm nachgefragte Leistung zu machen. Eine Ausschreibung unterliegt zumindest drei **Spielregeln**:
- einmalige Angebotsabgabe,
- geheime Angebote,
- keine Nachverhandlungen.

Für einen Anbieter bei einer Ausschreibung stellt sich das Problem, die für ihn optimale Preisforderung zu bestimmen. Dabei sind folgende **Einflussfaktoren** zu beachten:
- das verfolgte Ziel,
- die erwarteten Kosten der Auftragserfüllung,
- die Kapazitätsbeanspruchung sowie die verfügbaren Kapazitäten,
- das vermutete Zuschlagsverhalten des Nachfragers,
- das vermutete Verhalten der Konkurrenten.

Die Entscheidungssituation eines Anbieters kann in einem Competitive-Bidding-Modell abgebildet werden, welches die Elemente Entscheidungskriterium, alternative Preisforderungen, Kosten der Auftragserfüllung und Zuschlagswahrscheinlichkeiten bei den alternativen Preisforderungen enthält. In den Zuschlagswahrscheinlichkeiten schlagen sich sowohl das vermutete Zuschlagsverhalten des Nachfragers als auch das vermutete Verhalten der Konkurrenten nieder.

Das **Grundmodell des Competitive-Bidding**[47] zur Bestimmung der optimalen Preisforderung eines Anbieters lässt sich wie folgt charakterisieren: Für eine per Ausschreibung zu vergebende Leistung habe ein Anbieter die Kosten der Auftragserfüllung auf c geschätzt. Erwogen werden sollen die alternativen, absoluten Preisforderungen p_i^{abs} (i=1,...,n); die zugehörigen Zuschlagswahrscheinlichkeiten belaufen sich auf $P(z(p_i))$. Nach dem Gewinnerwartungswert-Kriterium ergibt sich die optimale Preisforderung gemäß

$$E(G_{(Popt)}) = \max_{p_i} \left[G(p_i) \cdot P(z(p_i))\right]$$

$$= \max_{p_i} \left[(p_i^{abs} - c) \cdot P(z(p_i))\right].$$

relativer Preis (in %) p_i	**absoluter Preis** p_i^{abs}	**absoluter Gewinn**	**Zuschlags-wahrschein-lichkeit** $P(z(p_i))$	**Gewinn-erwartungs-wert** $E(G(p_i))$
90	540.000	- 60.000	1	- 60.000
92,5	555.000	- 45.000	0,95	- 42.750
95	570.000	- 30.000	0,90	- 27.000
97,5	585.000	- 15.000	0,76	- 11.400
100	600.000	0	0,585	0
102,5	615.000	15.000	0,342	5.130
105	630.000	30.000	0,176	5.280
107,5	645.000	45.000	0,054	2.430
110	660.000	60.000	0,016	960
112,5	675.000	75.000	0,002	150
115	690.000	90.000	0	0
117,5	705.000	105.000	0	0
120	720.000	120.000	0	0

Abb. 3.30: Ermittlung der optimalen Preisforderung eines Anbieters bei einer Ausschreibung

Eine **Illustration** hierzu findet sich in den Abb. 3.30 und 3.31. Dabei werden korrespondierende relative Preis p_i und absolute Preise p_i^{abs} unterschieden; zwischen ihnen gilt folgende Beziehung:

$$p_i^{abs} = p_i \cdot c \text{ bzw. } p_i = \frac{p_i^{abs}}{c}.$$

Die Kosten der Auftragserfüllung einer per Ausschreibung zu vergebenden Leistung sind auf 600.000 geschätzt worden. Die aufgeführten Zuschlagswahrscheinlichkeiten sind gemäß eines spezifischen Zuschlagsmodelles ermittelt worden. Ersichtlich sind zunächst eine Preisuntergrenze PUG und eine Preisobergrenze POG

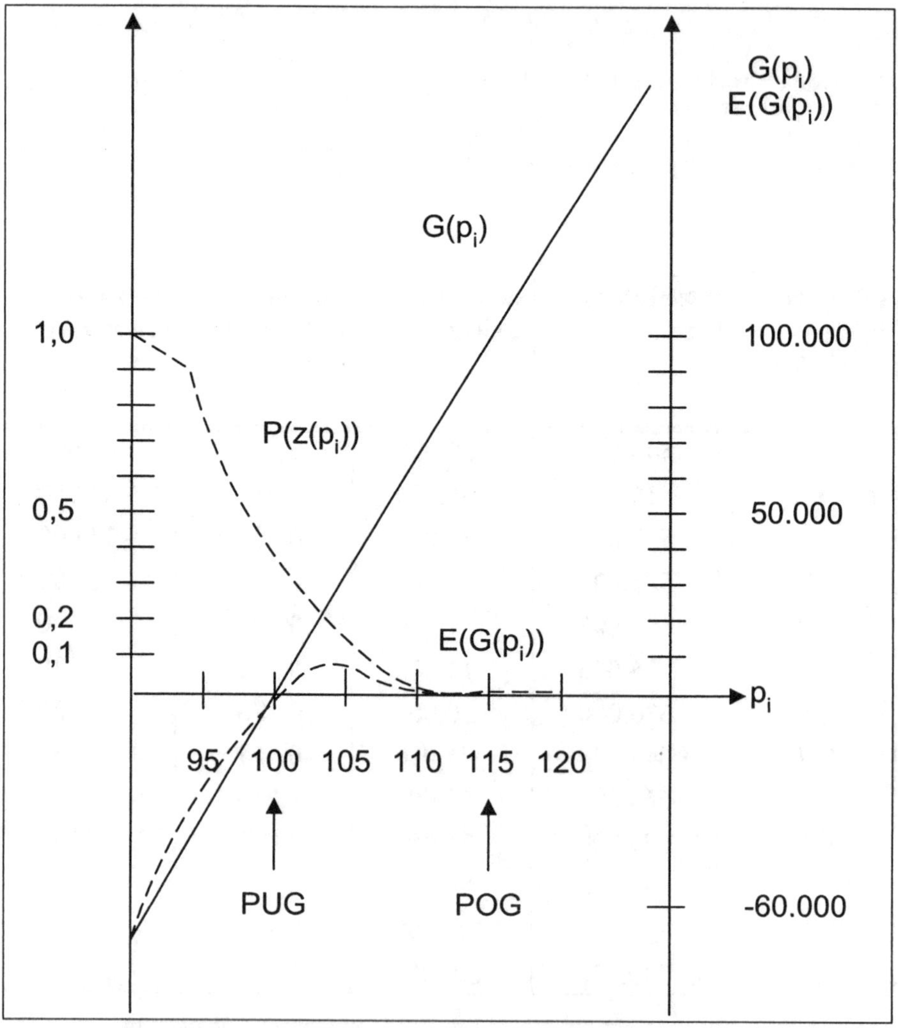

Abb. 3.31: Grafische Bestimmung der optimalen Preisforderung

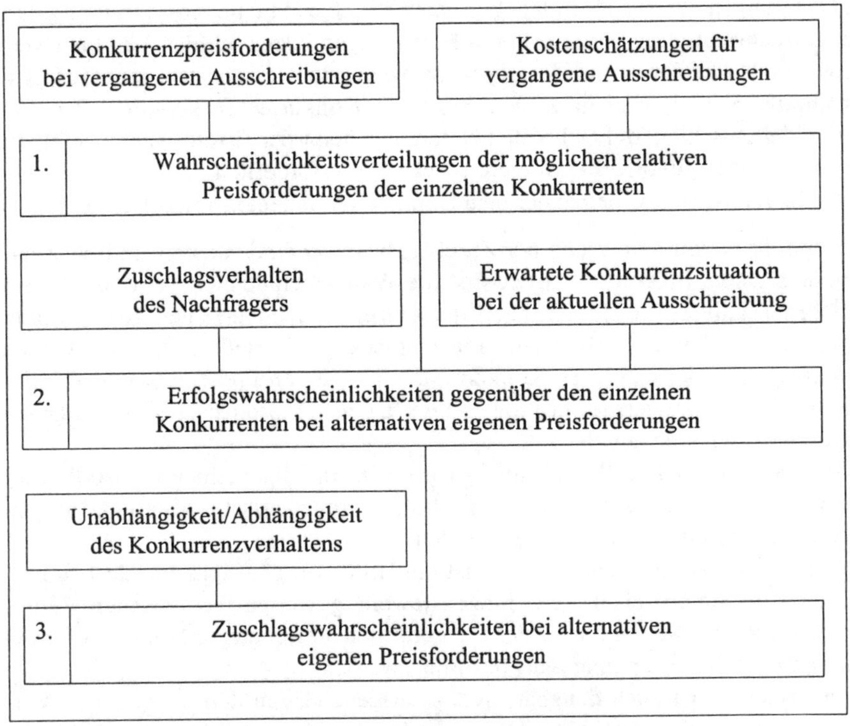

Abb. 3.32: Generelle Vorgehensweise zur Ermittlung von Zuschlagswahrscheinlichkeiten

im Sinne jeweils kritischer Preise, bei denen ein Anbieter indifferent zwischen einer Angebotsabgabe zu einem gewissen Preis und keiner Angebotsabgabe ist. Die Preisuntergrenze in Höhe der Kosten der Auftragserfüllung liegt bei einem relativen Preis in Höhe von 100% (bei einem absoluten Preis in Höhe von 600.000); die Preisobergrenze ist bei einem relativen Preis in Höhe von 115% (bei einem absoluten Preis in Höhe von 690.000) gegeben. Gemäß dem Gewinnerwartungswert-Kriterium ist ein relativer Preis in Höhe von 105% (absoluter Preis in Höhe von 630.000) optimal.

Einzugehen ist noch auf das Problem, in welcher Weise die **Zuschlagswahrscheinlichkeiten** bestimmt werden können. Die generelle Vorgehensweise zur Ermittlung der Zuschlagswahrscheinlichkeiten wird in der Abb. 3.32 wiedergegeben[48]. Ausgangspunkt sind die tatsächlichen Preisforderungen der einzelnen Konkurrenten bei vergangenen Ausschreibungen, die anhand der eigenen Kostenschätzungen für die vergangenen Ausschreibungen zu relativieren sind; die resultierende empirische Verteilung der relativierten Konkurrenzpreise stellt eine Basis für die Ermittlung der Wahrscheinlichkeitsverteilungen der möglichen, relativen

Preisforderungen der einzelnen Konkurrenten für eine aktuelle Ausschreibung dar. Unter Berücksichtigung der jeweiligen Erwartungen bezüglich des Zuschlagsverhaltens des Nachfragers und der Konkurrenzsituation lassen sich dann Erfolgswahrscheinlichkeiten gegenüber den einzelnen Konkurrenten herleiten. Zur Ermittlung der Zuschlagswahrscheinlichkeiten, das heißt der Erfolgswahrscheinlichkeiten gegenüber **allen** Konkurrenten, ist es noch erforderlich zu antizipieren, ob sich die Konkurrenten voneinander unabhängig oder abhängig verhalten werden.

Die drei Schritte zur Ermittlung der Zuschlagswahrscheinlichkeiten sind noch näher zu betrachten. Im **ersten Schritt** sind die Wahrscheinlichkeitsverteilungen der möglichen relativen Preisforderungen der einzelnen Konkurrenten zu ermitteln. Ausgangspunkt dieser Analyse sind die empirischen Verteilungen der relativen Preisforderungen der einzelnen Konkurrenten, also deren Preisforderungen in der Vergangenheit, relativiert jeweils anhand der eigenen Kostenschätzung. Folgende Vorgehensweisen sind denkbar:

- Wenn ausreichend große Fallzahlen vorliegen (im allgemeinen $n \geq 100$), können – unter Bezugnahme auf den zentralen Grenzwertsatz – die empirischen Vereilungen selbst herangezogen werden.
- Bei zu kleinen Fallzahlen hingegen ist mit Hilfe von χ^2-Anpassungstest zu prüfen, ob die empirischen Verteilungen jeweils gewissen theoretischen Verteilungen folgen. Die Parameter der theoretischen Verteilungen können aufgrund des empirischen Datenmaterials bestimmt werden.
- Grundsätzlich ist auch denkbar, dass – ausgehend von den empirischen Verteilungen der relativierten Konkurrenzpreise – subjektive Wahrscheinlichkeitsschätzungen vorgenommen werden.
- Im **zweiten Schritt** sind die Erfolgswahrscheinlichkeiten gegenüber einem einzelnen Konkurrenten zu ermitteln. Hier wird der Fall betrachtet, dass ein Konkurrent k mit Sicherheit ein Angebot abgeben wird und das betrachtete Unternehmen den Zuschlag erhält, wenn es den niedrigsten Preis fordert. In der Abb. 3.33 sind auf der Abszisse die möglichen relativen Preise des Konkurrenten k_l, $q_{kl,}$ abgetragen. Ausgegangen wird von der beliebigen eigenen Preisforderung p_i. Für mögliche Konkurrenzpreisforderungen hingegen, die p_i übersteigen, ist die bedingte Erfolgswahrscheinlichkeit gleich Eins. Unter Zugrundelegung des Theorems der absoluten Wahrscheinlichkeit ergibt sich nun die Erfolgswahrscheinlichkeit gegenüber dem Konkurrenten k bei der eigenen Preisforderung p_i, $P(z_k(p_i))$, als:

$$P(z_k(p_i)) = 0 \cdot \sum_{q_{kl} \leq p_i} P(q_{kl}) + 1 \cdot \sum_{q_{kl} > p_i} P(q_{kl}) =$$

$$= \sum_{q_{kl} > p_i} P(q_{kl}) \quad \text{(für all k, } p_i\text{).}$$

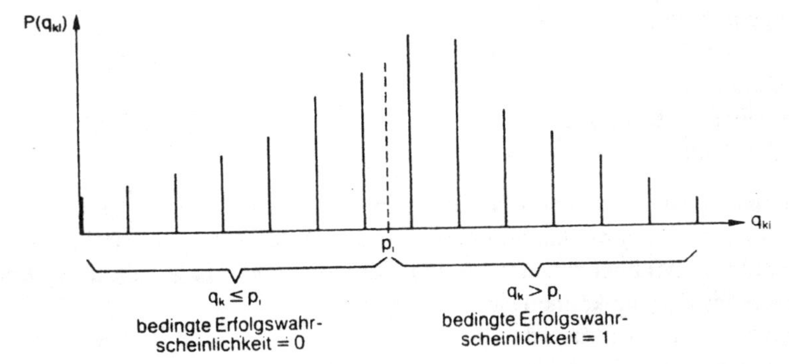

Abb. 3.33: Ausgangssituation zur Ermittlung der Erfolgswahrscheinlichkeiten gegenüber einem Konkurrenten ohne Begünstigung

3.1.6.4 Konditionenpolitik für Markenartikel

Konditionenpolitik des Produzenten gegenüber Konsumenten

Gegenstand der betrieblichen Konditionenpolitik – als Teilgebiet der Kontrahierungspolitik – ist die Entscheidungsfindung hinsichtlich der Rabattgewährung, der einzuräumenden Zahlungs- und Lieferbedingungen sowie der Absatzfinanzierung. Die gewährten Konditionen finden häufig ihren Niederschlag in den so genannten Allgemeinen Geschäftsbedingungen.

Rabattpolitik

Im Rahmen der Rabattpolitik sind die Art und die Höhe von Rabatten festzulegen. Rabatte sind allgemein Preisnachlässe von einem fixierten Basispreis, welche von einem Anbieter einzelnen Nachfragern gewährt werden. Die Rabattgewährung ist insbesondere durch das Gesetz gegen unlauteren Wettbewerb (UWG) und durch das Gesetz gegen Wettbewerbsbeschränkungen geregelt[49]. Nach GWB darf an unterschiedliche Nachfragergruppen ohne triftigen Grund keine unterschiedliche Rabattgewährung praktiziert werden (Diskriminierungsverbot). Das UWG verbietet rabattpolitische Maßnahmen, die eine Irreführung der Verbraucher bewirken (Gewährung von Rabatten nach einer vorangegangenen Preiserhöhung).

Grundsätzlich können Rabatte gegenüber Wiederverkäufern (Handelsbetrieben) beziehungsweise gegenüber Endverbrauchern (Konsumenten) gewährt werden. Die Handlungsmöglichkeiten im Rahmen der Rabattpolitik sind mit der Rabattart, der Rabatthöhe und der Rabattstaffelung gegeben.

Folgende **Rabattarten** lassen sich unterscheiden:
- Funktionsrabatte,
- Mengenrabatte,
- Zeitrabatte,
- Treuerabatte,
- Verbraucherrabatte und
- Sonderrabatte.

Funktionsrabatte werden von Produzenten dem Handel gewährt als Vergütungen für Leistungen, die vom Handel übernommen werden (wie Lagerung, Präsentation, Beratung). **Mengenrabatte** stellen absatzmengen- bzw. absatzwertmäßige Preisabschläge dar; sie können sich auf
- einen einzelnen Auftrag oder auf
- die in einer Periode an einen bestimmten Nachfrager getätigte Gesamtabsatzmenge

beziehen. Bei periodenbezogenen Gesamtmengenrabatten sind verschiedene Gestaltungsmöglichkeiten gegeben; sie können zunächst als
- fixe Mengenrabatte oder als
- proportionale Mengenrabatte

gewährt werden; im Falle von Rabattstaffeln (das heißt von Rabattsätzen, die mit steigender Gesamtmenge steigen) lassen sich
- angestoßene Rabattstaffeln sowie
- durchgerechnete Rabattstaffeln

unterscheiden. Während bei angestoßenen Rabattstaffeln sich ein jeweils höherer Rabattsatz nur auf eine Zusatzmenge bezieht, gilt bei durchgerechneten Rabattstaffeln ein Rabattsatz, der bei Erreichen einer bestimmten Mindestabsatzmenge auf den Gesamtabsatz gewährt wird. Durch das Einräumen eines periodenbezogenen Gesamtmengenrabattes soll eine Steigerung von Nachfragemengen erreicht werden, wodurch tendenziell eine Erhöhung der Lieferantentreue seitens eines bestimmten Nachfragers erreicht wird. Gemäß § 7 RabattG dürfen Mengenrabatte nur in handelsüblicher Form vereinbart werden. **Zeitrabatte** sind allgemein bestellzeitpunktabhängige Preisnachlässe. Sie werden unter anderem als Einführungsrabatte gewährt, wenn beim Handel ein neues Produkt eingeführt und durchgesetzt werden soll. Hierdurch soll eine geeignete Präsentation des neuen Produktes erreicht werden. **Treuerabatte** stellen Preisnachlässe bei ausschließlichem/überwiegendem Heranziehen eines bestimmten Anbieters dar. Durch die Gewährung eines Treuerabattes wird durch einen Anbieter die Lieferantentreue eines Nachfragers belohnt; ein Treuerabatt kann insbesondere nach Ablauf einer Bezugsperiode gewährt werden. **Verbraucherrabatte** sind insbesondere in Form von Rabattmarken, welche in Markenhefte zu kleben sind, bekannt. Durch das Gesetz über Preisnachlässe (§ 2 RabattG) ist der Verbraucherrabatt auf 3% des ausgezeichneten Preises begrenzt. **Sonderrabatte** dürfen gemäß § 9 RabattG in handelsüblichem Umfang Personen gewährt werden, die entweder die Ware verarbeiten, große Mengen beziehen oder Angestellte sind und die Ware zu ihrem eigenen Bedarf benötigen (Personalrabatt).

Folgendes Beispiel zur Preisbildung inklusive der **Rabattgewährung auf Investitionsgütermärkten** ist typisch: Auf dem Markt für Hubwagen/Elektrostapler erfolgt ein Verkauf "über den Preis", da die angebotenen Produkte vergleichsweise homogen sind und enge Konkurrenzbeziehungen bestehen. Jährlich werden Listenpreise festgelegt, welche Preissteigerungen gegenüber dem Vorjahr um 3% bis 5% beinhalten und auf die – nach Verhandlungen - Rabatte gewährt werden. Dabei kann ein Verkäufer Rabatte bis zu 5%, der Leiter einer Verkaufsniederlassung Rabatte bis zu 10% gewähren; höhere Rabattsätze sind vom Vorstand zu genehmigen. Bei den Verkäufern erfolgt eine intensive Schulung hinsichtlich der Rabattgewährung.

Ein zweites Beispiel bezieht sich auf die Preisbildung/**Rabattgewährung auf den Märkten für kurzlebige Konsumgüter**, hier für Haushaltsreinigungsmittel. Derartige Produkte werden auf mehrstufigen Märkten abgesetzt; einigen wenigen großen Produzenten stehen einige Großabnehmer (Handelsketten, Kooperationen des Handels) gegenüber. Da die Produkte vergleichsweise homogen sind, bestehen keine großen Preisunterschiede; bei einer eigenen Preissenkung muss mit Konkurrenzreaktionen gerechnet werden. Außerdem existieren seitens des Handels Preisschwellen: Gewisse Preisobergrenzen dürfen nicht überschritten werden. Ausgehend von Listenpreisen werden zunächst gesamtumsatzabhängige Rabatte (5% bis 10 %) und ergänzend Extrarabatte (nochmals 5% bis 10%) gewährt; die Festlegung der Extrarabatte erfolgt in Form so genannter Jahresendgespräche.

Bei einer **ökonomischen Analyse** der Wirkungen einer Rabattgewährung zeigt sich folgendes Bild: Auf Grund der Rabattgewährung sinkt tendenziell der Erlös dadurch, dass Preisnachlässe gewährt werden. Außerdem sind unspezifische Kosten des Verwaltung/des Vertriebes zu beachten, die durch eine Rabattgewährung verursacht werden. Andererseits aber wird durch die Rabattgewährung eine Erhöhung der Absatzmenge und hierdurch auch des Erlöses bewirkt. Welche Gewinnwirkung insgesamt zu erwarten ist, muss damit in jedem Einzelfall hinterfragt werden. Die Gewinnsteigerung[50] ist umso höher,

- je weniger preiselastisch kleinere Abnehmer sind; in diesem Fall kann ein höherer Normalpreis (ohne Rabatt) gefordert werden, als er sich bei herkömmlicher Optimierung ohne Rabattgewährung ergeben würde;
- je preiselastischer die größeren Abnehmer sind; durch die Rabattgewährung ist in diesem Falle die Mengensteigung besonders groß.

Die Gewährung von Mengenrabatten läuft also auf eine Preisdifferenzierung hinaus; das zentrale Problem liegt in der Bestimmung der für die Rabattgewährung erforderliche Mindestabnahmemenge.

Lieferungs- und Zahlungsbedingungen

Wesentliche Handlungsmöglichkeiten der **Lieferungsbedingungen** sind

- die Lieferzeit,
- die Umtausch- und Rückgabemöglichkeiten innerhalb eines gewissen Zeitraumes sowie

- die Berechnung von Verpackung, Fracht, Versicherung (welche gar nicht, teilweise oder voll erfolgen kann).

Die Handlungsmöglichkeiten im Rahmen der **Zahlungsbedingungen** sind

- die Zahlungsweise,
- die Zahlungsfrist und
- die Skontogewährung.

Nach der **Zahlungsweise** lassen sich Zahlungen im voraus, Barzahlungen und Zahlungen nach Rechnungserhalt unterscheiden. **Zahlungsfristen** sind eingeräumte Zeiträume, bis zu deren Ende eine Zahlung zu tätigen ist. **Skonto** schließlich ist ein Preisnachlass (z.B. 2%), der bei Barzahlung innerhalb einer bestimmten Frist eingeräumt wird.

Mit einer Festlegung der Lieferbedingungen werden zum einen gewisse Kostenarten (wie Kosten der Lagerung oder des Transportes) geregelt; andererseits kann durch die Lieferbedingungen eine akquisitorische Wirkung gegeben sein, so dass die Absatzmenge und die Erlössituation von den gewährten Lieferbedingungen beeinflusst werden. Ähnliches gilt für die Zahlungsbedingungen: Mit den Zahlungsbedingungen werden zum einen die Kosten der Absatzfinanzierung geregelt; zum anderen sind die Absatzmenge und der erzielbare Erlös hiervon abhängig. Über die Wirkungsweise verschiedener erwogener Lieferungs- und Zahlungsbedingungen auf den Gewinn insgesamt kann damit keine allgemeingültige Aussage gemacht werden; die optimale Kombination der Lieferungs- und Zahlungsbedingungen muss im Einzelfall bestimmt werden.

Absatzfinanzierung

Auf Grund eines auf vielen Märkten zunehmend austauschbaren Angebots (hinsichtlich der physischen Produkteigenschaften der gehandelten Produkte) erlangen produktbegleitende Dienstleistungen einen immer höheren Stellenwert. Von besonderer Bedeutung sind Dienstleistungsangebote, welche die Kaufkraft eines potentiellen Nachfragers herstellen bzw. erhöhen, um ihm den Erwerb eines höherwertigen Produkts zu erleichtern; hierin ist die zentrale Aufgabe der Absatzfinanzierung zu sehen. Unter **Absatzfinanzierung** werden alle Maßnahmen eines Unternehmens zur Förderung des Absatzes seiner Produkte durch die Einräumung von Finanzierungsmöglichkeiten, welche den Erwerb dieser Produkte ermöglichen oder zu fördern, verstanden.

Grundsätzlich zu unterscheiden ist zwischen der Verkaufsfinanzierung und der Hersteller- und Händlerfinanzierung. Bei der **Verkaufsfinanzierung** räumen Unternehmen ihren Kunden – im Regelfall in Zusammenarbeit mit Finanzierungsinstituten – Finanzierungsmöglichkeiten ein; im Rahmen der **Hersteller- und Händlerfinanzierung** hingegen werden nicht den Kunden, sondern dem Hersteller bzw. Händler selbst durch ein Finanzierungsinstitut Finanzierungsangebote unterbreitet, um Liquiditäts-, Bilanz- und Risikoprobleme des Herstellers bzw. Händlers zu lösen.

In engem Zusammenhang mit der Unterscheidung in Verkaufsfinanzierung und Händler- bzw. Herstellerfinanzierung steht die Einteilung der Absatzfinanzierung in die direkte und die indirekte Absatzfinanzierung; diese Einteilung stellt auf die Art der Einschaltung eines Finanzierungsinstituts in den Absatzfinanzierungsprozess ab: Im Gegensatz zu der **direkten** Absatzfinanzierung, bei der ein Finanzierungsinstitut dem Warenkäufer unmittelbar ein Finanzierungsangebot – in Zusammenarbeit mit dem Händler bzw. Hersteller – unterbreitet, richtet sich das Angebot des Finanzierungsinstituts bei der **indirekten** Form der Absatzfinanzierung an den Hersteller bzw. Händler. Teilweise werden Finanzierungsinstitute in die Gestaltung von Absatzfinanzierungsmaßnahmen nicht mit eingeschaltet; in diesem Fall nehmen Hersteller und Händler Absatzfinanzierungen in eigener Regie vor. Bei dieser Form der **nichtbankmäßigen** Absatzfinanzierung besitzt der Hersteller bzw. Händler größere Spielräume hinsichtlich der konkreten Ausgestaltung der Finanzierungskonditionen; je nach verfolgtem Ziel des Herstellers bzw. Händlers können die Finanzierungskonditionen flexibel eingesetzt bzw. geändert werden. Werden Finanzierungsinstitute an der Absatzfinanzierung beteiligt, d.h. wird eine **bankmäßige** Absatzfinanzierung vorgenommen, so ergibt sich für den Hersteller bzw. Handel der Vorteil, dass keine Bindung von Liquidität stattfindet und die Überwachung der Zahlungseingänge sowie das Ausfallrisiko auf den Finanzierungspartner übertragen werden können; zu beachten sind in diesem Fall jedoch die Kosten, die für die Finanzierung entstehen. Abb. 3.34 stellt die grundsätzlichen Formen der Absatzfinanzierung im Überblick dar.

Die Absatzfinanzierung erfüllt eine Vielzahl von **Funktionen** sowohl für diejenige Unternehmung, welche Absatzfinanzierungen anbietet, als auch für den Kunden der Unternehmung, welcher Absatzfinanzierungsangebote in Anspruch nimmt. So kann der Anbieter von Absatzfinanzierungen durch eine entsprechende Ausgestaltung der Finanzierungskonditionen eine gezielte Steuerung bzw. Steigerung des Absatzes einzelner Produkte innerhalb eines Produktionsprogramms vornehmen; beispielsweise bieten Automobilhersteller für bestimmte Modellreihen innerhalb ihres Produktionsprogrammes oftmals günstige Finanzierungsmöglichkeiten an. Derartige Maßnahmen werden im Regelfall bei schleppendem Absatz dieser Modellreihen oder kurz vor Ablösung der Modellreihen durch Nachfolgemodelle getroffen. Durch das Angebot von Finanzierungsmöglichkeiten erzielt die verkaufende Unternehmung ferner eine verstärkte Bindung der Kunden an die Unternehmung, da die Bereitstellung von Produkt- und Finanzierungsangebot aus einer Hand einen deutlichen Wettbewerbsvorteil gegenüber Konkurrenten bedeutet, welche ihren Kunden keine entsprechenden Finanzierungsmöglichkeiten unterbreiten; insbesondere kundenindividuelle Lösungen, welche auf die Bedürfnisse der Kunden zugeschnitten sind, stellen ein echtes Kaufargument dar und erleichtern die Kaufentscheidung des Kunden. Eine weitere wesentliche Funktion der Absatzfinanzierung besteht aus der Sicht der anbietenden Unternehmung in der Erschließung neuer Marktsegmente; durch das Offerieren von Finanzierungsmöglichkeiten werden auch vergleichsweise kaufkraftschwache Nachfragesegmente zu potentiellen Kunden. Absatzfinazierungsmöglichkeiten führen so zu einer Ausweitung des Absatzmarktes für das Unternehmen und somit zur Sicherung des Unternehmenswachstums. Durch die Flexibilität des Einsatzes des Instruments der

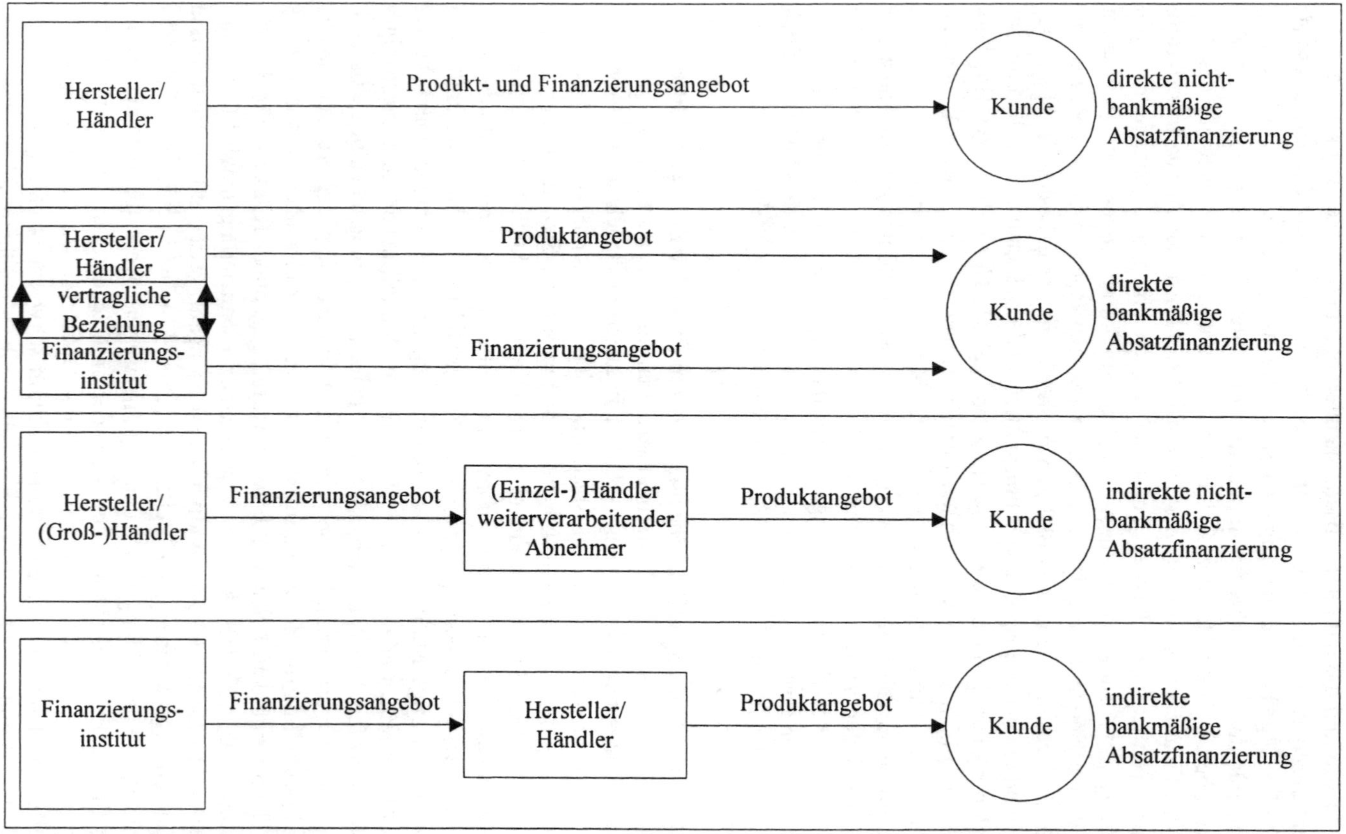

Quelle: Berndt/Sander 1994a, Sp.3 f.

Abb. 3.34: Formen der Absatzfinanzierung

Absatzfinanzierung ist es schließlich möglich, Absatzrückgänge in rezessiven Phasen zu überspielen oder zumindest abzumildern.

Für den Kunden eines Herstellers bzw. eines Händlers als Nachfrager von Absatzfinanzierungsangeboten besteht eine wesentliche Funktion der Absatzfinanzierung darin, dass oftmals erst durch die Inanspruchnahme des Finanzierungsangebots der Erwerb des entsprechenden Produkts möglich wird; insofern hat die Absatzfinanzierung auch eine soziale Funktion, indem vergleichsweise teure Güter Nachfragesegmenten mit geringer Kaufkraft zugänglich gemacht werden. Durch die Finanzierungsmöglichkeit entfällt das langwierige Ansparen des jeweiligen Geldbetrages, indem der Gesamtbetrag in kleine Teilbeträge aufgesplittet wird, die in regelmäßigen Abständen über einen überschaubaren Zeitraum zu leisten sind; das früher verbreitete Ansparen wird also durch das heute übliche Absparen ersetzt. Da die Konditionen im Regelfall über die gesamte Laufzeit fixiert sind, ergibt sich für den Käufer des Produkts eine sichere Kalkulationsbasis. Ähnlich wie die Aufsplittung des Gesamtbetrages in Teilbeträge wirkt die Verschiebung der Zahlung des Geldbetrages in die Zukunft; steht ein entsprechender Betrag erst zukünftig zur Verfügung, kann der Erwerb des Produkts trotzdem heute über eine Zwischenfinanzierung erfolgen. Eine Sicherheitsfunktion erfüllt die Absatzfinanzierung für den Kunden insofern, als vorhandene angesparte Finanzmittel in diesem Falle nicht in Anspruch genommen werden müssen; dieses heute oft beobachtbare Verhalten ist insbesondere aus psychologischer Sicht erklärbar, da der Käufer sich seines finanziellen Guthabens, welches er als Liquiditätsreserve nutzt, bewusst ist. Aus ökonomischer Sicht ist ein derartiges Verhalten dann irrational, wenn die Erträge von Kapitalanlagen unter den Kosten der Inanspruchnahme von Absatzfinanzierungsangeboten liegen.

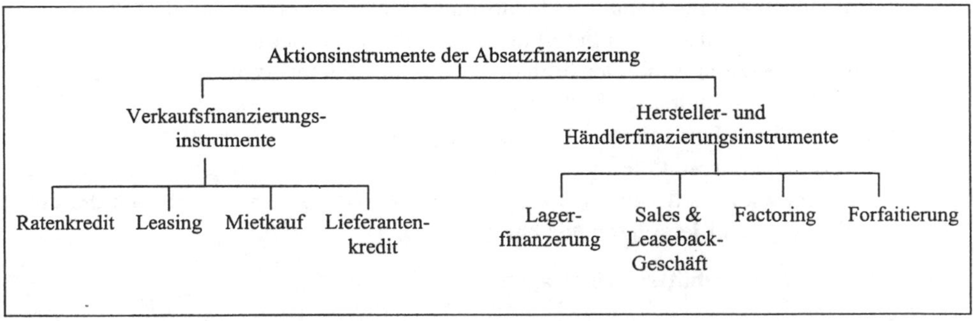

Quelle: Berndt/Sander 1994a, Sp. 5 f.
Abb. 3.35: Aktionsinstrumente der Absatzfinanzierung

Das **Spektrum von Instrumenten der Absatzfinanzierung** ist inzwischen sehr umfangreich. Werden die Instrumente in kundenorientierte Verkaufsfinanzierungsangebote sowie hersteller- und händlerorientierte Finanzierungsangebote aufgespaltet, so können die in Abb. 3.35 dargestellten Absatzfinanzierungsinstrumente identifiziert werden. Kennzeichnend für **Ratenkreditgeschäfte** ist die Aufspaltung eines gesamten Investitionsbetrags (wie für Möbel, Pkw) in kleine Teilbeträge, welche über einen vorgegebenen Zeitraum unter Verzinsung zu leisten sind. Beim **Leasing** erwirbt ein Leasingnehmer nicht das Eigentum an einem Leasingobjekt (z.B. Pkw), sondern er mietet es nur für einen bestimmten Zeitraum unter genau vorgegebenen Konditionen; eventuell besteht nach Ablauf der Mietzeit die Möglichkeit des Erwerbs des Objektes. Charakteristisch für den **Mietkauf** ist, dass ein Mietkäufer den Mietgegenstand vom Hersteller, Händler oder von einem Finanzierungsinstitut, welches das Objekt vorher erworben hat, mietet und über die Mietzeit die gesamten Anschaffungs- bzw. Herstellkosten zurückfließen; danach geht der Gegenstand ohne weitere Zahlung in das Eigentum des Mietkäufers über. In den Mietraten ist eine angemessene Verzinsung für den Mietkaufanbieter enthalten. Ein Lieferant räumt einem Käufer **Lieferantenkredit** ein, wenn er eine Stundung von Zahlungen für Waren- oder Dienstleistungsverkäufe gewährt.

Eine weit verbreitete Form der Hersteller- bzw. Händlerfinanzierung ist die **Lagerfinanzierung.** Die Lagerfinanzierung dient zur Finanzierung eines entsprechenden Lagerbestandes, welcher zu einer unmittelbaren Lieferbereitschaft des Herstellers bzw. Händler führt; hierdurch können akquisitorische Wirkungen im Sinne von Wettbewerbsvorteilen ausgelöst werden, sofern Konkurrenten keine sofortige Lieferung garantieren können und die Lieferzeit aus Sicht der Kunden von Bedeutung sind. Bei **Sale-and-Lease-back-Geschäften** veräußert ein Hersteller bzw. Händler ein zur Disposition stehendes Objekt an eine Leasinggesellschaft und mietet es gleichzeitig zurück; durch die Veräußerung ergeben sich entsprechende Liquiditäts- und auch Bilanzwirkungen, da der Leasinggegenstand nicht in der Bilanz des Leasingnehmers erscheint. Unter **Factoring** wird der Verkauf von Forderungen an eine Bank oder Factoringgesellschaft verstanden; die Forderungen resultieren z.B. aus Warenlieferungen und entstehen dadurch, dass der Lieferant Zahlungsziele einräumt. Der primäre Vorteil des Factoring liegt für den Lieferanten in dem unmittelbaren Zufluss von Liquidität sowie in dem Schutz vor Forderungsausfällen. Forfaitierung beinhaltet den regresslosen Verkauf einer aus einem Exportgeschäft resultierender Forderung an ein Finanzierungsinstitut; durch die enge Verwandtschaft zum Factoring ergeben sich damit prinzipiell auch dieselben Vorteile für den Lieferanten wie beim Factoring.

Allgemeine Geschäftsbedingungen

Einführend ist schon darauf hingewiesen worden, dass sich die eingeräumten Konditionen in den Allgemeinen Geschäftsbedingungen niederschlagen. Hierbei sind die Vorschriften des "Gesetzes zur Regelung des Rechts der Allgemeinen Geschäftsbedingungen" (AGB-Gesetz) zu beachten. So dürfen "überraschende Klauseln" nicht mehr im "Kleingedruckten" geregelt werden (§ 3 AGB-Gesetz). Gemäß § 9 AGB-Gesetz sind Bestimmungen unwirksam, die einen Vertragspartner – entgegen Treu und Glauben – benachteiligen. Schließlich werden in § 11 AGB-Gesetz unter anderem Preiserhöhungsklauseln für die Dauer von vier Monaten nach Vertragsabschluss, Vertragsstrafen, ein Haftungsausschluss für Vorsatz und grobe Fahrlässigkeit sowie ein Gewährleistungsausschuss weitgehend für unwirksam erklärt.

Konditionenpolitik des Produzenten gegenüber dem Handel

Die Konditionensysteme eines Produzenten gegenüber dem Handel sind bestimmt durch die Machtbeziehung zwischen den beiden Partnern. Eine **Vielzahl an Konditionen**[51] sind möglich: Rechnungsrabatt, Mengennachlass, Jahresbonus, Servicepauschale, Werbekostenzuschuss, Aktionsrabatt, Listungsgebühr, Regalmiete, Regalpflege, Zweitplatzierungsgebühr, Auftragsgrößenrabatt, Treuerabatt, Vollsortimentsrabatt, Sortimentserweiterungsrabatt, Frühbezugsrabatt, Einführungsrabatt, Skonto.

Es sind Prinzipien formuliert worden, gemäß derer leistungsorientierte **Konditionensysteme** zu gestalten sind[52]:

- strikte Leistungsbezogenheit aller Konditionenarten,
- systemgestützte Gleichbehandlung aller Kunden desselben Herstellers,
- Systemtransparenz,
- unternehmensspezifische Individualität (bezogen auf das liefernde Unternehmen),
- Erhaltung von Flexibilität in der Konditionengestaltung und
- wettbewerbsrechtliche und –politische Unbedenklichkeit.

3.1.7 Kommunikationspolitik

3.1.7.1 Überblick

Die **Kommunikation** lässt sich allgemein als Austausch von Informationen kennzeichnen. Bei der Kommunikation können u.a. unterschieden werden

- die einseitige und wechselseitige Kommunikation sowie
- die innerbetriebliche und außerbetriebliche Kommunikation.

Eine einseitige Kommunikation liegt vor, wenn z.B. Anzeigen in Zeitschriften geschaltet werden, ohne dass die Zielpersonen zu einer sofortigen Reaktion veranlasst werden sollen (also unter Verzicht auf einen Antwortmechanismus, z.B. Coupon). Das beste Beispiel für eine wechselseitige Kommunikation ist das Verkaufsgespräch. Eine außerbetriebliche Kommunikation kann sowohl in Bezug auf die Absatzmärkte als auch in Bezug auf die Beschaffungsmärkte erfolgen. Eine innerbetriebliche Kommunikation bezieht sich auf die Mitarbeiter eines Unternehmens; Mitarbeiter werden informiert, deren Verhalten wird (in Bezug auf verfolgte Ziele) beeinflusst. Die folgende Analyse wird auf die außerbetriebliche Kommunikation, welche auf die Absatzmärkte gerichtet ist, beschränkt.

Die **Kommunikationspolitik** kann gekennzeichnet werden als

- Entscheidung über die Gestaltung von Informationen und
- über die Art der Übermittlung von Informationen,

- die seitens eines Unternehmens auf den Absatzmarkt gerichtet sind,
- um vorgegebene kommunikationspolitische Ziele erreichen.

Welche Instrumente im Rahmen der Marketing-Kommunikation eingesetzt werden können, zeigt Abb. 3.36.

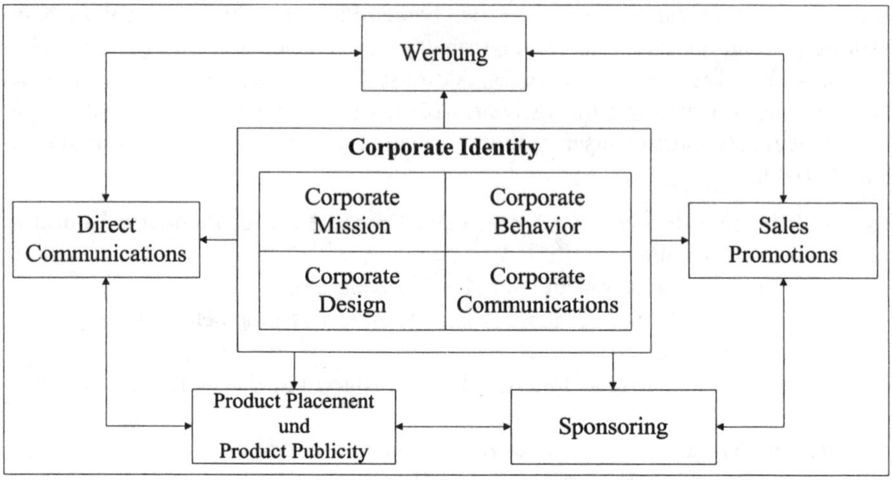

Abb. 3.36: Die Instrumente der Marketing-Kommunikation

3.1.7.2 Corporate-Identity-Policy als grundlegendes integriertes Konzept

Die Corporate Identity-Policy[53] lässt sich als übergeordnetes, integriertes Konzept der unternehmensbezogenen Kommunikationspolitik bezeichnen; sie stellt quasi das Dach für alle anderen Kommunikations-Instrumente dar. Eine **Corporate Identity** (Unternehmensidentität) ist dabei

- ein Ziel, eine Soll-Aussage,
- eine anzustrebende Eigenart/Einmaligkeit/Persönlichkeit eines Unternehmens,
- welche ein Unternehmen unverwechselbar macht,
- die es damit den relevanten Bezugsgruppen der Umwelt erlaubt, das Unternehmen in seiner Eigenart und Einmaligkeit zu erkennen,
- die es außerdem den Mitarbeitern eines Unternehmens erlaubt, sich mit dem Unternehmen zu identifizieren.

Im Gegensatz zu vielen Arten der Kommunikationspolitik ist die Corporate-Identity-Policy nicht nur auf den Absatzmarkt gerichtet; die wesentlichen **Zielgruppen** einer Corporate-Identity-Policy stammen vielmehr vom

- Absatzmarkt (Konsumenten, Absatzmittler, Konkurrenz),
- Beschaffungsmarkt (Lieferanten),
- Kapitalmarkt (Aktionäre, Banken, Investoren),
- gesellschaftlichen Umfeld (Bürger, Parteien, Medien);
- außerdem sind die Mitarbeiter eines Unternehmens zu beachten.

Verschiedene **Gründe** können dafür angeführt werden, dass heute eine spezifische Corporate Identity für ein Unternehmen erforderlich ist:

- der Informationsüberfluss, dem die Konsumenten ausgesetzt sind,
- das Fehlen einer Unternehmer- bzw. einer Unternehmenspersönlichkeit, die gerade ein Unternehmen unverwechselbar machen,
- ein diffuses Erscheinungsbild eines Unternehmens in der Öffentlichkeit,
- ein starkes Unternehmenswachstum, das sich – im Rahmen von Diversifizierungsstrategien – auf verschiedene Branchen beziehen kann,
- der Zwang, der von einer interessierten Öffentlichkeit auf ein Unternehmen ausgeübt wird, sich – in geeigneter Weise – selbst darzustellen.

Eng verbunden mit den Gründen, die ein Unternehmen dazu bewegen (können), eine bestimmte Corporate Identity anzustreben, sind die möglichen **Teilziele** einer Corporate-Identity-Policy. Eine empirische Untersuchung[54] zeigt, dass folgende Teilziele hauptsächlich verfolgt werden:

- Vereinheitlichung des äußeren Erscheinungsbildes eines Unternehmens mit den Grundsätzen der Unternehmenspolitik,
- Vereinheitlichung von Grundsätzen der Unternehmenspolitik mit der Kommunikationspolitik des Unternehmens,
- Vereinheitlichung der Selbstdarstellung des Unternehmens nach außen mit dem Verhalten der Mitarbeiter,
- Schaffung eines Wir-Bewusstseins,
- Schaffung von Identifikationspotentialen,
- Schaffung erhöhter Mitarbeiterzufriedenheit,
- Schaffung von Motivationsanreizen,
- Hervorhebung der Stärken des Unternehmens,
- Erreichung einer Akzeptanz als unverwechselbare Unternehmenspersönlichkeit am Markt,
- Sichtbarmachung einer Marktorientierung.

Die **Handlungsmöglichkeiten einer Corporate-Identity-Policy** umfassen die Bereiche

- Corporate Mission,
- Corporate Design,
- Corporate Communications (Corporate Advertising und Public Relations) und
- Corporate Behavior.

Corporate Mission

Ausgangspunkt einer Corporate-Identity-Policy ist die **Corporate Mission**. Bei der Corporate Mission handelt es sich um die im engeren festgelegten Unternehmensgrundsätze, um das Wert- und Normengefüge eines Unternehmens, das von den Mitarbeitern eines Unternehmens anerkannt und in den kommunikativen Maßnahmen umgesetzt werden soll.. Ein konkretes Beispiel für die Corporate Mission eines Unternehmens (hier: Hewlett Packard) wird in der Abb. 3.37 wiedergegeben.

- **Gewinn**
  Wir wollen einen Gewinn erzielen, der ausreicht, das Wachstum unseres Unternehmens zu finanzieren und die Mittel bereitzustellen, die wir zur Verwirklichung der anderen Unternehmensziele benötigen.

- **Kunden**
  Unsere Produkte und Dienstleistungen sollen den hohen Ansprüchen unserer Kunden an Qualität und Nutzen voll gerecht werden. Nur dadurch können wir die Anerkennung sowie das Vertrauen der Kunden gewinnen und erhalten.

- **Betätigungsfeld**
  Wir wollen uns auf den Gebieten betätigen, in denen wir auf unserer bisherigen Technologie und Kundenbasis aufbauen können, die uns Möglichkeiten für ein kontinuierliches Wachstum bieten, und wo wir einen notwendigen und gewinnbringenden Beitrag leisten können.

- **Wachstum**
  Unser Wachstum soll nur durch unseren Gewinn begrenzt sein und durch unsere Fähigkeit, innovative Produkte zu entwickeln und herzustellen, die den tatsächlichen Bedürfnissen der Kunden entsprechen.

- **Mitarbeiter**
  Alle HP-Mitarbeiter sollen am Unternehmenserfolg, den sie mit erwirtschaften, teilhaben. Ihre Beschäftigung soll ihnen auf Grund ihrer Leistungen sicher sein. Arbeitsplatz und Arbeitsumgebung sollen sicher und ansprechend gestaltet sein. Die individuellen Leistungen der Mitarbeiter sollen anerkannt werden. Darüber hinaus wollen wir Voraussetzungen schaffen, die es ihnen ermöglichen, persönliche Genugtuung sowie Selbstwertgefühl aus ihrer Arbeit zu gewinnen.

- **Führungsstil**
  Wir wollen die Initiative und schöpferische Kraft unserer Mitarbeiter fördern, indem wir dem einzelnen einen weiten Entscheidungsspielraum beim Erreichen der klar definierten Unternehmensziele lassen.

- **Gesellschaftliche Verantwortung**
  Wir wollen unsere sozialen Verpflichtungen in jedem Land und jedem Gemeinwesen, in welchem wir tätig sind, erfüllen, indem wir wirtschaftliche, geistige und soziale Beiträge leisten.

Quelle: Krug 1993, S. 88.
Abb. 3.37: Die Corporate Mission von Hewlett Packard

Corporate Design

Gegenstand des **Corporate Design** ist die unverwechselbare Gestaltung aller Elemente, die zum Erscheinungsbild eines Unternehmens gehören und die von den Zielgruppen optisch wahrgenommen werden können. Durch das Corporate Design soll ein Bild von der Identität (Persönlichkeit) eines Unternehmens vermittelt werden. Die wesentlichen Handlungsmöglichkeiten im Rahmen des Corporate Design sind

- Firmenname und Firmenzeichen,
- Firmenfarben,
- Schrifttyp, Satzspiegelraster,
- Unternehmens- (Architektur-) und Produkt-Design.

Einen Überblick über die Möglichkeiten einer Gestaltung von Firmennamen und -zeichen gibt Abb. 3.38 (eine ausführliche, systematische Zusammenstellung findet sich in Abb. 2.59). Das Architektur- und Produkt-Design hat in erster Linie funktionale Anforderungen zu erfüllen. Daneben existiert jedoch ein gewisser gestalterischer Spielraum für Ästhetik und Kreativität. Auch das Produkt-Design muss sich an der angestrebten Corporate Identity ausrichten.

Abb. 3.38: Ausgewählte Firmennamen und Firmenzeichen

Corporate Communications

Corporate Communications können allgemein als unternehmensbezogene Kommunikationspolitik bezeichnet werden; hierzu gehören

- Corporate Advertising (Unternehmenswerbung) und
- Public Relations (Öffentlichkeitsarbeit).

Gegenstand von **Corporate Advertising** ist nicht die produkt- bzw. produktgruppenbezogene, sondern die unternehmensbezogene Werbung. Darunter fallen Maßnahmen zur Verbesserung des Images, Erhöhung des Bekanntheitsgrades, Verteidigung gegenüber Beschuldigungen oder zur Korrektur falscher Einschätzungen. Im Rahmen der Unternehmenswerbung wird häufig eine **Kernaussage** verwendet, mit deren Hilfe der wesentliche Grundgedanke der erwünschten Corporate Identity ausgedrückt werden soll. In Abb. 3.39 findet sich eine Zusammenstellung derartiger Kernaussagen.

Kernaussage	Imagedimension
Aus Erfahrung gut	Erfahrung
Auf diese Steine können Sie bauen	Verlässlichkeit
Wir machen den Weg frei	Hilfe/Unterstützung
Die Deutschen Bullen kommen	Kraft
Keine Sorge – Volksfürsorge	Sicherheit
Vorspung durch Technik	Technologie-Kompetenz

Abb. 3.39: Kernaussagen im Rahmen der Unternehmenswerbung

Für die Corporate Communications können **klassische Medien** herangezogen werden; typisch ist z.B. die unternehmensbezogene Anzeigenwerbung in Zeitschriften. Alternativ bzw. ergänzend kann auch das **Internet**[55] berücksichtigt werden indem eine eigene Web-Site eingerichtet wird. Die Web-Site kann als Auftritt eines Unternehmens in WWW mit eigener Homepage, Folgeseiten und eigener Internet-Adresse (URL: Uniform Ressource Locator) charakterisiert werden. Wesentliche **Komponenten einer Web-Site** sind

- Unternehmensinformationen,
- Produktinformationen
  (Sachliche Informationen bei erklärungsbedürftigen Produkten sowie emotionale Inhalte wie die Lila-Alpenwelt),
- Online-Services
  (Information, Beratung, Schulung, Weiterbildung),
- Online-Direktmarketing.

Als **inhaltliche Gestaltungsansätze** von Web-Sites können

- Infotisement
  (Information und Advertisement),
- Advertainment
  (Advertising und Entertainment),
- Benefitting
  (Zusatznutzen)

unterschieden werden.

Bei der **"technischen" Gestaltung** von Web-Sites sind einige Prinzipien zu beachten:

- Grafisch ansprechende Homepage (unter Beachtung des eigenen Corporate Design),
- sinnvoller hierarchischer Aufbau der Sites,
- gute Navigationsmöglichkeit durch die Web-Site,
- Möglichkeit des Dialoges zwischen Nutzer und dem eigenen Unternehmen,
- Cross-Link zu verwandten Sachverhalten.

Public Relations

Public Relations[56] haben die Aufgabe, Vertrauen gegenüber einem Unternehmen und Verständnis für das Unternehmen zu schaffen. Ziel ist es, ein positives Image bei den Zielgruppen zu erreichen. Zu den Handlungsmöglichkeiten im Rahmen der Öffentlichkeitsarbeit zählen

- allgemeine Informationen, Exklusivinformationen und Themenanregungen an Journalisten,
- Redaktionsbesuche,
- Pressedienste,
- Interviews, Vorträge, Pressekonferenzen,
- Bereitstellung von Bild- und Tonmaterialien, Filmen, Broschüren,
- Betriebsbesichtigigungen,
- Stiftungen, Preise.

Da das Umfeld im weiteren Sinne eines Unternehmens heterogen ist, muss die Öffentlichkeitsarbeit zielgruppenbezogen durchgeführt werden.

Im Rahmen der Planung der Public Relations können die üblichen Entscheidungshilfen eingesetzt werden. Bei der Zielplanung sind die Verfahren der mehrdimensionalen Image- (Einstellungs-)messung einsetzbar. Die Planung des PR-Budgets kann z.B. auf der Grundlage des Praktikerverfahrens "objective-and-task" erfolgen. Die Maßnahmenplanung hat das zu verfolgende mehrdimensionale Zielsystem und die Budgetrestriktion zu beachten.

Corporate Behaviour

Gegenstand des Corporate Behaviour ist, die Verhaltensweisen der Mitarbeiter eines Unternehmens untereinander und gegenüber der Umwelt (insbesondere gegenüber Konsumenten und Lieferanten) gemäß der verfolgten Corporate Identity zu beeinflussen. Konkret werden Verhaltensweisen angestrebt, die nach außen die Eigenart und Einmaligkeit des Unternehmens erkennen lassen (z.B. charakteristische Vorgehensweisen beim persönlichen Verkauf) und die unternehmensintern die Integration der Mitarbeiter in das Unternehmen sowie die Identifikation mit dem Unternehmen fördern. Das Corporate Behavior ist durch die Personalpolitik und Führungspolitik eines Unternehmens beeinflussbar. Schon im Rahmen der Personalrekrutierung kann drauf geachtet werden, dass Personen ausgewählt und eingestellt werden, welche angemessene, zum Unternehmen passende Verhaltensweisen vermuten lassen. Gegenstand der Personalschulung und –entwicklung kann das Vermitteln und Einüben erwünschter Verhaltensweisen sein. Das erwünschte Corporate Behavior kann auch in der Organisation und der Führungspolitik eines Unternehmens verankert sein: Durch eine geeignete Organisationsform (wie Teamkonzept) und durch geeignete Führungskonzepte (wie Management-by-Exception oder Management-by-Objectives) kann das Verhalten aller Mitarbeiter spezifisch geprägt werden[57]. Als beispielhaftes Corporate-Behavior-Konzept wird in der Abb. 3.40 jenes von Hewlett Packard wiedergegeben.

Die HP-Werte:

- Wir haben Vertrauen in unsere Mitarbeiter sowie Achtung und Respekt vor ihrer Persönlichkeit.
- Wir legen besonderen Wert auf das hohe Niveau unserer Leistungen und Beiträge.
- Wir legen unserem Tun kompromißlose Integrität zugrunde.
- Wir erreichen unsere Unternehmensziele im Team.
- Wir fordern und fördern Flexibilität und Innovation.

Umsetzung der HP-Werte:

Respekt und Vertrauen	· keine Stechuhren · Übertragung von Verantwortung · Möglichkeiten zur Selbstverwirklichung · Fehler machen dürfen
Teamgeist	· Verzicht auf Statussymbole · Großraumbüro (open door policy) · Anrede mit Vornamen · Breites Netz an Informationsmedien · Informeller Umgang und offene Kommunikation · Gegenseitiges Helfen · Management by wandering around · Gemeinsame Rechte und Pflichten
Flexibilität und Innovation	· Breites Angebot an Weiterbildungsmaßnahmen · Führen durch Zielvereinbarung · Übersichtliche Bereiche der Dezentralisierung · Flexibles Arbeitszeitmodell
Hohes Niveau der Leistungen	· Beteiligung der Mitarbeiter am Unternehmenserfolg · Qualitätsphilosophie Total Quality Control
Kompromißlose Integrität	· Allgemein verbindliche Geschäftsgrundsätze · Wachstumsfinanzierung aus Eigenmitteln

Quelle: Krug 1993, S. 89.

Abb. 3.40: Das Corporate-Behavior-Konzept von Hewlett Packard

Planung einer Corporate Identity-Policy

Um eine Corporate Identity zu planen, müssen die einzelnen Handlungsmöglichkeiten aus den Bereichen Corporate Design, Corporate Communications und Corporate Behaviour zu Corporate Identity-Maßnahmenkombinationen abgestimmt werden. Eine Beurteilung von Einzelmaßnahmen kann nicht im Vordergrund stehen, da erst eine alle Corporate-Identity-Bereiche umfassende Maßnahmenkombination eine eindeutige Corporate Identity konstituieren kann; bei der Corporate Identity sind die Wechselwirkungen zwischen den Aktivitäten von besonderer Bedeutung.

Im Folgenden werden exemplarisch Einzelmaßnahmen der Bereiche Corporate Design und Corporate Communications betrachtet und zu Corporate-Identity-Maßnahmenkombinationen zusammengefasst. Abb. 3.41 gibt einen Überblick über entsprechende, mögliche Einzelmaßnahmen im Rahmen eines Corporate-Identity-Konzeptes. Im Bereich Corporate Design besteht beispielsweise die Möglichkeit, den alten Firmennamen als ein "Bestandteil" von Corporate Design zu belassen, umzugestalten oder gänzlich neu zu entwickeln. Analog zur Vorgehensweise bei der morphologischen Methode sind für die Bestandteile von Corporate Design und Corporate Communications mögliche Lösungsansätze, realisierbare Einzelmaßnahmen (alter Firmenname belassen, umgestalten oder neu kreieren) zu suchen. Die Corporate-Identity-Maßnahmenkombinationen ergeben sich durch Kombination der Einzelmaßnahmen. In Abb. 3.41 kann ein mögliches Corporate-Identity-Maßnahmenbündel durch eine vertikale Verbindungslinie von Einzelmaßnahmen veranschaulicht werden.

	Merkmal	Merkmalsausprägungen bzw. Einzelmaßnahmen		
CD	Firmenzeichen bzw. -namen	alt	umgestaltet	neu
CD	restliche Visual-Identity-Elemente	keine Entwicklung	Raster + Firmenfarben + Typografie + Produktdesign	
CD	Träger der Visual-Identity-Elemente	interne	externe (Mobilien+Immobilien)	interne + externe
CC	Corporate Advertising	Budget 1 <	Budget 2	< Budget 3
CC	Corporate Communications i. e. S.	intern	extern	interne + externe

Quelle: Nach Schneider 1991, S. 119.

Abb. 3.41: Überblick über ausgewählte Einzelmaßnahmen im Rahmen eines Corporate-Identity-Konzeptes

Die **Auswahl** der vergleichsweise besten Corporate-Identity-Maßnahmenkombination kann auf der Grundlage eines Scoring-Modells erfolgen. Eine Erfassung aller Wechselwirkungen und damit aller Synergien zwischen den Einzelmaßnahmen einer Corporate-Identity-Maßnahmenkombination ist nur möglich, wenn simultan die synergetischen Wirkungen berücksichtigt werden. Jeder Corporate-Identity-Maßnahmenkombination ist also ein Punktwert zuzuordnen; konkret empfiehlt sich folgende Vorgehensweise[58]:

- Zusammenstellen der entscheidungsrelevanten Kriterien,
- Operationalisierung der Kriterien,
- Gewichtung der Kriterien,
- Ermittlung der (erreichbaren) Punktzahlen für die Maßnahmenkombinationen bezüglich der Kriterien,
- Beurteilung der Vorteilhaftigkeit der Maßnahmenkombination auf der Basis einer geeigneten Entscheidungsregel (z. B. gewichtete Gesamtpunktzahl unter Beachtung von Mindestanforderungen insgesamt und bezüglich einzelner Kriterien).

Eine alternative Vorgehensweise zur Bestimmung einer Corporate-Identity-Policy ist folgende: Ausgangspunkt ist eine angestrebte Soll-Corporate Identity, die mit der vorhandenen Ist-Corporate Identity zu vergleichen ist. Um die Soll- und Ist-Identität zu messen, kann der Umweg über die damit verbundenen Soll- und Ist-Images, also die Fremdbilder des Unternehmens, beschritten werden, welche sich anhand der Modelle der mehrdimensionalen Einstellungsmessung bestimmen lassen[59]. Werden gewisse Maßnahmen zur Imageverbesserung erwogen, so sind gleichzeitig die zu erwartenden Wirkungen und die anfallenden Kosten zu beachten, um die optimale Vorgehensweise zu bestimmen.

3.1.7.3 Kommunikationspolitik eines Markenartikelproduzenten gegenüber Konsumenten

Werbung

Gegenstand der Werbung ist die Belegung von Werbeträgern mit Werbemitteln gegen ein leistungsbezogenes Entgelt, um vorgegebene Werbeziele zu erreichen. **Werbeträger** sind allgemein Streumedien, mit deren Hilfe (durch deren Belegung) die Werbemittel an die Zielpersonen herangeführt werden können. Welche Werbeträgergruppen grundsätzlich unterscheidbar sind und welche Untergruppen jeweils von Bedeutung sind, lässt die Abb. 3.42 erkennen.

Werbemittel lassen sich allgemein als verbal und/oder visuell gestaltete, für die Verbreitung durch Werbeträger bestimmte Werbebotschaften kennzeichnen. Die Werbeträger der verschiedenen Werbeträgergruppen sind offensichtlich nur mit bestimmten Werbemitteln belegbar:

- Insertionsmedien mit Anzeigen,
- Elektronische Medien mit Werbespots, Fernsehspots oder Funkspots,
- Medien der Außenwerbung mit Plakaten.

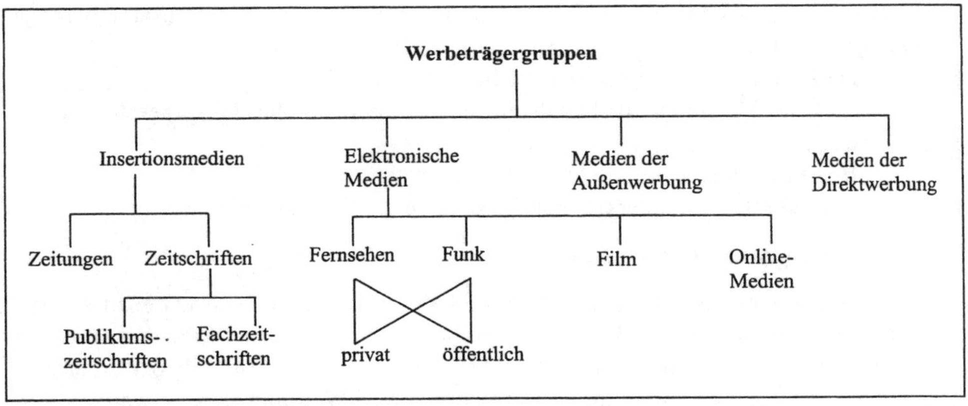

Abb. 3.42: Werbeträgergruppen

Beispielhafte Gestaltungselemente von Werbemitteln finden sich in Abb. 3.43. Neben den aufgeführten formalen Gestaltungselementen sind die möglichen inhaltlichen Gestaltungsansätze zu beachten, die grundsätzlich davon abhängig sind, welche Werbeträgerart belegt werden soll. Für **Fernsehspots** können folgende Gestaltungsansätze herangezogen werden:

- Darstellung eines Produktes in normaler Nutzungssituation (inklusive seiner Nutzungsvorteile);
- Testimonial (positive Aussage über ein Produkt durch einen Verwender des Produktes, durch einen Film- oder Fernsehdarsteller);
- Slice-of-life-Technik (Geschichte aus dem täglichen Leben; eine erste Person hat ein Problem, eine zweite Person bietet eine Problemlösung durch ein Produkt an; der besondere Produktnutzen wird dargestellt).

Ähnliche Gestaltungsansätze können für **Rundfunk-Werbespots** genutzt werden.

Formale Gestaltungselemente:
- Größe/Länge
- Farbe
- Bild
- Text
- Slogan

Inhaltliche Gestaltungselemente:
- Darstellung Produktnutzen
- Begründung Produktnutzen (z.B. mittels Testergebnissen)
- Testimonial
- Slice-of-life

Abb. 3.43: Gestaltungselemente von Werbemitteln

Für **Anzeigen** können z.B. folgende grundsätzliche Gestaltungsansätze herangezogen werden:

- Darstellung eines objektiven Produktnutzens
  (z.B. im Vergleich zur Problemlösung durch die bisherige, generelle Produktart);
- Begründung eines besonderen Produktnutzens
  (z.B. durch Garantieerklärung, Ergebnisse der Stiftung Warentest).

Planungsprozess der Werbung

Der Prozess der Werbeplanung wird in Abb. 3.44 dargestellt. Nach einer Analyse der Ausgangssituation (Unternehmensziele, betriebsinterne Situation, Konkurrenzsituation) sind zunächst die Objekte der Werbung (wofür soll geworben werden?), die Ziele der Werbung (was soll durch eine Werbung erreicht werden?) und die Zielgruppen der Werbung (welche Personengruppen sollen angesprochen werden?) festzulegen. Im Anschluss hieran ist das Werbebudget, das heisst die Höhe der finanziellen Mittel, die für Werbemaßnahmen vorgesehen sind, zu bestimmen. Hierbei ist zu beachten, dass begrenzte finanzielle Mittel zu einer Revision der Werbeziele und der Zielgruppen führen können. im Anschluss hieran kann festgelegt werden, welche Medien (Werbeträger) belegt, welche Werbemittel eingeschaltet und welche Werbebotschaften (Slogans) in den Mittelpunkt der Werbemaßnahmen gestellt werden sollen. Nach Ablauf einer Werbekampagne ist u.a. zu kontrollieren, in welchem Ausmaß die verfolgten Ziele erreicht worden sind; in diesem Zusammenhang ist eine ex-post-Bewertung der Werbemaßnahmen vorzunehmen.

Die gestrichelten Pfeile in der Abb. 3.44 beinhalten verschieden wesentliche Rückkopplungen. So wird die Planung eines jeden Entscheidungstatbestandes von dem bewerteten Ergebnis einer vorausgehenden Werbemaßnahme beeinflusst. Außerdem ist zu beachten, dass zwischen der Planung von Zielen, Zielgruppen und Budget einerseits und der Planung von Medien, Werbemitteln und Werbebotschaften andererseits enge Beziehungen bestehen, die eine sukzessive Planung fast unmöglich machen.

Werbeziele

Als Zielgrößen der Werbung lassen sich

- ökonomische Zielgrößen (wie Gewinn, Erlös, Absatzmenge, Marktanteil),
- psychologische Zielgrößen (wie Aufmerksamkeit, Bekanntheit, Einstellung, Bevorzugung, Kaufabsicht) und
- streutechnische Zielgrößen (wie Zahl der erreichbaren Personen, Zahl der erzielbaren Ansprachen)

unterscheiden. Die psychologischen und streutechnischen Zielgrößen basieren auf Modellen der individuellen Werbewirkung (vgl. Abb. 3.45). Psychologische und streutechnische Ziele werden häufig in der Werbung (so im Bereich der Mediaplanung sowie der Werbemittelgestaltung) ersatzweise anstelle ökonomischer Ziele verfolgt. Der Grund hierfür ist in der besseren Messbarkeit und Kontrollierbarkeit der durch Werbemaßnahmen erzielbaren Wirkungen bezüglich psycholo-

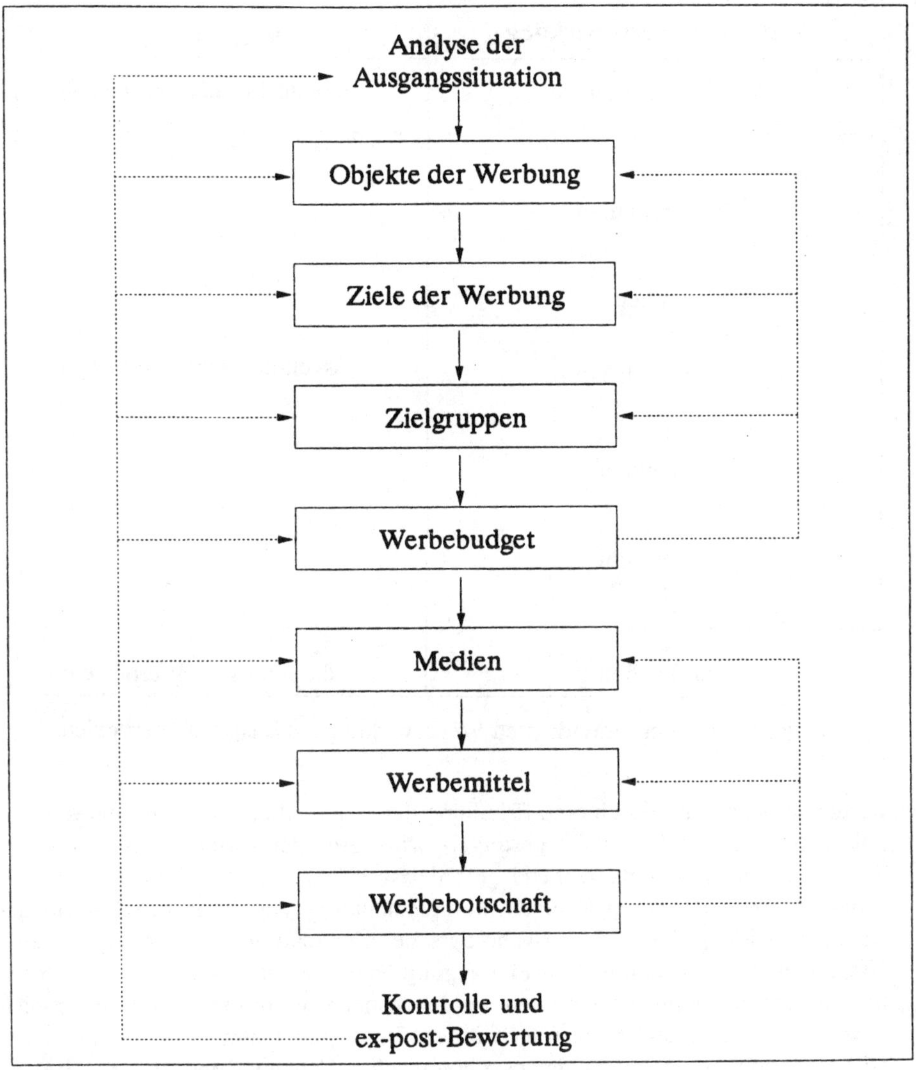

Abb. 3.44: Planungsprozess der Werbung

gischer bzw. streutechnischer Ziele zu sehen: Der Gewinn – als beispielhafte ökonomische Zielgröße – wird durch alle Marketing-Instrumente beeinflusst; eine psychologische Zielgröße wie die 'Bekanntheit eines Produktes wird wesentlich stärker als beispielsweise der Gewinn durch Werbemaßnahmen beeinflusst. Um aber psychologische oder streutechnische Ziele ersatzweise anstelle ökonomischer Werbeziele verfolgen zu können, muss eine **komplementäre Beziehung** zum eigentlich verfolgten ökonomischen Ziel vorliegen. So muss davon ausgegangen

Stufen der Werbewirkung	**Basis für . . .**
Werbemittelkontakt	streutechnische Werbeziele
Aufmerksamkeit Bekanntheit Positive Einschätzung Bevorzugung Kaufabsicht	psychologische Werbeziele
Kaufhandlung	ökonomische Werbeziele

Abb. 3.45: Modell der individuellen Werbewirkung als Basis für Werbeziele

werden können, dass durch eine Erhöhung der Bekanntheit eines Produktes ebenfalls der Erlös des Produktes gesteigert wird. Auf der Basis der individuellen Werbewirkung muss entsprechend gefordert werden, dass der Eintritt einer psychologischen Teilwirkung in einem komplementären Verhältnis zum Eintritt der Kaufentscheidung steht. Ob psychologische Elemente wie "Aufmerksamkeit", "Bekanntheit", "Einstellung", "Bevorzugung" oder "Kaufabsicht" als Indikatoren für Kaufentscheidungen angesehen werden können, ist in einer Vielzahl empirischer Untersuchungen[60] hinterfragt worden. Die Untersuchungen zeigen tendenziell eine besondere Relevanz der psychologischen Größen "Einstellung", "Bevorzugung" und "Kaufabsicht" als Basis für Ziele der Kommunikationspolitik: Trotzdem ist in jedem konkreten Einzelfall die besondere Eignung eines entsprechenden Zieles festzustellen. Hiervon abgesehen können in besonderen Situationen – wie die Einführung eines neuen Produktes – psychologische Werbeziele wie die Aufmerksamkeitserzielung bzw. das Vermitteln spezifischer Kenntnisse über ein Produkt geeignete Kommunikationsziele sein.

Werbeobjekte

Das Problem der Auswahl von Werbeobjekten stellt sich insbesondere in Unternehmen, die mehrere Markenartikel gleichzeitig anbieten. Mögliche Werbeobjekte sind

- einzelne Markenartikel,
- Produktgruppen,
- das Unternehmen insgesamt oder
- Nebenleistungen eines Unternehmens.

Ob ein bestimmter Markenartikel als Werbeobjekt in Frage kommt, hängt auch davon ab, welchen absoluten Deckungsbeitrag der Artikel erzielt, welche Steigerung der Absatzmenge aufgrund einer Werbung zu erwarten ist, in welcher Weise absatzmäßige Verflechtungen zu anderen Artikeln vorliegen, welche (Produktions-) Kapazitäten gegeben sind und in welchem Ausmaß diese Kapazitäten beansprucht werden. In entsprechender Weise ist festzustellen, ob für eine bestimmte Produktgruppe geworben werden soll. Ob es von Vorteil ist, für ein Unternehmen z.B. eine Image-Kampagne durchzuführen, ist auch davon abhängig, in welcher Weise der Absatz der einzelnen Markenartikel und Produktgruppen hierdurch gefördert wird. Im Rahmen der Werbung können auch Nebenleistungen (wie z.B. der Kundendienst oder bestimmte Konditionen wie z.B. Finanzierungsangebote) in den Vordergrund gestellt werden, ob dies von Vorteil ist, hängt wiederum davon ab, in welchem Maße der Absatz der einzelnen Markenartikel gefördert wird.

Im Falle eines Mehrproduktunternehmens ist zu beachten, ob
- absatzmäßige Interdependenzen zwischen den verschiedenen Markenartikeln bestehen,
- eine Einprodukt-, Parallel- oder Mehrproduktwerbung erwogen wird und
- ob neben der Primärwirkung der Werbung (bezüglich des eigentlichen Werbeobjektes) auch Sekundärwirkungen auf andere Produkte zu erwarten sind.

Die Sekundärwirkungen basieren auf den jeweils herangezogenen Markenstrategien; dies wird besonders deutlich bei einer Verwendung von Markenhierarchien.

Zielgruppen

Die Grundlagen der Zielgruppenbildung sind bei der Darstellung der Grundlagen von Märkten im Abschnitt 1.2.1 präsentiert worden. Insbesondere ist dargelegt worden, dass heterogene Märkte durch Anwendung der Cluster-Analyse in (in sich) homogene Teilmärkte zerlegt werden können, die dann jeweils spezifisch bearbeitet werden können. Werden die Konsumenten anhand ihres Life-Styles beschrieben, resultiert eine Life-Style-Typologie (z.B. Euro Socio Styles 2000), im Rahmen derer die Cluster detailliert anhand der Mittelwertdifferenzen bezüglich der einbezogenen Konsumentenmerkmale beschrieben und personifiziert werden, indem den Clustern Namen und Bilder zugeordnet werden. Damit ist eine ideale Grundlage für die Werbemittelgestaltung und die Mediaselektion gegeben.

Das Ergebnis einer Marktsegmentierung kann grundsätzlich darin bestehen, dass
- ein homogener Markt,
- ein diffuser Markt bzw.
- ein gruppierter Markt

vorliegt (vgl. Abb. 3.46). Entsprechend lassen sich drei grundsätzliche **Marktbearbeitungsstrategien**[61] voneinander abgrenzen:
- das undifferenzierte Marketing,

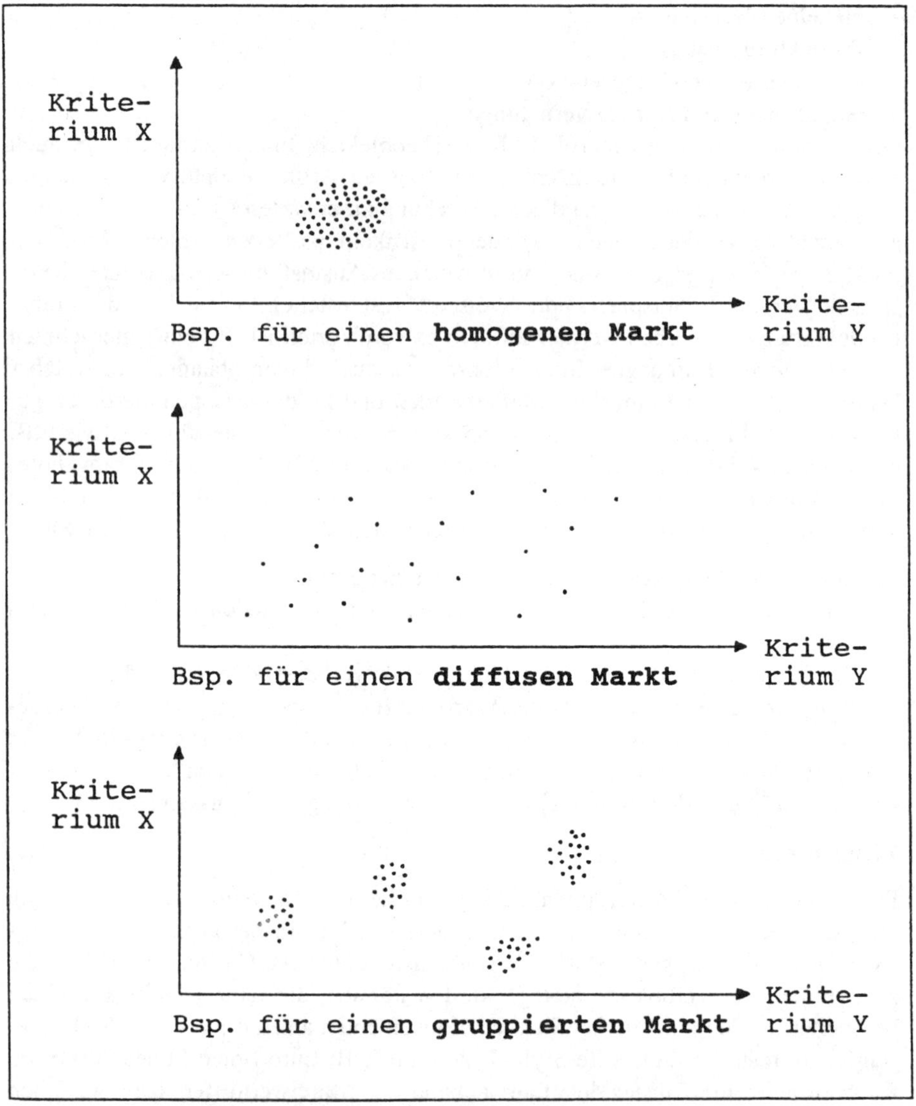

Abb. 3.46: Homogene, diffuse und gruppierte Märkte

- das konzentrierte Marketing,
- das differenzierte Marketing.

Das **undifferenzierte** Marketing beinhaltet das Anbieten eines einzigen Markenartikels für einen großen, heterogenen Gesamtmarkt. Eine derartige Marktbearbeitung kommt im Falle eines diffusen Marktes in Frage, der keine ausreichend großen, voneinander isolierten Marktsegmente erkennen lässt. Ein **konzentriertes** Marketing ist gegeben, wenn eine Produktdifferenzierung derart betrieben wird, dass für verschiedene Marktsegmente jeweils ein spezifischer Artikel angeboten wird und für jeden Markenartikel ein spezifisches Marketing-Konzept erarbeitet wird. Welche Marktbearbeitungsstrategie vorteilhaft ist, muss in jedem Einzelfall festgestellt werden. Die Entscheidung zwischen einem konzentrierten Marketing und einem differenzierten Marketing wird beeinflusst durch die einzelnen Marktvolumina, durch die Marktbearbeitungskosten und die Gewinnerwartungen; die Entscheidung kann im einfachsten Fall auf der Grundlage von Gewinnvergleichsrechnungen getroffen werden.

Werbebudgetierung

Zur Entscheidung über das Werbebudget, also über die Höhe der finanziellen Mittel, die für Werbezwecke eingesetzt werden sollen, ist eine Vielzahl an Entscheidungsverfahren vorgeschlagen worden, die teilweise aus der Werbepraxis stammen, teilweise als theoretische Lösungskonzepte entwickelt worden sind. Zu den **Budgetierungsverfahren aus der Praxis**[62] zählen die Verfahren

- Budget als Prozentsatz des Umsatzes (Gewinnes),
- Budget gemäß Werbeausgaben der Konkurrenz,
- Budget gemäß verfügbarer finanzieller Mittel,
- Budget gemäß Ziel und zu lösender werblicher Aufgabe.

Bei dem Budgetierungsverfahren **"Werbebudget als Prozentsatz des Umsatzes (des Gewinnes)"** existieren verschiedene Varianten: So kann vom Umsatz der letzten Periode bzw. vom prognostizierten Umsatz der Planungsperiode ausgegangen werden; das Budget ergibt sich dann, indem der relevante Umsatzwert (Gewinnwert) mit einem zuvor zu bestimmenden Prozentsatz multipliziert wird. Obwohl entsprechende Budgetierungsverfahren häufig in der Praxis angewandt werden, weisen sie gravierende Mängel auf:

- Sie sind sachlogisch falsch, denn der Umsatz (Gewinn) wird als Bestimmungsfaktor der Werbung angesehen, nicht als deren Ergebnis.
- Das Problem der Bestimmung des anzuwendenden Prozentsatzes ist kaum lösbar. Der "richtige" Prozentsatz lässt sich nur durch Lösung eines entsprechenden Optimierungsmodelles feststellen; auf die Anwendung eines Optimierungsmodelles wird aber bei einer Budgetierung nach diesem Verfahren verzichtet.
- Des Weiteren weist das betrachtete Budgetierungsverfahren eine prozyklische Wirkung auf: Unter sonst gleichen Bedingungen führen hohe Umsätze (Gewinnwerte) zu hohen Werbebudgets, niedrige Umsätze (Gewinnwerte) hingegen zu niedrigen Budgets.
- Schließlich ist darauf hinzuweisen, dass bei der Variante "Budget als Prozentsatz des prognostizierten Umsatzes (Gewinnes)" die Höhe des Werbebudgets auch vom angewandten Prognoseverfahren zur Ermittlung des erwarteten Umsatzes beeinflusst wird.

Eine **Budgetierung gemäß den Werbeausgaben der Konkurrenz** beinhaltet, dass das eigene Werbebudget so festgelegt wird, wie es die (Haupt-)Konkurrenten tun. Eine derartige Budgetierungspraxis weist zumindest zwei Probleme auf:

- Zum einen ist das zukünftige Verhalten der Konkurrenz (in der Planungsperiode) nicht bekannt; es kann nur das Werbebudget der Konkurrenz in der Vorperiode festgestellt werden.
- Zum anderen werden bei diesem Budgetierungsverfahren Unterschiede zwischen den Unternehmen einer Branche (wie z.B. unterschiedliche Ziele, Kostenlagen, Ressourcen), die sich auf die angemessene Budgethöhe intensiv auswirken (können), nicht erfasst.

Bei der **Werbebudgetierung gemäß verfügbarer Mittel** wird folgende Vorgehensweise herangezogen: Zu Beginn der Planungsperiode ist festzustellen, welche finanziellen Mittel für die Werbung zur Verfügung stehen. Dies bedeutet, dass vorab geplant werden muss, welche finanziellen Mittel in der Planungsperiode (auf Grund des Absatzes) in ein Unternehmen fließen; außerdem ist zu schätzen, welche finanziellen Mittel in der Beschaffung, Produktion und in anderen Marketingbereichen eingesetzt werden müssen. Das Werbebudget ergibt sich dann als Differenz zwischen den eingehenden finanziellen Mitteln und den für andere betriebliche Maßnahmen einzusetzenden finanziellen Mitteln. Auch bei diesem Budgetierungsverfahren ist ein sachlogischer Fehler gegeben: Es ist nicht einzusehen, dass die resultierenden finanziellen Mittel ein geeigneter Bestimmungsfaktor für die Werbeausgaben sind, wenn eine Werbung zum Zwecke einer Beeinflussung der Erlöse und der damit in eine Unternehmung einfließenden finanziellen Mittel erfolgt. Außerdem ist in der Regel eine prozyklische Wirkung gegeben.

Der Ablauf des Budgetierungsverfahrens **"Budget gemäß Ziel und zu lösender werblicher Aufgabe"** (Objective and Task) lässt sich wie folgt kennzeichnen:
- Zunächst sind die Werbeziele für die Planungsperiode festzulegen.
- In einem zweiten Schritt sind dann jene Werbemaßnahmen herauszufinden, die erforderlich sind, um die verfolgten Werbeziele zu erreichen.
- Als nächstes sind die Kosten festzustellen, welche durch die erforderlichen Werbemaßnahmen verursacht werden.
- Die Summe dieser Werbekosten stellt das angestrebte (für die verfolgten Ziele erforderliche) Budget dar.
- Sollten die erforderlichen finanziellen Mittel die verfügbaren Mittel übersteigen, so sind die Werbeziele nicht erreichbar; sie müssen vielmehr modifiziert werden.
- Im Folgenden ist dann das Budgetierungsverfahren erneut zu durchlaufen.
- Das Werbebudget für die Planungsperiode ist dann herausgefunden, wenn sich ein finanzierbares Werbebudget ergibt.

Bei einer Beurteilung dieses Budgetierungsverfahrens ist auf zwei Punkte hinzuweisen:
- Im Vergleich mit den anderen Praktikermethoden zur Werbebudgetierung weist dieses Verfahren keine fehlerhaften Eigenschaften auf; es ist insbesondere sachlogisch richtig.
- Es muss jedoch darauf hingewiesen werden, dass der zweite Schritt (Herausfinden jener Werbemaßnahmen, die erforderlich sind, um die verfolgten Werbeziele zu erreichen) erhebliche Prognoseprobleme mit sich bringt: Für alter-

native, in Erwägung gezogene Werbemaßnahmen muss jeweils prognostiziert werden, in welchem Ausmaß die verfolgten Werbeziele erreicht werden.

Optimierungsmodelle zur Werbebudgetierung sind für die unterschiedlichsten Bedingungskonstellationen entwickelt worden. So existieren verschiedene statische und mehrere dynamische Ansätze, die teilweise auf sicheren Erwartungen, teilweise auf unsicheren Erwartungen bezüglich der entscheidungsrelevanten Daten beruhen[63]. Zunächst soll unter der Zielsetzung der Gewinnmaximierung für ein einzelnes Produkt das optimale Werbebudget bestimmt werden; ausgegangen wird von sicheren Informationen hinsichtlich der entscheidungsrelevanten Daten. In diesem Fall muss eine **Werbeerfolgsfunktion** bekannt sein, welche die Absatzmenge in Abhängigkeit von der Höhe des Werbebudgets angibt. Diese Werbeerfolgsfunktion ist Ergebnis einer entsprechenden Wirkungsprognose[64], die z.B.

- auf der Grundlage von empirischen Daten aus der Vergangenheit, die regressionsanalytisch ausgewertet worden sind oder
- auf der Grundlage von einwertigen Expertenschätzungen

erstellt werden kann. Beispielhafte Verläufe der Werbeerfolgsfunktion finden sich in der Abb. 3.47.

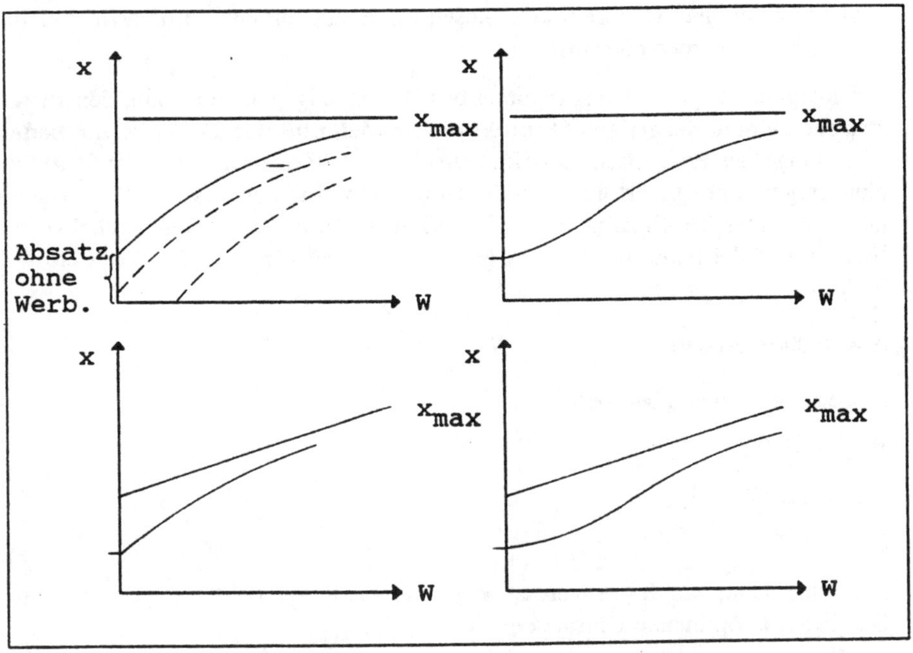

Abb. 3.47: Beispielhafte Verläufe von Werbeerfolgsfunktionen

Um das **gewinnmaximale Werbebudget** bestimmen zu können, müssen sowohl die Kostenfunktion als auch die Werbeerfolgsfunktion in Abhängigkeit von der unabhängigen Variablen, dem Werbebudget, bekannt sein. Allgemein wird die Werbeerfolgsfunktion mit $x = x(W)$ und die Funktion der Produktionskosten in

Abhängigkeit vom Werbebudget mit $K^{Prod} = K(x(W))$ bezeichnet, so resultiert die Gewinnfunktion in Abhängigkeit vom zu bestimmenden Werbebudget als

$$(1)\ G(W) = p \cdot x(W) - K(x(W)) - W \rightarrow \text{Max!}$$

Wird die erste Ableitung der Gewinnfunktion nach der unabhängigen Variablen W gebildet und gleich Null gesetzt, so ergibt sich die notwendige Bedingung für ein optimales Werbebudget:

$$(2)\ \frac{dG}{dW} = p \cdot \frac{dx}{dW} - \frac{dK}{dx} \cdot \frac{dx}{dW} - 1 \overset{!}{=} 0.$$

Nach einfacher Umformung resultiert:

$$(3)\ p \cdot \frac{dx}{dW} \overset{!}{=} \frac{dK}{dx} \cdot \frac{dx}{dW} + 1.$$

Die Bedingung (3) lässt sich verbal wie folgt **interpretieren:** Das optimale Werbebudget ist erreicht, wenn der Grenzerlös in Bezug auf eine infinitesimal kleine Variation des Werbebudgets gleich den gesamten Grenzkosten (den Grenzproduktionskosten und den Grenzwerbekosten) in Bezug auf eine infinitesimal kleine Variation des Werbebudgets ist.

Die marginalanalytische Bestimmung des Werbebudgets erlaubt nun, den **Bezug zwischen einem derartigen Optimierungsmodell und den Praktikermethoden** (wie Budget als Prozentsatz des Umsatzes bzw. als Prozentsatz des Gewinnes) zu hinterfragen. Spezifiziert man nun die Gewinnfunktion numerisch, d.h. unterstellt man z.B., dass der Preis p sich auf 20 Euro beläuft, die variablen Stückkosten EUR 10 und die Fixkosten EUR 10.000 betragen und wird von der Werbeerfolgsfunktion

$$x = 10.000 + 20\sqrt{W}$$

ausgegangen, so ergeben sich

$W_{opt} = 10.000,$

$x_{opt} = 12.000$ und

$G_{opt} = 100.000.$

Zusätzlich kann nun der Prozentsatz des (optimalen) Werbebudgets am optimalen Gewinn bzw. optimalen Umsatz errechnet werden:

$$\frac{W_{opt}}{G_{opt}} \cdot 100 = \frac{10.000}{20 \cdot 12.000} \cdot 10 = 4{,}16\%$$

und

$$\frac{W_{opt}}{G_{opt}} \cdot 100 = \frac{10.000}{100.000} \cdot 100 = 10\%.$$

Es zeigt sich also, dass aus theoretischer Sicht ein optimaler Prozentsatz des Werbebudgets am Umsatz oder am Gewinn existiert. Dieser optimale Prozentsatz ist aber Ergebnis eines Optimierungsmodells. Falls auf ein Optimierungsmodell verzichtet wird, ist dieser optimale Prozentsatz unbekannt. Wird also eine Budgetierung anhand eines Praktikerverfahrens wie z.B. Budget als Prozentsatz des Gewinnes unter Verzicht auf ein Durchrechnen eines geeigneten Optimierungsmodells vorgenommen, so wird der optimale (gewinnmaximale) Prozentsatz in aller Regel verfehlt.

Im Zusammenhang mit **dynamischen Planungsansätzen zur Werbebudgetierung** sind zwei Effekte zu beachten:
- Time-lags und
- Carry-over-Effekte.

Ein **Time-lag** ist erreicht, wenn sich eine Werbemaßnahme nicht sofort, sondern zeitlich verzögert auswirkt. Wenn sich eine Werbemaßnahme nicht nur in der Periode, in der sie durchgeführt wird, sondern auch in späteren Perioden auswirkt, so liegen **Carry-over-Effekte** vor. In Abb. 3.48 werden Time-lags und Carry-over-Effekte – jeweils für sich und in kombinierter Weise – illustriert. Gegenstand von dynamischen Modellen zur Werbebudgetierung ist die simultane Planung von Werbebudgets für verschiedene Teilperioden eines gesamten Planungszeitraumes unter Beachtung der relevanten Time-lags und Carry-over-Effekte, welche sich in den (dynamischen) Werbeerfolgsfunktionen niederschlagen. In Abb. 3.49 findet sich ein **Optimierungsmodell** unter Berücksichtigung von **folgendem Carry-over-Effekt:** Eine Werbemaßnahme in der Periode t wirkt sich nicht nur auf die Absatzmenge in der Periode t, sondern auch auf die Absatzmenge der Periode t+1 aus. Entsprechende Werbeerfolgsfunktionen für die (beliebigen) Perioden t und t + 1 finden sich in den Gleichungen (1a) und (1b). Bei den Kostenfunktionen (2) für die einzelnen Perioden ist zu beachten, dass die Produktionskosten einer Periode von der Absatzmenge derselben Periode abhängen, wobei die Absatzmenge der Periode durch die Werbeausgaben der betrachteten Periode sowie der Vorperiode determiniert wird. Im Rahmen der Kapitalwertfunktion (3) erfolgt eine Diskontierung der Gewinne der einzelnen Perioden, durch Berücksichtigung des Diskontierungsfaktors q^{-t} (für alle t). Durch das Bilden (und gleich Null setzen) der partiellen Ableitungen der Kapitalwertfunktion nach den Werbebudgets W_t (für alle t) können die optimalen Werbebudgets bestimmt werden.

Mediaselektion

Die umfassende Entscheidungssituation der Mediaselektion lässt sich wie folgt charakterisieren: Zu entscheiden ist, welche Medien zu welchen Zeitpunkten belegt werden sollen, um die Werbeziele zu erreichen. Offensichtlich ist, dass die umfassende Entscheidungssituation der Mediaselektion dynamische Planungsansätze erforderlich macht. Auf Grund der Komplexität derartiger Planungsansätze

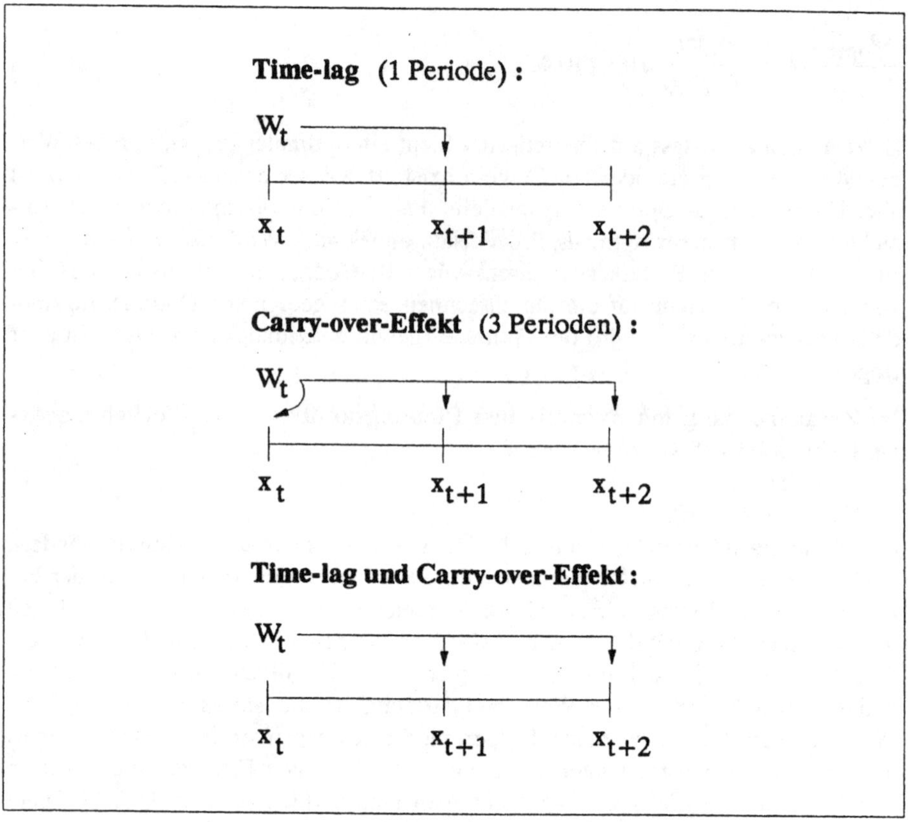

Abb. 3.48: Time-lags und Carry-over-Effekte im Rahmen von dynamischen Ansätzen der Werbebudgetierung

Werbeerfolgsfunktionen:

(1a) $x_t = x_t(W_t, W_{t-1})$ bzw.

(1b) $x_{t+1} = x_{t+1}(W_{t+1}, W_t)$ (für alle t)

Kostenfunktionen:

(2) $K_t = K_t(x_t(W_t, W_{t-1}))$ (für alle t)

Kapitalwertfunktion:

(3) $C_0(W_1, \ldots, W_t, \ldots, W_T$

$$= \sum_{t=1}^{T} \left[p_t \cdot x_t(W_t, W_{t-1}) - K_t(x_t(W_t, W_{t-1})) - W_t\right] \cdot q^{-t} \rightarrow \text{Max!}$$

Abb. 3.49: Dynamisches Modell zur Werbebudgetierung unter Berücksichtigung eines Carry-over-Effektes

wird jedoch in der Regel folgende vereinfachte Entscheidungssituation betrachtet: Auf der Grundlage von statischen Planungsansätzen ist die Entscheidung darüber zu treffen, welche Medien wie häufig zu belegen sind, um die Werbeziele zu erreichen. Für die Mediaselektion empfiehlt sich zudem ein **zweistufiger Auswahlprozess:** Da die Zahl der verfügbaren Werbeträger zu groß ist, um zunächst jeden Werbeträger gesondert zu beurteilen, wird auf einer ersten Stufe eine Vorauswahl der zu berücksichtigenden Werbeträgergruppen vorgenommen (Intermediaanalyse). Auf einer zweiten Stufe sind dann – aus der Menge der zuvor ausgewählten Werbeträgergruppen – die zu belegenden Werbeträger zu bestimmen (Intrame-diaanalyse).

Ausgangspunkt der Intermediaanalyse ist eine Erfassung der grundsätzlich zu berücksichtigenden **Werbeträgergruppen** (vgl. oberste Zeile in Abb. 3.50). Als nächstes sind die Kriterien aufzustellen, anhand derer die Werbeträgergruppen beurteilt werden können. Diese Kriterien sind im konkreten Fall aus den verfolgten Werbezielen herzuleiten. Als mögliche **Bewertungskriterien sind zu nennen:**

- die Eignung der Werbeträgergruppe für das Werbeobjekt auf Grund der Darstellungsmöglichkeiten,
- die Verfügbarkeit der Werbeträger (inklusive gesetzlicher Beschränkungen und Erscheinungsweisen),
- die Nutzungssituation der Werbeträger
- die generellen Reichweiten-Kosten-Relationen.

Eine vergleichende Beurteilung der im einzelnen aufgeführten Werbeträgergruppen findet sich in der Abb. 3.50; dabei sind die zuvor zusammengestellten Bewertungskriterien zugrunde gelegt worden. Zu kommentieren ist die Verfügbarkeit der einzelnen Werbeträger:

- So existieren generelle Werbeverbote für das öffentliche Fernsehen an Sonn- und Feiertagen sowie außerhalb des Zeitraumes zwischen 17.30 und 20.00 Uhr.
- Öffentlich-rechtliche Rundfunkanstalten dürfen Werbeprogramme nur an Werktagen ausstrahlen; die zeitliche Beschränkung ist je nach Bundesland unterschiedlich.
- Die Verfügbarkeit von Werbefilmen in Kinos ist durch die Filmvorführzeiten beschränkt.
- Bei der Außenwerbung ist zu beachten, dass die Anschlagstellen zum Teil längerfristig (z.B. vor Wahlen) vergeben sind.
- außerdem sind manche Werbeverbote für verschiedene Produktarten zu beachten: So ist die Werbung für Zigaretten im Fernsehen und im Hörfunk verboten; außerdem existiert ein generelles Werbeverbot für rezeptpflichtige Arzneimittel.

Aus entscheidungstheoretischer Sicht ist die Vorauswahl der zu berücksichtigenden Werbeträgergruppen anhand verschiedener Bewertungskriterien ein Problem der Entscheidungsfindung bei mehrfacher Zielsetzung; entsprechend können Lösungskonzepte wie die lexikographische Ordnung oder ein Scoring-Modell herangezogen werden.

	Funk öffentlich	**Funk privat**	**Film**	**Außen werbung**
Darstellungs-möglichkeiten	Ton (Sprache + Musik)	Ton (Sprache + Musik)	Text Bild Farbe Ton	Text Bild Farbe
Verfügbarkeit - Erscheinungs-weise	täglich	täglich	täglich	täglich
- allgemeine Verfügbarkeit	gesetzliche Beschränkungen	keine Beschränkungen	Beschränkungen durch Filmvorführungszeiten	keine Beschränkungen (Stellen zum Teil langfristig vergeben)
- nach Produktarten	z. B. Verbot der Zigarettenwerbung			
Nutzungs-situation	zu Hause (ganztägig)	zu Hause (ganztägig)	im Kino (insbesondere abends)	außerhalb der Wohnung im Stadtgebiet
generelle Reichweiten-Kosten-Relationen	relativ niedrige 1000-Kontakt-Preise	relativ niedrige 1000-Kontakt-Preise	relativ hohe 1000-Kontakt-Preise	in Abhängigkeit von der Stellenzahl

Abb. 3.50: Intermediavergleich

	Zeitungen	Publikums-zeitschrifen	Fachzeitschrift	Fernsehen öffentlich	Fernsehen privat	Online Werbung
Darstellungs-möglichkeiten	Text Bild Farbe	Text Bild Farbe	Text Bild Farbe	Text Bild Farbe Ton	Text Bild Farbe Ton	Text Bild Farbe Ton
Verfügbarkeit - Erscheinungsweise	in der Regel täglich	wöchentlich 14-tägig monatlich	in der Regel monatlich	täglich	täglich	täglich
- allgemeine Verfügbarkeit	keine Beschränkungen	keine Beschränkungen	keine Beschränkungen	gesetzliche Beschränkung (Werbung zwischen 17:30 und 20:00 Uhr)	Blockwerbung; nicht mehr als 20% der Sendezeit	keine Beschränkungen
- nach Produktarten				z. B. Verbot der Zigarettenwerbung		
Nutzungs-situation	zu Hause oder am Arbeitsplatz	zu Hause	zu Hause oder am Arbeitsplatz	zu Hause insbesondere Abends	zu Hause insbesondere Abends	zu Hause oder am Arbeitsplatz
generelle Reichweiten-Kosten-Relationen	relativ hohe 1000-Kontakt-Preise	relativ niedrige 1000-Kontakt-Preise	relativ hohe 1000-Kontakt-Preise	mittlere 1000-Kontakt-Preise	niedrige/ mittlere 1000-Kontakt-Preise	abhängig von der Gestaltung

Abb. 3.50: Fortsetzung Intermediavergleich

Wie dargelegt, ist Gegenstand der Intermediaanalyse die Bestimmung der zu belegenden Werbeträger aus der Menge der zuvor ausgewählten Werbeträgergruppen. Zunächst soll dargelegt werden, in welcher Weise die **Inputdaten der Mediaselektion** zu ermitteln und zu verknüpfen sind, um (alternative) Mediabelegungspläne zu bewerten. Die Abb. 3.51 gibt einen Überblick über die wesentlichen Inputdaten eines Mediaselektionsmodells; außerdem zeigt sie, in welcher Weise die Inputdaten einer Mediaplanung zu verknüpften sind, um für alternative, in Erwägung gezogene Mediabelegungspläne Erfolgs-Kosten-Relationen bestimmen zu können. Bei den Inputdaten lassen sich harte und weiche Daten der Mediaplanung unterscheiden. Als harte Daten werden Inputdaten bezeichnet, die auf einer Befragung repräsentativer Stichproben mit anerkannten Meßmethoden beruhen oder die mit Sicherheit bekannt sind. Zu den **harten Daten** zählen

- die individuellen Nutzungswahrscheinlichkeiten bezüglich der einzelnen Werbeträger, für deren Messung numerische Skalen entwickelt worden sind;
- die bedingten Werbemittelkontaktwahrscheinlichkeiten, für deren Messung ebenfalls numerische Skalen entwickelt worden sind;
- die entscheidungsrelevanten Werbekosten, die mit Sicherheit bekannt sind, und
- zielgruppenspezifische Kontaktbewertungsfunktionen beim Verfolgen streutechnischer Ziele, da diese aus der Zielformulierung deduzierbar, damit mit Sicherheit bekannt sind.

Als **weiche Daten** sind hingegen anzusehen

- die Kontaktbewertungsfunktionen bei Verfolgung psychologischer Werbeziele, da bis heute hierfür allgemein akzeptierte, zuverlässige und valide Meßmethoden fehlen.

Bei den **zielgruppenspezifischen Werbemittelreichweiten** sind zwei Arten von Interesse:

- Reichweiten der mehrfachen Belegung ein und desselben Werbeträgers sowie
- externe Überschneidungen verschiedener, gleichzeitig zu belegender Werbeträger.

Bei der Reichweitenprognose (Schritt 1 bis 4 des Ablaufdiagrammes der Abb. 3.51) wird üblicherweise unterstellt, dass durch jedes eingeschaltete Werbemittel eine jede Person höchstens einmal erreicht wird, das heißt Mehrfachkontakte mit ein und demselben Werbemittel werden nicht erfasst. Im Zusammenhang mit der **wiederholten Belegung eines bestimmten Werbeträgers** lassen sich folgende vier Reichweitenarten unterscheiden:

- Die **Einzelreichweiten** Z_{ux}, d.h. die Zahl von Personen, die bei u-facher Belegung ($u=1,..., u^*$) eines bestimmten Werbeträgers insgesamt x-mal ($x=1,...,u$) erreicht werden;
- die **Nettoreichweiten** NRW_u, d.h. die Zahl der Personen, die bei u-facher Belegung mindestens einmal erreicht werden (für alle u);
- die **Bruttoreichweiten** BRW_u, d.h. die Zahl der Kontakte (Ansprachen), die bei u-facher Belegung insgesamt erreicht werden (für alle u);

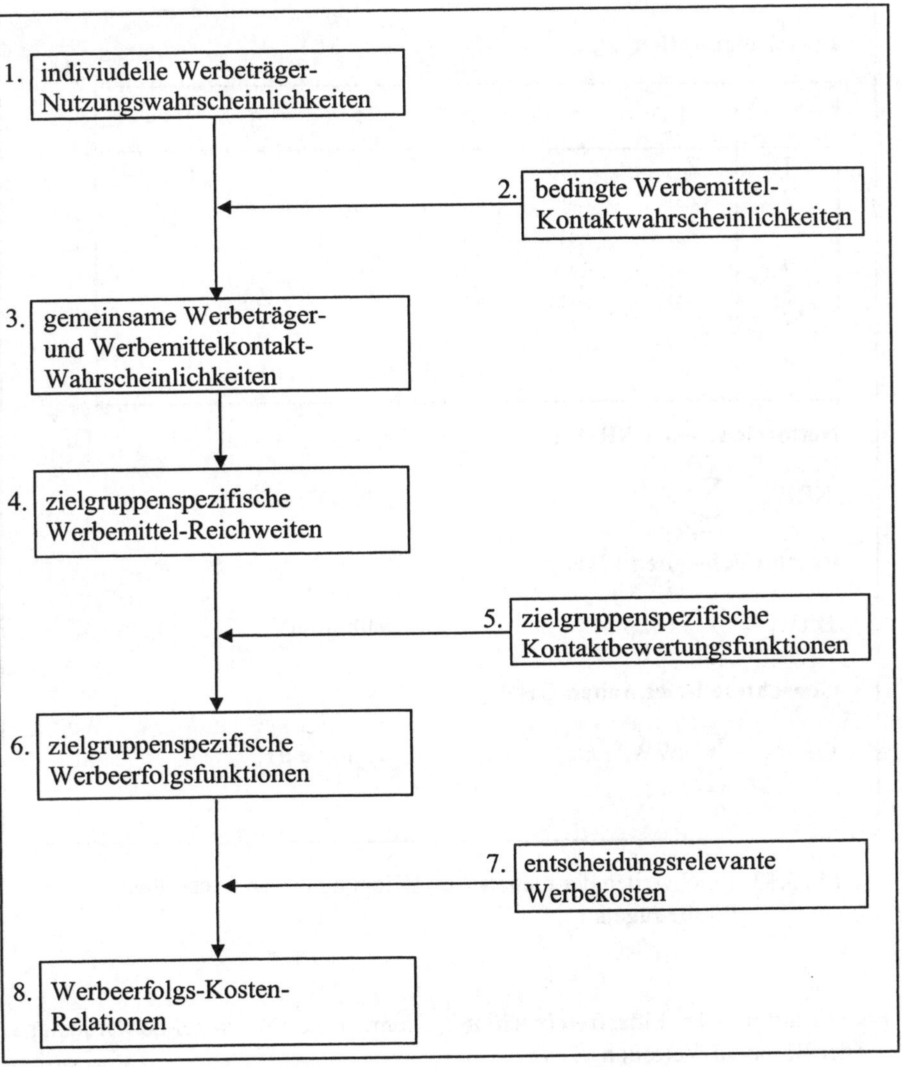

Abb. 3.51 Ablaufdiagramm zur Bewertung von Mediabelegungsplänen

- die **gewichtete Reichweite** GRW_u, d.h. die Zahl der gemäß der jeweiligen individuellen Werbewirkung in Abhängigkeit von der Kontaktzahl x, WW_x, gewichteten Personen (für alle u).

Diese Reichweiten sind in der Abb. 3.52 definiert. Aus Gründen der Übersichtlichkeit ist auf den Zielgruppenindex und auf den Werbeträgerindex verzichtet worden.

Einzelreichweiten Z_{ux}:

u \ x	1	2	3	4	5	• • •
1	Z_{11}					
2	Z_{21}	Z_{22}				
3	Z_{31}	Z_{32}	Z_{33}			
4	Z_{41}	Z_{42}	Z_{43}	Z_{44}		
5	Z_{51}	Z_{52}	Z_{53}	Z_{54}	Z_{55}	
•						
•						
•						

Nettoreichweiten NRW_u:

$$NRW_u = \sum_{x=1}^{u} Z_x \qquad \text{(für alle u)}$$

Bruttoreichweiten BRW_u:

$$BRW_u = \sum_{x=1}^{u} x \cdot z_{ux} \qquad \text{(für all u)}$$

Gewichtete Reichweiten GRW_u:

$$GRW_u = \sum_{x=1}^{u} WW_x \cdot z_{ux} \qquad \text{(für alle u)}$$

Abb. 3.52: Reichweiten der mehrfachen Belegung ein und desselben Werbeträgers

Eine Ermittlung der **Einzelreichweiten** Z_{ux} kann grundsätzlich auf der Grundlage
- der Binomial-Verteilung,
- der Monte-Carlo-Simulation,
- der Befragung eines Medien-Panels

erfolgen. In den ersten beiden Fällen ist es erforderlich, für jede Person und jeden durch sie genutzten Werbeträger eine Werbeträgerkontaktwahrscheinlichkeit sowie eine bedingte Werbemittelkontaktwahrscheinlichkeit zu bestimmen. Ein Beispiel zur Bestimmung der Werbeträgerkontaktwahrscheinlichkeit auf der Basis einer verbal-numerischen Skala findet sich in Abb. 3.53. Gibt z.B. eine Person an, 6 der 12 Nummern des Stern gelesen zu haben, beträgt ihre Werbeträgerkontaktwahrscheinlichkeit 0,5. Zur Bestimmung von (bedingten) Werbemittelkontaktwahrscheinlichkeiten am Beispiel von Zeitschriften kann von folgender Fragestellung ausgegangen werden: "Man hat ja nicht immer Zeit und Gelegenheit, eine Zeitschrift so ausführlich anzusehen, wie man vielleicht möchte. In der letzten

„Vom Stern sind in den letzten 3 Monaten 12 verschiedene Nummern erschienen. Wie viele von diesen 12 Nummern haben Sie in den vergangenen 3 Monaten nach ihrer Schätzung durchgeblättert oder gelesen? Schauen Sie auf dieses Blatt hier und sagen Sie mir, was davon für Sie persönlich am ehesten zutrifft."

Von den	12 alle Nummern
letzten	11
12	10
Nummern	9
dieser	8
Zeitschrift	7
habe ich	6
durchge-	5
blättert	4
oder ge-	3
lesen:	2
	1 nur eine Nummer

Abb. 3.53: Eine verbal-numerische Skalafrage zur Bestimmung der Werbeträgerkontaktwahrscheinlichkeit

Ausgabe vom (z.B. Spiegel), mit der Sie schon fertig sind oder die Ihnen nicht mehr zur Verfügung steht: Wie viele Seiten vom (z.B. Spiegel) haben Sie insgesamt aufgeschlagen, um dort etwas anzusehen oder zu lesen?" Die Antwort der befragten Person (von "fast keine" bis "alle, fast alle" wird dann in numerische Werte transformiert (vgl. Abb. 3.54).

Werden die Werbeträgerkontaktwahrscheinlichkeit mit p und die bedingte Werbemittelkontaktwahrscheinlichkeit mit q bezeichnet, so ergibt sich gemäß der Binomial-Verteilung die Wahrscheinlichkeit, dass eine Person insgesamt x (x=1,...,u) von u in den Werbeträger eingeschalteten Werbemitteln wahrnimmt, als

	Fast keine	**Nur wenige**	**Etwa ein Viertel**	**Etwa die Hälfte**	**Etwa drei Viertel**	**Alle, fast alle**
Seiten-nutzungs-wahrschein-lichkeit	0,05	0,10	0,25	0,50	0,75	1,00

Abb. 3.54: Verbal-numerische Skala zur Bestimmung von (bedingten) Werbemittelkontaktwahrscheinlichkeiten

$$W_{ux} = \binom{u}{x}(pq)^{x}(1-pq)^{u-x} \qquad \text{(für alle u,x).}$$

Multipliziert man die so ermittelten Wahrscheinlichkeiten mit der Gesamtzahl der Personen, die den Werbeträger nutzen, so ergeben sich die gesuchten Einzelreichweiten Z_{ux}. Sinnvollerweise sind diese Reichweiten zielgruppenspezifisch zu ermitteln. Auch ist zu berücksichtigen, dass die Personen heterogen bezüglich der Nutzung eines Werbeträgers sind[65]. Schließlich sind die Prämissen der Binomial-Verteilung (nämlich die Zufälligkeit und die Unabhängigkeit von Werbeträger- und Werbemittelkontakten) zu beachten.

Auch im Zusammenhang mit der **gleichzeitigen Belegung verschiedener Werbeträger** lassen sich verschiedene Reichweiten unterscheiden:
- die **Exklusivreichweiten,** d.h. die Anzahl von Personen, die gerade nur durch einen einzigen Werbeträger bzw. durch eine bestimmte Werbeträgerkombination erreicht werden (vgl. Abb. 3.55),
- die **Nettoreichweiten,** d.h. die Zahl der Personen, die bei gleichzeitiger Belegung verschiedener Werbeträger mindestens einmal erreicht werden;
- die **Bruttoreichweiten**, d.h. die Zahl der Kontakte (Werbeansprachen), die insgesamt erzielt werden;
- die **gewichteten Reichweiten**, d.h. die Zahl der gemäß der jeweils in Abhängigkeit von der Ansprachenzahl erzielbaren Werbewirkung, WW_x, gewichteten Personen.

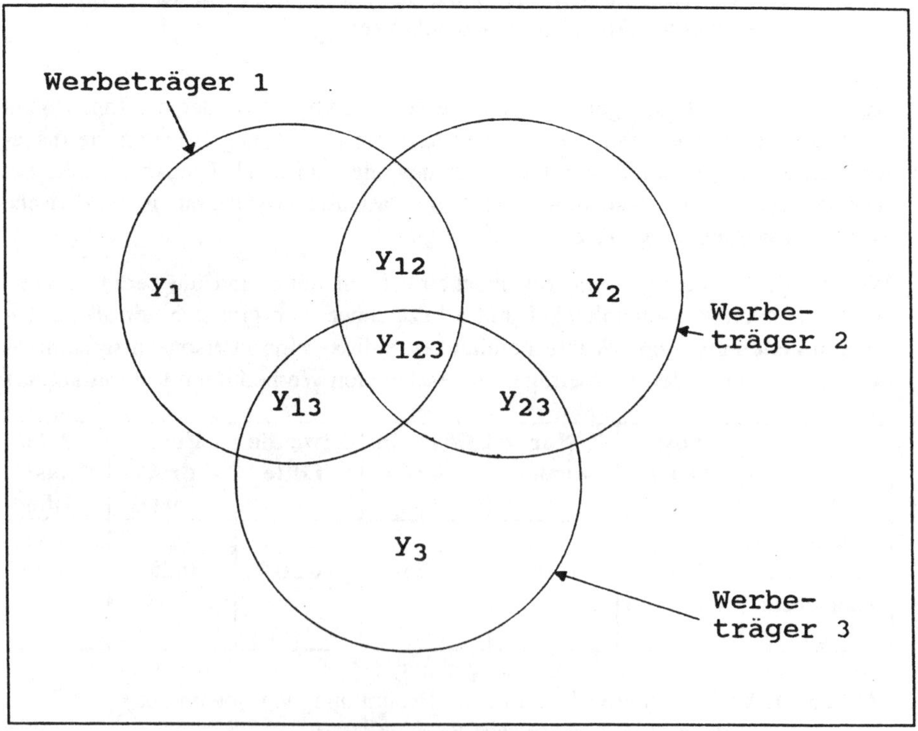

Abb. 3.55: Exklusivreichweiten dreier Werbeträger

Exklusivreichweiten der drei gleichzeitig einmal belegten Werbeträger 1,2 und 3:

$y_1,\ y_2,\ y_3$
$y_{12},\ y_{13},\ y_{23}$
y_{123}

Nettoreichweiten von Werbeträger 1, der Werbeträger 1 und 2 sowie der Werbeträger 1,2 und 3:

$$NRW_1 = y_1 + y_{12} + y_{13} + y_{123}$$
$$NRW_{1,2} = y_1 + y_2 + y_{12} + y_{13} + y_{23} + y_{123}$$
$$NRW_{1,2,3} = y_1 + y_2 + y_3 + y_{12} + y_{13} + y_{23} + y_{123}$$

Bruttoreichweite der drei Werbeträger 1,2 und 3:

$$\begin{aligned} BRW_{1,2,3} &= y_1 + y_2 + y_3 + 2\cdot(y_{12} + y_{13} + y_{23}) + 3\cdot y_{123} \\ &= (y_1 + y_{12} + y_{13} + y_{123}) + (y_2 + y_{12} + y_{23} + y_{123}) + \\ &\quad + (y_3 + y_{13} + y_{23} + y_{123}) \\ &= l_1 + l_2 + l_3 \end{aligned}$$

Gewichtete Reichweite der drei Werbeträger 1,2 und 3:

$$GRW_{1,2,3} = WW_1\cdot(y_1 + y_2 + y_3) + WW_2\cdot(y_{12} + y_{13} + y_{23}) + WW_3\cdot y_{123}$$

Abb. 3.56: Reichweiten dreier Werbeträger mit externen Überschneidungen

Diese Reichweiten sind für den Fall dreier Werbeträger in der Abb. 3.56 definiert. Die Nettoreichweite ist allein für den Werbeträger 1, für die Kombination der Werbeträger 1 und 2 und die Kombination der Werbeträger 1, 2 und 3 ausgewiesen. Hinsichtlich der Bruttoreichweite der drei Werbeträger wird dargelegt, dass sie gleich der Summe der Reichweiten der drei Werbeträger ist.

Die **Exklusivreichweiten** können – wie die zuvor betrachteten Einzelreichweiten Z_{ux} – u.a. auf der Grundlage der Binomial-Verteilung ermittelt werden. Betrachtet man z.B. die beiden Werbeträger A und B, so sind für beide Werbeträger die Werbeträgerkontaktwahrscheinlichkeiten p_A und p_B sowie die bedingten Werbemittelkontaktwahrscheinlichkeiten q_A und q_B zu ermitteln. Gemäß der Binomial-Verteilung können dann für beide Werbeträger separat die Wahrscheinlichkeiten ermittelt werden, dass eine Person insgesamt x_A (x_B) von insgesamt u_A (u_B) eingeschalteten Werbemitteln wahrnimmt. Wird nun zusätzlich unterstellt, dass die Nutzung der beiden Werbeträger unabhängig voneinander erfolgt, so ergibt sich die Wahrscheinlichkeit, dass eine Person x_A von u_A geschalteten Werbemitteln im Werbeträger A sowie x_B von u_B geschalteten Werbemitteln im Werbeträger B wahrnimmt, als

$$W_{u_A x_A u_B x_B} = W_{u_A x_A} \cdot W_{u_B x_B}$$

(für alle u_A, x_A, u_B, x_B).

Werden die so ermittelten Wahrscheinlichkeiten mit der Gesamtzahl der Personen, welche die Werbeträger A und B nutzen, multipliziert, so resultieren die gesuchten Exklusivreichweiten. Wiederum sind diese Reichweiten zielgruppenspezifisch zu ermitteln. Ebenfalls ist eine Heterogenität der Werbeträgernutzung zu beachten.

In einer **Kontaktbewertungsfunktion** (Schritt 5 des Ablaufdiagrammes der Abb. 3.52) wird die bei einer Person durch wiederholte Ansprache erzielbare (Gesamt-) Werbewirkung (bezüglich des verfolgten Zieles) abgebildet; die durch x Ansprachen einer Person erzielbare Gesamtwirkung wird mit WW_x bezeichnet. Der wesentliche Bestimmungsfaktor einer Kontaktbewertungsfunktion ist das jeweils verfolgte Ziel. Bei Verfolgen **streutechnischer Werbeziele** (wie der Maximierung der Zahl der Ansprachen bzw. der Maximierung der Zahl der erreichbaren Personen) folgt die Gestalt der Kontaktbewertungsfunktion unmittelbar aus der Zielformulierung. Im Falle des Zieles "Maximierung der Zahl der Ansprachen" ist offensichtlich, dass jede zusätzliche Ansprache einer Person dieselbe Zusatzwirkung (in Höhe einer Ansprache) erbringt; die zugehörige Kontaktbewertungsfunktion (Gesamtwirkungsfunktion) findet sich in der Abb. 3.57. Wird hingegen das Ziel der "Maximierung der Zahl der erreichbaren Personen" verfolgt, so ist in dem Falle einer ersten Ansprache einer Person die erwünschte Wirkung erzielt. Weitere Ansprachen derselben Person führen zu keiner zusätzlichen Werbewirkung (vgl. Abb. 3.58).

Bei Verfolgung **psychologischer Werbeziele** müssen die jeweiligen Kontaktbewertungsfunktionen empirisch bestimmt werden. Beispielhaft wird hier das psychologische Werbeziel der "Maximierung der Zahl der Personen, die ein bestimmtes Produkt (das Werbeobjekt) kennen", betrachtet. Die Kontaktbewertungsfunktion gibt dann die Änderung der Wahrscheinlichkeit, dass das Werbeobjekt einer Person bekannt ist, auf Grund wiederholter Ansprachen der Person wieder. Die Änderung der Wahrscheinlichkeit ergibt sich dabei als Differenz aus der Wahrscheinlichkeit, dass einer Person nach insgesamt x Ansprachen das Werbeobjekt bekannt ist und der Wahrscheinlichkeit, dass das Werbeobjekt einer Person bekannt ist, ohne dass sie durch Werbemaßnahmen angesprochen worden ist. Zur Bestimmung dieser Wahrscheinlichkeiten sind Befragungen im Zusammenhang mit Laborexperimenten durchzuführen. Zunächst sind Personengruppen zu bilden, die jeweils eine gewisse Anzahl an Werbeansprachen erhalten sollen. Vor Durchführung des Experimentes sind die Personen danach zu befragen, welche Produkte sie aus einer bestimmten (der relevanten) Produktklasse kennen. Das Experiment besteht dann darin, dass die Personen z.B. in einem Lichtspieltheater im Rahmen eines gewissen Unterhaltungsprogrammes jeweils die gewünschte Ansprachenzahl dadurch erreichen, dass in der beabsichtigten Häufigkeit Dias oder Werbespots gezeigt werden. Nach Durchführung des Experimentes ist ein zweites Mal danach zu fragen, welche Produkte aus vorgegebenen Produktklassen bekannt sind. Die gesuchten Wahrscheinlichkeiten ergeben sich dann durch eine einfache Auswer-

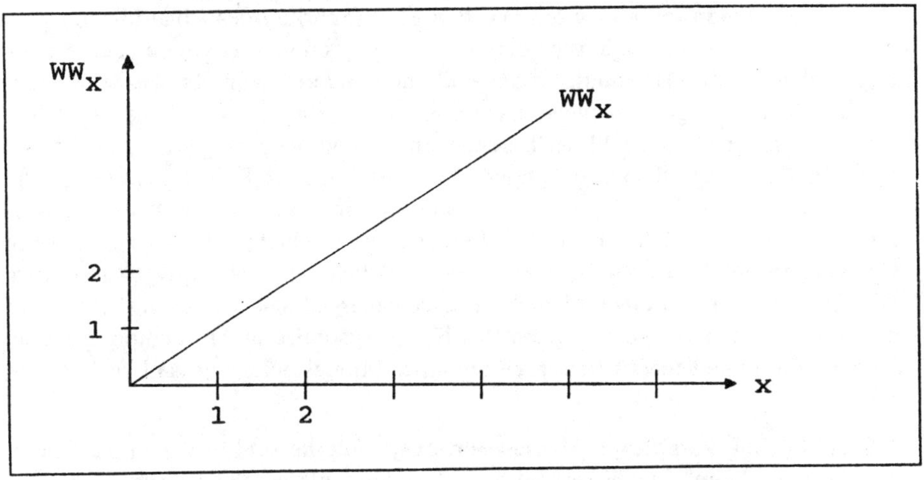

Abb. 3.57: Kontaktbewertungsfunktion für das Ziel einer Maximierung der Zahl der Ansprachen

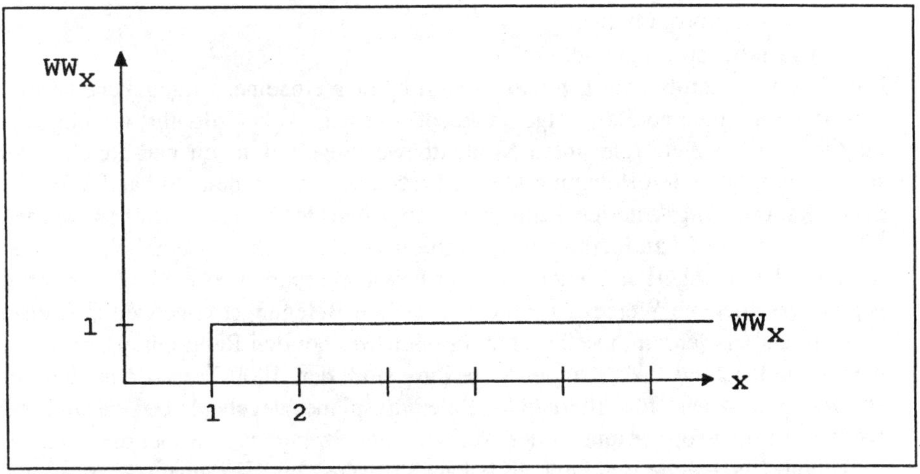

Abb. 3.58: Kontaktbewertungsfunktion für das Ziel einer Maximierung der Zahl der erreichbaren Personen

tung: Jeweils zu bestimmen ist der Quotient aus der Zahl der Personen einer Gruppe, die angeben, das Werbeobjekt zu kennen und der Zahl der Personen der Gruppe insgesamt. Entsprechende Experimente sind durchgeführt worden[66]: dabei ist aber nicht festgestellt worden, ob schon vor den Experimenten den Testpersonen das Werbeobjekt bekannt ist. In die Experimente sind unterschiedlich gestaltete Anzeigen einbezogen worden. Es zeigte sich, dass die Gestalt der Kontaktbewertungsfunktion sowohl von der Art des Werbeobjektes als auch von der Anzeigengestaltung abhängig ist[67].

Zu den **entscheidungsrelevanten Werbekosten** (Schritt 7 des Ablaufdiagrammes der Abb. 3.51) zählen die Kosten der Werbemittelproduktion und jene der Werbeträgerbelegung. Die Belegungskosten sind unter anderem von der Werbemittelgestaltung (bei Anzeigen beispielsweise Größe und Farbigkeit, bei Fernsehspots die Dauer), von der Gesamtzahl der Belegungen ein und desselben Werbeträgers und von den Belegungsrabatten abhängig. Dabei ist folgende Rabattstruktur typisch: Von gewissen Mindestbelegungszahlen an wird ein bestimmter Rabattsatz eingeräumt, der für alle Belegungen des Werbeträgers (nicht nur für die zusätzlichen Belegungen des Werbeträgers von der Mindestbelegungszahl an) gewährt wird. Bei der Konstruktion eines Mediabelegungsplanes ist also zu beachten, dass für einen bestimmten Werbeträger zunächst Belegungspreise in Anwendung gebracht werden, die bei späterer Überschreitung einer Mindestbelegungszahl zu korrigieren sind.

Für die Lösung **komplexer Mediaselektionsprobleme** sind in der Praxis **heuristische Verfahren**[68] entwickelt worden. Verfahren, die vergleichsweise gute, aber nicht optimale Lösungen liefern. Bei den heuristischen Verfahren der Mediaselektion lassen sich drei Modellarten unterscheiden:
- Rangreihungsprogramme,
- Evaluierungsprogramme,
- Konstruktionsprogramme.

Mit Hilfe von **Rangreihungsprogrammen** können einzelne, vorgegebene Medien bewertet und in eine Rangfolge gebracht werden, wobei die für verschiedene mögliche Werbeziele relevanten Kontaktbewertungsfunktionen und Reichweiten sowie die anfallenden Belegungskosten berücksichtigt werden. Anhand verschiedener Rangreihungskriterien kann eine Rangfolge der Medien ermittelt werden. Im Rahmen von **Evaluierungsprogrammen** werden nicht einzelne Werbeträger, sondern Werbeträgerkombinationen, das heisst alternative Streupläne, bewertet, wobei verschiedene Werbeträger nicht dieselben Belegungsfrequenzen aufweisen müssen. Dabei werden dieselben Inputgrößen wie bei den Rangreihungsprogrammen berücksichtigt. Als Output-Kriterium sind der 1000-Leser-Preis und der 1000-Kontakt-Preis für alternative Belegungspläne gegeben. Gegenstand der **Konstruktionsprogramme** ist der Aufbau eines Streuplanes, wobei die durch jeweils eine zusätzliche Belegung erzielbaren Erfolgs- und Kostenzuwächse in vereinfachter Weise erfasst werden. Im Rahmen von Konstruktionsprogrammen wird von einem Ausgangsplan ausgegangen, der dann schrittweise verbessert wird, wobei bei der Konstruktion von Mediabelegungsplänen externe Überschneidungen der Werbeträger nicht berücksichtigt werden; bei der Evaluierung konstruierter Pläne werden die externen Überschneidungen und deren Auswirkungen auf die erzielbare Werbewirkung beachtet.

Für **vereinfachte Entscheidungssituationen**, in denen insbesondere das Ziel der Ansprachenmaximierung verfolgt wird und Belegungsrabatte nicht zu berücksichtigen sind, können Tausenderkontaktpreise herangezogen werden; der **Tausenderkontaktpreis für den Werbeträger i** ist definiert als

$$TKP_i = \frac{\text{Kosten pro Belegung des Werbeträgers i}}{\text{Reichweite des Werbeträgers i}} \cdot 1.000.$$

Der Tausenderkontaktpreis ist eine Wirtschaftlichkeitskennziffer; er gibt an, welcher Kosteneinsatz erforderlich ist, um 1000 Personen zu erreichen. In Abb. 3.59 finden sich die Tausenderkontaktpreise einiger ausgewählter Werbeträger. Was die in einen Tausenderkontaktpreis eingehenden Daten angeht, ist folgendes festzustellen:

- Die Belegungskosten lassen sich aus den Preislisten der einzelnen Werbeträger ersehen.
- Als Reichweite des Werbeträgers i kann zunächst die Einzelreichweite Z_{11} (ermittelt auf der Grundlage der Binomialverteilung) herangezogen werden, die – wie dargelegt – empirisch zu bestimmen ist. Der zielgruppenspezifische Tausenderkontaktpreis ergibt sich als

$$TKP_i = \frac{\text{Kosten pro Belegung des Werbeträgers i}}{\text{Zielgruppenspezifische Reichweite des Werbeträgers i}} \cdot 1.000.$$

Offensichtlich ist, dass anhand des Tausenderkontaktpreises eines Werbeträgers allein das Mediaselektionsproblem nicht gelöst werden kann, da u.a. eine Angabe des Werbebudgets sowie der maximalen Belegungszahlen der einzelnen Werbeträger fehlen. Auf der Grundlage des Tausenderkontaktpreises kann aber eine so genannte **Tausenderkontaktpreis-Planungsrechnung** durchgeführt werden, die folgendes Aussehen hat:

Medien	Preise	Erwachsene 14+			Männer 14+			Frauen 14+			Erwachsene 14-49 Jahre		
	1/1 S 4c DM	Mio. 63,83	% 100	TKP in DM	Mio. 30.47	% 100	TKP in DM	Mio. 33,36	% 100	TKP in DM	Mio 35,85	% 100	TKP in DM
Bunte	52.444	3,52	5,5	14,91	1,13	3,7	46,41	2,38	7,1	22,04	1,67	4,7	31,40
Gala	26.404	0,98	1,5	26,86	0,19	0,6	138,97	0,79	2,4	33,42	0,58	1,6	45,52
Neue Revue	26.513	2,13	3,3	12,44	1,15	3,8	23,05	0,98	2,9	27,05	1,21	3,4	21,91
SUPER ILLU	35.401	2,51	3,9	14.13	1,15	3,8	30,78	1,30	4,1	26,22	1,30	3,6	27,23
Focus	78.233	5,88	9,2	13,31	3,67	12,0	21,32	2,21	6,6	35,40	3,79	10,6	20,64
Der Spiegel	89.968	5,76	9,0	15,61	3,69	12,1	24,38	2,07	6,2	43,46	3,62	10,1	24,85
Stern	92.120	6,74	10,6	13,68	3,61	11,8	25,52	3,13	9,4	29,43	4,34	12,1	21,23

Quelle: GWA 2001.

Abb. 3.59: Preise, Reichweiten und Tausenderkontaktpreise ausgewählter Zeitschriften

- Ausgegangen wird von dem Werbebudget sowie von den Belegungspreisen, zielgruppenspezifischen Reichweiten und maximalen Belegungszahlen der einzelnen Werbeträger in der Planungsperiode.
- Für den Fall, dass das Werbebudget nicht ausreicht, die maximalen Belegungszahlen aller Werbeträger zu realisieren, ist für jeden Werbeträger der Tausenderkontaktpreis zu ermitteln.
- Das Budget ist dann unter Berücksichtigung der maximalen Belegungszahlen wie folgt zu verteilen: Zunächst wird der Werbeträger mit dem geringsten Tausenderkontaktpreis herausgegriffen; ihm werden – wenn möglich – jene finanziellen Mittel zugeteilt, die bei einer Realisierung der maximalen Belegungszahl erforderlich sind. Ist das Werbebudget danach nicht ausgeschöpft, wird als nächstes der Werbeträger mit dem zweitgünstigsten Tausenderkontaktpreis berücksichtigt usw.
- Sollte das Budget nicht ausgeschöpft werden können, so ist im Rahmen einer Umgebungsprüfung des ermittelten Mediaplanes festzustellen, ob im Rahmen des vorgegebenen Gesamtbudgets eine höhere Reichweite dadurch erreicht werden kann, dass auf einzelne Belegungen von Werbeträgern, für die zuvor entschieden worden ist, verzichtet wird und die so freigesetzten finanziellen Mittel für die Belegung eines noch nicht beanspruchten Werbeträgers benutzt werden.

Bei einer **kritische Beurteilung** der Tausenderkontaktpreis-Planungsrechnung ist aber auf folgende Punkte hinzuweisen:

- Implizit wird das streutechnische Ziel der Maximierung der Zahl der Ansprachen verfolgt;
- externe Überschneidungen werden (auf Grund des unterstellten Zieles) nicht weiter berücksichtigt;
- Reichweitenänderungen bei wiederholter Belegung eines Werbeträgers werden (auf Grund des unterstellten Zieles) nicht weiter berücksichtigt;
- Rabatte werden nicht erfasst;
- es sind nicht-ganzzahlige Belegungszahlen als Ergebnis möglich, die nicht realisierbar sind (sie machen eine Umgebungsprüfung der gefundenen Lösung erforderlich);
- es wird von Werbeträgerreichweiten, nicht von Werbemittelreichweiten ausgegangen;
- es erfolgt keine Planung der Zeitpunkte der Werbemaßnahmen (statischer Ansatz).

Positiv ist aber zu vermerken, dass die Planungsrechnung um Aspekte wie

- gleichzeitige Berücksichtigung verschiedener Zielgruppen,
- Einführung spezifischer Zielgruppengewichte und
- Berücksichtigung von Mediengewichten

erweitert werden kann.

Werbemittelgestaltung

Werbemittel können allgemein als verbal oder visuell gestaltete Werbebotschaften, die für eine Verbreitung durch Werbeträger vorgesehen sind, charakteri-

siert werden. Je nachdem, in welchen Werbeträger ein Werbemittel eingeschaltet werden soll, können die wesentlichen Werbemittelarten systematisiert werden:
- Anzeigen für Insertionsmedien,
- Fernsehspots für Fernsehsender,
- Funkspots für Hörfunksender,
- Plakate für die Medien der Außenwerbung,
- Werbebriefe für die postalische Direktwerbung,
- Banner im Internet.

Die **Werbebotschaft** ist die eigentliche Werbeaussage, die den Umworbenen gegenüber kommuniziert werden soll. Verschiedene Arten der Werbebotschaft lassen sich unterscheiden:
- das einfache Schlagwort,
- der kurze Slogan,
- die logische Argumentation,
- die Beschreibung romantisch-stimmungsvoller Situationen.

Die heranzuziehenden inhaltlichen Gestaltungsansätze für Werbemittel sind zunächst davon abhängig, welche Werbeträgerart belegt werden soll. Für **Fernsehspots** können folgende Gestaltungsansätze herangezogen werden:
- Darstellung eines Produktes in normaler Nutzungssituation
  (inklusive seiner Nutzungsvorteile);
- Testimonial
  (positive Aussage über ein Produkt durch einen Verwender des Produktes, eventuell durch einen Film- oder Fernsehdarsteller);
- Slice-of-life-Technik
  (Geschichte aus dem täglichen Leben; eine erste Person hat ein Problem, eine zweite Person bietet eine Problemlösung durch ein Produkt an; der besondere Produktnutzen wird dargestellt).

Ähnliche Gestaltungsansätze können für **Rundfunk-Werbespots** genutzt werden. Für **Anzeigen** können folgende grundsätzliche Gestaltungsansätze herangezogen werden:
- Darstellung eines objektiven Produktnutzens
  (im Vergleich zur Problemlösung durch die bisherige, generelle Produktart);
- Begründung eines besonderen Produktnutzens
  (durch Garantieerklärung, Ergebnisse der Stiftung Warentest).

Für die Werbemittelgestaltung sind häufig folgende **Rahmenbedingungen**[69] gegeben:
- **Gesättigte Märkte**
  Gesättigte Märkte sind typischerweise gekennzeichnet durch konkurrierende Produkte, die sich in ihren Qualitäten (funktionalen Eigenschaften) nicht mehr unterscheiden. Dadurch entfallen entsprechende Risiken bei den Kaufentscheidungen der Konsumenten. Spezielle Produktinformationen (über funktionale Eigenschaften) verlieren an Bedeutung.
- **Wertewandel bei den Zielgruppen**
  Die Sättigung der Märkte geht einher mit einer zunehmenden Differenzierung der Nachfrageseite – bedingt durch vergleichsweise hohe Einkommen. Sie

wird begleitet durch einen Wertewandel (mehr Freizeitorientierung, höheres Gesundheits- und Umweltbewusstsein).

– **Informationsüberlastung der Konsumenten**
  Menschen verfügen über eine begrenzte Problemlösungskapazität, die dazu führt, dass Entscheidungen möglichst vereinfacht werden, indem
  - wenige, relative Informationen herangezogen werden,
  - die Zahl der Entscheidungsalternativen begrenzt wird
  - und bevorzugt das schon vorhandene Wissen eingesetzt wird.

  Durch das zusätzlich riesige Informationsangebot der Medien, mit dem der Konsument täglich konfrontiert wird, ist eine Informationsüberlastung entstanden, die dazu führt, dass beispielsweise eine Anzeige in der Zeitschrift "Stern" im Durchschnitt nur 1,9 Sekunden gesehen wird und dass 95% der in Anzeigen enthaltenen Informationen überhaupt nicht wahrgenommen werden[70].
– **Low Involvement der Zielgruppen**
  Die Sättigung der Märkte und die Informationsüberlastung der Konsumenten führen häufig zu einem Low-Involvement-Verhalten der Konsumenten gegenüber der Werbung. Es besteht kein besonderes Interesse an Produkt-Informationen, die durch die Werbung vermittelt werden sollen; außerdem fehlt die Zeit für eine intensive Beschäftigung mit der Werbung.

Für Situationen, welche durch gesättigte Märkte, Informationsüberlastung, Low Involvement und dem Trend zur Erlebnis-Orientierung gekennzeichnet sind, sind **Grundsätze für die Werbemittelgestaltung** vorgeschlagen worden:
– Vorrang der erlebnisorientierten Kommunikation;
– Dominanz der Bildkommunikation;
– Aufbau von Schlüsselbildern;
– Setzen visueller Präsenzsignale;
– Konstanz des Gestaltungsansatzes im Zeitablauf;
– Anstreben einer integrierten Kommunikation

Der Vorrang der **erlebnisorientierten Kommunikation** begründet sich wie folgt: Eine Differenzierung von Produkten nach sachlichen/funktionalen Eigenschaften ist in vielen Branchen nicht mehr gegeben; konkurrierende Marken sind vergleichsweise homogen; spezifische Sachprofile fehlen. Konsequenterweise muss für ein Produkt ein Erlebnisprofil geschaffen werden, wobei insbesondere emotionale Werbung einzusetzen ist. Zur Ermittlung von Erlebnissen eignet sich im besonderen Maße die **Bildkommunikation**, denn Bilder werden schneller als Text aufgenommen und ohne besondere gedankliche Anstrengungen verarbeitet. Bilder vermitteln Emotionen besser als Texte; Mimik und Gestik können in besonderer Weise eingesetzt werden. Bei der Verwendung von Bildern sind einige **Grundsätze** zu beachten[71]:
– Die Bilder müssen unverwechselbar sein; sie müssen eigene Marken klar von den Konkurrenzmarken abgrenzen.
– Die Bilder müssen möglichst konkret sein.
– Die Bilder sollten einen positiven emotionalen Inhalt haben und damit angenehme Konsumerlebnisse vermitteln.

- Das herangezogene Motiv sollte zu einem engen Bezug zum Produkt bzw. zur Botschaft stehen. Anzustreben ist eine Interaktion zwischen Bild und Text.

Neben einer nonverbalen Erlebnisvermittlung (durch Bilder, Mimik und Gestik) kann grundsätzlich auf eine **verbale Erlebnisvermittlung** eingesetzt werden. Durch eine angemessene Gestaltung des Slogans kann eine Aufmerksamkeitswirkung erzielt werden, ebenfalls können Schlüsselinformationen eingesetzt werden. Der **Text** in einer Anzeige unterstützt die Bildkommunikation. Er dient auch dazu, die Glaubwürdigkeit der Werbebotschaft/des Werbemittels zu erhöhen. Im Rahmen der Bildkommunikation können sogenannte **Schlüsselbilder** eingesetzt werden. Dabei handelt es sich um Leitbilder, die durch die Kommunikation einem Markenartikel zugeordnet werden, die für das beworbene Produkt typisch sind und schnell wieder erkannt werden. Bei einem Einsatz von Schlüsselbildern wird vom Werbetreibenden beachtet, dass beim Konsumenten gewisse "innere" Bilder existieren, also konkrete bildliche Vorstellungen, die in Abwesenheit eines entsprechenden Reizes auftreten[72]. Zur Erzeugung von Schlüsselbildern können Schemabilder (wie "das rassige Pferd", "das schützende Haus", "die schlafende Schöne") verwandt werden, die besonders lebendig sein sollten. Wie im Falle der Bildkommunikation generell verlangt, sollten sie einen positiven emotionalen Gehalt und einen engen Bezug zum Produkt bzw. zur Botschaft haben, damit sie in dem Sinne unverwechselbar sind, dass die eigene Marke deutlich von den konkurrierenden abgegrenzt ist. Das Einsetzen **visueller Präsenzsignale** – durch die Visualisierung von Markennamen oder durch die Verwendung konkreter Symbole (wie Esso-Tiger oder Sarotti-Mohr) – ermöglicht ein schnelles Erkennen des Werbeprojektes. Anzustreben ist auch eine **Konstanz des Gestaltungsansatzes im Zeitablauf.** Die Motive/Bilder dürfen nicht zu häufig gewechselt werden, da sonst unklare Memory-Images entstehen[73]. Anzustreben ist ein (in allen Medien, bei allen Kampagnen, in der Zeit) durchgängiger, dauerhafter werblicher Auftritt.

In der Abb. 3.60 findet sich ein **Anzeigenmotiv für die Reifenmarke FULDA**, welches folgendermaßen gestaltet ist:
- Dominant ist das Bild, in welchem ein schwarzer Hengst (alternativ: ein schwarzer Büffel, ein schwarzer Wolf) abgebildet ist. Diese Tiermotive symbolisieren Wildheit, Kraft und Dynamik.
- Es folgt ein knapper, prägnanter Text, der zusätzlich hierarchisch aufgebaut ist: Auf die Schlüsselinformation "Schwarz – Breit – Stark" folgt die Produktinformation (das Produktversprechen) "Bei Nässe so souverän wie bei Trokkenheit". Schließlich wird noch das Firmenlogo in Verbindung mit einem Firmen-Slogan verwandt.

Die Anzeigenmotive entsprechen dem Low Involvement-Konzept:
- Dominanz der Bildkommunikation mit einem engen Bezug zwischen Bildmotiv, Schlüsselinformation und Produkt;
- nachrangiger, untergeordneter Text mit hierarchischem Aufbau;
- konstanter, integrierter Gestaltungsansatz.

Abb. 3.60: Eine beispielhafte Anzeige für low-involvierte Zielgruppen

Eine völlig **andere werbliche Situation** entsteht, wenn
- die konkurrierenden Produkte sich deutlich in ihren funktionalen Eigenschaften unterscheiden,
- seitens der Konsumenten ein deutliches Interesse an Produktinformationen besteht,
- also ein High Involvement bei der Zielgruppe existiert.

Eine derartige Situation kann entstehen, wenn ein neues, technisch deutlich überlegenes Produkt auf dem Markt gebracht wird. Für die Werbemittelgestaltung gilt, dass in einem solchen Falle der Text im Vergleich zur Bildkommunikation eine große Bedeutung hat; das innovative Produkt und seine innovativen funktionalen Eigenschaften sind zu beschreiben, die Produktvorteile müssen herausgearbeitet werden. Ein Beispiel findet sich in Abb. 3.61.

Neben den inhaltlichen Gestaltungsansätzen für Werbemittel sind noch die formalen Gestaltungselemente wie
- Text, Slogan, Headline von Anzeigen,
- Bild, Photo, Illustration,
- Farbe(n),
- Musik,
- Größe, Länge

festzulegen. Im Rahmen eines **Anzeigen-Copytests**[74] des Stern, dem knapp 6.000 in der Zeitschrift Stern erschienenen Anzeigen zugrunde liegen, ist die Wirksamkeit der verschiedenen formalen Gestaltungselemente von Anzeigen ermittelt worden. Durchgeführt wurden Posttest; Leser/Käufer jeweils einer bestimmten Ausgabe des Stern wurden anhand des jeweiligen Originalhefts nach der Beachtung der darin enthaltenen Anzeigen befragt. Dabei sind die Werkungskriterien
- Aided Recall,
- geprüfter Impact und
- Recognition

berücksichtigt worden. Beim **Aided Recall** wird anhand einer Liste von Marken-/Firmennamen festgestellt, an welche Anzeigen man sich in der betreffenden Ausgabe des Stern erinnert. Im Rahmen des **geprüften Impact** wird nach der (erinnerten) Farbe, Abbildung, Headline, Text gefragt. Beim **Recognition-Test** geht der Interviewer mit dem Befragten ein Originalheft des Stern durch und markiert alle erinnerten Anzeigen und Anzeigenelemente.

Hinsichtlich der **Anzeigengröße** zeigt sich, dass eine Vergrößerung des Formats die Recall- und Recognitionwerte erhöht, allerdings nicht direkt proportional: Die starke Wirkungssteigerung von kleineren Anzeigen zur ganzseitigen Anzeige (Format 1/1) wiederholt sich nicht in entsprechender Weise von 1/1-Anzeige zu 2/1-Anzeige oder mehr als zweiseitigen Anzeigen (vgl. Abb. 3.62a).

Die Wirkung der **Mehrfarbigkeit** einer Anzeige auf die Recall- und Recognition-Werte lässt die Abb. 3.62b erkennen: Sowohl bei einseitigen als auch bei zweiseitigen Anzeigen werden durch den Einsatz von Farben deutlich höhere Beachtungswerte erreicht.

Den Ergebnissen der Abb. 3.63c liegen unterschiedliche Kombinationen von Anzeigengröße und -farbigkeit zu Grunde. Generell gilt: Je größer und farbiger eine Anzeige ist, desto höher sind die Beachtungswerte. Die höchsten Recall- und Recognition-werte erzielen die vierfarbigen Anzeigen auf mindestens zwei Seiten.

Die **Textmenge** ist ein weiteres wesentliches Gestaltungselement für Anzeigen. Bei Betrachtung der Ergebnisse in Abb. 3.63 im einzelnen, so fällt zunächst auf, dass je größer die Beachtungswerte sind, je geringer die Textmenge ist. Auffällig

Abb. 3.61: Eine beispielhafte Anzeige für high-involvierte Zielgruppen

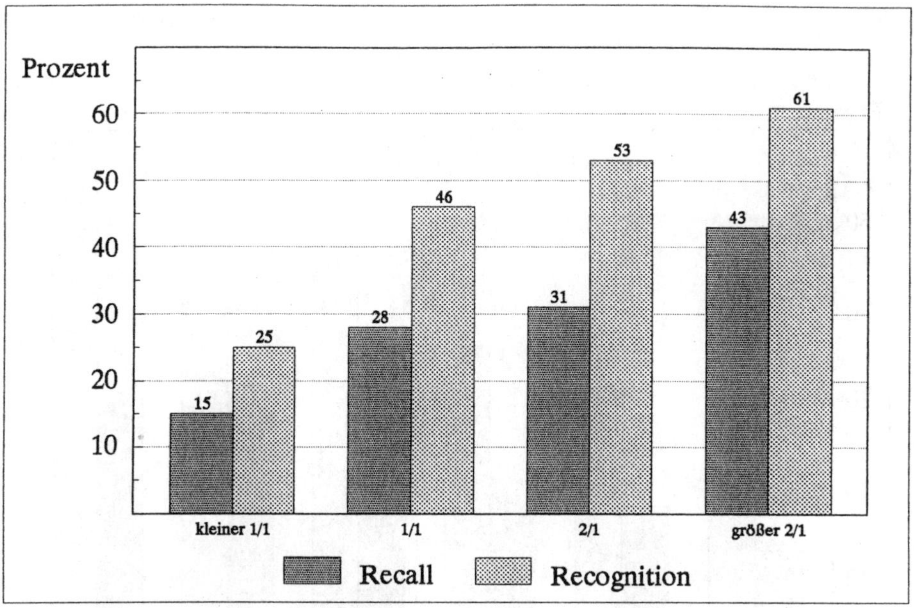

Quelle: Stern, Gruner + Jahr AG 1994, S. 21.

Abb. 3.62a: Der Einfluss der Anzeigengröße auf die Recall- und Recognition-Werte

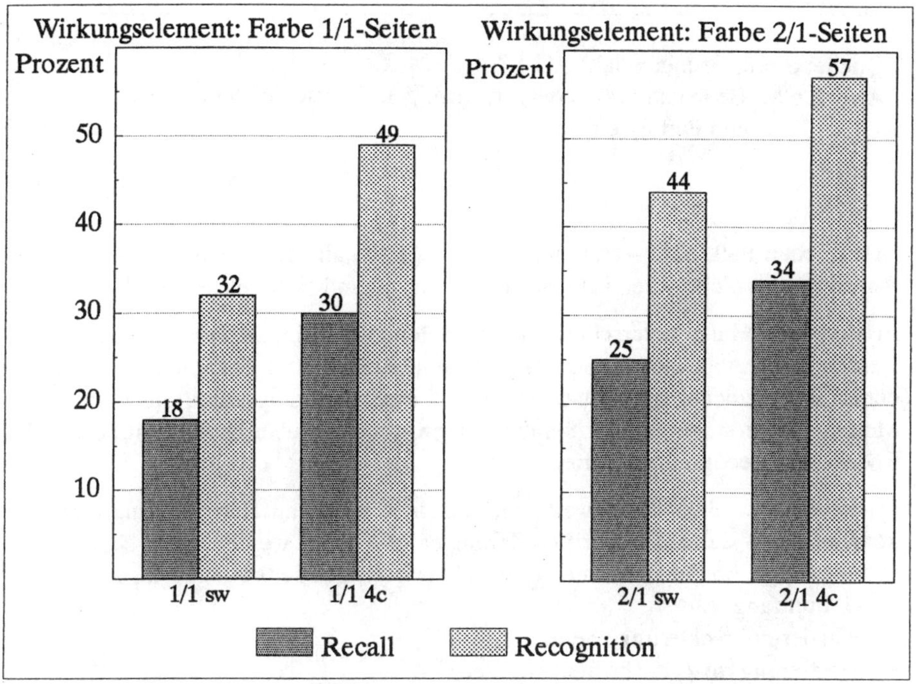

Quelle: Stern, Gruner + Jahr AG 1944, S. 22.

Abb. 3.62b: Der Einfluss der Mehrfarbigkeit einer Anzeige auf die Recall- und Recognition-Werte

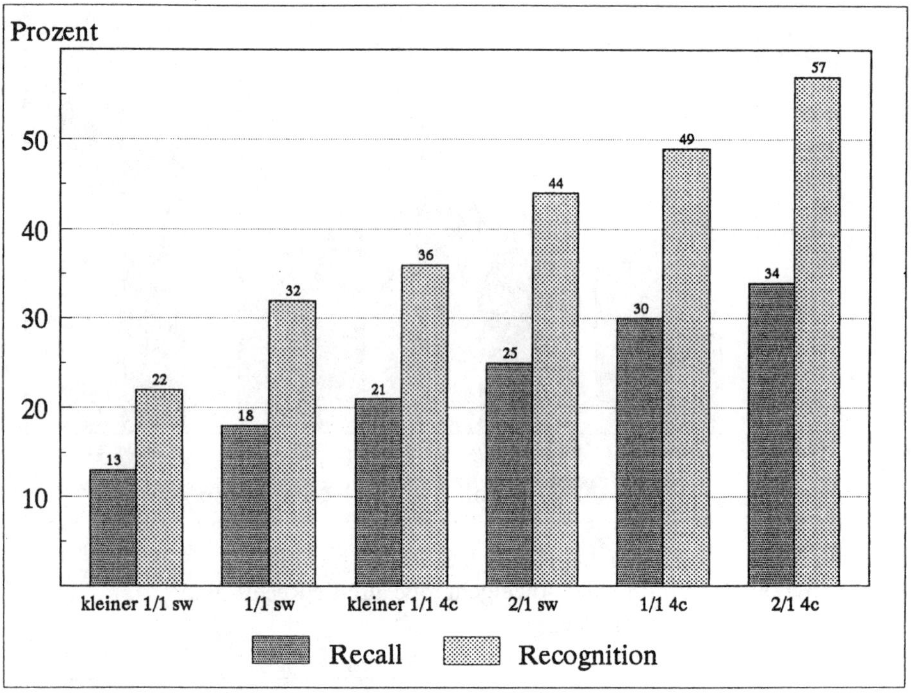

Quelle: Stern, Gruner + Jahr AG 1994, S. 21 ff.

Abb. 3.62c: Beobachtungswerte von Anzeigen unterschiedlicher Größe und Farbigkeit

ist auf jeden Fall, dass – trotz teilweise hoher Recall- und Recogniton-Werte der Anzeigen als solche – der Text nur in sehr geringem Maße gelesen wird.

In welchem Maße unterschiedliche **Bildelemente** erinnert bzw. wiedererkannt werden, kann Abb. 2.69 entnommen werden. Auffällig ist, dass sich die verschiedenen Bildelemente nur unwesentlich auf die Beachtungswerte auswirken; nur Motive wie Prominente oder Symbolfiguren erreichen überdurchschnittliche hohe Recall- und Recognition-Werte.

Da im Rahmen der Medienwerbung, Anzeigen nur dann eine Wirkung entfalten können, wenn sie in Zeitschriften/Zeitungen geschaltet werden, stellt sich zusätzlich die Frage, ob Faktoren, die mit dem **Werbeträger** selbst gegeben sind, wie

- Heftumfang,
- Platzierung rechte/linke Seite,
- Platzierung im Zeitschriftenheft oder
- Anzahl von konkurrierenden Anzeigen aus derselben Branche

die Beachtungswerte von Anzeigen beeinflussen. Der schon erwähnte Anzeigen-Copytest des Stern (1994) untersuchte auch derartige Fragen; es zeigte sich, dass

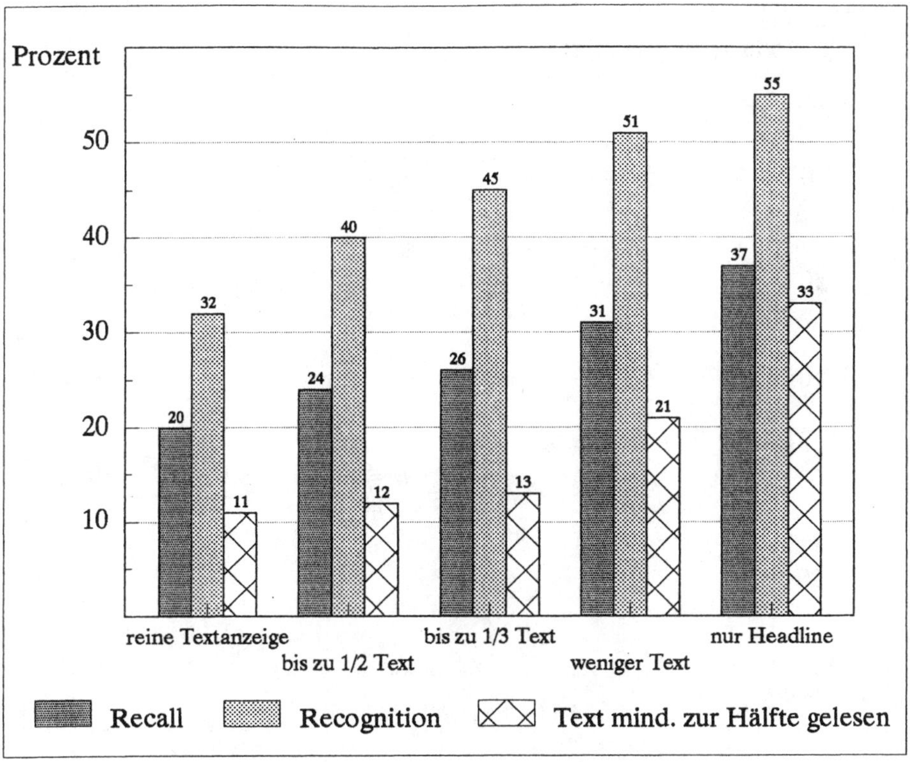

Quelle: Stern, Gruner + Jahr AG 1994, S. 24.

Abb. 3.63: Der Einfluss der Textmenge in einer Anzeige auf die Beobachtungswerte

- der Heftumfang keinen Einfluss auf die Beachtungswerte hat,
- die Platzierung einer Anzeige auf der rechten (statt auf der linken) Seite keinen Vorteil erbringt,
- eine Platzierung einer Anzeige im ersten Heftdrittel zu höheren Beachtungswerten führt (vgl. Abb. 3.64),
- eine größere Anzahl von Anzeigen für konkurrierende Produkte aus derselben Branche die Recall- und Recognition-Werte nicht negativ beeinflusst.

Mittels der multiplen Regressionsanalyse ist noch des Zusammenspiel und die Bedeutung der Einflussfaktoren Heftumfang, Format, Farbe, Textmenge, Anzahl der Konkurrenzanzeigen und Niveau des Produktinteresses für die Anzeigenbeachtung hinterfragt worden. Es zeigt sich, dass insgesamt 49% der Anzeigenbeachtung durch diese sieben Variablen erklärt werden konnte, wobei die Farbe 13%, das Format 12%, die Textmenge 11%, das Niveau des Produktinteresses und die Platzierung im Heft jeweils 3% der Anzeigenbeachtung erklären. Die Hauptkonsequenzen sind also:

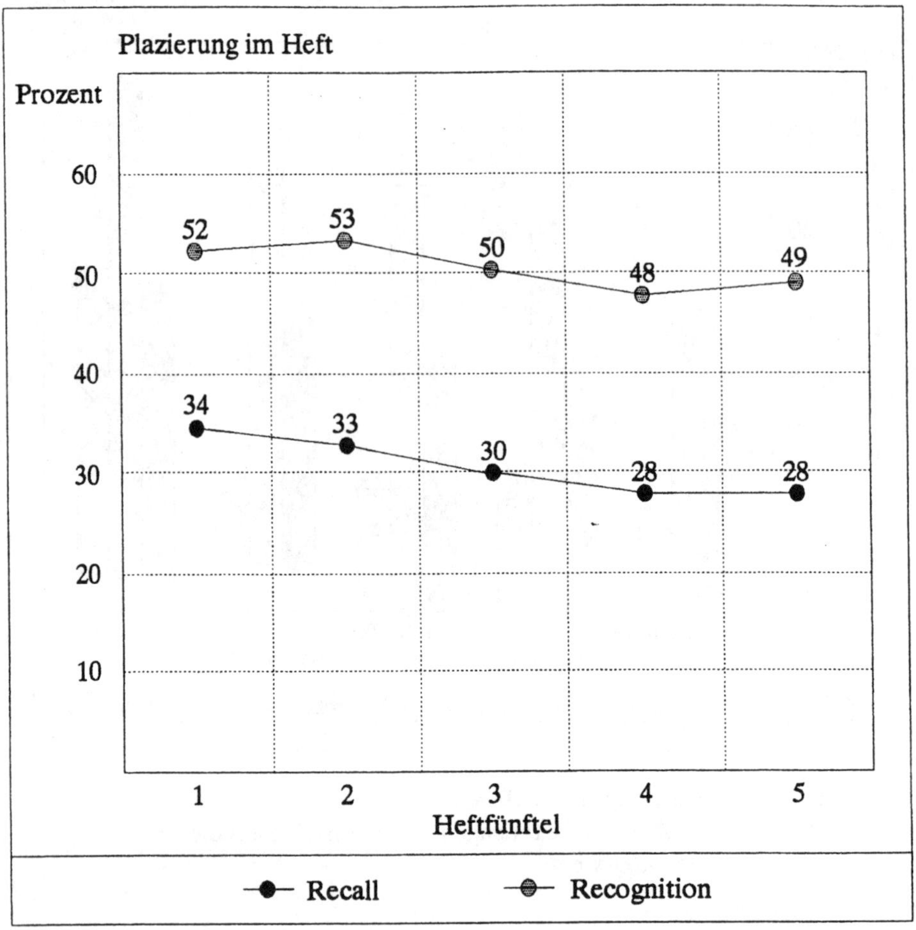

Quelle: Stern, Gruner + Jahr AG 1994, S. 34.
Abb. 3.64: Beobachtungswerte für verschiedene Plazierungen in einem Zeitschriftenheft

- je farbiger/je größer eine Anzeige ist, desto höher ist die Anzeigenbeachtung.
- Je weniger Text in einer Anzeige ist, desto höher ist die Beachtungschance.

Damit kann die Anzeigenbeachtung durch eine geeignete Format- und Farbenwahl und eine angemessene Gestaltung des Bild-Text-Verhältnisses verbessert werden. Zu beachten ist aber, dass der größere Teil der Recognition-Werte durch die sieben Einflussfaktoren überhaupt nicht erklärt wird: 51% der Anzeigenbeachtung geht auf andere Faktoren, insbesondere auf das kreative Konzept zurück.

Als **Werbemitteltests** können Pretests und/oder Posttests durchgeführt werden. Werbemittelpretests werden herangezogen, bevor ein Werbemittel fertiggestellt und in einen Werbeträger eingeschaltet wird. Im Gegensatz hierzu erfolgen Werbemittelposttests nach der Durchführung einer Werbekampagne, um den Werbeerfolg zu kontrollieren. Bei den **Pretests**[75] werden Konzepttests und Gestaltungstests unterschieden. **Konzepttests** erfolgen in einem sehr frühen Stadium der Entwicklung eines Werbemittels; sie werden nicht mit fertigen Anzeigen, sondern auf der Grundlage von Entwürfen (Layouts) durchgeführt. Nach Vorlage eines Layouts werden die Testpersonen intensiv befragt; sie werden um eine Beurteilung des Layouts gebeten. Die typische Fragestellung lautet:

- Werden die Besonderheiten eines (neuen) Produktes durch die vorliegende Werbekonzeption klar (verständlich), prägnant (deutlich unterscheidbar von anderen Produkten) und wirksam (überzeugend) kommuniziert?

Gestaltungstests werden mit fertiggestellten Werbemitteln durchgeführt (Abb. 3.65). Zu den Verfahren der **explorativen Analyse** zählen Tests mit offener und durchschaubarer Versuchsanordnung; die Testpersonen wissen von dem Test. Alle Anzeigenelemente sollen detailliert analysiert werden. Für die explorative Analyse von Anzeigen ist folgende Vorgehensweise typisch:

- Kurzvorlage einer Anzeige (3–5 Sekunden) und Erfragen erster spontaner Eindrücke;
- Dauervorlage einer Anzeige und Beragung der Testpersonen nach allen Anzeigenelementen, nach deren Verstehen und nach den damit verbundenen Empfindungen.

Die **quasi-biotischen Verfahren** zeichnen sich durch versteckte Versuchsanordnungen aus; in möglichst realitätsgetreuen Lesesituationen sollen die Testpersonen mit den Anzeigen konfrontiert werden. Bei dem Folder-Test wird den Testpersonen eine Mappe mit 15–20 Anzeigen (wie auch der zu testenden Anzeige) vorgelegt; beim Wartezimmer-Test werden die Testpersonen gebeten, eine Illustrierte durchzublättern, in welcher die zu testende Anzeige enthalten ist . Im Rahmen des

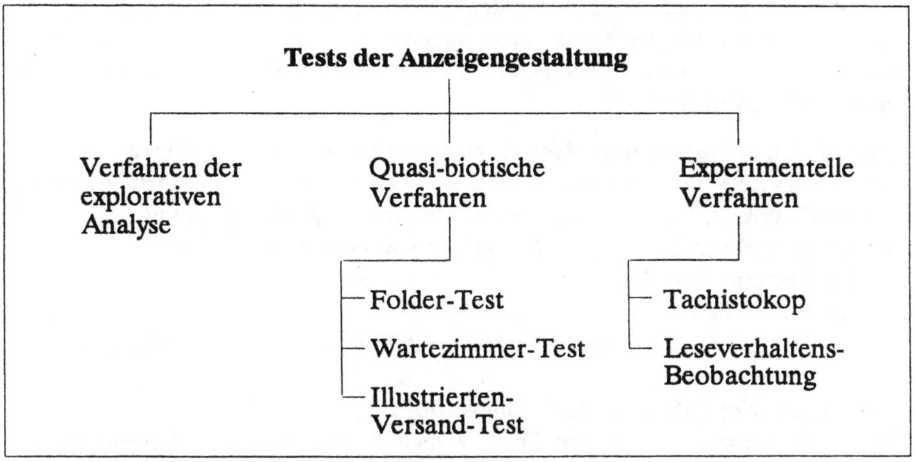

Abb. 3.65: Tests der Anzeigengestaltung

Illustrierten-Versand-Tests wird eine Ausgabe der Illustrierten zugesandt. Bei allen drei Testvarianten werden die Testpersonen nach einem angemessenen Zeitraum durch einen Interviewer danach befragt, an welche Anzeigen aus dem Folder beziehungsweise aus der Illustrierten sie sich erinnern. Die **experimentellen Verfahren** sind Hilfsverfahren für explorative Analysen. Im Rahmen von versteckten oder offenen Versuchsanordnungen werden die Testpersonen mit der zu testenden Anzeige konfrontiert; dabei werden sie beobachtet bzw. im nachhinein befragt. Das Tachistoskop erlaubt die Kurzdarbietung einer Anzeige (beispielsweise per Diaprojektor). Um zu erfahren, welche Anzeigenelemente wie lange und in welcher Reihenfolge wahrgenommen werden, so können – unter Zuhilfenahme geeigneter technischer Apparate wie Kamera und spezielles Brillengestell – Verfahren der Blickregistrierung angewandt werden.

Bei einer **kritischen Beurteilung** der Werbemittelpretests ist auf folgende Punkte hinzuweisen:
- Sie erfolgen teilweise im Labor, wobei die Testpersonen über die Versuchssituationen informiert sind. Eine Verhaltensbeeinflussung oder -verfälschung kann dadurch auftreten, dass keine normale Wahrnehmungssituation von Anzeigen gegeben ist.
- In der Regel werden nichtrepräsentative und zu kleine Stichproben dem Experiment unterzogen.

Ausgangspunkt der **Werbemittelposttests**[76] ist das Modell der individuellen Werbewirkung (vgl. Abb. 3.66). So wie auf der Grundlage dieses Käuferverhaltensmodells Werbeziele gesetzt werden können, kann es auch als Grundlage der Werbeerfolgskontrolle dienen. Grundsätzlich können Kontrollen des streutechnischen, des psychologischen und des ökonomischen Werbeerfolges unterschieden werden. Ausgangspunkt der **streutechnischen Erfolgskontrolle** ist die Frage, ob die im Rahmen der Werbeplanung herangezogenen zielgruppenspezifischen Reichweiten der Werbeträger auch realisiert werden. Derartige kampagnenspezifische Erfolgskontrollen werden in der Praxis kaum vorgenommen; regelmäßig werden aber von der Arbeitsgemeinschaft Media-Analyse aktuelle Reichweitenprognosen vorgenommen und veröffentlicht.

Im Rahmen der **psychologischen Werbeerfolgskontrolle** ist festzustellen, in welchem Ausmaß ein verfolgtes Werbeziel, das auf den psychischen Teilphasen Aufmerksamkeit, Bekanntheit, positive Einschätzung, Bevorzugung, Kaufabsicht basiert, eingetreten ist. Als Kontrollverfahren können eingesetzt werden
- der Recognition-Test,
- der Recall-Test,
- das Modell zur mehrdimensionalen Einstellungsmessung (mit Idealausprägungen) oder
- Verfahren zur Messung der Kaufabsicht.

Im Rahmen eines **Recognition-Tests** werden den Testpersonen Werbemittel vorgelegt, und die Testpersonen werden gefragt, ob sie diese wieder erkennen bzw. sich daran erinnern. Beim Recall-Test lassen sich

Stufen der Werbewirkung	Basis für...
Werbemittelkontakt	Kontrolle des streutechnischen Erfolges
↓ Aufmerksamkeit ↓ Bekanntheit ↓ Positive Einschätzung ↓ Bevorzugung ↓ Kaufabsicht	Kontrolle des psychologischen Erfolges
↓ Kaufhandlung	Kontrolle des ökonomischen Erfolges

Abb. 3.66: Modell der individuellen Werbewirkung als Basis für Werbeerfolgskontrollen

- der Unaided-Recall-Test und
- der Aided-Recall-Test

unterscheiden. Der **Unaided Recall-Test** wird zur Messung der Erinnerung an Anzeigen in der letzten Ausgabe einer Zeitschrift herangezogen. Dabei werden die Testpersonen aufgefordert, das Erlernte frei, ohne jede weitere Hilfe, wiederzugeben. Beim **Aided Recall-Test** werden den Testpersonen Hilfen in Form von vorgegebenen Produktklassen, Produktmarken und ähnlichem gegeben; sie werden gefragt, ob sie die Werbemittel für diese Produktmarken etc. erinnern[77]. Zur **Messung der Kaufabsicht** können Flächenskalen herangezogen werden, bei denen davon ausgegangen wird, dass die Flächengröße eines "Würde ich kaufen"-Kärtchens die Intensität der Kaufabsicht[78] wiedergibt. Die Testverfahren können nicht nur im Rahmen der Werbeerfolgskontrolle, sondern auch im Rahmen der Sponsoring-Kontrolle eingesetzt werden.

Werden die Wirkungen einer Werbekampagne fortlaufend durch wiederholte Befragungen gemessen, so liegt eine so genannte **Tracking Study** vor. Im Rahmen der Kampagnen-Kontrolle werden dabei die Erreichungsgrade der Werbewirkungskriterien dem Werbeaufwand in der zeitlichen Entwicklung gegenübergestellt. Eine derartige Tracking Study ist der IVE-Werbemonitor[79]. Im Folgenden wird beispielhaft das Wirkungskriterium "Werbebekanntheit" in Relation zum Werbeaufwand betrachtet. Die empirische Analyse diverser Werbekampagnen erlaubte es Juchems, insbesondere drei Arten von Werbekampagnen zu unterscheiden:

- inaktive Werbekampagnen,
- aktive Werbekampagnen und
- Depotkampagnen.

Für "aktive" Werbekampagnen ist eine schnelle Reaktion der Zielgruppenmitglieder typisch: Eine Erhöhung der Werbeaufwendungen führt schnell zu deutlich höheren Bekanntheitswerten.

Tracking-Studies erlauben zu kontrollieren, ob eine inaktive, aktive oder Depot-Kampagne erreicht worden ist; gegebenenfalls erforderliche Änderungen werden offensichtlich. Damit bei Tracking-Studies deutliche Änderungen von Bekanntheitsgraden auftreten, müssen normalerweise zwei Voraussetzungen erfüllt sein: Zum einen müssen vergleichsweise hohe Werbebudgets eingesetzt werden, zum anderen dürfen die umworbenen Marken nicht über eine zu hohe Bekanntheit verfügen.

Bei einer kritischen Beurteilung von Posttests ist darauf hinzuweisen, dass zwar reale Kaufsituationen von Konsumenten gegeben sind, also keine Beeinflussung wie im Rahmen von Pretests erfolgt, dass aber Posttest nach der Durchführung von Kampagnen erfolgen, also keine detaillierte Informationen für die Planung einer Kampagne gegeben sind.

Sales Promotions und Events

Sales Promotions[80] können allgemein gekennzeichnet werden als Kombinationen mehrerer spezieller Instrumente des Marketing, die zeitlich befristet eingesetzt werden und welche die Werkung der anderen Marketing-Instrumente unterstützen sollen. Verkaufsförderungsmaßnahmen können sich grundsätzlich auf

- die (Letzt)-Verbraucher,
- den Handel und/oder
- den Außendienst

beziehen. Diesen drei möglichen Zielgruppen der Verkaufsförderung lassen sich spezifische Ziele und spezifische Handlungsmöglichkeiten zuordnen. **Verbrauchergerichtete Verkaufsförderungsmaßnahmen** können sowohl vom Hersteller als auch vom Handel oder von beiden gemeinsam durchgeführt werden. Dabei können Zielkonflikte auftreten, da der Hersteller an einer Verbesserung der Marktposition seiner Marke, der Handel hingegen an einer Verbesserung seiner eigenen Marktposition (gemessen am gesamten Sortiment) interessiert ist. Wesentliche Verkaufsförderungsmaßnahmen sind Degustationen, Zugaben, Preis-aktionen oder Verlosungen.

Der typische **Planungsprozess** einer Verkaufsförderungsmaßnahme stellt sich wie folgt dar: Nach einer Analyse der Ausgangssituation (Unternehmensziele, Konkurrenzsituation) sind die Ziele der Verkaufsförderung und deren Zielgruppen festzulegen. Im Anschluss hieran sind die Maßnahmen der Verkaufsförderung zu planen. Eine Kontrolle und ex-post-Bewertung ist nach Ablauf der Planungsperiode, in welcher die geplanten Maßnahmen durchgeführt worden sind, vorzunehmen.

Zur Planung des **Verkaufsförderungs-Budgets**, also der Höhe der finanziellen Mittel, die im Rahmen der Verkaufsförderung eingesetzt werden sollen, können grundsätzlich dieselben Verfahren wie zur Planung von Werbebudgets oder zur Planung von Verkaufsbudgets eingesetzt werden. Von den möglichen Praktikerverfahren wie

- Budget als Prozentsatz des Umsatzes (Gewinnes),
- Orientierung an der Konkurrenz oder
- Budget gemäß Ziel und zu lösender Aufgabe

kommt nur das letztgenannte Verfahren in Frage. Daneben können – wie bei der Werbebudgetierung oder bei der Verkaufsbudgetierung – Optimierungsmodelle eingesetzt werden; im einfachsten Fall ist eine Marktreaktionsfunktion in Abhängigkeit vom Verkaufsförderungsbudget zu schätzen und das optimale Budget im Rahmen eines hierauf aufbauenden Gewinnmodelles zu bestimmen.

Sponsoring

Sponsoring kann allgemein als zielbezogene Zusammenarbeit zwischen einem Sponsor und einem Gesponserten gekennzeichnet werden. Während der Sponsor dem Gesponserten Geld, Sachzuwendungen oder Dienstleistungen überlässt, gewährt der Gesponserte dem Sponsor eine vertraglich vereinbarte Gegenleistung. Der Unterschied zwischen einem Sponsoring und dem Mäzenatentum besteht in der – im Falle des Sponsoring – vereinbarten Gegenleistung. Vier Arten des Sponsoring lassen sich unterscheiden:

- das Sportsponsoring,
- das Kunstsponsoring,
- das Socialsponsoring und
- das Ökosponsoring.

Ein **Öko- bzw. Socialsponsoring** liegt vor, wenn eine Umweltschutzorganisation oder ein Lehrstuhl an einer Universität gefördert wird und als Gegenleistung – im Rahmen von Publikationen – auf das Sponsorship hingewiesen wird. Im Rahmen eines **Kunstsponsoring** kann ein Museum oder ein Konzert unterstützt werden, wobei der Veranstalter der kulturellen Maßnahme beispielsweise in seinem Programmheften den Sponsor namentlich nennt. Beispiele für das **Sportsponsoring** sind die Förderung eines Sportvereins oder eines Sportlers, wobei der Name des Sponsors auf dem Trikot aufgeführt wird.

Die typischen **Ziele** der verschiedenen Formen des Sponsoring sind:

- im Sportsponsoring die Imageverbesserung und die Erhöhung des Bekanntheitsgrades,
- im Kunstsponsoring die Imageverbesserung, die Demonstration gesellschaftlicher Verantwortung und die Kontaktpflege,
- im Socialsponsoring und im Ökosponsoring die Demonstration gesellschaftlicher Verantwortung und die Imageverbesserung sind.

Die **Handlungsmöglichkeiten** im Rahmen des Sponsoring sind vielfältiger Art: Für das Sport-, Kunst-, Social- und Ökosponsoring sind zunächst die möglichen zu fördernden Bereiche, die zu fördernden organisatorischen Einheiten und die

Leistungsebenen festzulegen; außerdem sind die möglichen Arten von Leistungen und Gegenleistungen zu beachten. Eine tabellarische **Kurzbeurteilung** der verschiedenen Formen des Sponsoring findet sich in der Abb. 3.67.

Ausgangspunkt der **Wirkungsprognose** ist das verfolgte Sponsoring-Ziel. Zunächst wird das Ziel der Steigerung der **Bekanntheit** betrachtet. Einige entsprechende empirische Studien [81] zur Wirkungskontrolle sind veröffentlicht worden,

	Sport-sponsoring	**Kultur-sponsoring**	**Social-sponsoring**	**Öko-sponsoring**
Darstellungs-möglich-keiten	Text Motiv (Produkt-name, Marken-zeichen, Slogan)	Text Motiv (Name, Zeichen, Slogan)	Text Motiv (Name, Zeichen, Slogan)	Text Motiv (Name, Zeichen, Slogan)
Verfügbarkeit - Erschei-nungsweise - allgemeine Verfügbar-keit	abhängig von Sportveran-staltungen und Berichterstat-tung in den Medien	abhängig von Bereitschaft des Gespon-serten und von Veran-staltungen	abhängig von Bereitschaft des Gespon-serten und von Veran-staltungen	abhängig von Bereitschaft des Gespon-serten und von Veran-staltungen
- nach Produkt-arten	keine Einschrän-kungen	keine Einschrän-kungen	keine Einschrän-kungen	eingeschränkt
Nutzungs-situation	überwiegend flüchtige Betrachtung, da attraktives Ereignis-Umfeld	überwiegend flüchtige Betrachtung, da angeneh-mes Ereignis-Umfeld	oftmals keine konkrete Nutzungs-situation im Sinne eines Events	oftmals keine konkrete Nutzungs-situation im Sinne eines Events
generelle Reichweiten-Kosten-Relationen	vergleichs-weise niedrige 1000-Kontakt-Preise	vergleichs-weise hohe 1000-Kontakt-Preise	vergleichs-weise hohe 1000-Kontakt-Preise	vergleichs-weise hohe 1000-Kontakt-Preise

Abb. 3.67: Vergleich der verschiedenen Sponsoring-Bereiche

im Rahmen derer die Erinnerung von Sponsoring-Maßnahmen (insbesondere Bandenwerbung) gemessen worden ist. Auffallend sind häufig vergleichsweise geringe Erinnerungswerte; überraschend ist eine beachtliche Zahl an Falschantworten. Der Grund hierfür ist darin zu sehen, dass die Zuordnung einer erinnerten Marke zu einer bestimmten Maßnahme der Kommunikationspolitik problematisch ist.

Wird das Ziel eines **Image-Transfers** (vom Sportverein beziehungsweise Sportler auf ein Unternehmen) verfolgt, so ist häufig folgende Ausgangssituation gegeben: Ein Unternehmen weist ein gewisses (Ist-)Image auf, welches verbessert werden soll; erreicht werden soll ein bestimmtes Soll-Image. Als Mittel zur Imageveränderung soll das Sponsoring einer Sportart, eines Sportvereines oder eines Sportlers eingesetzt werden, wobei die Sportart/der Verein/der Sportler ein gewisses Image besitzt, das dem angestrebten **Soll-Image** des Unternehmens (des Sponsors) nahe kommt. Images können mit Hilfe der Modelle der mehrdimensionalen Einstellungsmessung gemessen werden; dabei sind verschiedene Image-Dimensionen jeweils anhand numerischer Skalen zu bewerten.

Welche **Images verschiedene Sportarten** aufweisen, lässt die Abb. 3.68 erkennen. Dabei sind die erzielten Werte größer/gleich 4,5 markiert worden, um deutlich zu machen, welche Image-Dimensionen insbesondere durch welche Sportarten besetzt sind. Deutlich zeigen sich Image-Unterschiede der Sportarten:
- Während dem Fußball insbesondere Image-Dimensionen wie "Härte", "Kraft", "Verletzungen", "Ausdauer", "Aggressivität", "Männersport" zugeordnet werden,
- erreicht der Golfsport hohe Einschätzungen bei Dimensionen wie "Prestige", "Eleganz", "Seriosität" und "Exklusivität" und
- das Tennis hohe Einschätzungen bei Dimensionen wie "Kraft", "Schnelligkeit", "Ausdauer" und "Prestige".

Diese Image-Unterschiede der Sportarten erlauben einem Sponsor, eine für sein Unternehmen und seine Produkte geeignete Sportart auszuwählen.

In welcher Weise sich unterschiedliche **Sport-Images** auf das Image eines Markenartikels (hier der Zigarettenmarke Memphis) auswirken, lässt die Abb. 3.69 erkennen. (Dabei ist zu beachten, dass die Image-Dimensionen – im Vergleich mit der Abb. 3.68 – jetzt umgekehrt skaliert sind; der Zahl 1 entspricht die Einschätzung "sehr zutreffend".) Markiert sind außerdem (zeilenweise) die am besten eingeschätzten Präsentationen der Marke "Memphis" in Verbindung mit einer Sportart bezüglich der einzelnen Image-Dimension. Deutlich zeigt sich, dass
- die Marke Memphis in Verbindung mit einer Sportart besser eingeschätzt wird als die Marke Memphis ohne Sportumfeld (mit einer einzigen Ausnahme), und
- die Sportart Surfen den besten Image-Transfer ermöglicht.

Im Rahmen der Wirkungsprognose einer Sponsoring-Maßnahme kann ersatzweise auch das Kriterium **Bruttoreichweiten** (Zahl der Kontakte) herangezogen werden. Im Falle des Sponsoring eines Fußballvereins ist die Zahl der Kontakte mit Personen von Interesse, welche etwa mit einem – im Rahmen einer Sponsoring-

Image-Dimensionen	Tennis	Fußball	Golf
- strahlt Härte aus	3,2	4,8*	1,4
- führt häufig zu Verletzungen	2,9	5,2*	1,2
- erfordert viel Kraft	4,6*	4,9*	2,5
- führt oft zu Auswüchsen/Krawällen	2,0	5,3*	1,2
- vermittelt ein Gefühl der Freiheit	2,8	2,3	3,7
- ruft starke Gefühlsregungen hervor	4,6*	5,6*	2,5
- ist eine Sportart für Leute mit Geld	4,1	1,5	5,5*
- ist eine traditionsreiche Sportart	4,6*	5,0*	4,1
- erfordert hohe Risikobereitschaft	3,4	3,8	2,1
- erfordert Spritzigkeit und Schnelligkeit	5,2*	4,9*	2,3
- strahlt Anmut aus	3,7	1,7	4,1
- erfordert große Ausdauer	5,1*	5,0*	3,1
- vermittelt Prestige	4,6*	2,8	5,1*
- ist eine Sportart für Proleten	1,6	3,3	1,4
- ist eine typische Männersportart	1,9	5,0*	3,2
- hat besonders internationales Flair	5,4*	5,1*	5,0*
- paßt gut zu deutscher Wertarbeit	3,0	3,5	2,7
- strahlt Eleganz aus	4,0	2,0	4,6*
- wirkt modern und fortschrittlich	4,0	3,0	3,6
- ist besonders seriös	3,7	2,2	5,1*
- wirkt aggressiv	3,1	4,9*	1,4
- verbinde ich mit der Vorstellung von Genuß	3,5	2,4	3,6
- steht im Einklang mit der Natur	2,8	1,9	4,2
- wirkt fröhlich	2,8	2,3	3,0
- vermittelt eine entspannte Atmosphäre	2,5	2,0	4,4
- ist eher eine Frauensportart	2,2	1,3	2,3
- ist vom technischen Fortschritt beeinflußt	3,7	1,8	2,5
- ist geprägt durch ausgesprochene Persönlichkeiten	5,4*	4,4	4,5*
- strahlt Exklusivität aus	4,4	1,9	5,3*
- wirkt grob, rauh	2,2	4,7*	1,2
- hat erotische Ausstrahlung	2,6	1,4	1,8
- spricht auch den Kopf an	4,2	2,8	4,1
- da treffen sich Leute wie ich	3,4	3,0	2,3
- wirkt sauber, gepflegt	4,7*	2,2	5,4*
(Die genannten Werte sind Mittelwerte: 1 = trifft überhaupt nicht zu, 6 = trifft voll und ganz zu: n = 120 für jede Sportart)			

Quelle: Nach Drees 1990, S. 128.

Abb. 3.68: Images verschiedener Sportarten

Maßnahme als Gegenleistung herausgestellten – Produkt- beziehungsweise Unternehmensnamen einen Kontakt haben (werden). Um diese Prognose erstellen zu können, müssen alle denkbaren Kontaktmöglichkeiten der Zielgruppenmitglieder

Image-Dimensionen	Memphis (ohne Sport-umfeld)	in Verbindung mit			
		Tennis	Fußball	Golf	Surfen
- modern	4,4	4,3	4,7	4,1	3,1*
- gesellig	5,0	4,3*	4,3*	4,6	4,6
- jung	4,9	4,2	4,3	4,7	3,0*
- etwas Besonderes	5,7	5,4	5,6	5,0	4,0*
- männlich	5,4	5,2	4,2*	4,9	4,2*
- chic	5,5	4,5	5,0	4,6	4,0*
- frisch	5,9	5,1	5,4	5,1	4,1*
- dynamisch	6,0	4,4	4,5	5,0	3,4*
- international	3,9	3,4	3,9	3,4	2,8*
- für gesundheits- und körperbewußte Menschen	6,7	5,8	5,5	5,8	5,2*
(Die genannten Werte sind Mittelwerte: 1 = sehr zutreffend, 7 = überhaupt nicht zutreffend; n = 90 für jede Sportart)					

Quelle: Nach Drees 1990, S. 129.

Abb. 3.69: Auswirkungen verschiedener sportlicher Umfelder auf das Image einer Marke

mit dem herausgestellten Produkt- bzw. Unternehmensnamen erfasst werden; ein entsprechendes (hypothetisches) Beispiel findet sich in der Abb. 3.70; dabei ist vom Beispiel des VfB Stuttgart ausgegangen worden. Kritisch zu vermerken ist, dass keine zielgruppenspezifischen Reichweiten ermittelt worden sind; bei dem Kriterium "Bruttoreichweite" ist auch nicht die Kontaktqualität näher analysiert worden.

Es existieren beim Sport- (und Kunst-) Sponsoring in der Regel keine Preislisten (Ausnahme: Bandenwerbung im Stadion); das für ein Sponsorship **zu zahlende Entgelt** ist vielmehr **Verhandlungssache.** Die Höhe des zu zahlenden Entgeltes hängt unter anderem von Art und Umfang des Sponsoring ab. Dies lässt sich anhand einiger Beispiele illustrieren: So hat der Hauptsponsor eines ganzen Teams im Formel-1-Automobilrennsport mit Kosten zwischen 2 Mio. € und 7,5 Mio. € pro Jahr zu rechnen. In manchen Sportarten (wie Fußball oder Formel-1-Automobilrennen) sind auch leistungsabhängige Entgelte denkbar; wenn in einem derartigen Fall ein Sponsorship erwogen wird, müssen die zu erwartenden Kosten in der Planungsperiode geschätzt werden.

Zur (Vorab-)Planung eines Sponsoring-Budgets ist insbesondere das Verfahren **"Objective-and-Task"** zu empfehlen. Ausgehend vom spezifizierten Sponsoring-Ziel sind eine Grobplanung der erforderlichen Sponsoring-Maßnahmen vorzunehmen und die damit verbundenen Kosten festzustellen; das geplante Budget ergibt sich zunächst als Summe der kalkulierten Kosten. Falls dieses Budget nicht

A. Kontaktsumme Stadionbesucher	
(1) 17 Heimspiele mit durchschnittlich 25.000 Zuschauern	425.000 Intensiv-Kontakte im Stadion
(2) 17 Auswärtsspiele mit durchschnittlich 20.000 Zuschauern	340.000 Kontakte im Stadion
B. Kontaktsumme Fernsehzuschauer	
(3) an 34 Spieltagen SAT 1 ran 34 x 6 Mio.	204,0 Mio.
(4) an ca. 10 Spieltagen ARD-Sportschau 10 x 47,07 Mio. x 5 %	23,5 Mio.
(5) an ca. 20 Spieltagen ZDF Sportstudio 20 x 47,07 Mio. x 7 %	65,9 Mio.
C. Kontaktsumme Zeitungsleser	
(6) geschätzte Zahl der Fotos in überregionaler Presse (montags) x Reichweite (z.B. Bild-Zeitung) 20 x 11,58 Mio.	231,6 Mio.
(7) geschätzte Zahl der Fotos in Heimatpresse (montags) x Reichweite (Großraum Stuttgart) 30 x 1 Mio.	30,0 Mio.
	555,765 Mio.

Abb. 3.70: Ein Beispiel zur Reichweitenkalkulation im Zusammenhang mit dem Sponsoring einer Fußball-Bundesliga-Mannschaft

finanzierbar ist, so muss das Sponsoring-Ziel geändert werden; es ist dann das Budgetierungsverfahren erneut zu durchlaufen.

Wie bei den anderen Arten der Kommunikationspolitik können auch beim Sponsoring **Tausenderkontaktpreise** errechnet werden. Der durch eine erwogene Sponsoring-Maßnahme erzielbare Tausenderkontaktpreis ergibt sich als

$$TKP^{Spon} = \frac{\text{erwogenes Entgelt}^{Spon}}{\text{Reichweite}^{Spon}} \cdot 1.000.$$

Wird mit einem Sponsoring-Budget von 800.000 € eine Brutto-Reichweite von 555,765 Mio. €. Werbekontakten (vgl. Abb. 3.70) erzielt, so resultiert ein Tausenderkontaktpreis in Höhe von 1,44. Durch einen Vergleich mit den Tausenderkontaktpreisen anderer kommunikationspolitischer Maßnahmen kann dann eine Aussage über die relative Vorteilhaftigkeit der Sponsoring-Maßnahme gemacht werden.

Es können auch **kritische Werte** der Reichweite bzw. des Entgelts errechnet werden, bei denen etwa eine Sponsoring-Maßnahme im Vergleich mit einer anderen kommunikationspolitischen Maßnahme gerade noch von Vorteil ist (vgl. die entsprechenden Ausführungen im Zusammenhang mit der Planung eines Product-Placement im nachfolgenden Abschnitt).

Es kann aber auch der Fall gegeben sein, dass eine Sponsoring-Maßnahme zusammen mit werbepolitischen Maßnahmen, die in engem Bezug zu Sponsoring stehen, durchgeführt werden soll. In diesem Fall ist die Alternative "Sponsoring und traditionelle Medienwerbung" im Vergleich mit der Alternative "traditionelle Medienwerbung ohne Sponsoring" zu sehen.

Falls ein Unternehmen ein Sportsponsoring durchführen will, aber noch vor dem Problem steht, welcher Verein (welche Sportart) ausgewählt werden soll, so können **Bewertungskriterien** wie
- Popularität der Sportart,
- Qualifikation (regional, national, international) des Vereins,
- Bekanntheit des Vereins,
- Beliebtheit des Vereins,
- Eignung des Vereins für die eigenen Produkte,
- Honorarerwartung

herangezogen werden.

Product Placement und Product Publicity

Product Placement[82] ist als gezielte Platzierung eines Markenartikels als reales Requisit in der Handlung eines Spielfilmes, einer Fernsehsendung ohne Spielfilmcharakter (wie Unterhaltungssendung, Krimi) oder eines Videoclips, der im Rahmen einer Musiksendung im Fernsehen ausgestrahlt wird, gekennzeichnet worden, wobei der Markenartikel für den Betrachter des Filmes bzw. der Fernsehsendung deutlich erkennbar ist. Ein weiteres typisches Merkmal des Product Placement ist die Entgeltlichkeit; das Spektrum der Gegenleistung erstreckt sich von der kostenlosen Überlassung der Produkte über die freie Gewährung von Dienstleistungen bis zur Zahlung von Geld. Zu den wesentlichen Branchen, die von Product Placement Gebrauch machen, zählen insbesondere die Automobil- und Reifenindustrie sowie die Foto-, Textil- und Elektronik-Industrie, der Tourismus-Sektor und der Genuss- und Nahrungsmittelbereich (insbesondere Zigaretten, alkoholische Getränke und Erfrischungsgetränke).

Drei **Formen des Product Placement** können unterschieden werden:
- Product Placement im engeren Sinne
- Corporate Placement und
- Generic Placement.

Während beim **Product Placement im engeren Sinne** Markenartikel platziert werden, erfolgt beim **Corporate Placement** eine Platzierung von Unternehmen, indem beispielsweise der Name oder das Zeichen eines Unternehmens eingeblendet wird. Im Sonderfall eines **Image Placements** ist das Thema eines Filmes auf ein einziges Unternehmen oder nur auf ein Produkt zugeschnitten. Unter **Generic Placement** wird die Platzierung einer Produktart (z.B. Tee) in einem Film verstanden; Grundlage des Generic Placement ist eine – wie auch immer geartete – kooperative Kommunikationspolitik.

Des Weiteren lassen sich nach dem Kriterium **"Art der Informationsübermittlung"**
- visuelle Product Placement und
- verbale Product Placement

unterscheiden. **Visuelle Platzierungen** erstrecken sich von der
- Kurzpräsentation eines Produktes auf Grund eines kurzen Kameraschwenks auf das entsprechende Requisit
- über längerfristige Präsentationen bis hin zur
- vollen Integration eines Produktes in die Spielfilmhandlung.

Die Produkte können grundsätzlich präsentiert werden, ohne dass sie in geeigneter Weise durch einen Darsteller herangezogen/gebraucht werden. **Verbale Platzierungen** sind durch die Erwähnung eines Produktes bis zur positiven Bewertung eines Produktes im Filmdialog möglich.

Außerdem sind nach dem Grad der Einflussnahme z.B. auf ein Filmprojekt verschiedene **Intensitätsstufen des Product Placement** wie
- Zurverfügungstellung von Markenartikeln ohne weitere Auflagen,
- On-Set-Placement,
- Creative-Placement und
- völliger Einfluss auf das Drehbuch

zu nennen. Im Rahmen eines **On-Set-Placement** kommt es zu keiner engen Verknüpfung des platzierten Markenartikel mit der Handlung eines Spielfilmes; der Markenartikel dient nur zur Ausgestaltung des Handlungsrahmens und ist damit eine austauschbare Begleiterscheinung. Beim **Creative-Placement** hingegen wird die Handlung eines Spielfilmes in einem gewissen Maße auf den platzierten Markenartikel abgestimmt; für einen gewissen Zeitraum steht der Markenartikel im Mittelpunkt eines Filmes. Zu beachten ist aber, dass die Übergänge von einem On-Set-Placement zu einem Creative-Placement fließend sind. Im – theoretisch denkbaren – Extremfall besteht ein uneingeschränkter Einfluss eines Markenartikels auf das Drehbuch.

Auch nach der Art des Entgeltes können verschiedene Varianten des Product Placement unterschieden werden. **Entgelte** können gewährt werden in Form von

- Geldzahlungen,
- kostenloses Überlassen eines (hochpreisigen) Markenartikels und
- kostenlose Bereitstellung von Dienstleistungen (Freiflüge, freie Unterkünfte).

Für das **Management eines Product Placement** kann von einem Prozessmodell ausgegangen werden, bei dem zwei mögliche Ausgangssituationen – Vorhandensein eines zu platzierenden Produktes, für das ein geeignetes Filmprojekt zu suchen ist, bzw. Kenntnis eines Filmprojektes, für das ein zu platzierendes Produkt aufzufinden ist – berücksichtigt werden können.

Die Vorgabe konkreter **Ziele** für ein Product Placement ist als ein Teil des gesamten Zielbildungsprozesses in einem Unternehmen zu sehen. Als beispielhafte psychologische Ziele sind die Steigerung der Aufmerksamkeit und/oder der Bekanntheit eines Produktes, die Verbesserung der Einstellung gegenüber einem Produkt bzw. die Steigerung der Kaufabsicht zu nennen. Mögliche, ersatzweise zu verfolgende streutechnische Ziele sind die Maximierung der Zahl der Ansprachen bzw. die Maximierung der Zahl der erreichbaren Personen.

Neben den Zielen sind auch die relevanten **Zielgruppen** zu planen. Dabei ist vom konkreten Markenartikel und dem relevanten Markt, das heißt den potentiellen und tatsächlichen Käufern und Verwendern, auszugehen. Mit Hilfe der Cluster-Analyse kann eine Marktsegmentierung vorgenommen werden. Falls ein gruppierter Markt resultiert, so kann eine konzentrierte Marktbearbeitungsstrategie herangezogen werden: Ein oder wenige Marktsegmente können ausgewählt werden, um sie gezielt zu bearbeiten.

Zur Planung des **Placement-Budgets** können im Prinzip die diverse Budgetierungsverfahren (auch zur Werbebudgetierung) wie Budget als Prozentsatz des Umsatzes (Gewinnes), gemäß Ausgaben der Konkurrenz, gemäß verfügbarer Mittel oder gemäß Ziel und lösender Aufgabe herangezogen werden. Einer kritischen Analyse kann nur das zuletzt genannte Verfahren standhalten. Dennoch ist auch eine Anwendung dieses Verfahrens schwierig: Problematisch sind sowohl die erforderlichen Wirkungsprognosen als auch die Kostenschätzungen, da die Preise für Product Placements aus Verhandlungen resultieren.

Wie bei Fernseh-Werbespots, denen Gestaltungsansätze wie Produkt- und Markenidentifizierung, Darstellung des Produktnutzens, Slice of Life oder Testimonial zu Grunde liegen, sind die generellen **Handlungsmöglichkeiten** im Bereich des Product Placement sehr vielfältig – auf Grund mannigfaltiger Einsatzmöglichkeiten von Produkten in Filmen, Fernsehsendungen oder Videoclips. Darüber hinaus sind mit den konkreten Film- respektive Fernsehprojekten weitere Handlungsmöglichkeiten gegeben. Daneben können zusätzlich **ergänzende Maßnahmen** wie Herstellung von Pressefotos oder von Filmausschnitten für das Fernsehen vereinbart werden, in denen das platzierte Produkt enthalten ist. Product Placements können einmalig im Rahmen eines einzigen Filmes erfolgen; bei Serienproduktionen des Fernsehens sind auch wiederholte Placements möglich. Schließlich ist bei den Handlungsmöglichkeiten zu beachten, dass – im Gegensatz zu Werbespots –

über die konkrete Gestaltung eines Product Placement nicht der Produktmanager, sondern der Regisseur und/oder Produzent eines Spielfilms entscheidet.

Die durch ein Product Placement **erzielbaren Wirkungen** sind am jeweils verfolgten Ziel zu messen. Wenn eine möglichst große **Zahl an Kontakten** (Bruttoreichweite) erzielt werden soll, ist zu beachten, dass beim Product Placement mit einer mehrfachen kommunikativen Wirkung auf Grund einer wiederholten Ausstrahlung eines Filmes gerechnet werden kann. Die Prognose der gesamten Zuschauerzahl eines Filmes, in dem ein Product Placement stattfindet, stellt ein schwieriges Problem dar, da diverse Kontaktchancen mit dem Product Placement gegeben sein können:
- bei der Erstausstrahlung eines Filmes im Lichtspieltheater,
- beim Abspielen einer vom Filmverleiher produzierten Videokassette,
- bei der Folgeausstrahlung eines Filmes im Fernsehen,
- beim Abspielen einer Videokassette, auf welche der im Fernsehen ausgestrahlte Film aufgenommen worden ist.

Zunächst können Aussagen gemacht werden über die Zahl der Zuschauer typischer Programmkategorien und abendlicher Ausstrahlungszeiten im Fernsehen. Auf einer solchen Grundlage sind dann Expertenschätzungen (deterministischer oder stochastischer Art) über die zu erreichende Bruttoreichweite zu machen. Dabei ist die Zielgruppen-Abgrenzung zu beachten. So ist zu berücksichtigen, dass durch die verschiedenen Medien (Film, TV, Video) verschiedene Zielgruppen in unterschiedlichem Ausmaß abgedeckt werden.

Von besonderem Interesse ist die Frage, welche **Wirkungen** durch Product Placements erzielt werden können. Wesentliche Wirkungskriterien sind
- die Erinnerung,
- die Einstellungsverbesserung,
- die Absatzsteigerung.

In verschiedenen empirischen Untersuchungen ist die Erinnerung an Product Placements gemessen worden. Die Ergebnisse müssen aber kritisch betrachtet werden: Die methodischen Vorgehensweisen erscheinen als problematisch; in der Regel sind die Erhebungsergebnisse nicht repräsentativ. Ferner fehlen Vorher- und Nachher-Messungen, um die dem Product Placement zuzurechnende Wirkung bestimmen zu können, daher sind experimentelle Versuchsanordnungen vorzuziehen. Hinzu kommt, dass hohe Erinnerungswerte nicht zu einer positiven Einstellung führen müssen; in diesem Zusammenhang ist auf die Gefahr der Reaktanz hinzuweisen.

Aussagen über die Beeinflussung des **tatsächlichen Kaufverhaltens** durch Product Placements können derzeit noch nicht getroffen werden, da entsprechende empirische Studien fehlen. Immerhin gibt es einige interessante Hinweise bezüglich der ökonomischen Wirkungen von Product Placements:
- Der Absatz von den 440 PS-starken und 130.000 US-Dollar teuren Schnellboten eines Bootsbauers in Florida stieg von 12 auf 75 Exemplare jährlich, nach-

dem die Schnellboote in der erfolgreichen TV-Serie "MIAMI VICE" als Boote der beiden Hauptdarsteller immer wieder zu sehen waren.

- Der Absatz (bezogen auf alle Marken) der kleinpreisigen Götterspeise ist durch die deutsche TV-Serie "Liebling Kreuzberg" lange vor der üblichen Saison angestiegen, nachdem sich der Hauptdarsteller der TV-Serie durch seine Vorliebe für diese im Film nicht als Marke, sondern als Produktgattung gezeigt Speise auszeichnete.

Beim Product Placement ist das zu zahlende **Entgelt** Verhandlungssache. Generell hängt die Höhe des Entgelts zum einen von der Film-/Fernsehproduktion, zum anderen von der Art des Placements (genauer seiner Dauer) ab. Daneben werden auch andere Formen des Entgelts (kostenloses Überlassen eines (hochpreisigen) Markenartikels, kostenlose Bereitstellung von Dienstleistungen (Freiflüge)) gewährt, denen aber entsprechende Kostenbeträge zugerechnet werden können.

Um die **Vorteilhaftigkeit** eines erwogenen Product Placement zu beurteilen, können Tausenderkontaktpreise herangezogen werden. Mit Hilfe des **Tausenderkontaktpreis-Kriteriums** sind einfache, isolierte Vergleiche von Product Placement-Maßnahmen und Werbesendungen im Fernsehen möglich. Beispielhaft wird die Alternative "Werbepost im ZDF“ oder "Product Placement" in einer Produktion desselben Fernsehprogrammes betrachtet; die entsprechende Tausenderkontaktpreise ergeben sich dann als

$$TKP^{ZDF} = \frac{Belegungspreis^{ZDF}}{Reichweite^{ZDF}} \cdot 1.000 \text{ und}$$

$$TKP^{PrPl} = \frac{Entgelt^{PrPl}}{Reichweite_{PrPl}} \cdot 1.000.$$

Im Rahmen von Verhandlungen über das zu zahlende Entgelt für ein Product Placement kann bei einem bestimmten erwogenen Betrag die Frage nach der **kritischen Reichweite** gestellt werden, die erforderlich ist, damit der TKP^{ZDF} nicht überstiegen wird; die kritische Reichweite ergibt sich als:

$$Reichweite^{PrPl} \overset{!}{>} \frac{erwogenes\ Entgelt^{PrPl}}{TKP^{ZDF}} \cdot 1.000.$$

Hierzu ein Beispiel. Der Tausenderkontaktpreis für das ZDF ergibt sich beispielsweise als:

$$TKP^{ZDF} = \frac{50.175 \cdot 1.000}{7.740.000} = 6{,}48.$$

Bei einem erwogenen Placement-Betrag in Höhe von € 30.000 bestimmt sich die kritische Reichweite als 4,62 Mio., bei einem Betrag von € 50.000 (€ 100.000)ingegen als 7,71 Mio. (15,43 Mio.) Zuschauer. Konfrontiert man diese kritischen Reichweiten mit den tatsächlichen Reichweiten ausgewählter Programmkategorien des ZDF so zeigt sich, dass bei einem erwogenen Placement-Betrag von €

30.000 in jedem Falle die kritische Reichweite erreicht wird. Im Falle eines erwogenen Betrages in Höhe von € 50.000 wird die kritische Reichweite von 7,781 Mio. Zuschauern bei Unterhaltungsshows und bei Krimis erreicht. Ein Placement-Betrag von 100.000 sollte nicht eingesetzt werden, da die erforderliche Realweite nicht erreicht wird.

Bestehen hingegen sichere Kenntnisse hinsichtlich der Reichweite des Product Placement, kann die Frage nach dem maximal zu zahlenden Entgelt gestellt werden, wenn wiederum der TKP^{ZDF} nicht überschritten werden soll; der **kritische Entgeltbetrag** ergibt sich als:

$$\text{Entgelt}^{PrPl} \overset{!}{<} TKP^{ZDF} \cdot \frac{\text{Reichweite}^{PrPl}}{1.000}.$$

Auch hierzu ein Beispiel: Erwogen wird ein Product Placement im Freitag-Krimi des ZDF, der von durchschnittlich 10,51 Mio. Zuschauern gesehen wird. Bei einem Tausenderkontaktpreis des ZDF in Höhe von 3,3 € resultiert ein kritischer Entgelt-Betrag in Höhe von 34788,1 €.

Diese Kriterien sind im speziellen Fall dahingehend zu konkretisieren, dass zielgruppenspezifische Reichweiten herangezogen werden. Außerdem ist nicht berücksichtigt, dass Kontakte mit Werbespots einerseits und mit in Spielfilmen platzierten Produkten andererseits zu unterschiedlichen individuellen kommunikativen Wirkungen führen können; sind jeweils die Reichweiten mit entsprechenden Wirkungskoeffizienten zu gewichten. Diese Kriterien lassen sich des weiteren dahingehend kritisieren, dass einwertige Erwartungen unterstellt werden; es ist aber möglich, im Falle mehrwertiger Erwartungen bezüglich der Reichweite heranzuziehen.

Bei einer **Beurteilung von Product Placement** im Vergleich zur Fernsehwerbung ist auf folgende Punkte hinzuweisen: Product Placement kann zunächst als eine Form des Kultur-Sponsoring betrachtet werden. Dies ist sicherlich zulässig, wenn die leistungsmäßige bzw. finanzielle Unterstützung eines Filmprojektes im Vordergrund gesehen wird. Zu einer anderen Einschätzung kann man gelangen, wenn eine andere Betrachtungsweise gewählt wird: Geht man davon aus, dass im Gegensatz zur Fernsehwerbung der Zuschauer in der Regel von der werblichen Beeinflussung nichts weiß, ist das Product Placement eher als **Schleichwerbung** zu bezeichnen. Außerdem kann das Product Placement als ein Mittel zur Umgehung von Selbstbeschränkungen der Werbewirtschaft bzw. von staatlichen **Werbebeschränkungen und -verboten** angesehen werden: Falls die Fernsehwerbung generell verboten oder für bestimmte Produktarten nicht zulässig ist, strikt reglementierte Werbezeiten im Fernsehen existieren oder das Verbot der vergleichenden Werbung umgangen werden soll, kann (ersatzweise) ein Product Placement durchgeführt werden.

Darüber hinaus sprechen einige **Faktoren für ein Product Placement**:
- Vergleichsweise hohe Reichweiten,

- positive Umfeldwirkung auf Grund der Integration eines Produktes in die Handlung eines Spielfilmes,
- Möglichkeit der Verhandlung über das zu zahlende Entgelt,
- Inanspruchnahme eines Image-Transfers beispielsweise von einem Schauspiel (einer bestimmten Rolle) zum platzierten Produkt,
- Umgehung des Zapping bei Werbeblöcken im Fernsehen.

Daneben existieren einige Faktoren, die das Product Placement als **problematisch** erscheinen lassen:
- Die rechtlichen Regelungen beim öffentlichen Fernsehen,
- die beschränkte Anzahl geeigneter Filmprojekte,
- die eher geringen Möglichkeiten einer Einflussnahme auf die endgültige Gestaltung des Placement,
- die Reaktanz beim Zuschauer im Falle eines Erkennens des Product Placement.

Wenn ein Zuschauer erkennt, dass er Beeinflussungszwängen unterliegt, die seine Verhaltens- und Meinungsfreiheit einschränken, entsteht psychische **Reaktanz**; der Zuschauer bemüht sich, seine Meinungsfreiheit wiederzugewinnen, indem er eine Abwehrhaltung gegenüber dem platzierten Produkt aufbaut. Um eine Reaktanz zu verhindern, ist eine Zurückhaltung bei der Darbietung platzierter Produkte geboten; sie dürfen weder zu lang noch zu häufig noch zu nah gezeigt werden. Bei einer zu häufigen und zu offensichtlichen Realisierung von Product Placement ist neben einer zunehmenden Reaktanz seitens der Zuschauer auch mit der Einführung weiterer restriktiver rechtlicher Regelungen zu rechnen.

Vom Product Placement ist noch die **Product Publicity** abzugrenzen. Product Publicity bedeutet das Hereintragen von Produktinformationen in die redaktionellen Teile der Medien. Hierzu ein typisches Beispiel: Für ein neues Produkt (einen neu eingeführten Pkw) werden Presseartikel (mit Photo) über das neue Produkt erstellt, die dann den relevanten (Fach-) Journalisten unentgeltlich zur Verfügung gestellt werden in der Hoffnung/Erwartung, dass die Artikel in der angebotenen Form oder einer ähnlichen Form abgedruckt werden. Offensichtlich ist, dass bei der Product Publicity sowohl Elemente des Product Placement als auch Elemente der Public Relations angewandt werden.

Direct Communications

Direct Communications sind ein wesentliches Charakteristikum des Direct Marketing. Als **Direct Marketing** wird die direkte Ansprache von Zielpersonen über die verschiedenen Medien mit der Absicht, die Angesprochenen zu einer sofortigen Reaktion zu veranlassen, bezeichnet. Dabei können die im Rahmen des Direct Marketing eingesetzten Medien mit jenen der Werbung übereinstimmen (z.B. im Falle eines Einsatzes von Insertionsmedien); der Unterschied zur traditionellen Medienwerbung besteht (nur) darin, dass bei einer Maßnahme des Direct Marketing ein Antwortmechanismus in irgendeiner Form enthalten sein muss (ein Coupon in einer Anzeige, eine Aufforderungskarte als Beilage in einer Zeitschrift oder ein Überweisungsformular bei einem Spendensammelbrief).

Als **Direktwerbung** (auch Direct-Mail-Advertising, Mail-Marketing oder Mail-Order-Advertising genannt) werden alle Werbeansprachen durch selbständige Werbemittel, die gezielt an Zielpersonen gestreut werden mit der Absicht, die angesprochenen Personen zu einer sofortigen Reaktion zu veranlassen, bezeichnet. Als (selbständige) Werbemittel der Direktwerbung können Werbebriefe, Versandumschläge, Prospekte, Kataloge, Antwortkarten eingesetzt werden. Die Streuung der Werbemittel erfolgt durch die Post oder durch andere Verteilerorganisationen. Die Streuung setzt voraus, dass die Zielgruppen abgegrenzt und adressenmäßig erfasst sind. Bei der Erfassung der Adressen kann eine firmeneigene Adressendatenbank aufgebaut werden; alternativ können von Direktmarketing-Unternehmen Fremdadressen bezogen werden. Werden die Adressenbestände permanent kontrolliert, korrigiert und/oder ergänzt, so ist – im Gegensatz zur traditionellen Medienwerbung – kaum ein Streuverlust zu verzeichnen. Wie bei der Medienwerbung können auch bei der Direktwerbung streutechnische, psychologische und ökonomische Ziele verfolgt werden; auf Grund des bei der Direktwerbung vorhandenen Antwortmechanismus haben ökonomische Ziele eine besondere Bedeutung.

Bei einer Beurteilung der **Direktwerbung im Vergleich** zur traditionellen Medienwerbung, ist darauf hinzuweisen, dass bei den Kriterien Darstellungsmöglichkeiten (bei der Direktwerbung: Text, Bild), Verfügbarkeit (keine Beschränkungen), Erscheinungsweise (in der Regel werktäglich), Nutzungssituation (zu Hause) keine wesentlichen Unterschiede zu traditionellen Medienwerbung bestehen. Eine erste Besonderheit bei der Direktwerbung ist in den vergleichsweise hohen Tausenderkontaktpreisen zu sehen. Dies ist jedoch verbunden mit besonderen Vorteilen der Direktwerbung:
- Werberträgerkontaktchance gleich Eins,
- sehr hohe Werbemittelkontaktchancen,
- Möglichkeiten einer ausführlichen Beschreibung des Produktnutzens,
- Möglichkeit einer sofortigen Reaktion des Konsumenten,
- besondere Eignung bei erklärungsbedürftigen Produkten/Dienstleistungen,
- besondere Eignung bei einer kleinen, geographisch stark verstreuten Zielgruppe.

Auf Grund dieser Charakterisierung kann die Schlussfolgerung gezogen werden, dass die Direktwerbung eher eine Alternative zur allgemeinen Medienwerbung als eine Ergänzung hierzu darstellt.

Eine Kombination aus Elementen der traditionellen Medienwerbung und der Direktwerbung ist die **Direct-Response-Werbung**[83], bei der Werbemittel (insbesondere Anzeigen) in Medien (insbesondere Insertionsmedien) geschaltet werden, wobei die Werbemittel einen Antwortmechanismus enthalten, welcher es einer angesprochenen Person erlaubt, sich sofort an den Werbetreibenden zu wenden. Eine sofortige Reaktion einer angesprochenen Person kann mittels
- eines **Coupons**, dem Abschnitt einer Anzeige, der an die werbende Firma einzusenden ist und auf dem die Adresse des Umworbenen einzutragen ist,
- einer auf der Anzeige aufgeklebten **Antwortkarte,**

- eines auf der Anzeige aufgeklebten **Umschlages** mit kompletten Bestellunterlagen (bei Lotterielosen, Kreditkartenorganisationen),
- einer **Telefonnummerangabe,**
- der Angabe einer **Internetseite,**
- von **Kennziffern-Anzeigen** (insbesondere in Fachzeitschriften)

ausgelöst werden. Eine Motivation zur Antwortabgabe erfolgt oftmals durch das Veranstalten von Verlosungen oder durch kleine Geschenke. Immer bedeutender wird Direct-Response-Werbung auch in den elektronischen Medien. Hier können insbesondere Fernseh- und Hörfunkspots genannt werden, an deren Ende eine Telefonnummer eingeblendet wird, unter der die Zuschauer in der Regel rund um die Uhr bestellen können. Weitere Formen stellen das Teleshopping und ganze Werbesendungen dar. Auch hier kann der Zuschauer sofort telefonisch bestellen.

Verschiedene **Einsatzmöglichkeiten** einer Direct-Response-Werbung sind denkbar:

- Im Bereich der Produktwerbung steht der direkte Verkauf, das bedeutet die Bestellung der in der Anzeige umworbenen Güter im Vordergrund.
- Außerdem kann die Anforderung weiterer Verkaufsunterlagen (Kataloge, Preislisten) oder auch die Sammlung von Adressen für andere Direktmarketing-Maßnahmen (Vertreterbesuch) beabsichtigt werden.
- Im Bereich der Unternehmenswerbung wird in der Regel auf eine Unternehmensimagepflege gezielt, indem der Kontakt zu unternehmensexternen Zielgruppen durch die Möglichkeit, weitere unternehmensbezogene Informationen (Geschäftsberichte, Broschüren) anzufordern, intensiviert wird.

Ein wesentlicher Vorteil im Vergleich zur Direktwerbung besteht darin, dass die Zielpersonen adressenmäßig nicht erfasst sein müssen; für den Fall, dass Adressen nicht vorliegen oder nicht beschafft werden können/sollen, ist ein wesentlicher Anwendungsbereich der Direct-Response-Werbung gegeben.

Schließlich ist noch auf die **Direkte Kommunikation beim persönlichen Verkauf** einzugehen. Der persönliche Verkauf lässt sich als eine mündliche Präsentation im Rahmen eines Gesprächs mit potentiellen Käufern zum Zwecke der Erzielung eines Verkaufsabschlusses definieren. Der persönliche Verkauf unterscheidet sich von anderen Arten der Direct Communications darin, dass zwischen Verkäufer und Kunde ein unmittelbarer persönlicher Kontakt besteht. Von besonderer Bedeutung ist, dass sich die Verhaltensweisen der am Verkaufsprozess Beteiligten gegenseitig beeinflussen; der Verkaufsvorgang stellt sich damit als sozialer Interaktionsprozess dar. Primäres Ziel des persönlichen Verkaufes ist es, durch das Verkaufsgespräch einen Verkaufsabschluss zu erzielen. Daneben hat ein Verkäufer eine Reihe weiterer Aufgaben zu erfüllen.

(1) Erlangung von Kundenaufträgen:
Diese Aufgabe bezieht sich auf die Kontaktaufnahme, Ermittlung spezifischer Kundenbedürfnisse und -probleme, Information des Kunden über Preise, Kon-

ditionen, Liefertermine und Werbeaktionen, Warenpräsentation, Entkräften von Kundeneinwänden bis hin zum Verkaufsabschluss.

(2) Verkaufsunterstützung:
Hierzu zählen Beratung und Instruktion künftiger Benutzer und des Verkaufspersonals im Handel, Mitwirkung an Verkaufsveranstaltungen und Verbesserung der Warenpräsentation (wie Aufstellen von Displays).

(3) Logistische Funktionen:
Der Verkäufer übernimmt teilweise die Warenverteilung und Lagerhaltung.

(4) Informationsbeschaffung:
Hierzu zählen das Auffinden potenzieller Kunden, das Sammeln und Ergänzen von Kundenadressen und die Ermittlung des Kundenbedarfs.

Nach der Art des Kontaktes lassen sich zwei **Grundtypen des persönlichen Verkaufs** unterscheiden: der direkte persönliche Verkauf (Face-to-face-Selling) und der **Telefonverkauf**. Während der Telefonverkauf unter Kaufleuten üblich ist, ist er nach § 1 des Gesetzes gegen unlauteren Wettbewerb (UWG) als Verkauf an Privatpersonen unzulässig. Der direkte persönliche Verkauf lässt sich weiterhin nach dem Ort des Verkaufs unterteilen in Innen- und Außenverkauf. Während beim **Innenverkauf** der Verkäufer durch den Kunden aufgesucht wird, und somit der Kunde bereits ein gewisses Kaufinteresse signalisiert, begibt sich beim **Außenkauf** der Verkäufer zum Kunden, was eine gezielte Verkaufsvorbereitung erforderlich macht. Des Weiteren wird bei den Verkaufsformen nach der Anzahl der am Verkaufsprozess beteiligten Personen unterschieden in Ein- und Mehrpersonenbeziehungen. Im ersten Fall spricht ein einzelner Verkäufer mit einem einzelnen potentiellen Kunden. Bei Mehrpersonenbeziehungen kann entweder ein einzelner Verkäufer oder aber ein ganzes Verkaufsteam einer Käufergruppe gegenüberstehen (Verkauf an ein Buying Center). Weitere nach der spezifischen Situation eingeteilte Verkaufsgesprächsformen sind: Erst-, Folge- und Routinegespräche, Verkaufsgespräche unter Fachleuten, Verkaufsgespräche auf Top-Manager-Ebene, Reklamationsgespräche, Goodwill-Gespräche.

Zur **Gestaltung von Verkaufsgesprächen** sind verschiedene Ansätze vorgeschlagen worden, in deren Mittelpunkt

- das beim potentiellen Käufer zu lösende Problem
  (problemlösungsbezogener Ansatz),
- die verschiedenen Aktionen eines Verkäufers in den verschiedenen Phasen eines Verkaufsgespräches
  (phasenbezogener Ansatz) oder
- die Beziehungen zwischen Käufer und Verkäufer im Rahmen eines Verkaufsgespräches (Interaktionsansatz) stehen.

Die Idee des **problemlösungsbezogenen Ansatzes**[84] besteht darin, dass der Verkäufer einen potentiellen Konsumenten dabei unterstützen soll, sein (aktuelles) Problem wahrzunehmen, die grundsätzlichen Handlungsalternativen zu erfassen und die vom Verkäufer angebotene Problemlösung als die für ihn richtige Lösung zu erkennen. Offensichtlich ist, dass dieser Ansatz dann herangezogen werden kann, wenn komplexe Problemsituationen gegeben sind, die durch eine Anschaffung komplexer Produkte gelöst werden können, wenn die Problemsituation von besonderer Bedeutung für den potentiellen Konsumenten ist und wenn (bisher) keine ausreichenden Erfahrungen vom potentiellen Konsumenten gemacht werden konnten.

Dem **phasenbezogenen Ansatz**[85] liegt die Idee zu Grunde, dass ein Käufer verschiedene psychische Phasen, beispielsweise die Phasen
- Attention,
- Interest,
- Desire,
- Action,

nacheinander durchläuft, bis er zu einer Kaufentscheidung kommt. Entsprechend kann ein Verkaufsgespräch in verschiedene aufeinander folgende Phasen eingeteilt werden, denen jeweils gewisse Teilziele einer Verhaltensbeeinflussung zugeordnet werden. Der Verkäufer versucht als erstes, beim Kunden Aufmerksamkeit zu erregen, um diese dann bis hin zum Interesse am Produkt zu steigern. Auf der nächsten Stufe verspürt der Kunde den Drang, das Produkt zu erwerben. Der Verkäufer führt dann en Kunden zur letzten Stufe, dem Abschluss eines Vertrages. Eine praktische Anwendung dieses Ansatzes kann sich dann als problematisch erweisen, wenn Verkaufsgespräche nicht in dieser strengen Stufen-Reihenfolge ablaufen, wenn einzelne Phasen übersprungen werden oder in einer anderen Reihenfolge ablaufen.

Bei einer kritischen Beurteilung der drei Ansätze ist darauf hinzuweisen, dass jeweils nur ganz bestimmte Aspekte des Verkaufsvorganges betrachtet werden. Bei **Interaktionsansätzen** hingegen wird versucht, alle wesentlichen Einflussfaktoren eines Verkaufsvorganges, insbesondere auch die Beziehungen zwischen Verkäufer und Käufer, zu erfassen. Im Rahmen empirischer Untersuchungen konnte festgestellt werden, dass auf Grund der isolierten Betrachtung der Persönlichkeitsmerkmale des Verkäufers nicht auf einen erfolgreichen Verkaufsprozess geschlossen werden kann. Vielmehr müssen Verkäufer und Käufer zusammen als eine Dyade betrachtet und analysiert werden. Der Interaktionsansatz führt zu folgenden Ergebnissen: Die Wahrscheinlichkeit, dass ein Verkaufsgespräch zu einem Verkaufsabschluss führt, ist umso größer,
- je mehr sich Verkäufer und Käufer hinsichtlich ihrer Persönlichkeitsmerkmale entsprechen,
- je stärker die Rollenerwartungen bei Verkäufer und Käufer hinsichtlich der Verkäuferrolle übereinstimmen,
- je stärker das tatsächliche Verhalten des Verkäufers den Kundenerwartungen hinsichtlich des Verkäuferverhaltens entspricht.

Bei einer **Gesamtbeurteilung der direkten Kommunikation** beim persönlichen Verkauf im Vergleich zur Medienwerbung sind zunächst wesentliche Vorteile aufzuführen:
- die direkte und persönliche Ansprache der Zielpersonen,
- die Möglichkeit des sofortigen Reagierens,

- die vielfältigen Möglichkeiten des Verhaltens und der Beeinflussung, über deren Einsatz spontan entschieden werden kann.

Von Nachteil ist der mit einer direkten, persönlichen Kommunikation verbundene Zeitaufwand und die dabei anfallenden Kosten. Dies macht deutlich, dass die direkte Kommunikation beim persönlichen Verkauf detailliert geplant werden muss.

Online-Werbung

Gegenstand der Online-Werbung (Internet-Werbung)[86] ist die Platzierung von Internet-Anzeigen in (stark frequentierten) Internet-Sites gegen Entgelt. Dabei wird der Zweck verfolgt, die eigene Web-Site bekannt zu machen. Wesentliche **Online-Werbeträger** sind

- Portale
  (AOL, GMX),
- Navigationshilfen
  (wie Yahoo, Lycos) und
- Online-Zeitungen/-Zeitschriften
  (wie Spiegel-Online, Focus-Online).

Typische **Online-Werbemittel** sind

- Banner
  (in Form von Passive Banner (einfache Graphiken ohne Animation und ohne Link zu der eigenen Web-Site), Interaktive Banner (mit Link) bzw. animierten Banner (mit verschiedenen, aufeinander folgenden Bildern) und
- Buttons
  (Banner in Kleinformat).

Verschiedene Reichweiten-Kennziffern können für Online-Werbemittel herangezogen werden:

- PageImpressions oder PageViews
  (Zahl der technisch einwandfreien und vollständigen Zugriffe auf eine (potentiell werbeführenden) World Wide Web-Seite; Bruttoreichweite einer Internetseite);
- Visits
  (aufeinander folgende Seitenabrufe eines Nutzers beziehungsweise Hosts. Ein Visit gilt als beendet, wenn zehn Minuten lang keine weitere Datei nachgeladen wird. Die Gesamtzahl der Visits für einen bestimmten Betrachtungszeitraum kann als Bruttoreichweite des Online-Angebots als Ganzes (im Sinne einer Werbeträgerreichweite) interpretiert werden).
- Clickstreams
  (Aufzeichnung der Abfolge der Seitenabrufe durch den Nutzer, auf dieser Weise kann der "Weg" eines Nutzers im Internet verfolgt werden).
- AdImpressions
  (Zahl der Kontakte mit einem Werbebanner, Werbemittelreichweite genannt). Diese erst im Oktober 1998 eingeführte Abrechnungsgröße wurde durch den immer stärkeren Einsatz rotierender Banners notwendig, die durch die Einheit PageImpressions nur unzureichend erfasst werden konnten).

- Adviewtime
  (Zeitspanne, in der ein Nutzer in der bannerführenden Seite verweilt).
- AdClicks
  (Zahl der Mausclicks auf ein Banner verstanden, AdClicks stellen eine Maßzahl für den Response-Erfolg eines Banners dar).
- AdClick-Rate
  (Verhältnis aus AdClicks und Page- bzw. AdImpressions und gilt als Maßstab für die Qualität eines Banners: Typische AdClick-Raten liegen zwischen 0,5% und 4%).

Zur Beurteilung der Vorteilhaftigkeit einer erwogenen Online-Werbung können spezielle Tausenderkontaktpreise herangezogen werden:

Online-TKP$_i^*$ =

$$= \frac{\text{Preis pro Internet} - \text{Anzeige auf Web} - \text{Site i pro Woche}}{\text{PageImpressionsWeg} - \text{Site i pro Woche}} \cdot 1000 \; \forall i$$

Online-TKP$_i^{**}$ =

$$= \frac{\text{Preis pro Internet} - \text{Anzeige auf Web} - \text{Site i pro Woche}}{\text{AdImpressionsWeg} - \text{Site i pro Woche}} \cdot 1000 \; \forall i$$

Integrierte Kommunikation

Eine **Integrierte Kommunikation** kann allgemein charakterisiert werden als Abstimmung aller Maßnahmen der Kommunikationspolitik in inhaltlicher, formaler und zeitlicher Hinsicht. Integration bedeutet Abstimmung, Vernetzung aller Kommunikations-Instrumente (Maßnahme) und deren Einsatzbedingungen (wie verfolgte Ziele, angestrebte Zielgruppen). Integrierte Kommunikation beinhaltet aber nicht, dass alle Werbeelemente (in verschiedenen Anzeigen) in völlig identischer Weise einzusetzen sind. Man wird zwar formale Elemente wie Firmennamen, Firmenzeichen, Slogan, Bild-Text-Anordnung immer in gleicher Weise verwenden. Es ist aber nicht auf ein einziges Motiv zu setzen, welches dann – in gewissen Varianten – immer wiederholt wird. Hierdurch kann zwar eine Bekanntheitssteigerung, aber keine nachhaltige Image-Verbesserung erreicht werden. Hinzu kommt, dass im Rahmen einer kombinierten Fernseh-, Kino- und Zeitschriftenwerbung die unterschiedlichen, erreichbaren Zielgruppen und die spezifischen Unterschiede der Medien zu beachten sind. Gesucht ist also ein optimaler, nicht ein maximaler Integrationsgrad.

Die Definition der Integrierten Kommunikation macht deutlich, dass verschiedene Arten der Integration existieren; sie werden in der Abb. 3.71 wiedergegeben. Gegenstand der **instrumentellen Integration** ist die Abstimmung verschiedener Kommunikations-Instrumente (wie Medienwerbung, Direkt-Werbung, Sales Promotions, Persönlicher Verkauf, Sponsoring und Product Placement). Beispielhaft soll die (notwendige) Integration des Sportsponsoring und der Medienwerbung

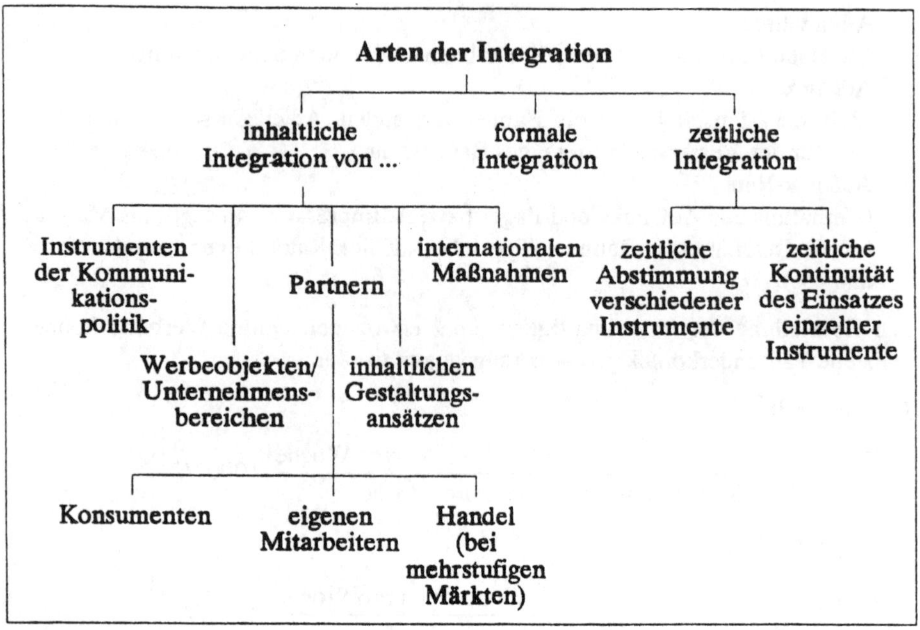

Abb. 3.71: Arten der Integration

betrachtet werden: Bekanntlich kann durch ein Sportsponsoring eine erhebliche Steigerung der Bekanntheit und eine bedeutsame Image-Verbesserung durch einen Image-Transfer erreicht werden. Dabei existiert aber ein Problem insbesondere für neue Produkte: Im Rahmen des Sportsponsoring, genauer bei der Banden- und der Trikotwerbung, sind nur sehr begrenzte Darstellungsmöglichkeiten eines Unternehmens beziehungsweise eines Produktes gegeben; es kann nur der Name übermittelt werden. Als Konsequenz ist das Sponsoring durch eine Medienwerbung zu ergänzen; beispielsweise sind wesentliche Produkteigenschaften im Rahmen von Anzeigen zu übermitteln. Ähnlich zu integrieren sind das Sponsoring und die Sales Promotions, persönliche Ansprachen gewisser Zielgruppen mittels Autogrammstunden sind denkbar.

Der **Integration der Kommunikation für verschiedene Werbeobjekte/ Unternehmensbereiche** liegt typischerweise folgende Ausgangssituation zu Grunde: Gegeben sind ein Großunternehmen oder eine große Unternehmensgruppe mit mehreren Unternehmensbereichen oder mehrere Einzelunternehmen in einer Großorganisation (Sparkassen-Finanzgruppe, Volksbanken/Raiffeisenbanken – Finanzverbund) oder in einem Konzern (DaimlerChrysler-Konzern), welche folgendes Kommunikations-Problem zu lösen haben:

- Wie kann die Existenz einer Unternehmensgruppe bzw. die Zugehörigkeit zur Gruppe kommuniziert werden?, oder:
- Wie kann die Leistungsbreite einer Gruppe in Bezug auf einen spezifischen Kundenbedarf kommuniziert werden?

Grundsätzlich sind folgende Vorgehensweisen denkbar:

- isolierte, separate Werbemaßnahmen eines einzelnen Unternehmens einer Gruppe; auf die Zugehörigkeit zur Gruppe wird nur am Rande verwiesen;
- isolierte, separate Werbemaßnahmen eines einzelnen Unternehmens der Gruppe; auf die Gruppe wird unter Nennung der einzelnen Unternehmen am Rande verwiesen;
- kooperative Werbemaßnahmen einer Gruppe; sowohl die Gruppe als auch die einzelnen zugehörigen Unternehmen werden genannt.
- Für den Fall, dass mehrere Unternehmen einer Gruppe einen bestimmten Kundenbedarf befriedigen können, kann kommuniziert werden, dass in der individuellen Beratung durch (irgend)ein Unternehmen der Gruppe die optimale Lösung gefunden werden kann.

Mögliche Partner eines Unternehmens, die im Rahmen der Kommunikationspolitik integriert werden können, sind

- der selbständige Handel,
- die Konsumenten,
- die Mitarbeiter eines Unternehmens.

Zunächst zur **Kommunikationspolitik auf mehrstufigen Märkten**. Bei der Integrierten Kommunikation sind die Interessen der verschiedenen Partner zu berücksichtigen. Welche Möglichkeiten es hierzu gibt, soll anhand von vier Beispielen verdeutlicht werden:

- Im Rahmen der Medienwerbung eines Produzenten können gegenüber den Konsumenten auch die Einkaufsstätten genannt werden.
- Der Produzent beteiligt sich an Werbemaßnahmen des Handels im Sinne von Leistung gegen Gegenleistung; eigene Produkte werden gegen eine Kostenbeteiligung präsentiert.
- Es werden Sales-Promotions-Maßnahmen gegenüber den Konsumenten in Abstimmung mit dem Handel durchgeführt – gegebenenfalls noch ergänzt durch Sales-Promotions-Maßnahmen gegenüber dem Handel.
- Von großer Bedeutung sind auch Informations- und Schulungsmaßnahmen des Produzenten für die Handelspartner, denen folgende Überlegung zugrunde liegt: Wenn der Verkäufer über unsere Produkte sehr gut informiert ist, dann steigt die Wahrscheinlichkeit, dass unschlüssigen Konsumenten unsere Produkte empfohlen werden.

Notwendig ist nicht nur eine Integrierte Kommunikation mit dem Handel, notwendig ist ein umfassendes **vertikales Marketing-Konzept**[87], das schon bei der Neuproduktplanung beginnt, in dem die berechtigten Interessen des Handels berücksichtigt werden.

Es gibt eine zweite Möglichkeit der Partner-Integration, nämlich die **Einbeziehung von Konsumenten** in die eigene Kommunikationspolitik, die gerade eine Kaufentscheidung getroffen haben und sich für ein langlebiges Konsumgut entschieden haben. Dies kann wie folgt realisiert werden:

- Ausgenutzt werden kann der Drang der Konsumenten, nach bedeutsamen Kaufentscheidungen eigene kognitive Dissonanzen abzubauen, indem sie ihre

Freunde/Bekannten über die Richtigkeit der getroffenen Kaufentscheidung informieren.
- Die Partner-Integration ist im Rahmen der Kommunikationspolitik umsetzbar beispielsweise durch eine Testimonial-Werbung oder durch spezielle Verkaufsförderungsmaßnahmen bei neuen eigenen Kunden, wobei deren Freunde/Bekannte einbezogen werden – also jener Personenkreis, bei dem der neue Kunde unter Umständen eine Meinungsführer-Position auf Zeit inne hat.

Diese Art der Partner-Integration ist insbesondere bei Low-Involvement-Gebrauchsgütern, bei denen über 95% der Zielgruppe eine aktuelle Medienwerbung kaum wahrnehmen, sinnvoll.

Bei der dritten Art der Partner-Integration, nämlich der **Integration der eigenen Mitarbeiter** in die Kommunikationspolitik, ist vom Konzept der Corporate-Identity-Policy[88] auszugehen. Die wesentlichen Bestandteile der Corporate-Identity-Policy sind bekanntlich
- das Corporate-Design,
- die Corporate Communications und
- das Corporate Behaviour.

Die Idee des Corporate Behaviour besteht darin, ein Verhalten der Mitarbeiter, nicht nur des Außendienstes, zu erreichen, welches der angestrebten Corporate Identity entspricht, die individuellen Ziele und Verhaltensweisen der einzelnen Mitarbeiter sollen jenen entsprechen, die mit der Corporate-Identitiy – basierend auf der Unternehmensphilosophie – verfolgt werden. Corporate Design und Corporate Communications (mit den Teilgebieten Corporate Advertising und Public Relations) sind von vorneherein integrierte Ansätze. Sie können als Dach aller Kommunikationsmaßnahmen angesehen werden. So ist das Corporate Advertising eine Basis für die produktspezifische Werbung. Das Unternehmens-Loge ist bei allen Kommunikations-Maßnahmen, auch an Gebäuden von Niederlassungen oder in den Briefbögen, zu verwenden.

Eine weitere Form der Integrierten Kommunikation ist die **Integration der inhaltlichen Gestaltungsansätze.** Sind für eine Werbekampagne in Zeitschriften verschiedene Anzeigen zu gestalten, so dürfen diese nicht voneinander unabhängig entwickelt werden; vielmehr ist ein einheitlicher Gestaltungsansatz zu entwikkeln, der in einigen Varianten realisiert wird. Die Wahl des konkreten Gestaltungsansatzes ist beeinflusst durch die aktuellen Rahmenbedingungen der Kommunikation.

Eine letzte Art der inhaltlichen Integration ist die Integration von Kommunikationsmaßnahmen im Rahmen des **Internationalen Marketing**, die auf verschiedene Länder gerichtet sind[89]. Diese Art der Integration ist notwendig, da
- durch Product Placements in internationalen Spielfilmen oder
- durch das Sportsponsoring bei internationalen Veranstaltungen

gleichzeitig Zielgruppen in verschiedenen Ländern erreicht werden. Durch eine gewisse Standardisierung internationaler Werbekampagnen können erhebliche

Kosteneinsparungen erreicht werden. Selbstverständlich muss in jedem Einzelfall der angemessene Grad der Standardisierung gefunden werden.

Empirische Untersuchungen von Philips[90] lassen die besonderen Anforderungen und Chancen einer Integrierten Kommunikation erkennen. Im Rahmen ihres Sponsorships bei der Fußballweltmeisterschaft 1986 in Mexico verfolgte Philips die Ziele einer Verbesserung der Assoziation zwischen Philips und Fußballweltmeisterschaft (zu Lasten der Konkurrenz) und eine Bekanntheitserhöhung sowie Imageverbesserung – sowohl unternehmens- als auch produktbezogen. Als Gegenleistung insbesondere zur Bandenwerbung in den Fußballstadien stellte Philips eine gigantische technische Ausstattung der nationalen Fernseh-Gesellschaft zur Verfügung. Das Internationale Sponsorship ist in den einzelnen Ländern in unterschiedlichem Maße durch spezielle Kommunikations-Maßnahmen ergänzt worden: durch nationale Werbekampagnen zu Beginn der Fußball-Weltmeisterschaft mit dem Slogan "Good morning, you'll be watching Philips for the next four weeks", Unternehmenswerbung mit dem Slogan "Philips on the ball in Mexico", Public-Relations-Maßnahmen und Verkaufsförderungs-Maßnahmen. Die integrierten Kommunikations-Maßnahmen von Philips brachten folgende Ergebnisse:
- Imageverbesserungen konnten nur in begrenztem Maße erreicht werden;
- der hohe Bekanntheitsgrad von Philips konnte kaum gesteigert werden;
- die Assoziation "Philips und Fußballweltmeisterschaft" konnte deutlich gestärkt werden.

Als weiteres wesentliches Ergebnis zeigt sich, dass die Wirksamkeit des Internationalen Sponsoring in jenen Ländern erheblich erhöht werden konnte, in welchen ergänzende Kommunikations-Maßnahmen aus den Bereichen Werbung und Verkaufsförderung durchgeführt wurden.

Aktuelle Rahmenbedingungen der Kommunikation wie Informationsüberlastung und Low-Involvement der Konsumenten machen eine **formale Integration** unbedingt erforderlich, damit ein Werbetreibender überhaupt in der Informationsflut wahrgenommen wird. Erforderlich sind
- ein einheitlicher Firmenname,
- ein einheitliches Firmenzeichen und
- ein einheitlicher Slogan.

Diese sind im Rahmen eines konsequenten **Corporate-Design-Konzeptes** als ein wesentlicher Bestandteil der Corporate-Identity-Policy zu entwickeln. Zusätzlich können **Aktionssymbole** (wie das Lacoste-Krokodil oder der Esso-Tiger) eingesetzt werden, damit ein Markenartikel schnell identifiziert werden kann und erwünschte Image-Dimensionen vermittelt werden können (z.B. Esso-Tiger; Image-Dimensionen wie Kraft, Schnelligkeit sollen zum Markenartikel Esso-Benzin zugeordnet werden).

Bei der **zeitlichen Integration** von Kommunikationsmaßnahmen sind zwei Aspekte von Bedeutung. Zum einen darf die **inhaltliche Werbegestaltung**, der typische Werbestil, nicht sprunghaft gewechselt werden. Sie muss vielmehr kontinuierlich über mehrere Jahre hinweg in derselben Weise durchgeführt werden, damit sich die angestrebten Images bei den Konsumenten durchsetzen. Zum anderen ist die **zeitliche Budgetverteilung** in angemessener Weise zu planen. Grundsätzlich sind drei Strategien denkbar:

- dauerhaft hohes Budget,
- permanent niedriges Budget,
- wiederholt zeitlich konzentrierter Budgeteinsatz, dazwischen Werbepausen.

Herangezogen wird häufig die dritte Strategie (zeitlich konzentrierte Werbeeinsätze), damit eine Mindestanzahl an Werbekontakten erreiht werden kann und die erwünschten Werbeeffekte in einer Low-Involvement-Situtation realisiert werden können.

Um eine Integrierte Kommunikation bestmöglich realisieren zu können, sind angemessene Planungs-, Kontroll- und Organisationskonzepte heranzuziehen. Im **Planungsprozess** für eine Integrierte Kommunikation sind die einzelnen Teilschritte der Kommunikationsplanung, wie die Definition externer und interner Zielgruppen der Kommunikation, die Instrumente sowohl der medialen als auch der personalen Kommunikation zu berücksichtigen.

Zur Planung des Kommunikationsbudgets kann grundsätzlich das Budgetierungsverfahren **"objective and task"** – das Kommunikationsbudget gemäß Ziel und zu lösender Aufgabe – herangezogen werden. Eine Ausgestaltung des objective-and-task-approaches für den Fall einer Integrierten Kommunikation findet sich in der Abb. 3.72. Ausgangspunkt ist das Zielsystem Z_1, Z_2, ..., Z_m. In Abhängigkeit hiervon sind die erforderlichen Kombinationen aus Kommunikationsmaßnahmen grob zu planen; d.h. aus einer Menge alternativer Maßnahmen E_1 ... E_n ist die geeignete Instrumental-Kombination auszuwählen, wobei alle relevanten Integrationsmöglichkeiten beachtet werden müssen: die inhaltliche (I), die formelle (F) und die zeitliche (Z) Integration. Durch eine kostenmäßige Bewertung resultiert das angestrebte Budget. Falls es finanzierbar ist, wird es realisiert, sonst erfolgt eine Änderung des Zielsystems und ein erneuter Durchlauf. Bei einer **Beurteilung** des objecitive-and-task-Ansatzes ist auf zwei Punkte hinzuweisen: Erstens ist der Ansatz sachlogisch richtig, zweitens besteht ein enormer, sehr schwieriger Prognosebedarf unter zusätzlicher Beachtung von Synergiewirkungen.

Zur Planung des Einsatzes der einzelnen Kommunikations-Instrumente kann der **Lead-Element-Approach**[91] herangezogen werden (vgl. Abb. 3.73). Dem Ansatz liegt folgende einfache Idee zu Grunde: Nach gewissen Gesichtspunkten, auf die im Folgenden noch näher eingegangen wird, ist ein bestimmtes Kommunikations-Instrument als Kernelement auszuwählen. Falls jeweils noch finanzielle Mittel verfügbar sind, sind schrittweise weitere Instrumente hinzuzufügen, welche das Kernelement unterstützen sollen. Eine derartige Vorgehensweise ist nur dann akzeptierbar, wenn bei dem schrittweisen Hinzufügen weiterer Kommunikations-Instrumente immer alle synergetischen Wirkungen beachtet werden. Außerdem stellt sich die Frage nach dem Kernelement: Eine erste Orientierungshilfe bietet der Markt. Bei Konsumgütern ist die Absatzwerbung dominant, bei Investitionsgütern aufgrund der notwendigen technischen Beratungen der persönliche Verkauf. Innerhalb der Konsumgüter können weitere Spezifikationen vorgenommen werden: Für Verbrauchsgüter sind die Verkaufsförderung und die Werbung von hoher Bedeutung, bei Gebrauchsgütern insbesondere die Werbung und der persönliche Verkauf. Außerdem kann der Produktlebenszyklus herangezogen werden; dabei wird beachtet, dass in jeder Lebenszyklusphase unterschiedliche Kommunikationsziele und -instrumente relevant sind. Zusätzlich kann die besondere Eignung eines Instruments wegen der Darstellungsmöglichkeiten eines Produktes (z.B. Fernsehwerbung) berücksichtigt werden.

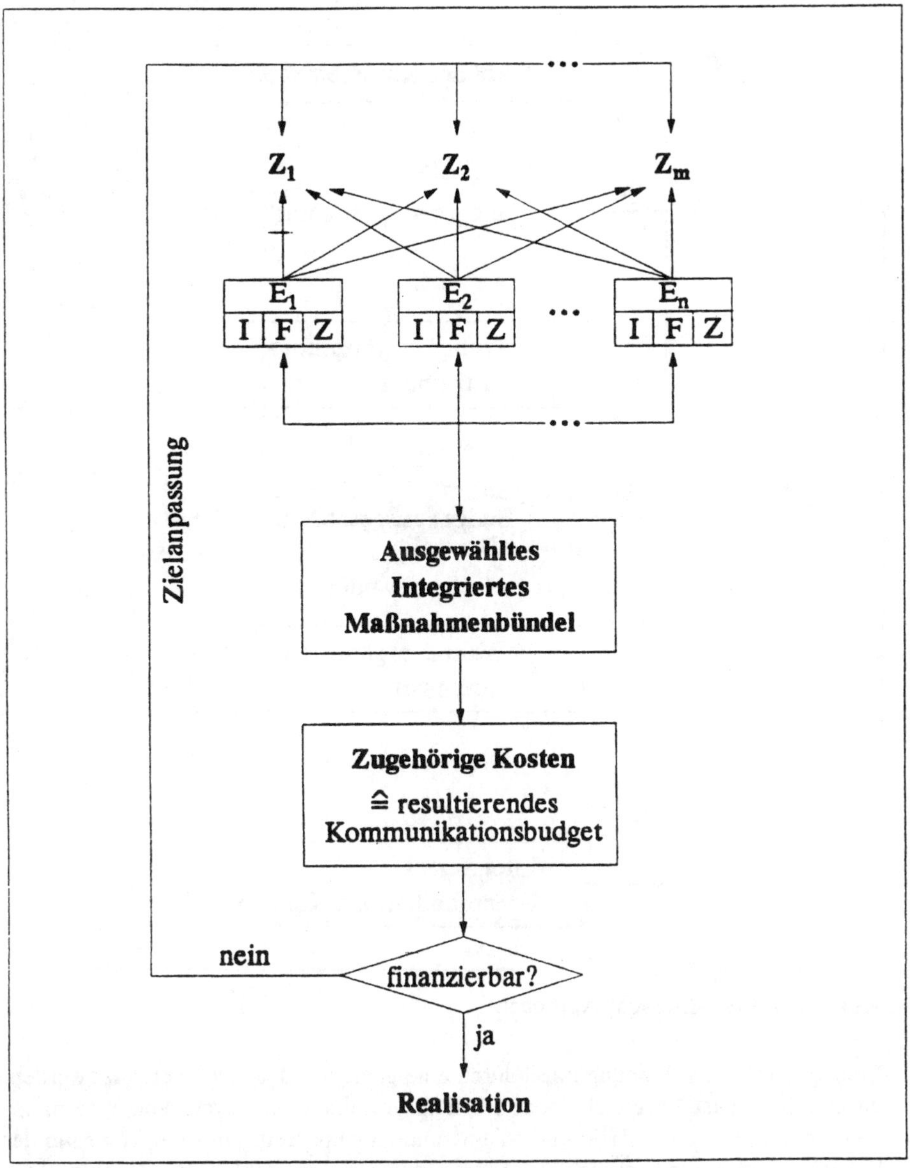

Abb. 3.72: Budgetierung der Integrierten Kommunikation gemäß „objective and task“

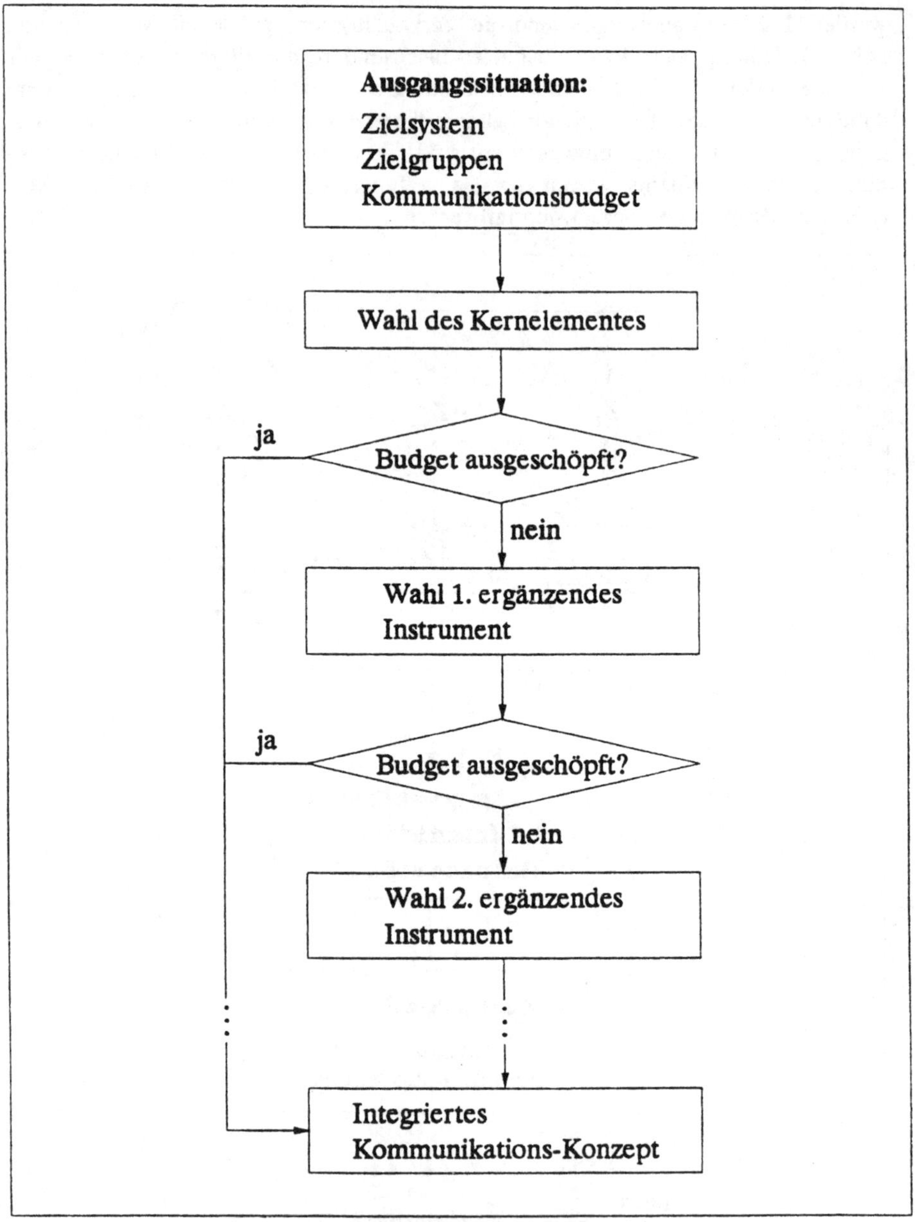

Abb. 3.73: Lead-Element-Approach

Eine systematische Planung muss durch eine geeignete **Kontrolle** ergänzt werden, um durch Soll-Ist-Vergleiche neue Planungsgrundlagen zu errechnen, etwa in angemessener Weise die Ziele und Maßnahmen anzupassen. Für eine Kontrolle der Kommunikation sind insbes. **Tracking Studies** zu empfehlen; bei Tracking Studies wird fortlaufend durch wiederholte Befragung die Kommunikationswirkung gemessen, die dann dem Aufwand gegenüber gestellt werden kann. Ein entsprechendes Beispiel stellt der IVE-Werbemonitor[92] dar; die Kontrollmaßnahme müsste aber erweitert werden; der gesamte Kommunikationsaufwand ist mit dem Bekanntheitsgrad zu konfrontieren.

Ergänzend ist eine **vergleichende Betrachtung von Kampagnen** möglich, indem die eigene Werbeaufwand - Werbebekanntheit –Relation jenen der Konkurrenz gegenüber gestellt wird. Liegt eine eigenes unterdurchschnittliches Ergebnis vor, so müsste dies hinterfragt werden.

Die Realisierung einer Integrierten Kommunikation hat auch Konsequenzen bezüglich der **Organisationsform** eines Unternehmens. Die heute teilweise extreme Aufgabendifferenzierung im Rahmen der Kommunikationspolitik, die Einrichtung separater Public Relations-, Verkaufsförderungs-, Werbe- und Produkt-Verkaufsförderungs-Abteilungen (vgl. Abb. 3.74), erschwert die Abstimmung zwischen den einzelnen Abteilungen erheblich. Grundsätzlich bestehen folgende Ansatzpunkte zur Verbesserung:

- Erstens ist ein System der Zielvereinbarung denkbar; verschiedene Unternehmensbereiche haben ihre Ziele und die Maßnahmen abzustimmen. Daneben sind zentrale Service-Abteilungen, welche unterstützende Funktionen wahrnehmen (im Bereich der Wirkungsforschung oder der technischen Realisation) möglich.

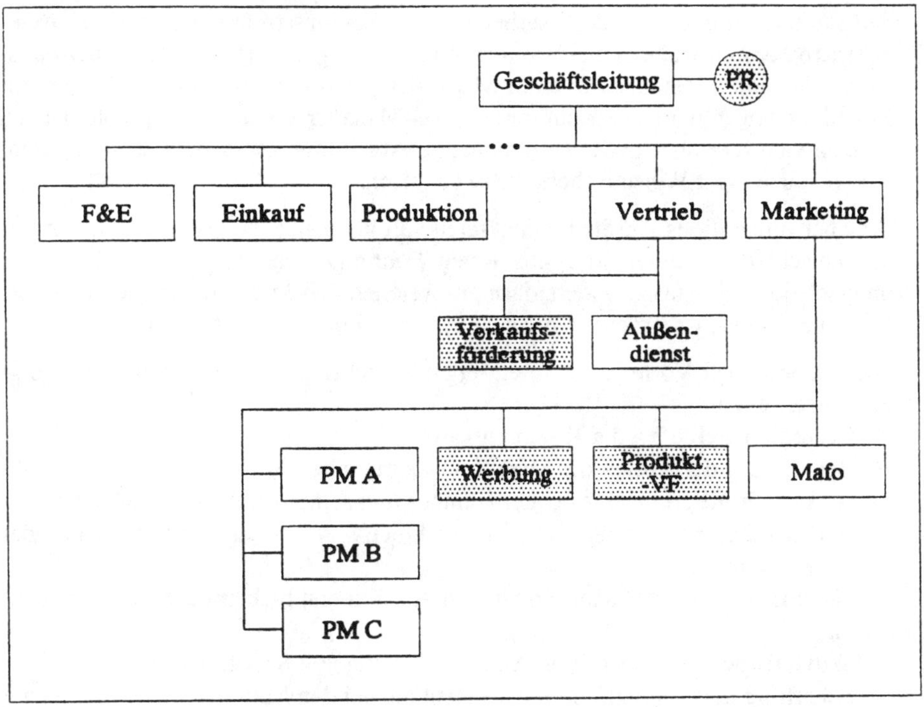

Abb. 3.74: Die Organisatorische Einbindung verschiedener Kommunikations-Abteilungen

- Alternativ ist eine direkte Integration über exekutive Richtlinien hinsichtlich der Umsetzung der geplanten Kommunikationspolitik denkbar. Zu nennen wären:
  - Design-Richtlinien,
  - inhaltlich-thematische Richtlinien,
  - Vorschriften über einzusetzende Medien.

Darüber hinaus sind organisationspolitische Maßnahmen möglich:
- Vorschreiben von Teams zwecks Abstimmung;
- Einsetzen von Kommunikations-Managern analog zum Konzept der Produkt-Manager in Matrix-Organisationen.

Zwecks Abstimmung kann ein **abteilungsübergreifendes Team** eingesetzt werden, bestehend aus dem Kommunikationsexperten für alle Kommunikationsinstrumente, dem Product Manager und eventuell externern Beratern (wie Experten aus Werbeagenturen). Aufgabe des Teams ist die Erarbeitung von Kommunikationsstrategien auf der Basis eines einheitlichen Zielsystems. Vorteile derartiger Teams sind in der Ermöglichung einer produktspezifischen Integration, in gruppendynamischen Effekten und motivationsförderndem "job enrichment" zu sehen. Als nachteilig kann sich erweisen, dass die Gruppe keine Entscheidungskompetenzen hat, Schwierigkeiten bei der Durchsetzung der Strategien auftreten können und durch fallweises "Zusammenrufen" in der Regel keine systematische Informationssammlung und Kontrolle möglich ist.

Ein stärkerer Eingriff in die bestehende Organisationsstruktur ist gegeben, wenn alternativ **Kommunikations-Manager-Stellen** eingerichtet werden – beispielsweise als Linien-Instanzen in einer Matrix-Organisation, so wird das System der Produktmanager wird um Kommunikations-Manager ergänzt. Als problematisch können sich hier aber extrem zeitraubende Abstimmungsprozesse sowie unklare Kompetenzen und Weisungsbefugnisse erweisen.

Welcher Integrations-Ansatz im konkreten Fall heranzuziehen ist, muss im Einzelfall entschieden werden; die skizzierten Führungs- und Organisations-Ansätze unterscheiden sich insbesondere darin, in welchem Maße den Beteiligten konkrete Vorgaben gemacht werden, an die sich die Beteiligten halten müssen.

Die wesentlichen Vorteile der Integrierten Kommunikation lassen sich wie folgt zusammenfassen:
- Synergie-Effekte bei der Kommunikation,
- Begrenzung der Kosten der Marketing-Kommunikation,
- stärkere Profilierung eines Unternehmens und seiner Produkte am Markt,
- stärkere Differenzierung eines Unternehmens und seiner Produkte gegenüber der Konkurrenz,
- keine Irritationen von Konsumenten durch Widersprüche in der Kommunikation,
- aktive Begegnung der Informationsüberlastung von Konsumenten,
- Schaffung neuer Identifizierungs-Potentiale bei den Mitarbeitern.

Kooperative Kommunikation

Eine **kooperative Kommunikationspolitik** kann allgemein als Zusammenarbeit verschiedener, rechtlich selbständiger Unternehmen auf dem Gebiet Kommunikationspolitik charakterisiert werden.
Unter Berücksichtigung der Kriterien

- namentliche Nennung der einzelnen, anbietenden Unternehmen,
- Art der Erzeugnisse, für die von der Kooperation geworben wird, und
- Zugehörigkeit zu Wirtschaftsstufen

können verschiedene **Arten** einer **kooperativen Werbung** unterschieden werden; sie werden in der Abb. 3.75 wiedergegeben. **Gemeinschaftswerbung** ist eine anonyme Werbung für eine Produktart, im Rahmen derer die einzelnen Anbieter nicht genannt werden (wie die kooperative Werbung der Centralen Marketinggesellschaft der deutschen Agrarwirtschaft (CMA)) für verschiedene Lebensmittel. Dabei werden typischerweise zwei Ziele verfolgt: die Verbesserung des Images der Produktart und die Einführung der Nachfrage nach dieser Produktart (Erweiterung des bisherigen Verwenderkreises und Steigerung des Pro-Kopf-Verbrauches).

Bei einer **Sammelwerbung** hingegen werden im Rahmen eines Werbemittels die Anbieter eines oder mehrerer Markenartikel namentlich genannt. Bei Gleichartigkeit der Produkte, die als Werbeobjekte den werblichen Maßnahmen zu Grunde liegen, handelt es sich um **Gruppenwerbung** (die kooperative Werbung der Vertragshändler einer bestimmten Automarke in einer bestimmten Region). Eine **Verbundwerbung** schließlich ist gegeben, wenn den Werbemaßnahmen mehrere ungleichartige Markenartikel zu Grunde liegen, zwischen denen aber ein Zusammenhang (verwendungsmäßig, einkaufsmäßig) besteht; diese Werbeart wird auch als **Komplementärwerbung** bezeichnet. Beispiele für eine Verbundwerbung sind die kooperative Werbung für den gut gedeckten Tisch oder für ein Einkaufszentrum.

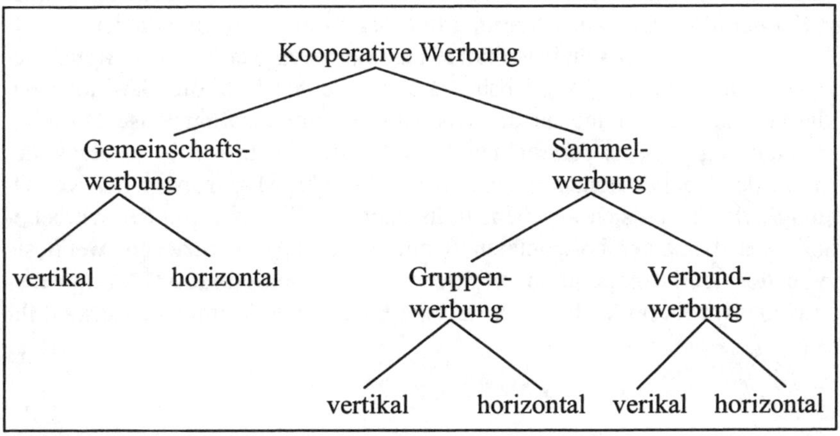

Abb. 3.75: Arten der kooperativen Werbung

Die aufgezählten Arten der kooperativen Werbung können sowohl in Form einer **vertikalen** als auch **horizontalen Werbekooperation** durchgeführt werden. Beteiligen sich an einer kooperativen Werbung nur Unternehmen derselben Wirtschaftsstufe (Unternehmen verschiedener Wirtschaftsstufen), so liegt eine horizontale (vertikale) Werbekooperation vor.

Eine **neue Form der kooperativen Werbung** ist in Deutschland im Jahre 2003 gestartet worden. Es handelt sich dabei um eine kooperative Werbung der Markenartikelproduzenten für Markenartikel an sich (vgl. Abb. 3.76), welche gegen die Marketingpolitik der Handelsorganisationen mittels deren Eigenmarken (Handelsmarken) gerichtet ist. Seitens der Markenartikelproduzenten werden die Ziele verfolgt, die Nachfrage nach Markenartikel zu erhöhen bzw. das Image von Markenartikeln zu verbessern.

Bei der **Gestaltung von Werbekooperationen** sind einige Punkte zu beachten: Im Rahmen der **Organisation der Entscheidungsfindung** bei Werbekooperationen ist zunächst von vornherein festzulegen, in welcher Weise die zu verfolgenden Werbeziele bestimmt werden. Daneben ist über das Werbebudget und die einzelnen Werbemaßnahmen zu befinden; die Entscheidungsfindung bezüglich der einzelnen Werbe-Teil-Funktionen kann entweder einer hierfür zu gründenden Institution oder einem an der Kooperation beteiligten Unternehmen übertragen werden.

Als **Partner** einer **kooperativen Werbung** sollten im Allgemeinen möglichst sämtliche Nutznießer der kooperativen Werbung gewonnen werden. Insbesondere bei einer Gemeinschaftswerbung kann aber das Problem auftreten, dass sich nicht alle Nutznießer der kooperativen Werbung an der Werbegemeinschaft (und deren Finanzierung) beteiligen. Um zu verhindern, dass Nicht-Mitglieder einer Werbegemeinschaft aus einer kooperativen Werbung Vorteile erzielen, kann die kooperative Werbung auf einem Gemeinschaftszeichen aufbauen, das nur die Beteiligten an der Werbegemeinschaft verwenden dürfen.

Zur **Finanzierung von Werbekooperationen** können in erster Linie die Mitglieder der Kooperation, aber auch Marktpartner der Kooperationsmitglieder, die öffentliche Hand sowie Wirtschaftsverbände herangezogen werden. Als 'wahre' Bemessungsgrundlage für die Mitgliedsbeiträge bezeichnet Neef die Gewinnsteigerung, die auf die Beteiligung an der Kooperation zurückzuführen ist. Da diese Gewinnsteigerung aber nur schwer messbar ist, wird als Hilfsgröße insbesondere der Umsatz der Kooperationsmitglieder herangezogen. Marktpartner der Kooperationsmitglieder lassen sich gegebenenfalls dann zur Finanzierung der Werbekooperation (z.B. bei einer horizontalen Sammelwerbung) heranziehen, wenn sie selbst von der Werbekooperation profitieren, also einen Absatz-, Marktanteils- oder Gewinnzuwachs verzeichnen, der auf die kooperative Werbung zurückzuführen ist.

Quelle: Der Spiegel 27/2003, S. 100.
Abb. 3.76: Beispielhafte Anzeige im Rahmen der kooperativen Werbung der Markenartikelproduzenten

3.1.7.4 Kommunikationspolitik eines Markenartikelproduzenten gegenüber dem Handel

Ein Instrument eines Markenartikelproduzenten im Rahmen einer von ihm verfolgten Push-Strategie für seine Markenartikel ist die **Werbung** gegenüber dem

Handel. Ein typisches Beispiel ist die Bekanntmachung neuer Markenartikel mittels der Werbung. Eingesetzt werden können traditionelle Medien (wie Fachzeitschriften); durchgeführt werden können auch Maßnahmen der Direktwerbung, da die Zahl der Handelsorganisationen vergleichsweise klein ist. Im Rahmen der Anzeigengestaltung sollte die Positionierung der Innovation berücksichtigt werden.

Daneben kann ein Markenartikelproduzent mit Hilfe der Werbung (Anzeigen in Fachzeitungen/-zeitschriften) seine Bereitschaft mitteilen, Handelsmarken zu produzieren (vgl. Abb. 3.77).

Das Oberziel von **Verkaufsförderungsmaßnahmen,** die auf den **Handel** bezogen sind, besteht in einer Verbesserung der Marktposition des Herstellers; hierfür kann es erforderlich und nützlich sein, auch die Marktposition des Händlers (mit) zu verbessern. Eine Verbesserung der Marktposition kann zum einen durch eine Verbesserung des Distributionsgrades bewirkt werden; hierzu ist es erforderlich, neue Händler zu gewinnen und/oder Konkurrenzmarken zu verdrängen (durch Händlerwettbewerbe, Sonderkonditionen, Preisaktionen etc.). Zum anderen kann eine Verbesserung der Marktposition dadurch erreicht werden, dass der Handel in stärkerem Maße die Markenartikel des Herstellers fördert; dies kann durch Out-store-Maßnahmen (Aktionswerbung) oder durch In-store-Maßnahmen (verbesserte Regalplätze, attraktivere Produktpräsentation) bewirkt werden.

Der Hinweis, dass die kommunikationspolitischen Maßnahmen untereinander abgestimmt werden müssen – im Sinne einer **integrierten Kommunikation** – ist selbstverständlich.

3.1.8 Marketing-Mix

Im Rahmen der Planung des Marketing-Mix sind alle absatzpolitischen Instrumente so aufeinander abzustimmen, dass sich eine optimale Kombination im Hinblick auf die verfolgten Marketingziele ergibt. Ein optimales Marketing-Mix ist dann realisiert, wenn das Gesamtergebnis weder durch die Umgestaltung eines Marketinginstrumentes noch durch die Addition eines bisher noch nicht eingesetzten Instrumentes verbessert werden kann.

Die Suche nach einer (optimalen) Kombination **aller** Marketinginstrumente und nicht die Perfektionierung **eines** Marketing-Instrumentes ist in den Wirkungsinterdependenzen begründet. Man denke in diesem Zusammenhang an einen technisch ausgereiften Sportwagen mit hervorragendem Service; die hohen Ausgaben für das Instrument "Produktpolitik" sind dann vergebens, wenn niemand von den Produkteigenschaften erfährt (zu geringes Budget für Kommunikationspolitik) oder das Auto kaum lieferbar ist (zu geringes Budget für Distributionspolitik). Die Wirkung der Produktpolitik auf den Umsatz ist in diesem Fall also vom Einsatz der beiden anderen Instrumente abhängig. **Sachliche Interdependenzen** in einem für ein Produkt gestaltetes Marketing-Mix liegen dann vor, wenn der Einsatz eines Instrumentes vom Einsatz anderer Instrumente abhängig ist bzw. seinerseits wieder andere Instrumente beeinflusst. Die auftretenden sachlichen Effekte können

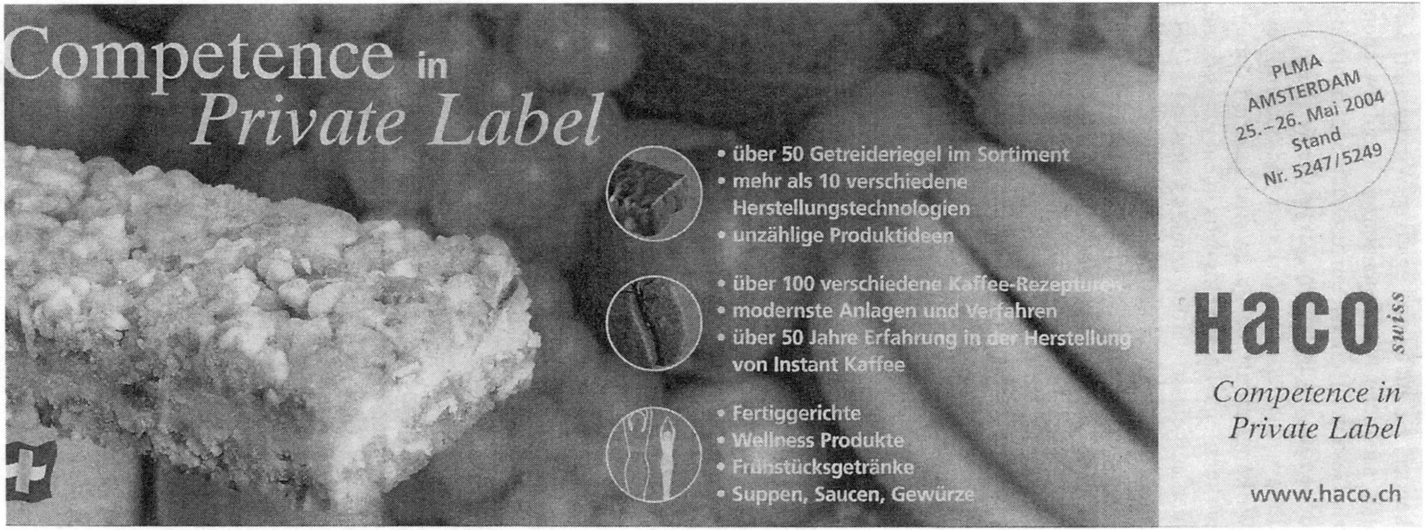

Quelle: Lebensmittelzeitung Nr. 21, 21. Mai 2004, S. 58.
Abb. 3.77: Bereitschaft Handelsmarken zu produzieren

sowohl von positiver (also verstärkender) als auch von negativer Wirkung auf die Gesamtwirkung sein. Ebenso können sachliche Interdependenzen auch zwischen den für verschiedene Produkte eines Gesamtsortiments eingesetzten Maßnahmenpaketen bestehen. **Zeitliche Interdependenzen** liegen vor, wenn die Wirkung eines Instrumentes in mehreren zeitlich nachgelagerten Perioden und/oder mit einem Time-lag eintritt. Derartige Wirkungsinterdependenzen sind letztlich darauf zurückzuführen, dass die Gesamtwirkung eines Marketing-Mix nicht als Summe der Wirkungen der Einzelmaßnahmen aufgefasst werden kann, sondern dass Zielpersonen die durch die Elemente des Marketing-Mix vermittelten Botschaften nur als "gestalthafte" Ganzheit, nicht aber einzeln wahrnehmen und verarbeiten können. Dadurch entsteht die Notwendigkeit, alle Elemente des Mix simultan zu beurteilen und zu bestimmen.

Eine **Vorauswahl von Marketing-Instrumenten** im Rahmen des Marketing-Mix kann durch eine Orientierung am **Produktlebenszyklus** erfolgen. Das Lebenszykluskonzept eines Produktes basiert auf der Absatzentwicklung dieses Produktes und bildet in idealtypischer Weise die zugehörige Erlös- und Gewinnentwicklung im Zeitablauf ab. Dabei können verschiedene Phasen unterschieden werden. In Abhängigkeit der jeweiligen Phase im Produktlebenszyklus ergibt sich eine unterschiedliche Eignung der einzelnen Marketing-Instrumente, in jeder Phase des Produktlebenszyklus ist ein darauf abgestimmtes Marketing-Mix zu realisieren. Durch sich ändernde Verhaltensweisen der Verbraucher, der Absatzmittler wie auch der Konkurrenz kommt damit der zeitlichen Dimension des Instrumenteneinsatzes eine besondere Bedeutung zu. Hierauf basierend können phasenspezifische Aussagen sowohl zum jeweils typischen Instrumenteneinsatz als auch zur jeweiligen Instrumentenwirkung abgeleitet werden.

Im Anschluss an die Vorauswahl möglicher Marketing-Mixes ist endgültig die **optimale absatzpolitische Kombination** herauszufinden. Die Handlungsalternativen sind dabei die im Rahmen der Vorauswahl ermittelten, relevanten Ausprägungen der einzelnen Marketinginstrumente. Eine Optimierung des Marketing-Mix kann insbesondere unter der Zielsetzung der Gewinnmaximierung in der Planungsperiode, aber auch auf der Grundlage anderer ökonomischer Ziele erfolgen. Welche sachlichen Abhängigkeiten zwischen den einzelnen Bestimmungsfaktoren des Gewinns im Rahmen der Optimierung des Marketing-Mix zu beachten sind, lässt die Abb. 3.78 erkennen.

Beispielhaft wird folgender Fall betrachtet: Bestimmt werden soll die optimale Preis-Mengen-Kombination; gleichzeitig ist darüber zu entscheiden, ob eine bestimmte Werbekampagne durchgeführt werden soll oder nicht. Wird die Werbekampagne nicht durchgeführt, so ist zur Bestimmung der optimalen Preis-Mengen-Kombination folgende Gewinnfunktion

$$G_1 = p \cdot x(p) - K(x(p))$$

zu maximieren; dabei ist x(p) die Preisabsatzfunktion für den Fall "keine Werbung" $\overline{W}$. Im Falle einer Durchführung der Werbekampagne, welche Kosten in Höhe von W verursacht, wird mit der Preisabsatzfunktion

$$x = x(p, \overline{W})$$

gerechnet; für die zu maximierende Gewinnfunktion resultiert dann

$$G_2 = p \cdot x(p, \overline{W}) - K(x(p, \overline{W})) - \overline{W}.$$

Ein Vergleich der optimalen Gewinnwerte erlaubt dann eine Entscheidung über die Durchführung der Werbekampagne. Die zugehörige **grafische Analyse** findet sich in der Abb. 3.79 die Wirkung der Werbekampagne besteht darin, dass sich die Preisabsatzfunktion (parallel) verschiebt, d.h. bei einem bestimmten Preis kann – auf Grund der Werbemaßnahme – eine größere Menge abgesetzt werden. Entsprechend resultiert eine andere Erlöskurve. Die in der Abb. 3.79 angestellte Totalanalyse lässt die optimalen Mengen und Preise erkennen; im dargestellten Fall ist eine Durchführung der Werbekampagne von Vorteil.

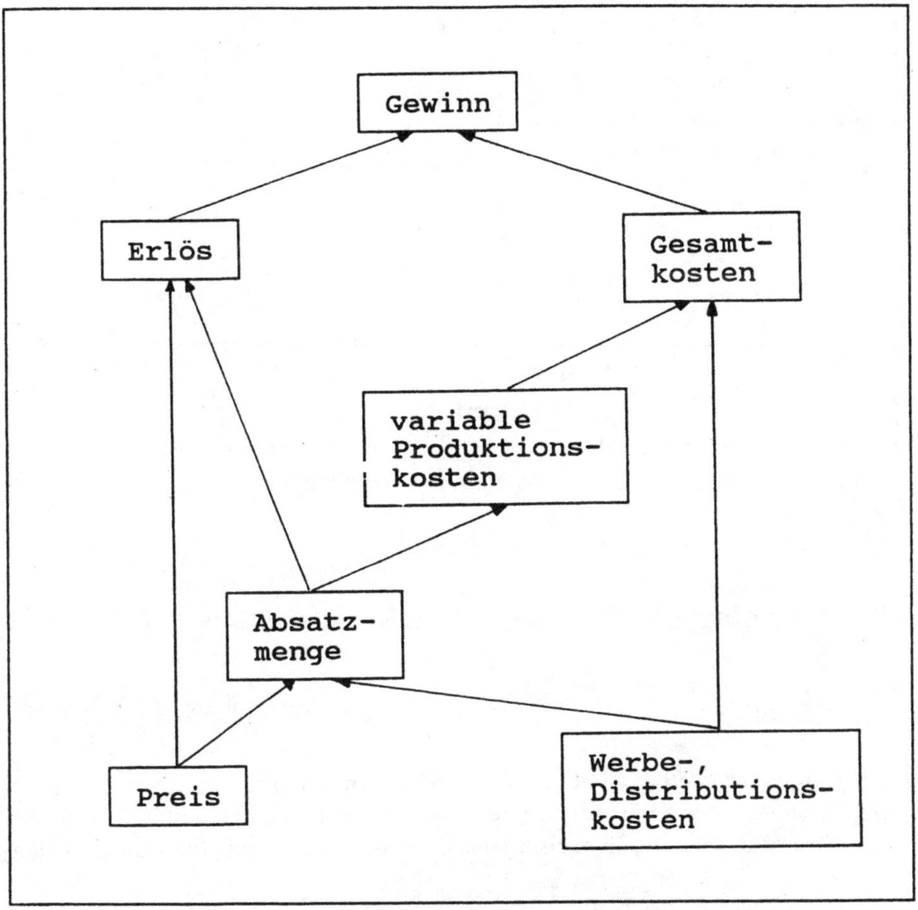

Abb. 3.78: Sachliche Abhängigkeiten zwischen den Bestimmungsfaktoren des Gewinns bei der Optimierung des Marketing-Mix

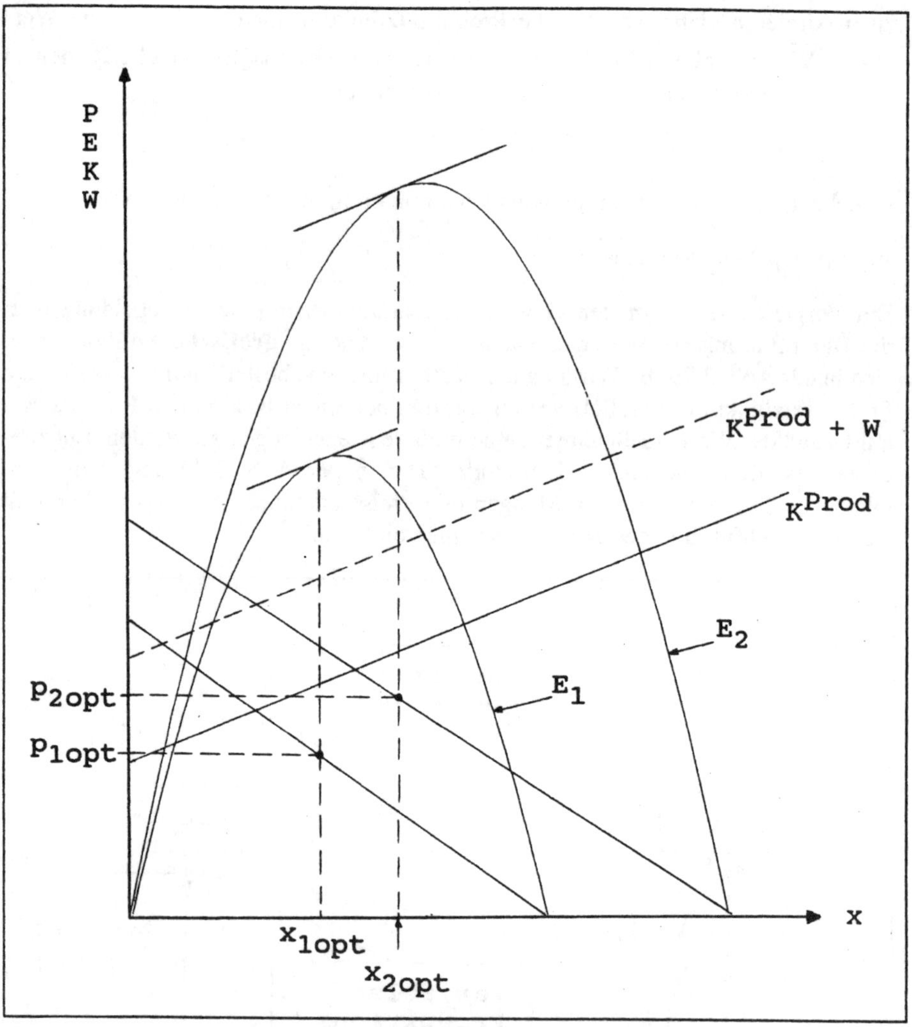

Abb. 3.79: Optimale Preis-Mengen-Kombination ohne bzw. mit Werbung

3.2 Marketingpolitiken einer Handelsorganisation

3.2.1 Überblick

Wie sich die Marketingpolitik einer Handelsorganisation in das generelle Marketing-Planungssystem von Industrie und Handel einordnet, zeigt Abb. 3.80. Dabei ist zu beachten, dass die Handelsorganisation sowohl Markenartikel als auch Handelsmarken anbieten kann; für beide Arten markierter Produkte hat sie die konsumentenbezogenen Marketingpolitiken festzulegen.

Sowohl bezogen auf Markenartikel als auch bezüglich Handelsmarken sind Entscheidungstatbestände im Rahmen der Sortiments-, Preis- und Kommunikationspolitik gegeben.

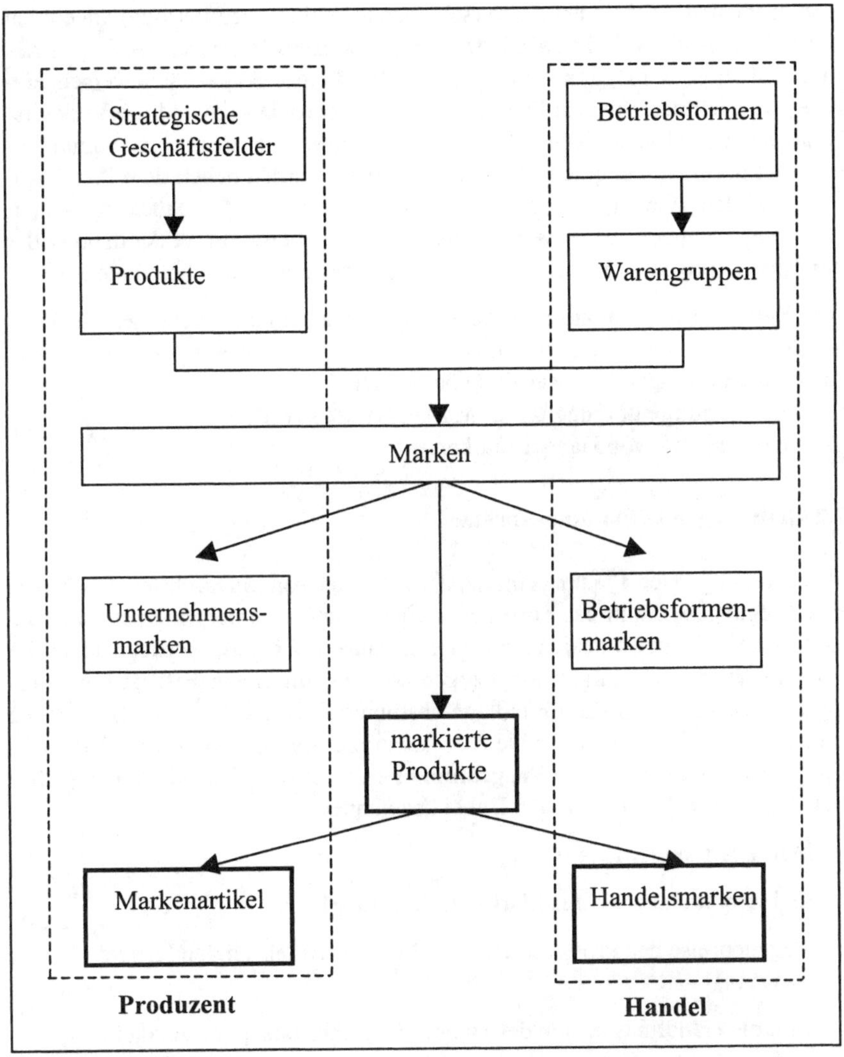

Abb. 3.80: Die Marketingpolitik einer Handelsorganisation im Rahmen des generellen Marketing-Planungssystems von Industrie und Handel

3.2.2 Sortimentspolitik

3.2.2.1 Einführung

Der Programmpolitik eines Markenartikelproduzenten entspricht die Sortimentsplanung eines Handelsbetriebes[93]. Im Falle eines Handelsbetriebes sind die Mengen zu planen, in welchen die verschiedenen Artikel (pro Periode) angeboten werden sollen. Auf zwei Unterschiede ist hinzuweisen: Während im Falle eines Produktionsbetriebes mögliche Engpässe die Produktionskapazitäten verschiedener Arten sein können, sind im Falle eines Handelsbetriebes sowohl die Verkaufsfläche als auch die Lagerfläche mögliche Engpassfaktoren. Bei der Gewinnträchtigkeit von Produkten bei einem Produktionsbetrieb werden neben dem Preis (Abgabepreis an den Handel) die variablen Produktionskosten pro Stück betrachtet; im Falle eines Handelsbetriebes hingegen werden neben dem Verkaufspreis der Einstandspreis (pro Stück) sowie die variablen Handlungskosten betrachtet.

Wie im Falle eines Produktionsbetriebes können als Planungsansätze die Deckungsbeitragsrechnung sowie die lineare Programmierung herangezogen werden. Dabei werden im Folgenden **zwei Fälle** betrachtet:

- Berücksichtigung nur eingeführter Markenartikel sowie
- (Zusatz-)Angebot von Handelsmarken.

3.2.2.2 Grundlegende Planungsansätze

Bei den grundlegenden Planungsansätzen wird (nur) von eingeführten Markenartikeln ausgegangen, die in das Sortiment aufgenommen werden (können). Für die Fälle, dass kein Engpass beziehungsweise genau ein Engpass vorliegt, kann die **Deckungsbeitragsrechnung** herangezogen werden; im ersten Fall ist eine Verteilung der Kapazität auf der Grundlage absoluter Deckungsbeiträge, im zweiten Fall auf der Grundlage relativer Deckungsbeiträge vorzunehmen. Existiert mehr als ein Engpass, ist die **lineare Programmierung** anzuwenden; in Abb. 3.81 findet sich ein entsprechender Ansatz. Dabei bezeichnen

i: Markenartikel (i=1,...,n)

p_i: Endverbraucherpreis des Markenartikels i (i=1,...n)

p_i^E: Abgabepreise des Produzenten eines Markenartikels an den Handel (i=1,...,n)

k_{vi}^H: variable Handlungskosten des Handelsbetriebes bezüglich Artikel i (i=1,...,n)

x_i: zu bestimmende Angebotsmenge des Markenartikels (i=1,…,n)

K^F: Fixkosten

Z_{ij}^{H}: Beanspruchung der Kapazitätsart j pro Mengeneinheit des Markenartikels i (i=1,...,n; j=1,...,m)

C_j: Verfügbare Kapazität der Art j (j=1,...,m)

$\bar{x}_i$: normale Absatzmenge des Markenartikels i (i=1,...,n)

Zielfunktion:

$$(1)\quad G = \sum_{i=1}^{n} (p_i - p_i^E - k_{vi}^H)\, x_i - K^F \rightarrow \text{Max!}$$

Kapazitätsbedingungen:

$$(2)\quad \sum_{i=1}^{n} z_{ij}^H \cdot x_i \leq C_j \quad (j = 1,\ldots, m)$$

Absatzbedingungen:

$$(3)\quad x_i \leq \bar{x}_i \quad (i = 1,\ldots, n)$$

Nicht-Negativitäts-Bedingungen:

$$(4)\quad x_i \geq 0 \quad (i = 1,\ldots, n)$$

Abb. 3.81: Grundmodell der linearen Programmierung zur Sortimentsplanung im Handel

3.2.2.3 (Zusatz-)Angebot von Handelsmarken

Bei der Entscheidung einer Handelsorganisation, neben Markenartikeln auch Handelsmarken anzubieten, sind folgende Faktoren zu berücksichtigen:

- Der Einstandspreis einer Handelsmarke ist geringer als jener eines Markenartikels; er bildet sich z.B. im Rahmen einer Ausschreibung der Handelsorganisation.
- Demzufolge kann ein geringerer Abgabepreis (an Konsumenten) realisiert werden;
- der Deckungsbeitrag pro Mengeneinheit kann hierbei höher ausfallen (bei einer Handelsmarke im Vergleich zu einem entsprechenden Markenartikel).
- Hinsichtlich der erzielbaren Absatzmengen besteht eine substitutive Beziehung: Durch das Angebot von Handelsmarken sinken tendenziell die maximal erzielbaren Absatzmengen vergleichbarer Markenartikel.

$$(1') \quad G = \sum_{i=1}^{n} (p_i - p_i^E - k_{vi}^H) \cdot x_i + (p_{n+1} - p_{n+1}^E - k_{vn+1}^H) \cdot x_{n+1} - K^F \rightarrow \text{Max!}$$

$$(2') \quad \sum_{i=1}^{n+1} z_{ij}^H \cdot x_i \leq C_j \quad (j = 1,...,m)$$

$$(3') \quad x_i \leq \overline{x}_i - h_{n+1} \cdot x_{n+1} \quad (i = 1,...,n)$$

$$x_{n+1} \leq \overline{x}_{n+1}$$

$$(4') \quad x_i \geq 0 \quad (i = 1,...,n+1)$$

Abb. 3.82: Ein Ansatz der linearen Programmierung zur Sortimentsplanung bezüglich Markenartikel und Handelsmarken

Ein **Planungsansatz** zur Sortimentsplanung bei gleichzeitigem Angebot von Markenartikeln und Handelsmarken findet sich in Abb. 3.82. Zu planen sind die optimalen Mengen der Markenartikel i (i=1,...,n) sowie der Handelsmarke n+1. Bei der Restriktion (3') sind substitutive Verflechtungen zwischen der Handelsmarke und den Markenartikeln berücksichtigt: Beim Absatz einer Einheit der Handelsmarke n+1 werden gleichzeitig $h_{n+1,i}$ Einheiten des Markenartikels i (i=1,...,n) weniger abgesetzt.

3.2.3 Preispolitik

Bei der Preispolitik eines Handelsbetriebes muss jeweils separat die Preispolitik für Markenartikel und die Preispolitik für Handelsmarken betrachtet werden.

3.2.3.1 Preispolitik für Markenartikel

Wird auf die Anwendung preistheoretischer Modelle verzichtet, so kann die Preisfindung auf der Basis der **Preiskalkulation** erfolgen; zu berücksichtigen sind der Einkaufspreis eines Markenartikels, die Handlungskosten eines Handelsbetriebes gegebenenfalls Sondereinzelkosten (z.B. der Werbung) sowie ein Gewinnaufschlag. Erfolgt die Preiskalkulation auf Vollkostenbasis, so sind die Selbstkosten unter Berücksichtigung sämtlicher einzel- und zugerechneter Gemeinkosten zu bestimmen. Ausgehend von den Selbstkosten (auf Basis einer geplanten Menge) lassen sich die Selbstkosten pro Mengeneinheit errechnen; der Preis ergibt sich dann als

$$p_i = k_{si}^H \left(1 + \frac{g}{100}\right) \qquad (i=1,...,n)$$

mit

p_i : Preis des Markenartikels i (i=1,...,n);

k_{si}^H : Selbstkosten des Artikels i pro Mengeneinheit;

g : Gewinnaufschlag, ausgedrückt in Prozent der Selbstkosten pro Mengeneinheit.

Der Gewinnaufschlag ist im Prinzip konkurrenzorientiert festzulegen, liegt er unter 100%, so wird ein Untereinstandspreis verlangt.

Wie im Falle eines Produzenten (bei seiner Festlegung des Abgabepreises an den Handel) kann ein Handelsbetrieb grundsätzlich verschiedene **preispolitische Strategien** heranziehen. Wenn die **Preiswürdigkeit** des Sortimentes eines Handelsbetriebes in den Vordergrund gestellt werden soll, empfiehlt sich eine Dauertiefpreisstrategie, die auch im Rahmen von Werbemaßnahmen (Prospekten) angekündigt wird (vgl. Abb. 3.83).

Quelle: Prospekt Marktkauf, KW 35, 25.08.-30.08.2003.

Abb 3.83: Beispiel für eine im einem Prospekt angekündigte Dauertiefpreisstrategie

Eine besondere Betonung der dauerhaften Preiswürdigkeit des Angebotes kann dadurch erreicht werden, dass – im Rahmen einer **preisorientierten Werbung** – Preisvergleiche durchgeführt werden; diese können betriebsformbezogen bzw. unternehmensbezogen erfolgen (vgl. Abb. 3.84 und Abb. 3.85).

Alternativ zu dauerhaften Niedrigpreisen können kurzfristige **Sonderangebote** gemacht werden; eine Planung derartiger Aktionspreise erfolgt im Rahmen der Sales Promotions als kommunikationspolitische Maßnahmen.

Eine weitere preispolitische Besonderheit sind **Preise für Großpackungen** (vgl. Abb. 3.86).

Markenprodukt	Discounter 1	Discounter 2	Marktkauf DAUERTIEFPREIS
Vernel Weichspüler versch. Sorten, je 1,5 Liter (1 l = 1,66)	2,49	2,49	2,49
Ajax Allzweckreiniger versch. Sorten, je 1 Liter	1,85	1,85	1,85
O.B. Tampons Normal, 56er	4,95	4,95	4,95
Zewa Softis Taschentücher 30 x 10 Stück	2,59	2,59	2,59
Signal Zahncreme versch. Sorten, je 75 ml (100 ml = 1,00)	0,75	0,75	0,75
Dentagard Zahncreme 75 ml (100 ml = 1,13)	0,85	0,85	0,85
Palmolive Seife versch. Sorten, je 125 g (100 g = 0,28)	0,35	0,35	0,35
Carefree Slipeinlagen versch. Sorten, je	2,95	2,95	2,95
Dr. Best Schwingkopf Zahnbürste versch. Sorten, je	1,85	1,85	1,85
Timotei Shampoo versch. Sorten, je 250 ml (100 ml = 0,58)	1,45	1,45	1,45
DWT Styling-Gel 150 ml (100 ml = 1,30)	1,95	1,95	1,95
Gard Haarspray versch. Sorten, je 250 ml (100 ml = 0,54)	1,35	1,35	1,35
Palmolive Flüssig-Seife versch. Sorten, je 300 ml (1 l = 4,83)	1,45	1,45	1,45
Nivea Body Milk oder Body Lotion je 400 ml (1 l = 9,13)	3,65	3,65	3,65
Rexona Deo-Spray versch. Sorten, je 150 ml (100 ml = 1,03)	1,55	1,55	1,55

Quelle: Prospekt Marktkauf, KW 35, 25.08.-30.08.2003.
Abb 3.84: Auszug aus einem Prospekt – anonymer Preisvergleich

Wo gibt es die tiefsten Preise?

Artikel	MARKTKAUF €	Aldi €	Lidl €	Penny €	Plus €
200g Kochschinken	1,09	1,09	1,09	1,09	1,09
1l frische Vollmilch, 3,5% Fett	0,55	0,55	0,55	0,55	0,55
250g Speisequark, 40% F.i.Tr.	0,39	0,39	0,39	0,39	0,39
500g Buttertoast	0,39	0,39	0,39	0,39	0,39
1kg Zucker	0,89	0,89	0,89	0,89	0,89
1kg Mehl	0,29	0,29	0,29	0,29	0,29
450g Rahmspinat tiefgefroren	0,39	0,39	0,39	0,39	0,39
15 Fischstäbchen, 450g tiefgefroren	1,39	1,39	1,39	1,39	1,39
500g Nudeln aus Hartweizen	0,29	0,29	0,29	0,29	0,29
100g Vollmilch-Schokolade	0,29	0,29	0,29	0,29	0,29
Summe	**5,96**	**5,96**	**5,96**	**5,96**	**5,96**

Quelle: Prospekt Marktkauf, KW 17, 22.04.-26.04.2003.
Abb 3.85: Auszug aus einem Prospekt – nicht anonymer Preisvergleich

Quelle: Prospekt real, KW 35, 25.08.-30.08.2003.
Abb 3.86: Auszug aus einem Prospekt - Großpackungen

3.2.3.2 Preispolitik für Handelsmarken

Handelsmarken werden zu einem niedrigeren Preis als vergleichbare Markenartikel angeboten; die Preisdifferenz beträgt etwa 30%. Eine Preisfindung kann mittels einer Preiskalkulation stattfinden. Im Vergleich zur Preiskalkulation des Handels für Markenartikel sind geringere Einstandskosten (aufgrund des Ausschreibungsverfahrens) sowie geringere Sondereinzelkosten (z.B. Werbekosten) zu verzeichnen.

Als Preisstrategie wird die **Dauerniedrigpreis-Strategie** benutzt. Im Falle einer echten Konkurrenzsituation im Handel (z.B. Aldi/Lidl) sind weitere Preissenkungen möglich. Dies entspricht aber kaum der Idealvorstellung einer Handelsorganisation. Vielmehr wird angestrebt, dass auch Handelsmarken ein positives Image (wie Markenartikel) erreichen, um Preiserhöhungen zu realisieren.

3.2.4 Kommunikationspolitik

Hinsichtlich der Kommunikationspolitik einer Handelsorganisation sind die Corporate Identity-Policy, die Werbung sowie die Sales Promotions von besonderer Bedeutung.

Wie im Falle eines Produktionsbetriebes ist von einem Handelsbetrieb eine spezifische **Corporate Identity** anzustreben. Typische Zielgruppen sind mit der Handelsorganisation selbst, den Kunden und den Lieferanten gegeben. Auf der Grundlage einer angemessenen Corporate Mission sind passende Maßnahmen des Corporate Design, der Corporate Communications (insbesondere der Imagewerbung) und des Corporate Behavior (extern und intern) zu planen. Ein Beispiel für die Imagewerbung einer Handelsorganisation findet sich in Abb. 3.87. Ein weiterer, wesentlicher Aspekt der Kommunikationspolitik des Handels liegt im persönlichen Verkauf, also im Service und der Freundlichkeit des Personals. Hierbei spielen das einheitliche Erscheinungsbild und das persönliche Auftreten der Mitarbeiter eine wichtige Rolle, um bei einen Konsumenten Vertrauen zu schaffen und von der Kompetenz des Handelsunternehmens zu überzeugen.

Wesentliche Entscheidungstatbestände bei der **Werbepolitik** eines Handelsbetriebes sind
- die Wahl der Werbeobjekte,
- die Planung von Werbezielen,
- die Auswahl der Medien,
- die (korrespondierende) Auswahl von Werbemitteln und
- die Werbemittelgestaltung.

Mögliche **Werbeobjekte** stellen die Betriebsformen des Handels, die einzelnen Handelsbetriebe, die Warengruppen, die einzelnen Markenartikel bzw. Handelsmarken. Daneben können auch Kombinationen dieser möglichen Werbeobjekte herangezogen werden. Typische **Werbeziele** sind die Steigerung der Kundenzahl, die Erhöhung des Umsatzes pro Kunde sowie die Steigerung der Einkaufstätten-

Abb 3.87: Beispiel für die Imagewerbung einer Handelsorganisation (Metro Group)

Treue. Als **Werbeträger** können im Prinzip alle Medien herangezogen werden. Auf Grund des regionalen Einzugsgebietes eines jeden Handelsbetriebes sind aber regionale Medien (Tageszeitungen, Prospekte) von besonderer Relevanz. In korrespondierender Weise sind die zu schaltenden **Werbemittel** auszuwählen. Ein wesentlicher Entscheidungstatbestand ist deren Gestaltung. Um die aufgeführten Werbeziele zu erreichen, sind bei den Werbemitteln insbes.

- Markenartikel in den Vordergrund zu stellen,
- Sonderangebote von Markenartikeln als "Lockvogel" zu platzieren,
- insbesondere eine Preiswerbung durchzuführen.

Die konsumentenbezogenen **Sales Promotions** eines Handelsbetriebes[94] erfolgen zum Teil in einzelbetrieblicher, zum Teil in kooperativer Weise mit den Markenartikelproduzenten. Ziele des Handelsbetriebes sind, sein Image („Preisgünstigkeit“) zu fördern, einen hohen Marktanteil zu erwerben und/oder eine Gewinnsteigerung (auch durch Absatzverbund-Effekte mit andern angebotenen Markenartikeln und Handelsmarken) zu realisieren. Typische Handlungsmöglichkeiten sind (zeitlich begrenzte) Sonderangebote oder Zweitplatzierungen im Handelsbetrieb (am üblichen Platz und an einer weiteren Stelle im Handelsbetrieb).

Unter **Kommunikation am Point of Sales** sind sämtliche kommunikationspolitische Maßnahmen der Handelsunternehmen an der Einkaufsstätte zu verstehen, bei welchen genutzt wird, dass ein großer Anteil der Kaufentscheidungen von Konsumenten häufig erst hier getroffen werden und die Konsumenten durch eine ansprechende Kommunikation zu weiteren Käufen angeregt werden. Durch eine ansprechende Verkaufsraumgestaltung und optische Präsentation des Sortiments wird versucht, eine erlebnisorientierte Verkaufsatmosphäre für den Verbraucher zu schaffen. Mit einer gezielten Positionierung der Waren in den Regalen, wobei durchgestrichene Preise von Angeboten oder die Gestaltung der Preisoptik mittels ganzer und gebrochener Preise von Waren aufgrund ihrer psychologischen Wirkung zudem als 'Eye-Catcher' dienen können, kann das Einkaufsverhalten der Konsumenten ebenfalls beeinflusst werden. Eine direkte Ansprache der Konsumenten kann auch über Lautsprecherdurchsagen ausgeführt werden, welche häufig mit Musik untermalt eine positive Atmosphäre schaffen und den Konsumenten hierbei über weitere Angebote informieren sollen. Spezielle verkaufsfördernde Maßnahmen des Handels am Point of Sales können zudem im Rahmen der Werbung auf den Einkaufswagen, der Rückseite von Kassenbons und Einkaufstüten oder mittels Plakaten und Displays sowie durch Werbefolien, die am Fußboden von Supermärkten angebracht sind, erfolgen.

Der Kommunikation am Point of Sales kommt eine bedeutende Rolle zu, da erst an der Einkaufsstätte eine Vielzahl unmittelbarer Kaufentscheidungen von Konsumenten getroffen werden und diese durch die Gestaltung am Point of Sale in ihrem Kaufverhalten beeinflusst werden können.

3.3 Kooperative Marketingpolitiken von Industrie und Handel

3.3.1 Ausgangssituation

Bisher sind isolierte Marketingpolitiken von Markenartiklern einerseits und Handelsorganisationen andererseits betrachtet worden (eine Ausnahme stellte die Preisfindung auf mehrstufigen Märkten, die Ermittlung des Systemsgewinnes und dessen Aufteilung) dar. Im Folgenden werden kooperative Marketingpolitiken, das heißt Zusammenarbeiten von Produzenten und Handel auf **mehrstufigen Märkten**, behandelt. Im Mittelpunkt steht die Warenflusskette vom Produzenten zum Konsumenten. Hierbei ist zu beachten, dass gut ein Drittel der Wertschöpfung, der Differenz vom Handelsumsatz und Vorleistungen von Produzent und Handel, nicht im alleinigen Einflussbereich von Produzent oder Handel liegt, sondern an der Schnittstelle zwischen beiden entsteht (vgl. Abb. 3.88).

Vor diesem Hintergrund sind kooperative Marketingsysteme von Produzenten und Handel entwickelt worden,
- das Category Management und
- das Efficient Consumer Response.

Beide Systeme werden im Folgenden dargestellt und im einzelnen beurteilt.

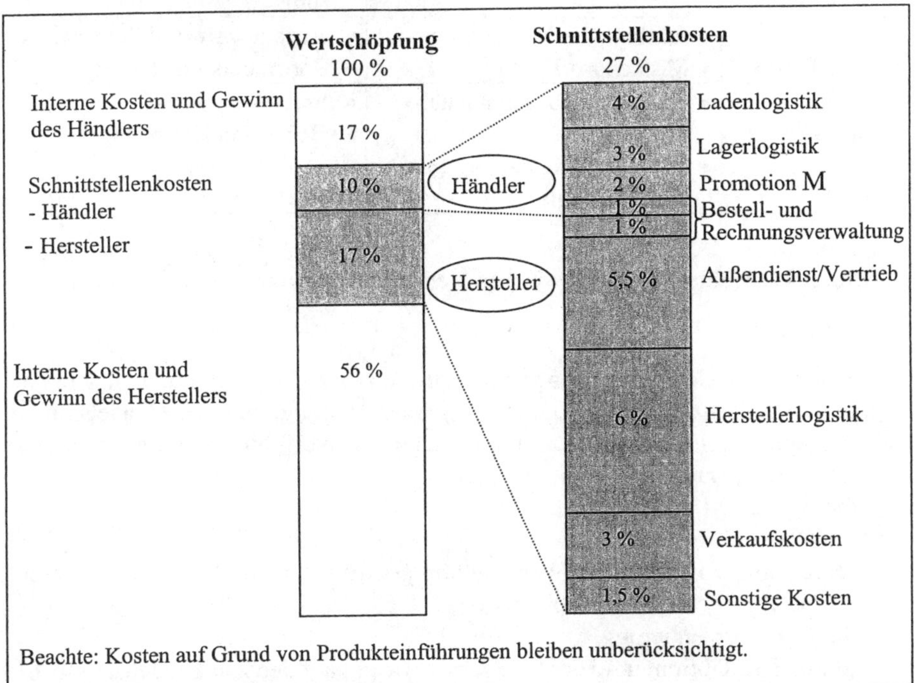

Quelle: Von der Heydt 1998, S. 72.

Abb. 3.88: Bedeutung der Schnittstellenkosten

3.3.2 Category Management

3.3.2.1 Das Category Management-Konzept

Category-Management[95] beinhaltet das konsequente Management einer Warengruppe durch ein Handelsunternehmen, wobei kompetente Produzenten sowohl als Lieferant als auch als Berater einbezogen werden. Ehemals dominierten separate Vorstellungen (für den Key-Account-Manager eines Produzenten die optimale Platzierung seiner Markenartikel, für den Zentraleinkäufer eines Handelsunternehmens der möglichst große Deckungsbeitrag einer (jeden) Warengruppe). Dabei traten erhebliche Zieldivergenzen und dadurch verursachte Konflikte auf (vgl. den Überblick in Abb. 3.89).

	Ziele Hersteller	**Ziele Handel**
Produkt-Politik	• Aufbau von Produkten /Marken • Hohe Innovationsrate	• Aufbau eines Geschäftsimage • Geringe Innovationsrate
Distributions-Politik	• Große Bestellmengen • Günstige Markenplatzierung	• Belieferung in kleinen Mengen • Gleichmäßige Markenplatzierung
Kommunikations-Politik	• Aufbau von Markentreue • Markenprofilierung	• Aufbau von Händlertreue • Sortimentsprofilierung
Kontrahierungs-Politik	• Einheitl. Endverbraucherpreise • Durchsetzung der Preisstrategie	• Preismaßnahmen • Hohe Handelsspanne

Quelle: Meyer 2000, S. 298.
Abb. 3.89: Zieldivergenzen zwischen Hersteller- und Handelsunternehmen

Im Rahmen des Category-Management wird jetzt von Produzent und Handel eine gemeinsame Zielsetzung, die Optimierung einer Warengruppe des Handels, in der ein Markenartikel eines Produzenten enthalten ist, verfolgt. Dies lässt sich noch konkretisieren. Hauptziele sind

- die Absatzoptimierung,
- die Kosteneinsparung
  (durch eine Verteilung der Wertschöpfungsaktivitäten auf den kompetenteren Partner),
- die Kundenorientierung
  (durch eine Optimierung der Category in Bezug auf den Zielkunden),
- die Realisierung von Kooperationsvorteilen und eine angemessene Aufteilung des zusätzlichen Gewinnes.

Empirische Erkenntnisse zum Category Management in der Bundesrepublik Deutschland liegen vor[96]; eine Befragung von 60 Konsumgüterherstellern ergab, dass

- in 70% der Fälle Category Management bekannt ist und im eigenen Unternehmen angewandt wird,
- mehr als 80% der Befragten Category Management als Implementierung eines Warengruppendenkens und etwa zwei Drittel der Befragten Categroy Management als Konzept einer intensiven Zusammenarbeit zwischen Produzenten und Handel wahrnehmen,

wobei folgende **Aufgaben** im Rahmen des Category Management als besonders wichtig angesehen wurden:

- Konzeption handelsgerichteter Verkaufsförderungs- und Merchandising-Maßnahmen,
- Produktprogrammplanung im Hinblick auf die Sortimentsanforderungen des Handels,
- direkte Zusammenarbeit mit dem Handelspartner,
- Kombination von Produktmanagement und handelsgerichtetem Marketing.

Category-Management ist mit klassischen Organisations-Konzepten (vgl. Abb. 3.90) nicht mehr vereinbar. Während bisher funktionale Organisationsstrukturen im Handel dominierten, gliedern sich die Organisationsformen im Rahmen des Category Management nach strategischen Geschäftseinheiten (Categories, vgl. Abb. 3.91). So ist ein Category-Manager für diverse Funktionsbereiche – seine Category betreffend – zuständig. Er hat ungeteilte Entscheidungskompetenz und Ergebnisverantwortlichkeit für die Category, die er als Profit Center führt. Unterstützt werden kann er seitens der Produzentenseite durch den Category Captain; ein bzw. zwei Hersteller pro Category mit angemessener Marktstärke, Erfahrung und Vertrauen.

Offensichtlich ist, dass ein Category-Management nur dann funktionieren kann, wenn eine **vertrauensvolle Zusammenarbeit** und ein intensiver Informationsaustausch zwischen Handel und Produzenten erfolgt. Insbesondere müssen Informationen in erheblichem Maße getauscht werden. Durch Einsatz der **Scanner-Technik** fallen im Handelsbetrieb sehr detaillierte Informationen an, die in den verschiedensten Weisen ausgewertet werden können.

3.3.2.2 Der Planungsprozess des Category Management

Der Planungsprozess des Category Management[97] verläuft über sechs Stufen und wird ergänzt durch die zwei ergänzenden Stufen "Implementierung" und "Erfolgskontrolle" (vgl. Abb. 3.92).

Gegenstand des ersten Schrittes **"Definition einer Category"** ist die Abgrenzung einer Category aus Konsumentensicht, nach Verbundbeziehungen zwischen Artikeln oder nach Kaufanlässen. Das Sortiment ist in überschneidungsfreie Produktgruppen zu gliedern, die aus Sicht der Konsumenten zusammen gehören oder als

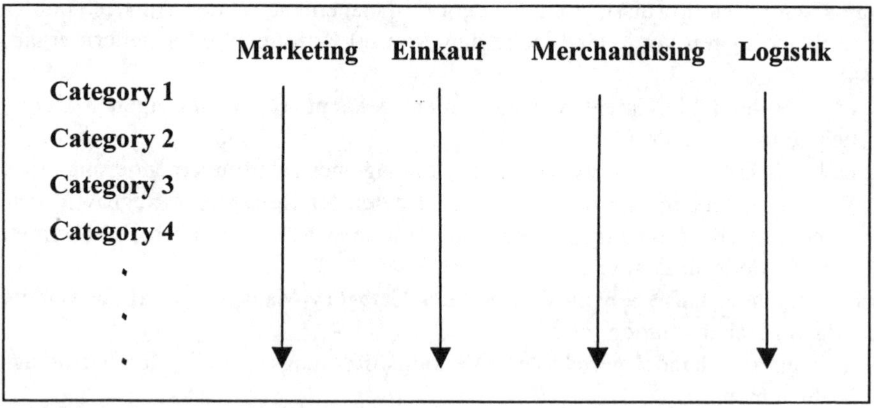

Quelle: Pretzel 1996, S. 23.
Abb. 3.90: Traditionelle funktionale Organisationsform des Handels

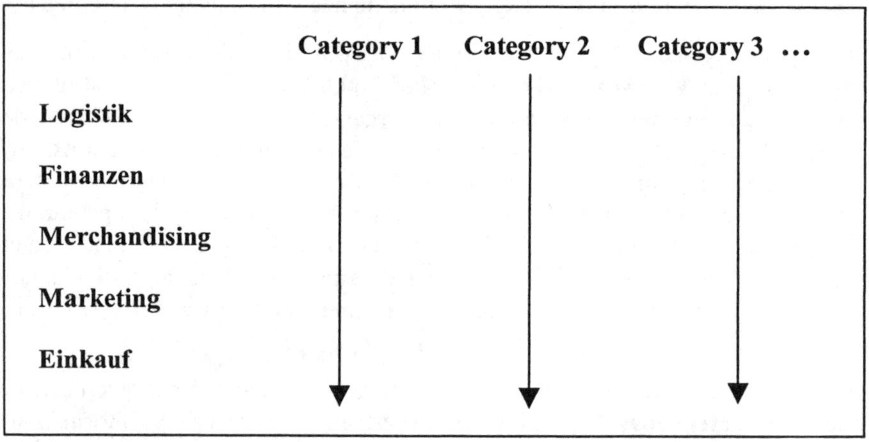

Quelle: Pretzel 1996, S. 23.
Abb. 3.91: Category-Management-Organisation im Handel (Funktionen eines Category Managers)

austauschbar zur Befriedigung eines Bedürfnisses wahrgenommen werden. Normalerweise definieren Handelsunternehmen je nach Vertriebsschiene zwischen 150 und 400 verschiedene Categories, Supermärkte bis zu 200. Den Unterschied zum klassischen Aufbau eines Sortiments zeigt Abb. 3.93 deutlich. Ein überzeugendes Beispiel für den Definitionsprozess einer Category findet sich in Abb. 3.94.

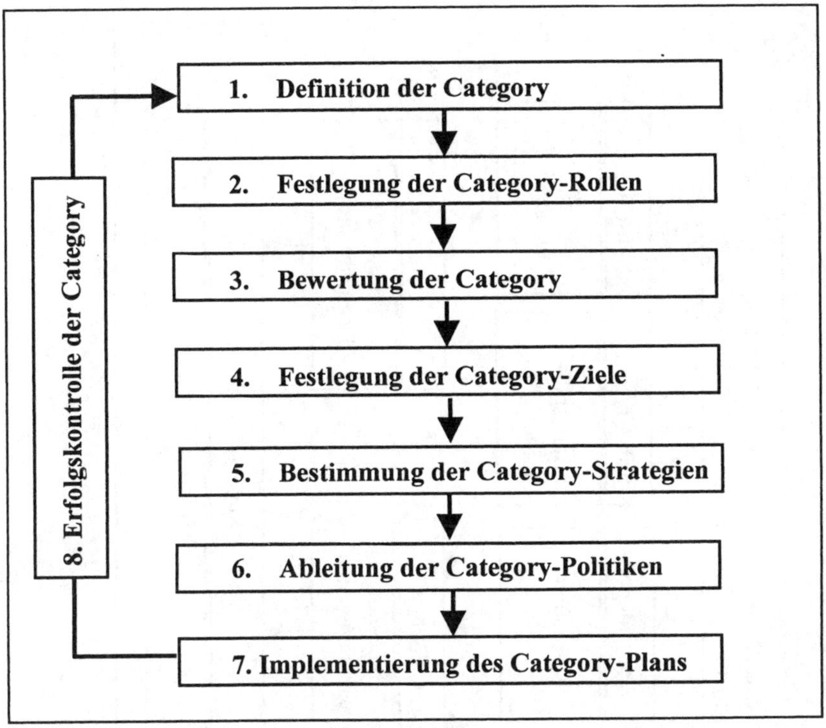

Quelle: In Anlehnung an Schmickler 2001.

Abb. 3.92: Planungsprozess des Category Managements

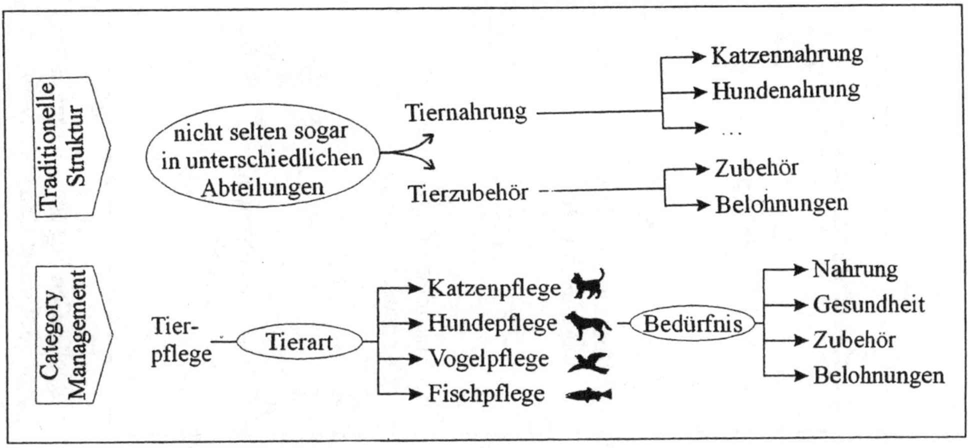

Quelle: Holzkämper 1998, S. 71.

Abb. 3.93: Traditionelle Sortimentsstruktur versus Category-Struktur

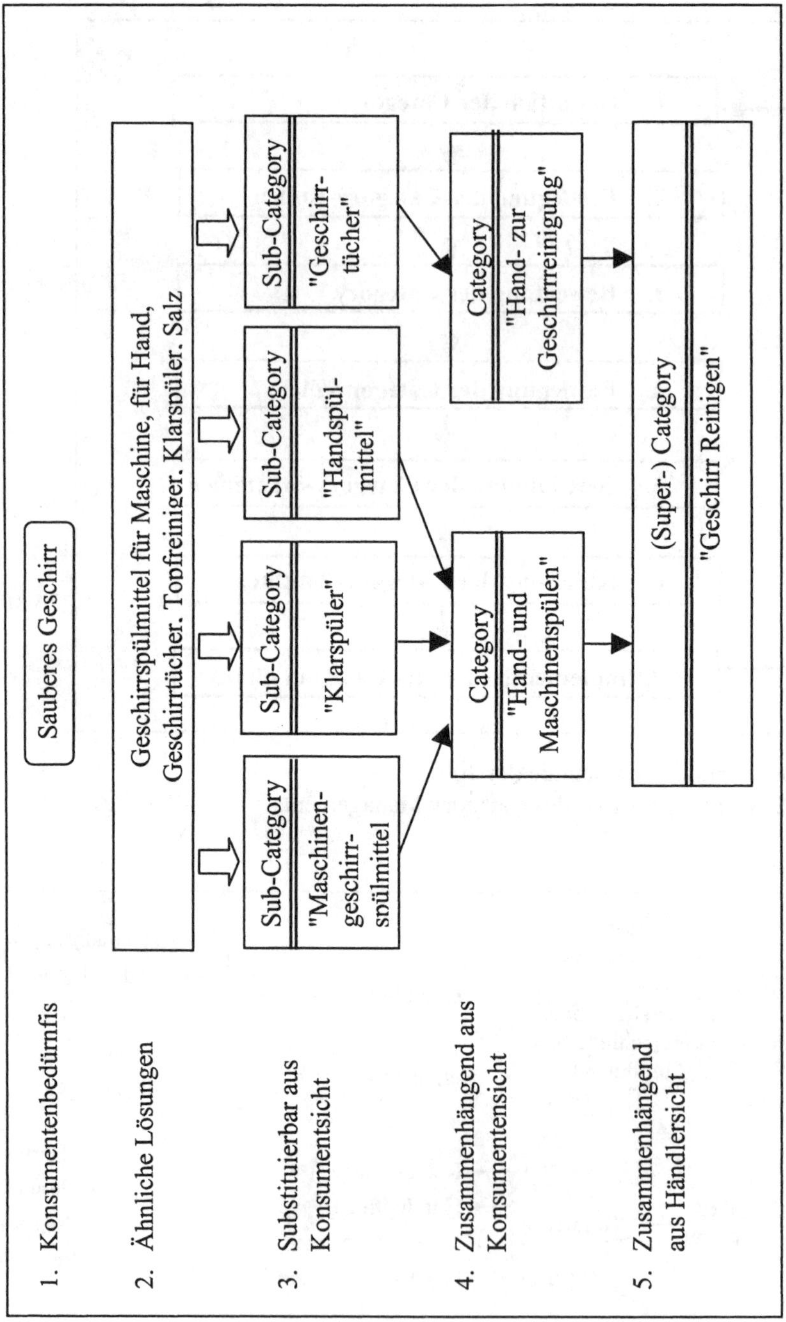

Quelle: Centrale für Coorganisation GmbH 2001.
Abb. 3.94: Der Category-Definitionsprozess

Im zweiten Schritt **"Festlegung der Category-Rollen"**[98] ist einer Category eine spezifische Category-Rolle zuzuweisen; aus ihr können dann spezifische Strategien und Politiken zur Führung dieser Category ab. Grundsätzlich werden die **Rollen** (vgl. Abb. 3.95)

- Profilierung,
- Pflicht,
- Impuls/Saison und
- Ergänzung

unterschieden. **Profilierungs-Categories** machen beispielsweise meist nur einen kleinen Teil des Categories aus. Sie sollen besondere Categories sein, die dem Zielkonsumenten dauerhaft überdurchschnittlichen Nutzen bieten und werden dafür bei der Ressourcenverteilung am stärksten berücksichtigt. **Pflicht-Categories**, die normalerweise bis zu 60% ausmachen, sollen den täglichen Bedarf der Konsumenten decken. **Impuls-Categories** sollen unter anderem ungeplante Käufe generieren, **Ergänzungs-Categories** das Sortiment komplettieren.

Die **Analyse der derzeitigen Leistung** einer Category und ihrer Potentiale erfolgt im dritten Schritt. Sie bildet die Grundlage für alle weiteren Schritte. Strategische Lücken zwischen der definierten Soll- und der Ist-Situation einer Category sind zu identifizieren; beispielsweise durch Positionierung der Categories als Strategische Geschäftseinheiten in einem Ist- und Soll-Portfolio (vgl. Abb. 3.96). Stärken-Schwächen-Analysen sind durchzuführen. Dabei ist von der jeweiligen Category-Rolle auszugehen.

Auf Grund der **Bewertung der Categories** werden im vierten Schritt **konkrete Ziele** sowie ein **Zeitplan** für deren Erreichung aufgestellt. Diese langfristigen Ziele sind meist prozentuale Vorgaben für die Erhöhung von Umsatz, Marktanteil oder Margen in Abhängigkeit der Category-Rolle.

Die Strategien sollen dazu dienen, die den Categories zugeordnete Rolle zu realisieren und die vorgegebenen Ziele zu erreichen. Mögliche Strategien, wie "Gewinnsteigerung" oder "Aufwertung des Image", müssen dafür im fünften Schritt zunächst den Rollen und anschließend den einzelnen Produkten oder Produktgruppen zugeordnet werden. Für die bereits genannten **Category-Rollen** ergeben sich folgende **Category-Strategien**[99]:

- **Profilierung:** Frequenz schaffen, Marktsegmente besetzen und verteidigen, Durchschnittsbon erhöhen, Erlebnis schaffen.
- **Pflicht:** Durchschnittsbon erhöhen, Profit erhöhen.
- **Saison:** Frequenz schaffen, Erlebnis schaffen, Profit erhöhen.
- **Ergänzung:** Durchschnittsbon erhöhen, Profit erhöhen, Image aufbauen.

Im nächsten Teilschritt dieser Prozessphase müssen den Category-Strategien konkrete Categories und Produkte zugeordnet werden (vgl. Abb. 3.97). Schließlich muss das Ergebnispotenzial der gewählten Strategien für die Category geprüft werden, also ob das Category-Ziel mit den gewählten Strategien erreichbar ist.

Zur Umsetzung der Strategien stehen mit den Aktionsfeldern des Marketing verschiedene **Politiken**[100] zur Verfügung. Diejenigen Maßnahmen, die die Strategie

Category-Rolle	Größenanteil	Die Aufgabe der Category-Rolle:
Profilierung (Destination)	5 bis 7 Prozent der Categories	• Der Primäranbieter dieser Produkte an den Zielkonsumenten zu sein. • Das Profil des Handelsunternehmens bzw. der Vertriebsschiene zu definieren. • Dem Zielkonsumenten dauerhaft überdurchschnittliche Nutzen zu bieten. • Hinsichtlich Umsatz, Marktanteil, Kundenzufriedenheit und Serviceniveau die führende Warengruppe zu repräsentieren.
Pflicht (Preferred)	55 bis 60 Prozent der Categories	• Der bevorzugte Anbieter dieser Produkte an den Zielkonsumenten zu sein. • Das Image des Händlers beim Kunden zu verstärken. • Eine wesentliche Rolle bei der Generierung von Ertrag, Cash-Flow und Gesamtkapitalrendite zu sein.
Impuls/Saison (Occasional/Seasonal)	15 bis 20 Prozent der Categories	• Ein Hauptanbieter dieser Produkte für den Zielkonsumenten zu sein. • Das Image des Händlers beim Kunden zu verstärken. • Hohen Verbrauchernutzen für den Zielkonsumenten zu schaffen. • Eine sekundäre Rolle bei der Verbesserung von Ertrag, Cash-Flow und Gesamtkapitalrendite zu übernehmen.
Ergänzung (Convenience)	15 bis 20 Prozent der Categories	• Dem Händler beim Konsumenten als umfassenden Anbieter zu positionieren (One-Stop-Shopping). • Guten Verbrauchernutzen für den Zielkonsumenten zu schaffen. • Eine wichtige Rolle auf dem Gebiet der Generierung von Erträgen und der Margenverbesserung zu spielen.

Quelle: Seifert 2001, S. 181

Abb. 3.95: Ausgewählte Categorie-Rollen und Aufgaben im Rahmen von Category-Management

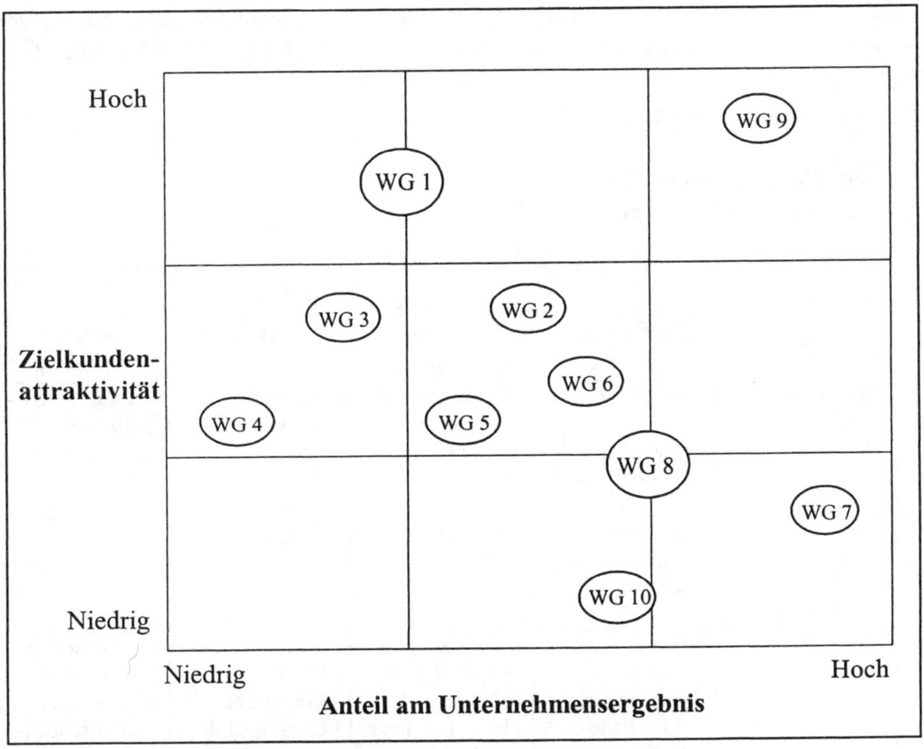

Quelle: In Anlehnung an Schröder/Großweischede 2000, S. 21.
Abb. 3.96: Ziel eines Warengruppen-Portfolios im Category-Management

Category-Rolle	Category-Strategien	Produkte
Profilierung	Erlebnis schaffen	• New Age Getränke • Sammelpackungen
	Frequenz schaffen	• Kleingebinde • 2-Liter-Flaschen
	Durchschnittsbon erhöhen	• Verschiedene Sorten • Großgebinde
	Image aufbauen	• Eigenmarken

Quelle: Vgl. Holzkämper 1998, S. 78.
Abb. 3.97: Zuordnung von Produkten zu Category-Strategien für die Category-Rolle "Profilierung"

am besten umsetzen, sollen im sechsten Schritt ausgewählt werden. Abb. 3.98 zeigt für die verschiedenen Category-Rollen beispielhafte Category-Politiken bezüglich

- der Sortimentspolitik,
- der Regalpräsentation,
- der Preispolitik und
- der Verkaufsförderung.

Kategory Rolle	**Kategory-Politiken**			
	Sortiments-politik	**Regal-präsentation**	**Preispolitik**	**Verkaufs-förderung**
Profilierungs-Rolle	•"Vollständige" Auswahl - beste Auswahl auf dem Markt - Kategorien - ausgeprägte Segmentierung - Marken - Art.	• Optimale Lage im Outlet - hohe Kunden-frequenz - hohe Kontaktzeit • Große Flächen	• Führende Positon - optimale Kun-dennutzen - gesamte Kategorie	• Hohes Aktivi-tätsniveau - hohe Frequenz - mehrere Werbeträger - individuelle Anpassung
Pflicht-Rolle	•"Breite" Auswahl – Wettbewerbs-fähigkeit im Markt - Subkategorien - wichtige Marken - wichtige Artikel	• Durchschnitt-liche Lage im Outlet - hohe Frequenz • Hohe Flächen zuordnung	• Wettbewerbs-fähig - Konsistent - Übereinstim-mung mit dem Wettbewerb - wichtige Kom-ponenten einer Kategorie	• Durchschnitt-liches Akti-vitätsniveau - durchschnitt-liche Frequenz - durchschnitt-liche Dauer - mehrere Werbeträger
Impuls-/ Saison-Rolle	• Zeitgerechte Auswahl - Subkategorien - ausgeprägte Segmentierung	• Gute Position mit Outlet - hoher Kunden-verkehr - durchschnitt-liche Flächen - Hohe Flächen-zuordnung	• Wettbewerbs-fähig - Saisonal - geringe Abweichung vom Wettbe-werb - einige Kom-ponenten der Katergorie	• Saisonal/zeit-gerechte Aktivität - mehrere Werbeträger
Ergänzungs-Rolle	• "Begrenzte" Auswahl - wichtige Marken/Artikel	• Verfügbare Lage im Outlet - kleine Flächen	• Akzeptabel - innerhalb eines Abweichungs-intervalls von 15% vom Wettbewerb	• Niedriges Aktivitäts-niveau - ausgewählte Werbeträger

Abb. 3.98: Category-Politiken für die einzelnen Category-Rollen

Die **Sortimentsgestaltung** schließt die Bereiche der Sortimentzusammensetzung und Regalgestaltung ein, da in der Praxis Listungs- und Regalbelegungsentscheidungen gemeinsam getroffen werden. Heute übernehmen meist EDV-Programme die Flächengestaltung in den Verkaufsstätten, die durch Computersimulationen den maximalen Ertrag einer Category bestimmen können. Categories müssen selbstverständlich nach Rolle und Strategie taktisch unterschiedlich geführt werden. Einer Profilierungs-Category werden z.B. beste Lagen zugewiesen, und das Sortiment sollte komplette Vielfalt bieten. Die **Preisgestaltung** der Categories sollte wie die Sortimentgestaltung in Abhängigkeit der Rolle und der Strategien festgelegt werden. Eine Routine-Category sollt permanent kompetitiv sein, während für eine Profilierungs-Category die Preisführerschaft angestrebt werden sollte. Im Allgemeinen empfiehlt das Category Management Sonderangebote stark einzuschränken, weil diese mit großen logistischen Problemen verbunden sind, und sie eher "Schnäppchenjäger" anlocken, die den Nutzen von Sonderangeboten mindern. Häufig empfohlen wird dagegen die Dauerniedrigpreisstrategie, die Wal Mart sich mit "Every day low prices" sogar zu Firmenphilosophie gemacht hat. Diese Strategie erhöht die Glaubwürdigkeit des Handelsunternehmens, sie kommt der Haushaltsplanung des Verbrauchers entgegen und fördert die Verkaufsstättenloyalität. Gemeinsame **Verkaufsförderungsaktionen** von Herstellern und Handel sind erfolgreicher und effizienter als unabgesprochene Aktionen. Sie sollten für ein Jahr im Voraus geplant, gemeinsam durchgeführt und die Auswirkung kontrolliert werden. Preisangebote sollen wie gesagt vermieden werden, andere Verkaufförderungsmaßnahmen sollen auf die Category und die Einkaufsstätte zugeschnitten sein. So werden Profilierungs-Categories relativ häufig beworben. Diese Promotions sollen intelligente und kreative Maßnahmen sein, die sich am strategischen Zielkunden ausrichten. Die loyalen Kunden sollen belohnt werden (wozu sich Coupons oder Kundenkarten eignen), bisherige Wechselkäufer sollen stärker an das Unternehmen gebunden und Nichtkäufer "angelockt werden.

Der Schritt "**Implementierung des Category-Plans**" umfasst den Plangenehmigungsprozess, die Verteilung von Verantwortlichkeiten, die Terminplanung und letztlich die Durchführung der konkreten Maßnahmen.

Eine **kontinuierliche Kontrolle** des Category-Management-Prozesses ist zwingende Voraussetzung für dessen Erfolg. Denn ohne eine Erfolgsmessung ist keine Steuerung und Verbesserung des Gesamtprozesses möglich. Zur Erfolgsmessung muss ein Soll-/ Istvergleich zwischen den in der Leistungsanalyse vorgegebenen Zielen und tatsächlichen Werten erfolgen, und bei Abweichung der Ein-Jahres-Plan geändert, oder gegebenenfalls die Category-Management-Schritte nochmals durchlaufen werden. Außerdem können zur Erfolgsmessung auch andere Kennzahlen hinzugezogen werden, wie die Kundenzufriedenheit, Käuferreichweiten oder der Deckungsbeitrag pro Kunde bzw. pro Artikel.

3.2.2.3 Vor- und Nachteile des Category Management

Das Hauptziel von Category Management ist die Absatzoptimierung und Kosteneinsparung durch die Kooperation zwischen Herstellern und Handel. Durch die Verteilung der Wertschöpfungsaktivitäten auf den jeweils kompetenteren Partner sowie die Abstimmung der Marketingmaßnahmen untereinander kann das Marketing effizienter gestaltet werden. Empirische Ergebnisse[101] zeigen, dass folgende Effizienzsteigerungen möglich sind:

- Umsatz: +5 bis 10%
- Lagerbestand: -10 bis – 20%
- Arbeitskosten im Laden: -25%

Ziel ist die Optimierung der Category in Bezug auf den Zielkunden. Hinter der Philosophie der Kundenorientierung steht die Erkenntnis, dass Handelsunternehmen ihren Gewinn hauptsächlich mit einer Gruppe loyaler Stammkunden erwirtschaften. Ebenso ist bekannt, dass über 50% der Verbraucher immer die gleiche Marke einer Category im gleichen Geschäft kaufen[102]. Ziel der Händler im Category Management muss es also sein, durch Profilierung gegenüber den Wettbewerbern und Ausrichtung auf den Zielkunden die Verkaufsstellenloyalität zu erhöhen. Unterstützen Hersteller die Händler bei diesem Ziel, so erreichen sie über die Führung der Category auch ihr eigenes Ziel der Loyalitätssteigerung gegenüber ihren Marken. Außerdem können sie im vertikalen Informationsaustausch neben Verkaufszahlen auch Informationen über Margen- und Gewinnentwicklungen der Händler erhalten. Darüber hinaus gewinnen die kooperierenden Hersteller je nach Intensität der Zusammenarbeit mehr oder weniger Einfluss auf das Marketing in der Handelsfiliale, also am Point of Sale (PoS). Das kann ein entscheidender Vorteil sein, wenn bedacht wird, dass ein großer Anteil der Entscheidungen für eine Marke innerhalb einer Category (bei Süßwaren sogar bis zu 70%) erst am PoS fällt[103].

Wegen der Zieldivergenzen zwischen Produzent und Handel können sich aber viele **Konflikte**[104] ergeben. Neben den umsetzungsbezogenen Problemen gibt es durch die Implementierung im Handelsunternehmen zwangsläufig Konflikte. Zum einen wird es durch die Zusammenlegung von Ein- und Verkauf zu Abstimmungsproblemen zwischen Category Managern kommen. Zum anderen wird bezweifelt, dass das Category Management zu einem Gesamtoptimum für das Handelsunternehmen führt, weil die Bemühungen der Category Manager, ihre eigene Category zu optimieren, oft auf Kosten anderer Categories erfolgen.

Das gravierendste Problem zwischen Handel und Herstellern ist der systemimmanente Konflikt, der aus den Zieldivergenzen resultiert[105]. Auch der Konflikt um die Verteilung des Gewinns ist im Category Management nicht gelöst. Sicherlich wird der Kooperationspartner, der in der mächtigeren Position ist, seine Macht bei der Aufteilung der Vertriebsspanne "missbrauchen". Da in einer bestehenden Kooperation meist der Hersteller der abhängigere Partner ist, wird das Handelsunternehmen einen großen Teil der Gewinne für sich beanspruchen können, obwohl der Hersteller den entschieden größeren Teil der Arbeit erbringt. Insbesondere Hersteller müssen zudem kostenintensive Investitionen tätigen, um vom Handel als Category Captain ausgewählt zu werden. Umgekehrt ist jedoch auch das Handelsunternehmen in einer Abhängigkeitsposition, da es nicht viele Kontrollmöglichkeiten über das Herstellerunternehmen hat. Besonders wenn Hersteller mehrere Händler betreuen, besteht die Gefahr, dass Category-Empfehlungen, um Arbeit zu sparen, standardisiert und nicht auf das spezielle Handelsunternehmen zugeschnitten sind. Ebenso können Hersteller in der von ihnen betreuten Category versuchen, ihre eigenen Produkte am PoS stärker zu fördern als fremde Produkte oder Handelsmarken und damit die Category suboptimal führen.

Durch das Category Management, in dem nur "gute" Marken gelistet werden sollen, werden "starke Marken noch stärker, schwache Marken noch schwächer". Die großen Hersteller mit den erfolgreichen Marken werden jedoch ohnehin durch ihre Qualifizierung als Category Captain bevorzugt. Dass manche Hersteller mit einem Großteil aller Handelunternehmen als Category Captain zusammenarbeiten (beispielsweise Coca Cola in der Category "Softdrinks" oder Gillette in der Category "Shaving") ist wettbewerbsrechtlich bedenklich. Für kleinere oder lokale Hersteller bietet sich jedoch die Möglichkeit, über das Mikro-Marketing in einem Handelsunternehmen gelistet zu werden. Denn in den Handelsunternehmen werden die Definition und Strategie einer Category zwar zentral bestimmt, zum Teil sind die einzelnen Verkaufsstätten aber berechtigt zu lokalen Profilierung. Diese teilweise Regionalisierung der Sortimente und Taktiken schwächt wiederum den negativen Aspekt der Standardisierung von CM-geführten Unternehmen und wirkt sich positiv auf den Erfolg aus.

3.3.3 Efficient Consumer Response

3.3.3.1 Das Efficient Consumer Response-Konzept

Efficient Consumer Response[106] kann übersetzt werden mit "effiziente Reaktion auf die Konsumentennachfrage". Es ist ein umfassendes Management-Konzept auf der Basis einer vertikalen Kooperation von Produzent und Handel. ECR umfasst zwei Sachverhalte:

- **Consumer**
  (Orientierung an den Bedürfnissen der Konsumenten) und
- **Efficient Response**
  (prozessorientierte, wirtschaftsstufenübergreifende Optimierung der Wertschöpfungskette).

Das Konzept des Efficient Consumer Response beinhaltet eine **intensive Zusammenarbeit** auf allen Stufen einer Warenflusskette zwischen Produzent und Konsument auf der Grundlage einer genauen Kenntnis des Konsumentenverhaltens; es ist durch **integrierte Steuerungs- und Rationalisierungskonzepte** sowohl der Waren- als auch der Informationsprozesse gekennzeichnet (grundsätzlich lässt sich das Efficient Consumer Response-Modell mit den Just-in-Time-Konzepten zwischen Zulieferern und Herstellern in der Automobilbranche vergleichen). Als **informationstechnologische Grundlagen**[107] müssen auch die Scanner-Technik und Electronic Data Interchange (EDI) gegeben sein. Die Scanner-Technologie erlaubt es, durch Scannerkassen die Abverkäufe bei den Händlern automatisch mit der Warenlogistik zu verbinden. EDI beinhaltet den elektronischen Datenaustausch zwischen Hersteller und Händler. Hersteller und Händler streben durch eine Steigerung der Kundenzufriedenheit und Kundenorientierung als Kooperationsziel den größtmöglichen Systemerfolg an, das bedeutet Industrie und Handel wollen in enger Zusammenarbeit die Versorgungskette durch niedrigere Kosten, besseren Service, bessere Qualität und ein breiteres Angebot optimieren, um so dem Verbraucher einen höheren Nutzen zu stiften und selbst einen höheren Ertrag zu erwirtschaften. Der Prozessablauf, der bisher stark von der Push-Strategie geprägt war, wird durch eine Pull-Strategie ersetzt, während beim Push-Prinzip der Schub vom Hersteller kommt, wird bei der Pull-Strategie die Produktion des Herstellers durch das Kaufverhalten des Verbrauchers beeinflusst.

3.3.3.2 Der Planungsansatz des Efficient Consumer Response

Im Rahmen des Efficient Consumer Response-Modells[108] können **vier Basisstrategien** unterschieden werden (vgl. Abb. 3.99), die sich auf die Beschaffungs- und Lagerbewirtschaftungspolitik (Efficient Replenishment), die Bestands- und Regaloptimierung im Handelsbetrieb (Efficient Store Assortments), die Sales Promotions gegenüber (Efficient Promotion) und die Produktinnovation (Efficient Product Introduction) beziehen.

Hauptaufgaben des **Efficient Replenishment**[109] sind die Zeit- und die Kostenoptimierung, welche durch eine angemessene Logistikstrategie erreicht werden sollen. Efficient Replenishment steht für die partnerschaftliche Zusammenarbeit von Händler und Hersteller; es soll eine effiziente Warennachschubversorgung gewährleisten. Durch unternehmensübergreifende Prozessabläufe, die optimiert sind, sollen Durchlaufzeiten verringert, Handlungskosten vermindert und Lieferengpässe vermieden werden. Das Produkt soll dem Kunden zum richtigen Zeitpunkt, am richtigen Ort, in angemessener Menge und in der entsprechenden Qualität zugänglich sein. Durch ER soll also "ein kontinuierlicher Warennachschub des Herstellers" gewährleistet werden. Dies schließt häufigere Bestellungen mit jeweils geringeren Mengen ein, um zu hohe Lagerbestände zu verhindern. Dies ist jedoch nur dann sinnvoll, wenn dem Hersteller die Abverkaufsdaten des Händlers bekannt sind, um die richtigen Mengen zu produzieren.

Um den Systemgewinn zu steigern, sollen die Sortimentsplanung und –kontrolle in kooperativer Weise durchgeführt werden Wesentliche Teilaufgaben sind die Sortimentsbestimmung sowie die Regal- und Flächenoptimierung (Space Management). **Efficient Store Assortments**[110] beinhaltet die gemeinsamen Bemühungen von Produzent und Händler, durch eine effiziente Sortimentsgestaltung die zur Verfügung stehende Verkaufsfläche optimal zu nutzen und gleichzeitig die Kundennachfrage genau zu treffen. Die Produkte werden den Kaufgewohnheiten und

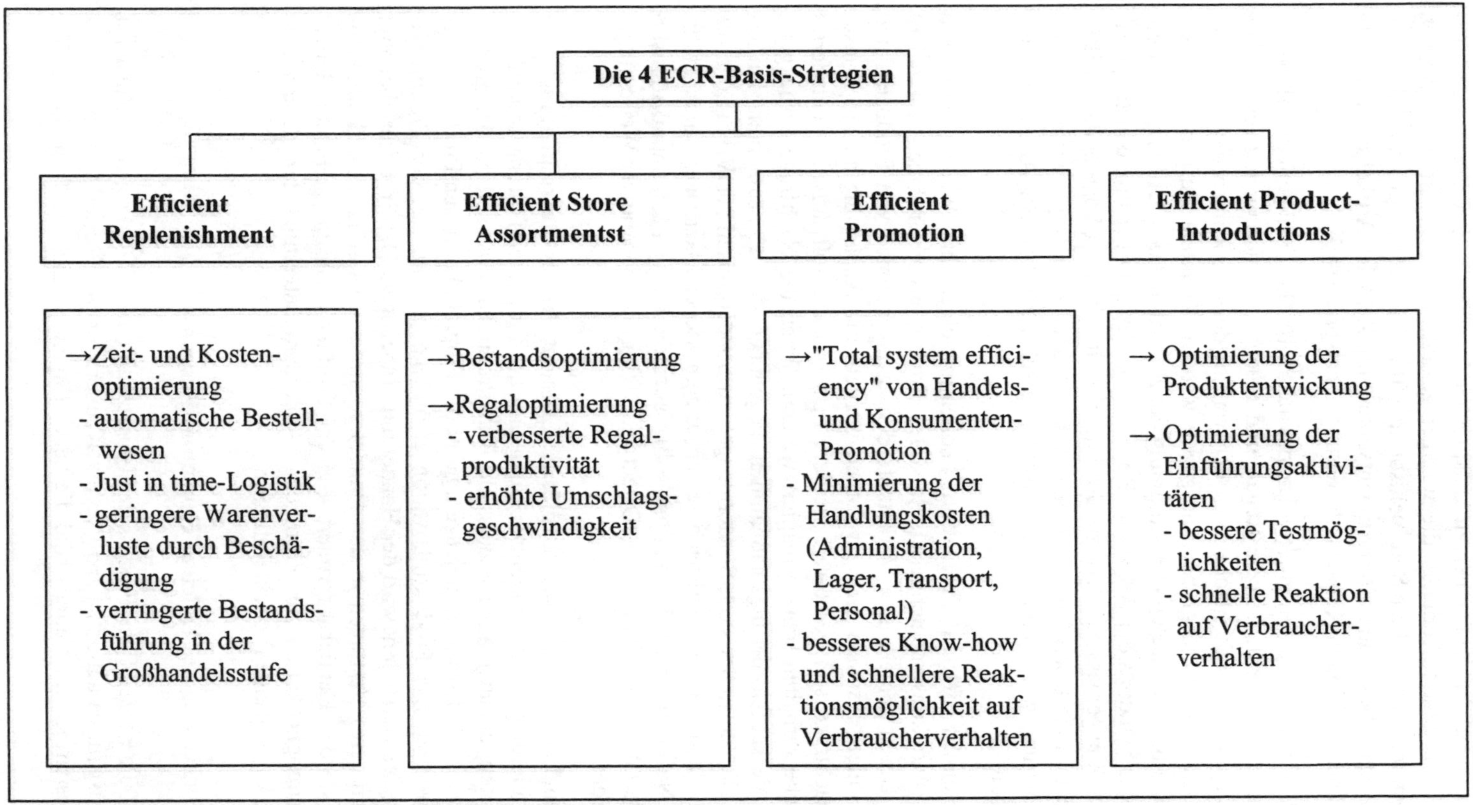

Quelle: Pretzel 1996, S. 22.

Abb. 3.99: Basisstrategien des Efficient Consumer Response

Anforderungen der Konsumenten entsprechend zu optimalen Sortimenten gestrafft, das bedeutet Produkte, die weniger gekauft werden, werden ausgelistet. Außerdem muss sowohl die Sortimentsbreite ("die Zahl der zu berücksichtigenden Warengruppen") als auch die Sortimentstiefe ("die Zahl der Artikel einer Warengruppe") den jeweiligen Kundenanforderungen entsprechen.

Da die Verkaufsfläche den größten Engpassfaktor für das Sortiment des Handelsunternehmens darstellt, ist eine Regal- und Flächenoptimierung notwendig. Die zur Verfügung stehende Fläche muss den verschiedenen Sortimentsbereichen zugeordnet und auf Warengruppen aufgeteilt werden. Konkrete Aufgaben der Regaloptimierung sind auch die Bestimmung der Anzahl und der Artikel pro Warengruppe, des Standorts der Artikel im Regal und die Anzahl der Frontstücke je Artikel. Durch angemessene Systeme der Lagerbewirtschaftung können die Artikelbestände optimiert werden. Ausgangspunkt ist aber eine Regaloptimierung im Handelsbetrieb, wobei eine hohe Umschlagsgeschwindigkeit der Artikel erreicht werden soll.

Im Rahmen der **Efficient Promotion**[111] sollen in zielgerechter Weise angemessen handels- und konsumentengerichtete Sales Promotions-Maßnahmen entwickelt werden. Durch gemeinsame Verkaufsförderungsmaßnahmen von Produzent und Handel sollen Bestände gering gehalten werden; die Anpassung an die Konsumentennachfrage soll verbessert werden. Insbesondere soll auf ein verändertes Verbraucherverhalten schnell reagiert werden. Wenn die Nachfrage zurückgeht, können Verkaufsförderungsmaßnahmen gegenüber den Konsumenten initiiert werden. Der Hersteller stellt Sondermengen zu Sonderpreisen zur Verfügung, die dann im Handel als Sonderangebote mit angemessener Plazierung durchgeführt werden. Neben den Sales Promotions sollen auch die übrigen Kommunikationsinstrumente (Werbung, Sponsoring, Direct Marketing) in kooperativer Weise eingesetzt werden.

Gegenstand der vierten Basisstrategie, der **Efficient Product Introductions**[112], ist die Optimierung der Produktentwicklung und der Produkteinführung sowohl aus Produzenten- als auch aus Handelssicht. Das Produktangebot soll für den Konsumenten verbessert werden; gleichzeitig soll die Floprate bei neuen Produkten verringert werden. Die Produktinnovation erfolgt kooperativ. Bei der Produktentwicklung des Herstellers wird der Handel mit einbezogen. Der Produzent benötigt hierbei größeres Vertrauen in den Handel, wenn er über seine Produktinnovationsprojekte den Handel informiert. Bei der Produkteinführung stellt der Handel gute Testmöglichkeiten zur Verfügung. Außerdem unterstützt der Handel eine schnelle, konsequente Produkteinführung.

3.3.3.3 Umsetzung des Efficient Consumer Response

Abb. 3.100 beschreibt den Prozess der Umsetzung eines ECR-Projektes. Zunächst ist die Ausgangssituation zu analysieren (Kooperation von Vorteil?, mögliche Kooperationspartner?). Zweitens sind die zu verfolgenden Ziele zu formulieren (für

Produzent und Handel jeweils individuell sowie für Kooperation). Drittens sind alle wesentlichen Elemente, die in einer Kooperation vereinbart werden müssen (Intensität und Umfang der Zusammenarbeit, vertragliche Absicherung?, wieviele Marktstufen werden einbezogen: auch Zulieferer?, welche ECR-Strategien?), festzulegen. Es folgt die Durchführung des ECR-Projektes. Schließlich ist eine Kontrolle vorzunehmen (bezüglich der Ergebnisse der Kooperation sowie des Verhaltens der Kooperationspartner). Diverse Rückkopplungen ergänzen den Umsetzungsprozess.

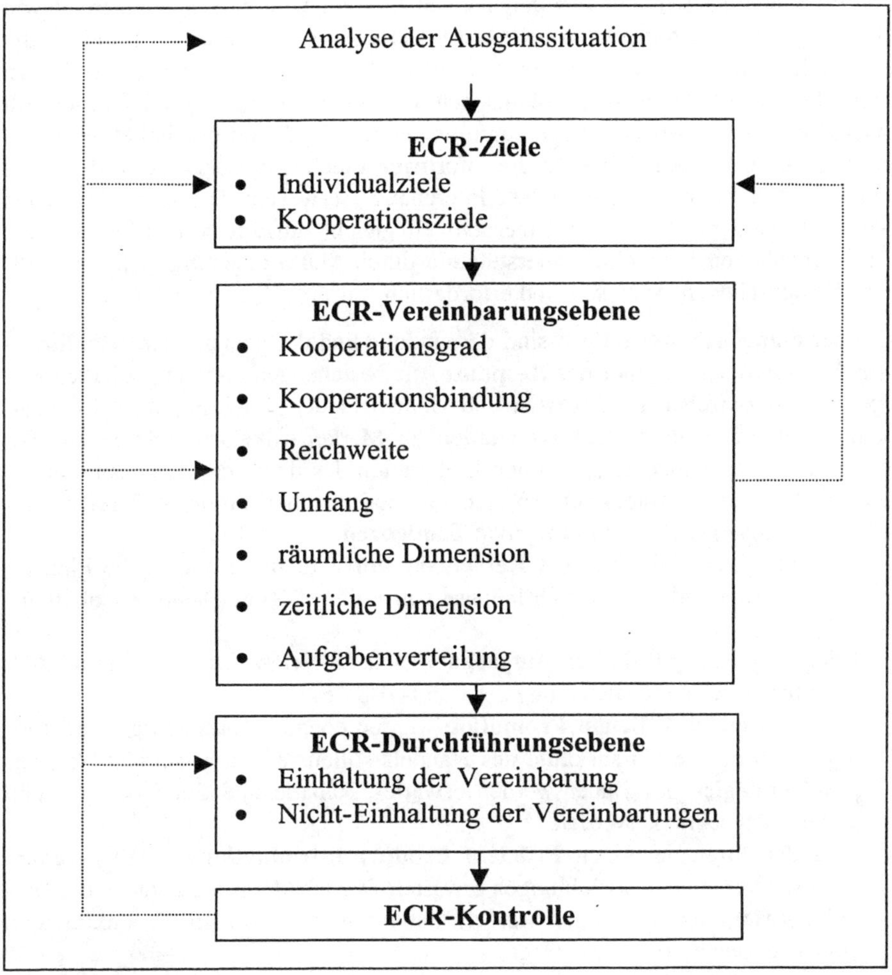

Quelle: Cansier 2001, S. 30.
Abb. 3.100: Schritte zur Umsetzung von Efficient Consumer Response

3.3.3.4 Vor- und Nachteile des Efficient Consumer Response-Konzeptes

Die Vorteile des ECR[113] sind offensichtlich, lassen sich an der Idee des Konzeptes und den verfolgten Zielen ablesen. Die Wertschöpfungskette wird optimiert, der Systemgewinn wird erhöht. In angemessener Weise muss aber das Problem der Gewinnverteilung zwischen Produzent und Handel gelöst werden.

Das ECR-Konzept ist wohl nur möglich bzw. sinnvoll für den Category Captain[114]; die Markenartikel anderer Produzenten werden häufig vom Handel durch Handelsmarken ersetzt. Als Probleme können sich auch die ungewollte Weitergabe von Marken-Know-how an den Handel und ein befürchteter Preisdruck von Händlern auf den Produzenten bei Massenkäufen erweisen. Für den Handel kann ein Nachteil darin liegen, dass er sein Wissen über das Konsumentenverhalten preisgibt. Auch kann es als problematisch angesehen werden, dass der Produzent auch über das Internet vertreiben kann, wobei der Handel ausgeschaltet wird. Als problematisch können sich auch die informationstechnologischen Anforderungen (insbesondere beim Electronic Data Interchange) erweisen. Die technologischen Standards sind nicht in allen Unternehmen gleich, müssen geschaffen werden, unter Umständen kann eine Unterstützung durch Marktforschungsinstitute erfolgen. Kosten-Nutzen-Analysen sind erforderlich.

In einer **empirischen Studie**[115] sind der aktuelle und der geplante **Entwicklungsstand des Efficient Consumer Response**, die bestehenden und die geplanten Kooperationen zwischen Produzenten und Handel in der Bundesrepublik Deutschland hinterfragt worden. Befragt wurden 52 Markenartikelproduzenten aus der Verbrauchsgüterindustrie, die zu den Lieferanten des deutschen Lebensmitteleinzelhandels gehören. Dabei zeigten sich für die einzelnen Strategie-Bereiche des Efficient Consumer Response folgende **Tendenzen:**

- Im Strategiebereich **Efficient Replenishment** wird insbesondere die Planung der Lagerbestände auf der Grundlage von Point-of-Sales-Daten erheblich zunehmen.
- Entsprechendes gilt für den Aufgabenbereich **"Efficient Store Assortments"**, auch hier wächst die Bedeutung der Point-of-Sales-Daten.
- Für den Bereich **Efficient Promotion** werden ebenfalls nachhaltige Änderungen erwartet; die Vorauskäufe des Handels sollen reduziert werden; Niedrigpreis-Strategien auf Dauer werden erwartet; Rabatte und Sonderkonditionen sollen eingeschränkt werden.
- Was den Strategiebereich **Efficient Product Introductions** angeht, werden insbesondere zwei Entwicklungen erwartet: Der Handel soll stärker in die Produktentwicklung einbezogen werden; außerdem werden mehr Produkttests in Handelsgeschäften vorausgesagt.

3.3.4 Gesamtbeurteilung der kooperativen Marketingpolitiken von Industrie und Handel

Kooperative Systeme des Markenmanagement wie Category Management oder Efficient Consumer Response beinhalten eine enge Zusammenarbeit zwischen Industrie und Handel, im Rahmen derer permanent sehr detaillierte Informationen vom Handel an die Produzenten fließen. Dies setzt voraus, dass eine **echte Vertrauensbasis** gegeben ist, die Zusammenarbeit **dauerhaft** und **vertraglich geregelt** ist. In die vertraglichen Regelungen müssen alle Aspekte der Zusammenarbeit aufgenommen werden, um eventuelle Konfliktpotentiale möglichst klein zu halten. Zu den wesentlichen Voraussetzungen einer effizienten Managementpolitik gehören weiterhin eine konsequent und dauerhaft angelegte Informationsbeschaffung, die sich sowohl Handels- als auch Konsumentenpanels bedient, sowie eine Umorientierung im Hinblick auf bestehende Organisationskonzepte innerhalb des Handels. Aufgrund der Konzentration auf einzelne Warengruppen ist der Übergang zu einer organisatorischen Gliederung, die sich an strategische Geschäftseinheiten ausrichtet, erforderlich.

Welche Rollenverteilung zwischen Handel und Produzenten in der Zukunft bestehen wird, hängt entscheidend davon ab, wie sich die **(interaktive) Informationstechnologie**[116] entwickeln wird. Prophezeit wurden für das zukünftige Einkaufsverhalten der Konsumenten revolutionäre Änderungen; erwartet wurden aufgrund der Multimedia-Fortschritte ein **virtuelles Retailing** der Art Online-Shopping, Scanning, Teleshopping, Heimlieferdienste. Dies soll durch **innovative Marketing-Konzepte** wie multimediales Kochbuch, interaktive Rezepte, interaktive Werbespots begleitet werden.

Der Handel muss analysieren, ob diese Trends der Informationstechnologie seine derzeit erstarkte Marktmacht schmälern wird. Neben dem verstärkt auftretenden **Convenience Shopping** (Einkaufen in Tankstellenshops, Kiosken/Trinkhallen, Bäckereien oder Getränkemärkten mit Zusatzsortimenten) können sich die heutigen mehrstufigen Märkte zu **einstufigen Märkten** entwickeln; die zu erwartenden weitergehenden Konzentrationsprozesse auf Produzentenseite können dann Machtverschiebungen wieder zur Produzentenseite verstärken.

Literaturverweise Teil 3

[1] Zu den Testmarktsimulationen; Erichson (2002); Gaul et al. (1996); Urban/Hauser (1993); Urban/Katz (1983).

[2] Zum Minimarkttest vgl. dieselben.

[3] Zum Store-Test; Berekoven/Eckert/Ellenrieder (2004), S. 168f.

[4] Zum regionalen Markttest; Berekoven/Eckert/Ellenrieder (2004), S. 169f.

[5] Bei diesen Ansätzen kann aber die Grundsatzentscheidung über die Durchführung eines Markttests nicht getroffen werden. Dies ist nur im Rahmen der Bayesschen Entscheidungsanalyse möglich. Vgl. Berndt (1978).

[6] Zum Prae-Marketing; Möhrle (1995).

[7] Zu den kommunikationspolitischen Instrumenten vgl. Abschnitt 3.1.7.1.

[8] Zum Produktlebenszyklus vgl. Abschnitt 2.1.1.3.

[9] Zur Diffusionstheorie; Berndt (1996); Fantapié Altobelli (1990).

[10] Zum logistischen Modell vgl. dieselben.

[11] Zur Marketing-Logistik; Neuhäuser (2001); Koschorz (2001); Janowski (2003).

[12] Zum Arbeitslastverfahren; Churchill et al. (2000), S. 178 ff.

[13] Lilien/Kotler (1983), S. 577 ff.

[14] Ein Überblick findet sich bei Albers (1989), S. 457.

[15] Zum Geoline-Modell; Hess/Samuels (1971).

[16] Vgl. den Überblick bei Albers (1989), S. 457

[17] Churchill et al. (2000).

[18] Weis (1993), S. 58 ff.

[19] Churchill et al. (2000), S. 334.

[20] Weis (1993), S. 70 ff.

[21] Weis (1993), S. 115 ff.

[22] Kotler (1984), S. 696.

[23] Weis (1993), S. 124ff.

[24] Kotler (1984), S. 696.

[25] Berndt (1996).

[26] Zur Simplex-Methode; Runzheimer (1995).

[27] Zur kostenorientierten Preisbestimmung; Berndt (1997); Diller (2000), S. 258f.; im internationalen Kontext Berndt/Fantapié Altobelli/Sander (1997), S. 179 ff.

[28] Zur nutzenorientierten Preisfindung vgl. Simon (1992), S. 542 ff.

[29] Simon (1992), S. 549 ff.

[30] Ausführungen zum Conjoint Measurement; Berndt (1996), S. 239ff.; Backhaus et al. (2003), S. 543 ff.

[31] Simon (1992), S. 114 ff.; Diller (2000), S. 202ff.

[32] Balderjahn (1994), S. 12 f.

[33] Backhaus et al. (2003), S. 511 f.

[34] Schmalen (1995), S. 38.

[35] Simon (1992), S. 442 ff.

[36] Zur Preisbündelung; Simon (1992), S. 442ff.

[37] Simon (1992), S. 449 ff.

[38] Diller (2000), S. 311f.

[39] Zur Preisdifferenzierung; Ott (1991), S. 190; Simon (1992), S. 391 ff.; Fantapié Altobelli (1992); im internationalen Kontext Berndt/Fantapié Altobelli/Sander (1997), S. 182 ff.

[40] Simon (1992), S. 295 f.

[41] Zum Systemgewinn; Cansier (2001), S. 37ff.

[42] Zum Rechenbeispiel; Cansier (2001), S. 48f.

[43] Cansier (2001), S. 79ff.

[44] Cansier (2001), S. 81ff.

[45] Cansier (2001), S. 48f.

[46] Ebenda.

[47] Berndt (1988).

[48] Diese Vorgehensweise wird ausführlicher beschrieben in Berndt (1988), S. 140 ff.

[49] Ahlert/Schröder (1989), S. 246 ff.

[50] Tacke (1989), S. 144 ff.

[51] Müller-Hagedorn u.a. (1999), S. 67 f.

[52] Steffenhagen (1995), S. 19 ff.

[53] Zur Corporate-Identity- Policy; Schneider (1991).

[54] Kreutzer/Jugel /Wiedmann (1986).

[55] Zu Corporate Communications im Internet; Berndt/Kapousouzi/Scheck (2001); Fritz (2001); Fantapié Altobelli/Sander (2001).

[56] Zu Public Relations; Kunczik (2002); Berg (2002).

[57] Berndt (1995).

[58] Schneider (1991), S. 120 ff.

[59] Berndt (1995), S. 46 ff.

[60] Zu den Interaktionen zwischen den psychologischen Elementen; Berndt (1978); Kroeber-Riel/Weinberg (1999); Schweiger/Schrattenecker (2001).

[61] Kotler (1984), S. 252 ff.

[62] Rogge (1996), S. 140 ff.

[63] Ausführliche Überblicke; Lilien/Kotler (1983), S. 492 ff. und Schmalen (1992), S. 73 ff.

[64] Berndt (1996), S. 195 ff.

[65] Berndt (1978), S. 95 ff.

[66] Zu entsprechenden klassischen Experimenten; Ray/Sawyer/Strong (1971).

[67] Überblick; Berndt (1978), S. 71 ff.

[68] Zu heuristischen Verfahren der Mediaselektion; Berndt (1992).

[69] Ruge (1988), S. 2 f.; Kroeber-Riel (1990), S. 11; Weinberg (1992), S. 62 ff.

[70] Kroeber-Riel (1990), S. 14 f.

[71] Ruge (1988), S. 196 ff.

[72] Zum Imagery-Ansatz; Kroeber-Riel (1990), S. 74 ff.

[73] Ruge (1988), S. 197.

[74] Verlagshaus Gruner + Jahr (1994); zu anderen empirischen Erhebungen; Berndt (1978), S. 98 ff.; Kroeber-Riel (1990), S. 142 ff.

[75] Zu Pretests im Rahmen der Werbung; Trommsdorff (2003).

[76] Zu Werbemittelposttests; Berndt (1995).

[77] Zu den Recognition- und Recall-Tests; Schweiger/Schrattenecker (2001), S. 298 ff.

[78] Zur Messung der Kaufabsicht; Berekoven/Eckert/Ellenrieder (2004), S. 77

[79] Juchems (1983).

[80] Nufer (2001).

[81] Überblick über Studien zur Wirkungsprognose; Drees (1990), S. 225 ff.

[82] Zu Product Placement; Berndt/Uebelhart (2004).

[83] Zur Direct-Response-Werbung; Kirchner (1985), S. 191 ff.

[84] Weis (1994), S. 68 ff.

[85] Weis (1994), S. 50 ff.

[86] Zur Internet-Werbung; Berndt/Kapousouzi/Scheck (2001); Fritz (2001); Fantapié Altobelli/Sander (2001).

[87] Zum vertikalen Marketing; Irrgang (1989), S. 64 ff.

[88] Schneider (1991), S. 3 ff.; Steiner (1994).

[89] Berndt (1993); Berndt/Fantapié Altobelli/Sander (1997), S. 263 ff.; Berndt/ Cansier (2003), S. 343 ff.

[90] Otker/Hayes (1991).

[91] Dommermutz (1989), S. 49

[92] Berndt (1995), S. 140 ff.

[93] Zur Sortimentsplanung im Handel; Rusche (1991).

[94] Zu konsumentenbezogenen Sales-Promotions; Gedenk (2002); Fuchs/Unger (1999).

[95] Zum Category Management; Hahne (1998); Holzkämper (1999); Brettschneider (2000); Cansier (2001); Battenfeld (2001); Seifert (2001); Centrale für Coorganisation GmbH (2001); Schmickler (2001).

[96] Hahne (1998).

[97] Zum Planungsprozess des Category Management; Schmickler (2001), S. 225 ff.; Centrale für Coorganisation GmbH (2001); Holzkämper (1998), S. 67 ff.; Seifert (2001), S. 174 ff.

[98] Zu den typischen Category Rollen; Seifert (2001), S. 180 ff.; Schmickler (2001), S. 235 ff.; Centrale für Coorganisation GmbH (2001); Holzkämper (1988), S. 71 ff.

[99] Zur Zuordnung von Category-Strategien zu den Category-Rollen; Centrale für Coorganisation (2001); Holzkämper (1998), S. 76 ff.; Schmickler (2001), S. 238 ff.

[100] Zu den Category-Politiken; Holzkämper (1998), S. 79 ff.; Schmickler (2001), S. 240 ff.

[101] Holzkämper (1998), S. 95.

[102] Schmickler (2001), S. 210 f.

[103] Gieseking (2001), S. 2.

[104] Zu den typischen Konflikten; Holzkämper (1998), S. 97 ff.

[105] Zu Verteilung des Systemgewinns vgl. Abschnitt 3.1.6.2.

[106] Zum Konzept des Efficient Consumer Response; von der Heydt (1998); Moll (2000); Seifert (2001); Cansier (2001); Braun (2002); Berndt/Cansier (2002).

[107] Zu den informationswirtschaftlichen Grundlagen des ECR; Laurent (1996); Dantzer (1996); Kilimann/Schlenk/Tienes (1998); Moll (2000), S. 194 ff.; Seifert (2001), S. 79 ff.

[108] Zum Planungsansatz des ECR; Pretzel (1996); Borchert (2001), S. 28 ff.; Cansier (2001), S. 14 ff.

[109] Zum Efficient Replenishment; von der Heydt (1998), S. 74 ff.; Cansier (2001), S. 14 f.; Braun (2002), S. 29 ff.

[110] Zu den Efficient Store Assortments; von der Heydt (1998), S. 102 ff.; Cansier (2001), S. 15 ff.

[111] Zu Efficient Promotion; von der Heydt (1998), S. 127 ff.; Cansier (2001), S.17 f.

[112] Zu Efficient Product Introductions; von der Heydt (1998), S. 149 ff.; Cansier (2001) S. 18 f.

[113] Zu den Vorteilen des ECR; von der Heydt (1998), S. 77 ff., S. 142 ff., S. 230 ff.

[114] Zu den kritischen Punkten des ECR; von der Heydt (1998), S. 100 ff., S. 117 ff., S. 146 ff., S. 163 ff.

[115] Homburg/Grandinger/Krohmer (1996).

[116] Virnich 1996; Reinhardt u.a. (1997).

Abbildungsverzeichnis

Literaturverzeichnis

Aaker, D. A. (1984), Strategic Market Management, New York u.a. 1984

Aaker, D.A. (1996), Building Strong Brands, New York 1996

Aaker, J. (1997), Dimensions of Brand Personality, in: Journal of Marketing Research, 1997, S. 347-356

Aaker, D.A., Joachimsthaler, E. (2000), Brand Leadership, New York u.a. 2000

Ahlert, D. (2001), Integriertes Markenmanagement in kundengetriebenen CM-Netzwerken, in: Jahrbuch Handelsmanagement 2001: Vertikales Marketing und Markenführung im Zeichen von Category Management, hrsg. von Ahlert, D., Frankfurt a.M. 2001

Ahlert, D. (Hrsg.) (2001), Jahrbuch Handelsmanagement 2001: Vertikales Marketing und Markenführung im Zeichen von Category Management, Frankfurt a.M. 2001

Ahlert, D. (Hrsg.) (2001), Vertikales Marketing und Markenführung im Zeichen von Category-Management, Wiesbaden 2001

Ahlert, D., Borchert, S. (Hrsg.) (2000), Prozessmanagement im vertikalen Marketing, Heidelberg u.a. 2000

Ahlert, D., Kenning, P., Schneider, D. (2000), Markenmanagement im Handel, Wiesbaden 2000

Albers, S., Herrmann, A. (Hrsg.) (2002), Handbuch Produktmanagement, 2. Aufl., Wiesbaden 2002

Andres, N. (2003), Ausstrahlungseffekte beim Co-Branding, Hamburg 2003

Andrew, D. (1997), Brand Strength Analysis, in: Perrier, R. (Hrsg.), Brand Valuation, 3. Aufl., London 1997, S. 55-60

Backhaus, K. (1995), Investitionsgüter-Marketing, 4. Aufl., München 1995

Backhaus, K. et al. (2002), Multivariate Analysemethoden, 10. Aufl., Berlin u.a. 2003

Balderjahn, I. (1994), Der Einsatz der Conjoint-Analyse zur empirischen Bestimmung von Preisresponsefunktionen, in „Marketing-ZFP" 1994, Nr. 1, S. 12-20

Bamberg, G., Coenenberg, A.G. (2000), Betriebswirtschaftliche Entscheidungslehre, 10. Aufl., München 2000

Barrenstein, P., Tweraser, S. (2001), Category Management – alle werden gewinnen, [http://www.mckinsey.de/downloads/kompetenz/cig/DIG_ uebergreifend/2001/akzente21_Category_Management.pdf], (Erstelldatum Oktober 2001; Verfügbarkeitsdatum 03.03.2003)

Barth, K., Hartmann M., Schröder, H. (2002), Betriebswirtschaftslehre des Handels, 5. Aufl., Wiesbaden 2002

Battenfeld, D. (2001), Konfliktpotenziale im Rahmen des Category Management, in: Jahrbuch Handelsmanagements 2001, hrsg. von Dieter Ahlert, Rainer Olbrich und Hendrik Schröder, Frankfurt am Main 2001

Bauer, H.H. (1989), Marktabgrenzung, Berlin 1989

Baumgarth, C. (2001), Markenpolitik, Wiesbaden 2001

Baumgarth, C. (2003), Wirkungen des Co-Branding, Wiesbaden 2003

Bea, F.X., Beutel, R. (1984), Die Bedeutung des Exports für die Entwicklung der Kosten und die Gestaltung der Preise, in "Exporte als Herausforderung für die deutsche Wirtschaft", Hrsg. E. Dichtl, O. Issing, Köln 1984, S. 309-333

Bea, F.X., Haas, J. (2001), Strategisches Management, 3. Aufl., Stuttgart 2001

Becker, D. (2002), Mit Category Management die Kunden erobern, [http://www.sap.info/public/de/article.php4/Article-89293ce9f192d247e/de], (Erstelldatum 21.05.2002; Verfügbarkeitsdatum 03.03.2003)

Becker, J. (1999), Einzel-, Familien- und Dachmarken als grundlegende Handlungsoptionen, in „Moderne Markenführung", Hrsg. F.R. Esch, Wiesbaden 2001, S. 297 ff.

Bekmeier-Feuerhahn, S. (1998), Marktorientierte Markenbewertung, Wiesbaden 1998

Benkenstein, M. (2002), Strategisches Marketing, 2. Aufl., Stuttgart u.a. 2002

Bente, K. (1990), Product Placement, Wiesbaden 1990

Berekoven, L. (1993), Grundlagen des Marketing, Herne, Berlin 1993

Berekoven, L., Eckert, W., Ellenrieder, P. (2004), Marktforschung, 10. Aufl., Wiesbaden 2004

Berg, N. (2002), Public Affairs Management, Wiesbaden 2003

Berndt, R. (1978a), Optimale Werbeträger- und Werbemittelselektion, Wiesbaden 1978

Berndt, R. (1978b), Anwendungsmöglichkeiten der Bayesschen Entscheidungsanalyse bei der Einführungsplanung eines neuen Produktes, in „ZfbF", 1978, S. 146-167

Berndt, R. (1988), Marketing für öffentliche Aufträge, München 1988

Berndt, R. (1992), Computergestützte Mediaplanung, in „Electronic Marketing, Handbuch der Informations- und Kommunikationstechnik im Marketing", Hrsg. A. Hermanns, V. Flegel, München 1992, S. 510-531

Berndt, R. (1993), Kalkulation öffentlicher Aufträge, in „Handwörterbuch des Rechnungswesens", Hrsg. M. Schweitzer und K. Chmielewicz, 3. Aufl., Suttgart 1993, S. 1030-1036

Berndt, R. (1995a), Marketing 2, Marketing-Politik, 3. Aufl., Berlin u.a. 1995

Berndt, R. (1995b), Marketing 3, Marketing-Management, 2. Aufl., Berlin u.a. 1995

Berndt, R. (1996), Marketing 1, Käuferverhalten, Marktforschung und Marketing-Prognosen, 3. Aufl., Berlin u.a. 1996

Berndt, R. (1997), Kostenorientierte Preisfindung – Eine kritische Analyse des Praktikerverfahrens zur Preissetzung, in „Das Rechnungswesen im Spannungsfeld zwischen strategischen und operativem Management", Festschrift für M. Schweitzer zum 65. Geburtstag, Küpper, H.U., Trossmann, E. (Hrsg.) Berlin 1997, S. 185-195

Berndt, R. (1998a), Marketing, in "Springers Handbuch der Betriebswirtschaftslehre", R. Berndt et al. (Hrsg.), Berlin u.a. 1998, S. 369-420

Berndt, R. (1998b), Markenmanagement im Zeitalter von Konzentrationsprozessen und Marktverschiebungen auf mehrstufigen Märkten, in "Unternehmen im Wandel", R. Berndt u.a. (Hrsg.), Berlin u.a. 1998, S. 199-221

Berndt, R. (2003a), Brand Leadership – Markenführung auf schwierigen Märkten, in: Berndt, R. (Hrsg.), Leadership in turbulenten Zeiten, Berlin, Heidelberg, New York 2003, S. 287 ff.

Berndt, R. (2003b), Re-Branding: Neuer Name, neue Positionierung, in: io new management, Nr. 9, 2003, S. 12-16

Berndt, R. , Fantapié Altobelli, C., Sander, M. (2003), Internationales Marketing-Management, 2. Aufl., Berlin, Heidelberg, New York 2003

Berndt, R., Cansier, A. (2002), Produktion und Absatz, Berlin u.a. 2002

Berndt, R., Cansier, A. (2002), Efficient Consumer Response in Zeiten der New Economy, in "Management-Konzepte für die New Economy", Hrsg. R. Berndt u.a., Berlin, Heidelberg, New York 2002, S. 221-238

Berndt, R., Kapousouzi, K., Scheck, C. (2001), Kommunikationspolitik im Internet, in "E-Business-Management", Hrsg. R. Berndt u.a., Berlin, Heidelberg, New York 2001, S. 195-209

Berndt, R., Sander, M. (1994b), Der Wert von Marken - Begrifflicher Grundlagen und Ansätze zur Markenbewertung, in "Handbuch Markenartikel", Hrsg. M. Bruhn, Band 2, Stuttgart, S. 1353-1371

Berndt, R., Sander, M. (1994a), Absatzfinanzierung, in "Handwörterbuch des Finanz- und Bankwesens", Stuttgart 1994

Berndt, R., Uebelhart, M. (2004), Product Placement und Markenwahrnehmung, in "Effizienz in der Markenführung", Hrsg. W. Leven, D.M. Boltz, Hamburg 2004

Biehl, B. (1999), Tesco nimmt Hersteller ins Boot – Tesco nutzt Industrie- und Berater-Know-how für sein Category Management, in: Lebensmittel-Zeitung, Nr. 13, 50. Jg., 1998

Braitmayer, O. (1998), Die Lizenzierung von Marken, Frankfurt a.M. 1998

Brandmeyer, K. (2002), Achtung Marke, Hamburg 2002

Brauer, K. (1969), Die Ermittlung der optimalen Warengruppenstruktur einer Filiale in Lebensmittelfilialbetrieben, in "Unternehmensforschung im Handel", Hrsg. R. Gümbel u.a., Rüschlikon, Zürich 1969, S. 53 ff.

Braun, D. (2002), Schnittstellenmanagement zwischen Handelsmarken und ECR, Lohmar, Köln 2002

Brettschneider, G. (1999), Beschaffung im Handel unter besonderer Berücksichtigung der Auswirkungen von Efficient Consumer Response, Frankfurt a.M. et al. 1999

Brockhoff, K. (1999), Produktpolitik, 4. Aufl., Stuttgart 1999

Bruhn, M. (1995), Markenstrategien, in "Handwörterbuch des Marketing", 2. Aufl., Hrsg. B. Tietz et al., Stuttgart 1995, Sp. 1445-1459

Bruhn, M. (1997), Marketing, 3. Aufl., Wiesbaden 1997

Bruhn, M. (1999), Relationship Marketing-Neustrukturierung der klassischen Marketinginstrumente durch eine Orientierung an Kundenbeziehungen, in: Grüning, R., Pasquier, M. (Hrsg.), Strategisches Management und Marketing, Bern, Stuttgart, Wien 1999, S. 189-217

Bruhn, M. (2001), Relationship Marketing, München 2001

Bruhn, M. (2003), Implementierung einer kundenorientierten Unternehmensführung; in: Zeitschrift Führung und Organisation, Jg. 72 (2003), Heft 1, S. 13-19

Bruhn, M. (Hrsg.) (1995), Internes Marketing, Wiesbaden 1995

Bunk, B. (2002), Produktfälschung, Marketing als Brand-Schützer, in "absatzwirtschaft", 2002, Nr. 4, S. 26-31

Büschken, J., von Thaden, C. (2002), Produktvariation, -differenzierung und – diversifikation, in "Handbuch Produktmanagement", Hrsg. S. Albers, A. Herrmann, 2. Aufl., Wiesbaden 2002, S. 593 ff.

Buzzell, R.D., Gale, B.T. (1989), Das PIMS-Programm, Wiesbaden 1989

Calantona, K., Cooper, R.G. (1981), New Product Scenarios: Prospects for Success, in "Journal of Marketing", 1981, Nr. 2, S. 48-60

Cansier, A. (2001), Efficient Consumer Response aus kooperationstheoretischer Sicht, Wiesbaden 2001

Centrale für Coorganisation GmbH (Hrsg.) (2001), Der Weg zum e4rfolgreichen Category Management, Handbuch ECR Demand-Side, Köln 2001

Chernatony, L.d., McDonald, M. (1998), Creating Powerful Brands, 2. Aufl., Oxford 1988

Chiou, J.S. (2003), The Impact of Country of Origin on Pretrial and Posttrial Product Evaluations: The Moderating Effect of Consumer Expertise, in "Psychology & Marketing", 2003, pp. 935-954

Choffray, J. Lilien, G. (1982), Designor: A Decision Support Procedure for Industrial Product Design, in "Journal of Business Research", 1982, Nr. 10, S. 185-197

Churchill, G.A. Jr. et al. (2000), Sales Force Management, 6th ed., Boston 2000

Cooper, R.G. (1979), The Dimensions of Industrial New Products Success and Failure, in "Journal of Marketing", 1979, S. 93-103

Cooper, R.G. (2002), Top oder Flop in der Produktentwicklung, Weinheim 2002

Dahlhoff, H.D. (1997), Internationales Marken- und Kommunikationsmanagement in der Automobilbranche, in "Werbeforschung & Praxis", 1997, Nr. 4/5, S. 19 ff.

Dantzer, U. (1996), Kooperation zwischen Industrie und Handel, in: Beschaffung aktuell (1996), Heft 11, S. 26/27

Desai, K.K., Keller, K.L. (2002), The Effects of Ingredient Branding Strategies on Host Brand Extendibility, in: Journal of Marketing, Vol. 66 (January 2002), pp. 73-93

De Vries, j., Wetzels, R. (1994), Vom Bestands- zum Category Management, in: Dynamik im Handel, Heft 1, 1994

Dichtl, E. (1994), Strategische Optionen im Marketing, 3. Aufl., München 1994

Diller, H. (2000), Preispolitik, 3. Aufl., Stuttgart 2000

Diller, H., Kusterer, M. (1988), Beziehungsmanagement, Arbeitspapier Hamburg 1988

DPMA Jahresberichte (2000, 2001)

Drees, N. (1990), Sportsponsoring, 2. Aufl., Wiesbaden 1990

Drexel, G. (1981), Strategische Unternehmensführung im Handel, Berlin, New York 1981

Drexel, G. (1984), Strategisches Marketing in der Praxis, in "Die Unternehmung", 1984, S. 101-119

Erichson, B. (1981), TESI: Ein Test- und Prognoseverfahren für neue Produkte, in „Marketing ZFP", 1981, Nr. 3 S. 201-207

Erichson, B. (2002), Testmarktsimulation, in "Marktforschung", Hrsg. A. Herrmann, C., Homburg, 2. Aufl., Wiesbaden 2000, S. 789-808

Erichson, B. (2002), Prüfung von Produktideen und –konzepten, in "Handbuch Produktmanagement", Hrsg. S. Albers, A. Herrmann, 2. Aufl., Wiesbaden 2002, S. 413 ff.

Esch, F.R. (2003), Strategie und Technik der Markenführung, München 2003

Esch, F.R. (Hrsg.) (2001), Moderne Markenführung, 3. Aufl., Wiesbaden 2001

Esch, F.R. Langner T. (2001), Branding als Grundlage zum Markenaufbau, in "Moderne Markenführung", Hrsg. F.R. Esch, 3. Aufl., Wiesbaden 2001, S. 437-450

Fantapié Altobelli, C. (1992), Preisdifferenzierung, in “WiSt”, 1992, Nr. 1, S. 2-8

Fantapié Altobelli, C., Sander, M. (2001), Internet-Branding, Stuttgart 2001

Fischer, S., Eck, R., Richter, H.J. (2002), Was sich gegen Produkt- und Markenpiraterie tun läßt, in: "Harvard Business Manager", 2002, Nr. 1, S. 80-91

Fischer, O. (2002), Filmhelden erobern die Werbeblöcke, in "Financial Times Deutschland", 10.9.2002, S. 10

Fogg, J. (1997), Brands as Intellectual Property, in: Perrier, R. (Hrsg.), Brand Valuation, 3. Aufl., London 1997, S. 35-42

Fritz, W. (2001), Internet-Marketing und Electronic Commerce, 2. Aufl., Wiesbaden 2001

Fritz, W., Oelsnitz, D.v.d. (1998), Marketing, 2. Aufl., Stuttgart 1998

Gaul, W., Baier, D., Apergis, A. (1996), Verfahren der Testmarktsimulation in Deutschland, in "Marketing ZFP", 1996, Nr. 3, S. 203-217

Geister, S. (2000), Implementierung von Category Management: Kundenteams statt Inselabteilungen, in: Dynamik im Handel, Heft 6, 2000

GfK (2002a), Euro-Socio-Styles. Zielgruppenorientierung für strategische Marketingplanung, o.O. 2002

GfK (2002b), Euro-Socio-Styles im Kaffeemarkt, o.O. 2002

GfK Panel Services GmbH (2000), GfK Panel Services GmbH (2000), Daten zu den Marktanteilen von Handels- und Herstellermarken in Deutschland; sowie ergänzend: Markenartikel und Handelsmarken im Wettbewerb, Gutachten für die Gesellschaft zur Erforschung des Markenwesens, Wiesbaden, Nürnberg 2000

Gierl, H. (2003), Die Rolle guter Argumente in der Werbung mit prominenten Testimonials, in "Die Unternehmung", 2003, H. 2, S. 115-133

Gordon, W.J.J. (1961), Synectics, The Development of Creative Capacity, New York 1961

Grant, R.M. (1998), Contemporary Strategy Analysis, 3. Aufl., Malden 1998

Großweischede, M. (2001), Category Management im Retailing, in: Jahrbuch Handelsmanagement 2001: Vertikales Marketing und Markenführung im Zeichen von Category Management, hrsg. von Ahlert, Dieter, Frankfurt a.M. 2001

Großweischede, M., Meineke, C., Locher, D. (2002), Category Management. Steuern Sie Online-Shops mit dem Blick des Kunden, in: Absatzwirtschaft, Nr. 6 vom 01.06.2002, [http:/www.handel-competence-center.de/handel.nsf/56349633B842C883C1256FA004CB517/$File/Category%20management%20-%20steuern%20sie%20online-shops.pdf], (Erstelldatum Juni 2002; Verfügbarkeitsdatum 10.02.2003)

Gruner + Jahr (Hrsg.) (1988), Computerprogramme für Marketing- und Mediaplanung, Hamburg 1988

Günther, A. R. (1997), Marktpotentiale über ECR nutzen, in: Dynamik im Handel, Jg. 41 (1997), Heft 12, S. 62-65

Gutenberg, E. (1983), Grundlagen der Betriebswirtschaftslehre Bd. 1, Die Produktion, Berlin u.a. 1983

Haase, H. (2000), Testimonialwerbung, in: planung & analyse, H. 3, 2000, S. 56-60

Hätty, H. (1989), Der Markentransfer, Heidelberg 1989

Hahn, D., Hintze, M. (1999), Konzepte wertorientierter Unternehmensführung, in: Hahn, D., Taylor, B. (Hrsg.), Strategische Unternehmensplanung, 8. Aufl., Heidelberg 1999

Hahne, H. (1998), Category Management aus Herstellersicht, Köln 1998

Haigh, D. (1997), Accounting and Forecasting for Brands, in: Perrier, R. (Hrsg.), Brand Valuation, 3. Aufl., London 1997, S. 35-42

Haigh, D., Perrier, R. (1997), Valuation of Trade Marks and Brand Names, in: Perrier, R. (Hrsg.), Brand Valuation, 3. Aufl., London 1997, S. 25-34

Henderson, B.D. (1984), Die Erfahrungskurve in der Unternehmensstrategie, 2. Aufl., Frankfurt, New York 1984

Herrmann, A. (1998), Produktmanagement, München 1998

Herstatt, J.D. (1985), Die Entwicklung von Markennamen im Rahmen der Neuproduktplanung, Frankfurt 1985

Hess, S.W., Samuels, S.A. (1971), Experiences with a Sales Districting Model: Criteria and Implementation, in “MS”, Vol. 18, December 1971, S. 41-54

Hilke, W. (1989), Grundprobleme und Entwicklungstendenzen des Dienstleistungs- Marketing, in "Dienstleistungs-Marketing", Hrsg. W. Hilke, Wiesbaden 1989, S. 5-44

Hinterhuber, H.H. (2004a), Strategische Unternehmensführung I, 7. Aufl., Berlin, New York 2004

Hinterhuber, H.H. (2004b), Strategische Unternehmensführung II, 7. Aufl., Berlin, New York 2004

Hofer, C.W., Schendel, D. (1984), Strategy Formulation: Analytical Concepts, 10. Aufl., St. Paul u.a. 1984

Holzkämper, O. (1999), Category Management. Strategische Positionierung des Handels, Göttingen 1999

Homburg, C., Bruhn, M. (Hrsg.) (2000), Handbuch Kundenbindungsmanagement, 3. Aufl., Wiesbaden 2000

Horvath, P., Niemand, S., Wolbold, M. (1993), Target Costing – State of the Art, in "Target Costing", Hrsg. P. Horvath, Stuttgart 1993, S. 1-27

Ikea (2003), http://www.ikea.com/, Verfügbarkeitsdatum 20.4.03

Insch, G.S., McBride, J.B. (2004), The impact of country-of-origin cues on consumer perceptions of product quality: A binational test of the decomposed country-of origin construct, in "Journal of Business Research", 2004, pp. 256-265

Irrgang, W. (1989), Strategien im vertikalen Marketing, München 1989

Janowski, J.M. (2003), Kundenbindung durch kundenindividuelle Logistik im Konsumgüterbereich, Lohmar 2003

Jung, H., von Matt, J.R. (2002), Momentum, Berlin 2002

Karrh, J.A., McKee, K.B., Pardun, C.J. (2003), Practitioniers' Evolving Views on Product Placement Effectiveness, in "Journal of Advertising Research", June 2003, pp. 138-149

Karrh, J.A. (1998), Brand Placement: A Review, in "Journal of Current Issues and Research in Advertising", Vol. 20, No. 2, Fall 1998, pp. 31-49

Keller, K.L. (1998), Strategic Brand Management, Upper Saddler River 1998

Kieser, A., Kubiczek, H. (1992), Organisation, 3. Aufl., Berlin, New York 1992

Kirchner, G. (1985), Moderne Direktmarketing-Methoden und die Zukunft des Direktmarketing, in "Direktmarketing leicht gemacht", Hrsg. M. Richter von Proeck u.a., Landsberg 1985, S. 163 ff.

Kirsch W., Trux, W. (1979), Strategische Frühaufklärung und Portfolio-Analyse, in "ZfB", 1979, Ergänzungsheft Nr. 2, S. 47-69

Kleinschmidt, E., Geschka, H., Cooper, R. (1996), Erfolgsfaktor Markt: kundenorientierte Produktinnovation, Berlin, Heidelberg 1996

Köhler, R. (2002), Marketing – Von der Reklame zur Konzeption einer marktorientierten Unternehmensführung, in: Gaugler, E., Köhler, R. (Hrsg.) (2002), Entwicklungen der Betriebswirtschaftslehre, Stuttgart 2002, S. 355 ff.

Köhler, R., Uebele, H. (1983), Risikoanalysen bei der Evaluierung absatzorientierter Projekte, in "WiSt", 1983, Nr. 3, S. 119-127

Koeppler, K. (2000), Strategien erfolgreicher Kommunikation, München, Wien 2000

Kohli, C. et al. (2001), Prozess der Namensgebung, in "Moderne Markenführung", Hrsg. F.R. Esch, Wiesbaden 2001, S. 451-474

Koppelmann, U. (1995), Design, in "Handwörterbuch des Marketing", Hrsg. B. Tietz u.a., 2.Aufl., Stuttgart 1995, Sp. 440-453

Kornobis, K.J. (1997), Die Entwicklung von Handelsmarken, in "Handelsmarken", Hrsg. M. Bruhn, 2. Aufl., Stuttgart 1997, S. 237-264

Koschorz, H. (2001), Marketingorientierte Distributionslogistik, München 2001

Kotler, P. (1984), Marketing-Management, 5. Aufl., Englewood Cliffs 1984

Kotler, P. (1991), Marketing Management, 7. Aufl., Englewood Cliffs 1991

Kraft, A. (1995), Markenpiraterie, in "Handwörterbuch des Marketing", 2. Aufl., Hrsg. B. Tietz et al., Stuttgart 1995, Sp. 1436-1445

Kramer, F. (1987), Innovative Produktpolitik, Berlin u.a. 1987

Kreikebaum, H. (1981), Strategische Unternehmensplanung, Stuttgart u.a. 1981

Kreilkamp, E. (1987), Strategisches Management und Marketing, Berlin, New York 1987

Kunczik, M. (2002), Konzepte und Theorien, Köln u.a. 2002

Kuß, A. (2001), Marketing-Einführung, Wiesbaden 2001

Kuß, A., Tomczak, T. (2001), Marketingplanung, 2. Aufl., Wiesbaden 2001

Kutz, O. (2000), Strategisches Lizenzmarken-Management, München 2000

Lachmann, U. (2002), Wahrnehmung und Gestaltung von Werbung, Hamburg 2002

Laforet, S., Saunders, J. (1994), Managing Brand Portfolios, in "Journal of Advertising Research", 1994, H. 5, S. 64-76

Lambin, J.J. (1987), Grundlagen und Methoden strategischen Marketings, Hamburg u.a. 1987

Lebensmittel-Zeitung, NET 10.10.2002

Lebensmittel-Zeitung, NET 15.3.2000

Lebensmittel-Zeitung, NET 28.5.2003

Liebmann, P., Zentes, J. (2001), Handelsmanagement, München 2001

Lilien, G.L., Kotler, P. (1983), Marketing-Decision Making, New York u.a. 1983

Lingenfelder, M., Lauer, A., Milstrev, F. (1999), Konflikte hemmen Umsetzung von CM, in: Dynamik im Handel, jg. 43 (1999), Heft 8, S. 42-45

Linxweiler, R. (1997), Marken-Design, Wiesbaden 1999

Maslow, A.H. (1981), Motivation und Persönlichkeit, Reinbek 1981

Medeyros, M. (1982), Verpackungsdesign, in "Pack Report", Februar 1982, S. 34-40

Meffert, H. (2000), Marketing, 9. Aufl., Wiesbaden 2000

Meffert, H. u.a. (2002), Marken-Management, Wiesbaden 2002

Meffert, H., Bruhn, M. (1984), Markenstrategien im Wettbewerb, Wiesbaden 1984

Meffert, H., Bruhn, M. (2000), Dienstleistungsmarketing, 3. Aufl., Wiesbaden 2000

Meffert, H., Kirchgeorg, M. (1992), Marktorientiertes Umweltmanagement, Stuttgart 1992

Meffert, H., Perrey, J. (2001), Mehrmarkenstrategien – Ansatzpunkte für das Management von Markenportfolios, in "Moderne Markenführung", Hrsg. F. R. Esch, 3. Aufl., Wiesbaden 2001, S. 683 ff.

Michael, B.M. (2002), Wenn die Wertschöpfung weiter sinkt, stirbt die Marke, in "Zeitschrift für Betriebswirtschaft", 2002, Ergänzungsheft 1, S. 35-56

Möhrle, M.G. (1995), Praemarketing: zur Markteinführung neuer Produkte, Wiesbaden 1995

Moll, C. (2000); Efficient Consumer Response, Neue Wege einer erfolgreichen Kooperation zwischen Industrie und Handel, Frankfurt am Main 2000

Müller-Hagedorn, L. (1998), Der Handel, Stuttgart u.a. 1998

Müller-Hagedorn, L. (1999), Vertikales Marketing. Trends in der Praxis und Schwerpunkt der theoretischen Diskussion, in: Marketing ZFP, Jg. 21 (1999), Heft 1, S. 61-71

Müller-Hagedorn, L. (2002), Handelsmarketing, 3. Aufl., Stuttgart u.a. 2002

Nebenzahl, I.D., Joffe, E.D., Usunier, J.C. (2003/4), Personifying Country of Origin Research, in “mir”, 2003/4, pp. 383-406

Neuhäuser, K.H. (2001), Strategische Netzwerke in der internationalen Marketing-Logistik, Frankfurt a.M., Berlin, Bern, Wien 2001

Noorderhaven, N.G., Harzing, A.W. (2003/2), The “Country-of-origin Effect” in Multinational Corporations: Sources Mechanisms and Moderating (Conditions, in “mir”, Special Issue, 2003/2, pp. 47-66

Norris, D.G. (1992), Ingredient Branding: A Strategy Option with multiple Beneficiaries, in: The Journal of Consumer Marketing, Vol. 9, No. 3 (Summer 1992), S. 19 ff.

Nufer, G. (2002), Wirkungen von Event-Marketing, Wiesbaden 2002

o.V. (1989), Marken - How much in Dollar?, in "absatzwirtschaft", 1989, Nr. 8, S. 50-54

o.V. (2001), Category Management – Voraussetzungen und Acht-Schritte-Prozess, in: Der Weg zum erfolgreichen Category Management: Handbuch ECR-Demand Side, hrsg. von Centrale für Coorganisation GmbH, Köln 2001

Olbrich, R. (2001), Ursachen und Konsequenzen der Abhängigkeitsverhältnisse zwischen Markenartikelindustrie und Handel, in "Marketing ZFP", 2001, Nr. 4, S. 253-267

Olbrich, R., Braun, D. (2001), Handelmarkenführung und Category Management, in: Jahrbuch Hadelsmanagement 2001: Vertikales Marketing und Markenführung im Zeichen von Category Management, hrsg. von Ahlert, D., Frankfurt a.M. 2001

Penrose, N. (1989), Valuation of Brand Nomes and Trade Marks, in "Brand Valuation", Hrsg. J. Murphy, London 1989, S. 32-45

Perrier, R. (Hrsg.) (1997), Brand Valuation, 3. Aufl., London 1997

Plinke, W. (1989), Die Geschäftsbeziehung als Investition, in: Specht, G., Silberer, G., Engelhardt, W. (Hrsg.), Marketing-Schnittstellen, Stuttgart 1989, S. 305-325

Porter, M.E. (1999), Wettbewerbsstrategie, 10. Aufl., Frankfurt 1999

Porter, M.E. (1999), Wettbewerbsvorteile, 5. Aufl., Frankfurt 1999

Rappaport, A. (1986), Creating Shareholder Value, New York, London 1986

Ray, M.L., Sawyer, A.G., Strong, E.C. (1971), Frequency Effects Revisited, in "JoAR", 1971, S. 14-20

Rogge, H.J. (1996), Werbung, 4. Aufl., Ludwigshafen 1996

Ronke, C., Virtel, M. (2003), Metro macht seine Kunden zu Kassierern, in: "Financial Times Deutschland", 25.4.2003, S. 8

Ruge, H.D. (1988), Die Messung bildhafter Konsumerlebnisse, Heidelberg 1988

Runzheimer, B. (1995), Operations Research, Band 1, 1995

Rusche, T. (1991), Strategisches Sortimentsmanagement im Handel, Münster 1991

Sabel, H. (1998), Die Geschichte des Marketing in Deutschland in: WiSt, 1998, Nr. 3, S. 106 ff.

Sabel, H. (2001), Neuere Entwicklungen im Marketing, in: ZfB, 2001, S. 611-642

Sander, M. (1994), Die Bestimmung und Steuerung des Wertes von Marken, Heidelberg 1994

Sattler, H. (1995), Markenbewertung, in "Zeitschrift für Betriebswirtschaft", 1995, Nr. 6, S. 663-682

Sattler, H. (2001), Markenpolitik, Stuttgart 2001

Sattler, H., Völckner, F., Zatloukal, G. (2003), Erfolgsfaktoren von Markentransfers, in "Marketing-ZFP", 2003, Nr. 3, S. 147-168

Schindel, V. (1978), Risikoanalyse, 2. Aufl., München 1978

Schlicksupp, H. (1983), Innovation, Kreativität und Ideenfindung, 3. Aufl., Würzburg 1983

Schmalen, H. (1995), Preispolitik, 2. Aufl., Stuttgart, New York 1995

Schmickler, M. (2001), Management strategischer Kooperationen zwischen Hersteller und Handel, Wiesbaden 2001

Schneider, F. (1991), Corporate-Identity-orientierte Unternehmenspolitik, Heidelberg 1991

Scholzen, J. N., Schmidt, R. (2003), Der Einfluss der Produktvertrautheit auf den Country-of-Origin-Effekt, in "Die Unternehmung", H. 2, 2003, S. 101-113

Schröder, H., Feller, M., Großweischede, M. (1999), Kundenorientierung im Category Management. Ausgewählte Ergebnisse einer aktuellen Studie, [http://www.marketing.uni-essen.de/praxis/publikationen/ download/dih_

ECR-Studie_Consumer_Insight_1299.pdf], (Erstelldatum Dezember 1999; Verfügbarkeitsdatum 10.02.2003)

Schütz, P. (2001), Durchbruchinnovation – wie eine geniale Idee den Markt erobert, in "Absatzwirtschaft", 2001, Nr. 8, S. 40 ff.

Seifert, D. (2001), Efficient Consumer Response, 2. Aufl., München 2001

Silk, A., Urban G. (1978), Pre-Test Market Evaluation of New Packaged Goods, in "Journal of Marketing Research", 1978, Nr. 2, S. 171-191

Simon, H. (1992), Preismanagement, 2. Aufl., Wiesbaden 1992

Srivastava, M.K., Shervani, T.A., Fahey, L. (1999), Marketing, Business Processes, and Shareholder Value, in: JoM, 1999, Special Issue, S. 168-179

Steffenhagen, H. (2000), Marketing, 4. Aufl., Stuttgart 2000

Steiner, J. (1994), Krisenprophylaxe durch Corporate Identity, in „Management-Qualität contra Rezession und Krise", Hrsg. R. Berndt, Berlin u.a. 1994, S. 87-104

Steinmann, H., Schreyögg, G. (1997), Management, 4. Aufl., Wiesbaden 1987

Thunig, C. (2003), Bündnis für Effizienz. CPFR – Gut geplant ist halb gewonnen, in: Absatzwirtschaft, Jg. 46 (2003), Heft 2, S. 26-35

Tomczak, T. (1989), Situative Marketingstrategien, Berlin, New York 1989

Tomczak, T., Roosdorp, A. (1996), Positioning, in "Positionierung", Hrsg. T. Tomczak et al., St. Gallen 1996, S. 26-42

Trommsdorf, V. (2002), Konsumentenverhalten, 4. Aufl., Stuttgart 2002

Trommsdorf, V. (2003), Werbe-Pretests – Praxis und Erfolgsfaktoren, Hamburg 2003

Trommsdorff, V., Paulsen, M. (2001), Messung und Gestaltung der Markenpositionierung, in "Moderne Markenführung", Hrsg. F. R. Esch, 3. Aufl., Wiesbaden 2001, S. 1139-1158

Urban, G., Katz, G. (1983), Pretest Market Models, in "Journal of Marketing Research", 1983, Nr. 3, S. 221-234

Urban, G. et al. (1983), The ASSESSOR Pre-Test Market Evaluation System, in "Interfaces", 1983, S. 38-59

Urban, G., Hauser, J. (1993), Design and Marketing of New Products, 2. Aufl., Englewood Cliffs 1993

Vaidyanathan, R., Aggarwal, P. (2000), Strategic Brand Alliances, in: Journal of Product & Brand Management, Vol. 9, No. 4 (2000), pp. 214-228

Von der Heydt, A. (1997), Efficient Consumer Response (ECR): Basisstrategien und Grundtechniken, zentrale Erfolgsfaktoren sowie globaler Implementierungsplan, Frankfurt a.M. 1997

Von der Heydt, A. (1998), Efficient Consumer Response (ECR), 3. Aufl., Frankfurt a.M. 1998

Welge, M.K., Al-Laham, A. (2001), Strategisches Management, 3. Aufl., Wiesbaden 2001

Weis, H.C. (1993), Verkauf, 3. Aufl., Ludwigshafen 1993

Werner, G. W. (2003), Effektiver und vertrauensvoller Wissensaustausch, in: Ratio: Neues vom RKW Baden-Württemberg, Jg. 9 (2003), Nr. 1, S. 5-7

Wilde, K.D. (1989), Bewertung von Produkt-Markt-Strategien, Berlin 1989

Wolters, U. (1997, Handelsmarken und Handelsmarkenpolitik, Erfahrungen aus der Perspektive eines Handelsunternehmens, in "Handelsmarken", Hrsg. M. Bruhn, 2. Aufl., Stuttgart 1997, S. 301-315

www.interbrand.ch/pdf/ Global Brands Ranking.pdf

Zielke, S. (2002), Kundenorientierte Warenplatzierung, Stuttgart u.a. 2002

Zwicky, F. (1966), Entdecken, Erfinden, Forschen im Morphologischen Weltbild, München 1966

Sachverzeichnis

G

H

I

N

Q

R

S

T

U

V